My Redmineのご利用
ありがとうございます

前田剛

入門

Redmine

オープンソースの課題解決システム 第5版

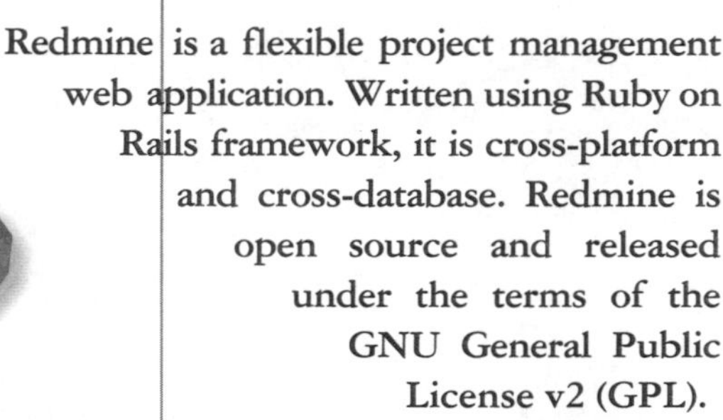

Redmine is a flexible project management web application. Written using Ruby on Rails framework, it is cross-platform and cross-database. Redmine is open source and released under the terms of the GNU General Public License v2 (GPL).

Go Maeda

秀和システム

本書が対象とするRedmineのバージョン

本書の解説はRedmine 3.3を対象としています。

注意

1. 本書は著者が独自に調査した結果を出版したものです。
2. 本書の内容につきまして万全を期して制作しましたが、万一不備な点や誤り、記入漏れなどがございましたら、出版元まで書面にてご連絡ください。
3. 本書の内容に関して運用した結果の影響につきましては、上記２項にかかわらず責任を負いかねます。ご了承ください。
4. 本書の全部または一部について、出版元から文書による許諾を得ずに複製することは禁じられています。

商標などについて

- 本書では、®，©，TM などの表示を省略しています。ご了承ください。
- 本書では、プログラム名、システム名、CPU 名などについて一般的な呼称を用いて表記することがあります。
- 本書に記載されているプログラム名、システム名、CPU 名などは一般に各社の商標または登録商標です。

謝辞

まず、Redmineを2016年6月からオープンソースソフトウェアとして公開し、長年にわたり開発・メンテナンスを続けているJean-Philippe Lang氏と開発チームのメンバー、そのほかRedmineの改良・普及のために活動している世界中の方々に敬意を表するとともに深く感謝いたします。

また、本書『入門Redmine 第5版』の出版にあたっては次の方々（敬称略）にご協力・ご尽力いただきました。皆様に深く感謝申し上げます。

取材協力

藤田直行 ／ 木元一広
（国立研究開発法人 宇宙航空研究開発機構）

Mr. T
（鳥取県 農業）

執筆協力

石川瑞希 ／ 石倉淳一 ／ 岩石睦 ／ 内田啓太 ／ 遠藤裕之 ／
金築秀和 ／ 高木丈智 ／ 田中秀文

執筆アシスタント：石原佑季子
（ファーエンドテクノロジー株式会社）

はじめに

Redmineはチームで取り組むべきタスクや共有すべき情報を管理・蓄積することでプロジェクト運営を支援するオープンソースソフトウェアです。チームのメンバーが実施すべきタスクを把握したり、過去の記録を参照したり、プロジェクトマネージャーが全体の進捗を把握したりすることができます。

何かプロジェクトを進めるチームにおいて、取り組むべきタスク、その進捗状況、プロジェクトを進めるのに必要な情報、生み出された成果物などをきちんと整理しておくことはプロジェクト成功のために欠かせません。表計算ソフトを使って手作業で管理することも不可能ではありませんし、実際にそうしている現場も少なくないでしょう。しかし、Redmineのような便利なツールを導入することでそれらをより簡単に管理できる仕組みを手に入れることができ、チームのメンバーにとっては本来の力を発揮しやすい、仕事をしやすい環境を作ることができます。

2006年6月に最初のリリースが行われたRedmineは、今やオープンソースの同種のツールの中では日本では最も利用されているといっても過言ではありません。もともとはソフトウェア開発で開発すべき機能・修正すべきバグの管理に使われることが多かったのですが、充実した機能と高い汎用性により、利用シーンはどんどん広がっています。また、タスク管理にとどまらず、一般的な業務管理や顧客サポートなど、さまざまな分野で使われるようになりました。

本書の最初の版が日本初のRedmineの解説書として発売されたのは、Redmineが世に出てから2年半後の2008年11月でした。それから2年ごとに改版する機会に恵まれ、このたび第5版を送り出すことができました。8年の間に、Redmineは当時想像もしなかったほど普及し、利用分野・利用者層も大きく広がったと感じます。

第5版は、Redmineの利用分野・利用者層の一層の広がりに対応することを基本方針として大幅に書き直しました。第4版まではシステム開発での利用を想定した説明が多かったのですが、なるべく一般的なタスク管理を例に説明しています。また、Redmineに慣れてからも引き続きお手元で参考にしていただけるよう、前の版と同様にRedmineの豊富な機能を広く解説することを心がけました。

読者の方々がRedmineを使ってチームの力を引き出したり業務を改善したりするために、本書が役立つことを願っています。

2016年11月

ファーエンドテクノロジー株式会社
前田　剛

目次

Chapter 7

Redmineはじめの一歩 ～チケットの基本と作法～ 147

Chapter 8 より高度なチケット管理 181

Chapter 12 バージョン管理システムとの連係 311

Chapter 13 外部システムとの連係・データ入出力 339

Chapter 1

バーベキューの段取りでRedmineを体験してみよう

「Redmineはプロジェクト管理ソフトウェアである」と聞いても、似たようなツールを使ったことがある人でなければRedmineがどんなものか、どう役立つのか具体的なイメージがわきにくいのではないでしょうか。

そこで、この章では架空のバーベキュー大会をRedmineで管理してみることとし、バーベキュープロジェクトへのRedmineの適用を紙上体験してみましょう。

登場人物紹介

前田　剛（社長）

ファーエンドテクノロジー株式会社の社長。Redmineは2007年、バージョン0.5.1の頃から使っている。書籍『入門Redmine』の著者。

金築　秀和（統括マネージャー）

数ヶ月前に入社。プロジェクトマネジメントには詳しいがRedmineはまだ不慣れ。

石原　佑季子（広報・顧客サポート担当）

約2年前に入社した若手社員。Redmineのクラウドサービスのお客様のサポートを日々行っているためRedmineの機能には詳しい。

社長「バーベキューをしよう！」

ここは島根県松江市のインターネットサービス企業、ファーエンドテクノロジー。Redmineなどオープンソースを活用したソリューションを提供しています。設立されて8年の若い企業です。

ファーエンドテクノロジーの社内風景

来月入社する社員の歓迎会、バーベキューとかいいんじゃないですか？

金築マネージャーが業務の計画をまとめていると、急に社長に声をかけられました。困ったことに社長はいつも思いつきでいろいろなことに手をつけて、常にやりかけの仕事をいくつも抱えています。放っておくとバーベキューの準備も自分でやりかねません。「いいかげん社長には仕事に集中してもらわないとまずいな」――金築マネージャーは社長からバーベキューの準備の仕事を取り上げることを一瞬で判断しました。

なるほど、会社でバーベキューやったことないし面白そうですね。では、私のほうで進めます。

2ヶ月ほど前に入社した金築マネージャーの役割は社内の業務を統括して管理することです。社長がほかの業務をほったらかしにしてバーベキューの準備を始めることを阻止できました。

まずはタスクの洗い出し

居酒屋での歓迎会であれば準備は店の予約や参加者の確定くらいですが、バーベキューは違います。会場の手配、材料や飲み物の買い出し、片付けなど、細かな仕事がたくさんあります。これらを適切なタイミングで確実に実施することで、バーベキューを楽しんで親睦を深めるというゴールが達成できます。

早速金築マネージャーはバーベキュー大会をするために何をすべきか、表計算ソフトを作って一覧を作り始めました。

タスクの洗い出しをする金築マネージャー

社長「Redmineを使いなさい」

バーベキューと社長は簡単に言うけれど、準備のためにかなり人を動かす必要があるのでいったん報告です。

社長、タスクの一覧表を作成しました。やることが結構多いので、みんなで分担して準備を進めたいと思います。

なるほど、分かりました。表計算ソフトでタスクの一覧を作っているようですが、金築さん以外の人も準備に関わるのならみんなで見れるRedmineを使った方がよいのでは？

Redmineはプロジェクト管理のオープンソースソフトウェアで、ファーエンドテクノロジーでは業務の多くをRedmineで管理しています。社長は仕事が思い通りに進まないときは気分転換にRedmineのソースコード眺めるくらいにRedmineが大好きですし、この指摘は想定内です。

ただ、業務のRedmineにバーベキューのプロジェクトを入れるのはいかがなものかと思いますが。

金築マネージャーは業務用のRedmineにバーベキューのプロジェクトを入れることに抵抗があったので、あえて表計算ソフトを使おうとしていたのでした。入社してから日が浅くRedmineにあまり慣れていないのも理由の1つです。

では、バーベキュー専用のRedmineサーバを準備します。専用のRedmineだと好きなように設定できるし、金築さんもシステム管理者としてRedmineを設定する練習ができてちょうどいいし。20～30分待ってください。Redmineサーバを準備するので。

そう話すと同時に社長はPCに向かってキーをたたき始めました。ライセンスコストのことを考えず、自由に使えるのがオープンソースソフトウェアのよいところです。

Redmineの設定

20分ほどで社長の作業が終わりバーベキュー用のRedmineサーバができたので早速設定です。実は金築マネージャーはシステム管理者権限を付与されてRedmineの設定をするのは初めてです。社長が書いた本『入門Redmine』を読みながら設定を進めます。

まずは、アクセス制御をはじめとした基本的な初期設定です。システム管理者adminのアカウントでログインし、管理画面で設定を進めていきます。

> NOTE
> セットアップ直後のRedmineで最低限実施すべき設定は、Chapter 5「Redmineの初期設定」で解説しています。

最低限の初期設定が終わったら、次はタスク管理に密接に関係のある「トラッカー」「ステータス」「ワークフロー」などの設定です。これらの設定はタスクをどう管理したいのかということに密接に関係があります。今後の運用にも大きく影響する重要な設定です。

Redmineでタスクを管理するには「チケット」を使います。チケットにはタスクが今どんな状態なのかを表す「ステータス」という項目があります。そして、「トラッカー」によってチケットの大分類を作って種類を分けたり、「ワークフロー」の設定によって細かなステータスを管理したりもできます。設定を工夫すればヘルプデスクや簡単な業務システムを構築できます。

▼ Redmineのタスク管理に関係するオブジェクトの役割

名称	役割
チケット	タスクの情報を記録・管理
ステータス	チケットに記載されたタスクの進行状況
トラッカー	チケットの大分類
ワークフロー	あるトラッカーのチケットで選択できるステータスや、ステータスをどう変化させることができるのかを定義

ただ、バーベキューの準備においてはタスクが完了したかどうかだけを管理できればよく、あまり大げさなものは必要ありません。チケットの種類は1種類でよさそうですし、ステータスも未着手か実施中か完了したのか程度が分かれば十分です。この辺の設定はややこしそうなので、金築マネージャーは社長

に相談することにしました。

社長、Redmineの設定でアドバイスが欲しいのですが。バーベキューの準備のタスクはせいぜい30～40個です。なのでチケットの種類、というかトラッカーは1個でよくて、ステータスも未着手・実施中・完了くらいが管理できればよいです。なるべくシンプルに使えるよう設定したいです。

ステータスが未着手・実施中・完了の3つということは、タスクボードみたいな感じですね。

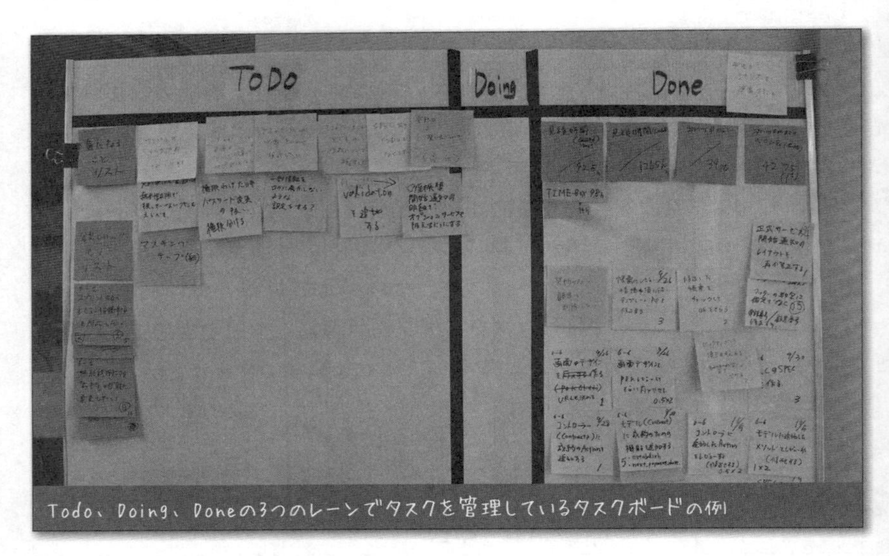

Todo、Doing、Doneの3つのレーンでタスクを管理しているタスクボードの例

だったら、バーベキュー用のRedmineでもチケットにTodo、Doing、Doneの3つのステータスを持たせる設定をしてみましょう。

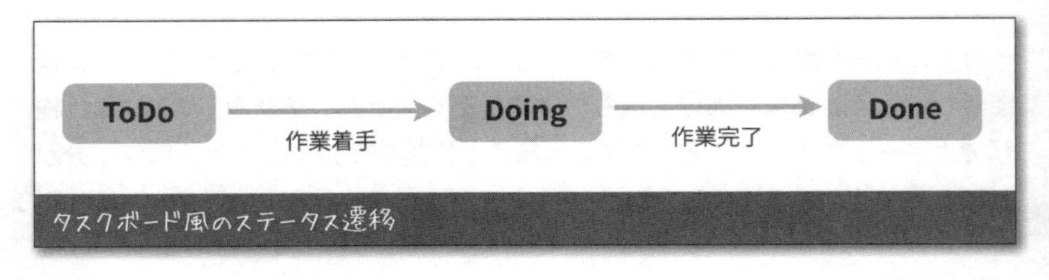

タスクボード風のステータス遷移

社長はそう言うと、金築マネージャーが返事をする間もなく設定を始めてしまいました。横で見ているとステータスの設定以外もいろいろやってそうな雰囲気ですが…。

とりあえずタスクボード風にトラッカー、ステータス、ワークフローを設定してみました。どう設定したのかは管理画面を見て確認しておいてください。ついでにユーザーとプロジェクトも作っておきました。

案の定、頼んでもいないことまでやっていますが、でもすぐに使い始めることができる状態にしてもらえたので助かりました。

> **NOTE**
>
> 社長が実施した以下の設定作業の手順は、Chapter 6「新たなプロジェクトを始める準備」で解説しています。
>
> ・ユーザーの作成
> ・チケットのステータス
> ・トラッカーの設定
> ・ロールの設定
> ・ワークフローの設定
> ・プロジェクトの作成
> ・プロジェクトへのメンバーの追加

チケットのステータス

新しいステータス　進捗率の更新

ステータス	進捗率	終了したチケット	
ToDo	0		削除
Doing	50		削除
Done	100	✔	削除

設定済みのステータス

トラッカー

新しいトラッカー　サマリー

トラッカー	
タスク	削除

設定済みのトラッカー

ロール

新しいロール　権限レポート

ロール	
スタッフ	コピー　削除
非メンバー	コピー
匿名ユーザー	コピー

設定済みのロール

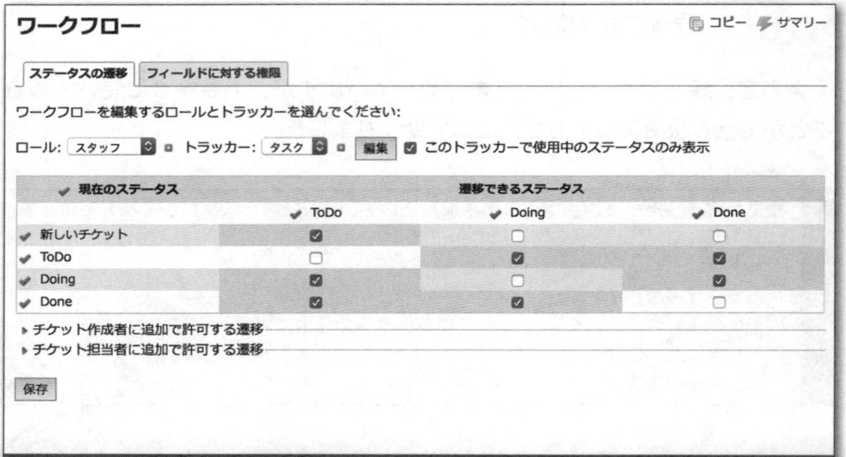

ワークフロー

コピー　サマリー

ステータスの遷移　フィールドに対する権限

ワークフローを編集するロールとトラッカーを選んでください:

ロール: スタッフ　トラッカー: タスク　編集　このトラッカーで使用中のステータスのみ表示

現在のステータス	遷移できるステータス		
	ToDo	Doing	Done
新しいチケット	☑	☐	☐
ToDo	☐	☑	☑
Doing	☑	☐	☑
Done	☑	☑	☐

▸チケット作成者に追加で許可する遷移

▸チケット担当者に追加で許可する遷移

保存

設定済みのワークフロー

チケットを登録してやるべきことをみんなで共有！

Redmineの設定が一通り終わり、いよいよ使い始めることができる状態になりました。まずはタスクの登録です。

Redmineでは、1つ1つのタスクに対応して「チケット」を作成します。タスクボードではタスクを書いた付箋をボードに貼ってタスク管理を行いますが、Redmineの「チケット」はまさにその付箋に相当するものです。

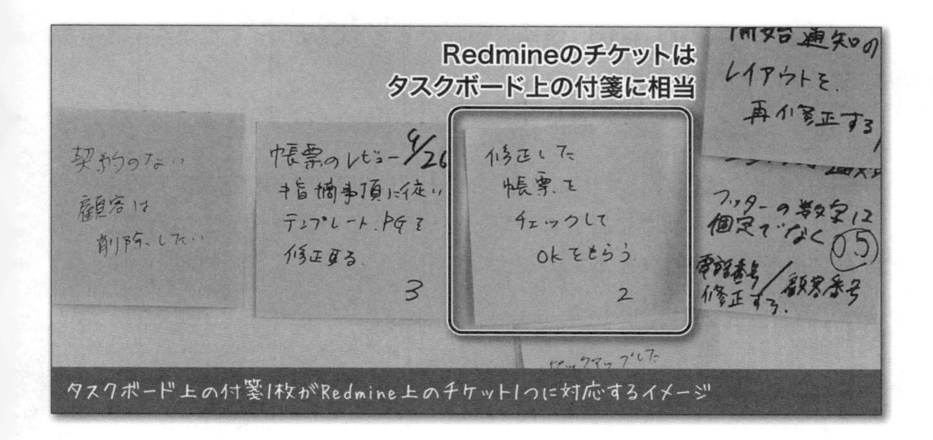

タスクボード上の付箋1枚がRedmine上のチケット1つに対応するイメージ

金築マネージャーは表計算ソフトにまとめておいたタスク一覧を見ながら、Redmineの画面で1つ1つチケットを登録し始めました。

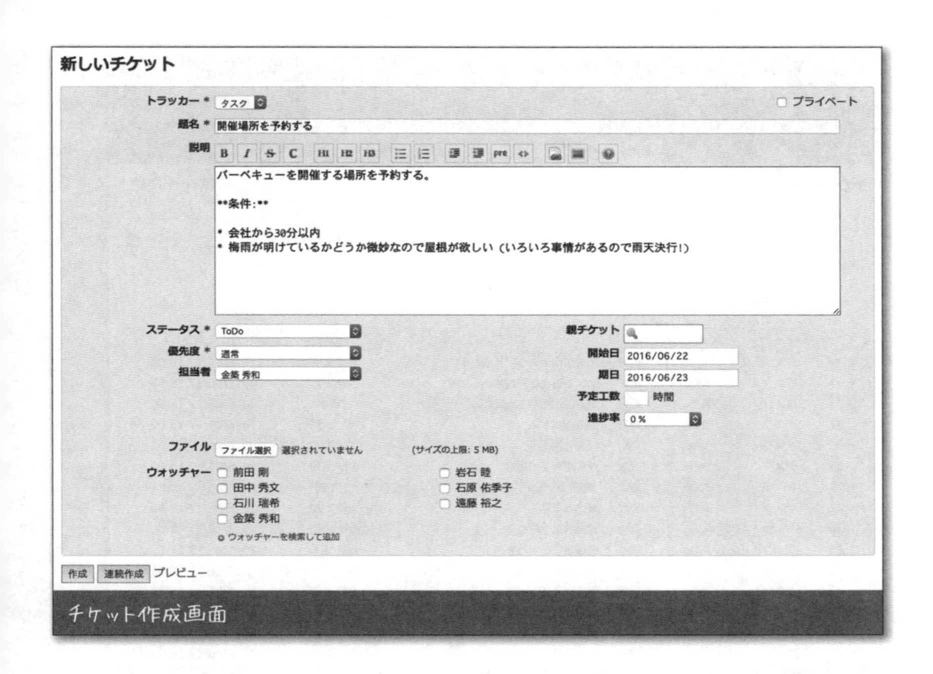

チケット作成画面

そこに、顧客サポートを担当していてRedmineに詳しい石原さんが通りかかりました。金築マネージャーのRedmineの使い方が気になるようです。

チケットを1個1個手入力しなくてもCSVファイルから一括登録できますよ。

RedmineにはCSVファイルをインポートしてチケットを作成する機能があったのでした。すでに表計算ソフトでタスクの一覧を作っているので、確かにこの機能を使うべきです。

> **NOTE** CSVインポート機能は13.4.2「CSVファイルからチケットをインポート」で解説しています。

石原さんに教えてもらいながらCSVインポート機能を使って、たくさんのチケットを一気に作ることができました。さあ、これでバーベキュープロジェクトを管理する準備が整いました。各自が自分のやるべきことがわかりますし、自分の状況を記録してみんなと情報共有できます。

#	トラッカー	ステータス	優先度	題名	担当者	更新日
34	タスク	ToDo	通常	調達リストを作成する	金築 秀和	2016/06/17 15:00
33	タスク	ToDo	通常	カメラ電池を充電する	岩石 睦	2016/06/17 15:00
32	タスク	ToDo	通常	ストロボ電池を充電する。	岩石 睦	2016/06/17 15:00
31	タスク	ToDo	通常	席次作成する	石原 佑季子	2016/06/17 15:00
30	タスク	ToDo	通常	日程を決める	金築 秀和	2016/06/17 15:00
29	タスク	ToDo	通常	開催場所を決める	金築 秀和	2016/06/17 15:00
28	タスク	ToDo	通常	予算を決める	前田 剛	2016/06/17 15:00
27	タスク	ToDo	通常	参加者を募る	金築 秀和	2016/06/17 15:00
26	タスク	ToDo	通常	役割分担を決める	金築 秀和	2016/06/17 15:00
25	タスク	ToDo	通常	開催場所を予約する	金築 秀和	2016/06/17 15:00
24	タスク	ToDo	通常	食材を調査する	遠藤 裕之	2016/06/17 15:00
23	タスク	ToDo	通常	飲み物を調査する	金築 秀和	2016/06/17 15:00
22	タスク	ToDo	通常	調理用具を調査する	石原 佑季子	2016/06/17 15:00
21	タスク	ToDo	通常	食器を調査する	石原 佑季子	2016/06/17 15:00
20	タスク	ToDo	通常	その他のものを調査する	遠藤 裕之	2016/06/17 15:00

作成したチケットの一覧

NOTE 作業を進めるときのチケットの更新の仕方は、Chapter 7「Redmineはじめの一歩〜チケットの基本と作法〜」で解説しています。

チケットが多すぎてわけがわからない件

Redmineを使ったバーベキューの準備が始まりました。すでに何件かのチケットはステータスが「Done」になっています。プロジェクト運営は順調かと思いきや、金築マネージャーは不満そうです。

正直なところ、どうなんでしょう？　Redmineって。全体を把握しにくいんですよね。

どういうことですか？

たくさんのチケットがずらっと並んで、どれから手をつけていいか分かりにくいんです。早い時期に終えておくべきタスクと開催当日に着手すればよいタスクとが混ざって並んでたりとか…。

それって、バージョンとロードマップを使ってないからだと思いますよ。

Redmineには、プロジェクトの段階（フェーズ）ごとにチケットを分類する「バージョン」と呼ばれる機能があり、それぞれのチケットはプロジェクトのどの段階で完了させるべきものか明確にできます。

さらに、「ロードマップ」画面にバージョン別のチケット一覧が表示されるようになり、どれが今取り組むべきチケットなのか分かりやすくなります。大量のチケットの中から特定の段階（フェーズ）で終わらせるべき短い一覧が表示されるので、今やるべきことに集中できます。

バーベキュープロジェクトをフェーズ分けすると、だいたいこんな感じですかね。

いつの間にか会話を聞きつけた社長がやってきてRedmineの設定を始めました。バーベキュープロジェクトを構成するタスクを「計画」「事前準備(1週間前まで)」「事前準備(前日まで)」「当日作業」「実施後」の5段階に分けて管理するという考え方のようです。

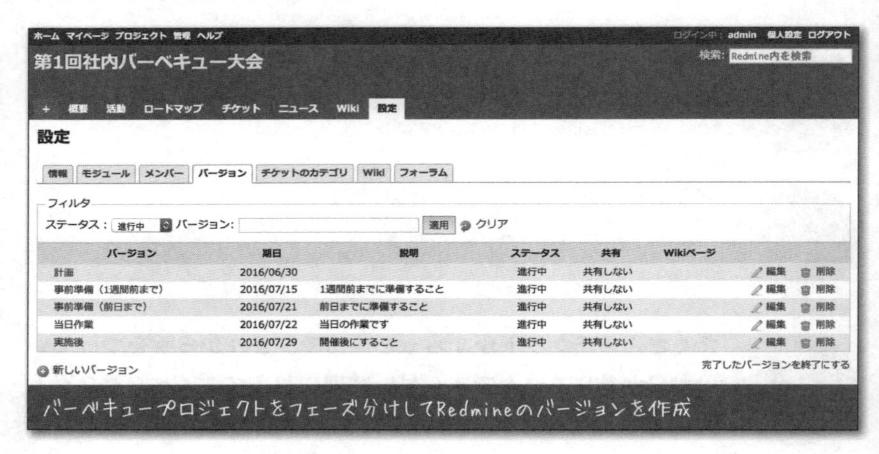

バーベキュープロジェクトをフェーズ分けしてRedmineのバージョンを作成

バージョンを作ったら、プロジェクトの全部のチケットを各バージョンに振り分けます。

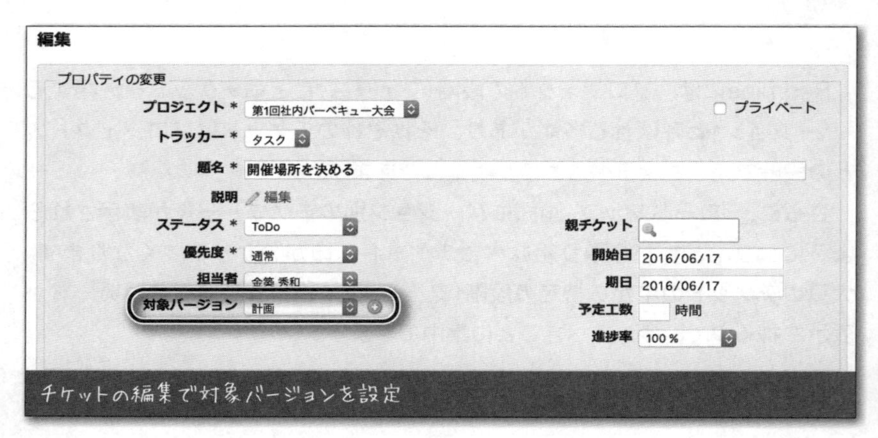

チケットの編集で対象バージョンを設定

バージョンを設定すべきチケットがたくさんあるときは、チケット一覧で複数のチケットを選んで右クリックメニューを使うと早いですよ。

	#	トラッカー	ステータス	優先度	題名	担当者	更新日
☐	31	タスク	ToDo	通常	席次作成する	石原 佑季子	2016/06/17 15:00
✓	30	タスク	ToDo	通常	日程を決める	金築 秀和	2016/06/17 15:00
✓	29	タスク	ToDo	通常	開催場所を決める	金築 秀和	2016/06/17 15:00
☐	28	タスク	ToDo	通常	予算を決める	前田 剛	2016/06/17 15:00
✓	27	タスク	ToDo	通常	参加者を募る	金築 秀和	2016/06/17 15:00
✓	26	タスク	ToDo	通常	役割分担を決める	金築 秀和	2016/06/17 15:00
☐	25	タスク	ToDo	通常	開催場所を予約す		17 15:00
☐	24	タスク	ToDo	通常	食材を調査する		17 15:00
☐	23	タスク	ToDo	通常	飲み物を調査する		17 15:00
☐	22	タスク	ToDo	通常	調理用具を調査す		17 15:00
☐	21	タスク	ToDo	通常	食器を調査する		17 15:00
☐	20	タスク	ToDo	通常	その他のものを調		17 15:00
☐	19	タスク	ToDo	通常	BBQのしおりを作		17 15:00
☐	18	タスク	ToDo	通常	参加者に案内・し		17 15:00
☐	17	タスク	ToDo	通常	費用徴収する	金築 秀和	2016/06/17 15:00

編集
ステータス
トラッカー
優先度
対象バージョン
担当者
ウォッチャー
ウォッチ
フィルタ
コピー
削除

計画
事前準備（1週間前まで）
事前準備（前日まで）
当日作業
実施後
なし

チケットの一覧で複数のチケットを選択してまとめて対象バージョンを設定

チケットを各バージョンに振り分けてからロードマップ画面を開くと、こんな風にバージョンごとにチケットが分類されて表示されます。今は計画段階なので、一番上の「計画」のところに出てる5個のチケットのタスクを進めることを優先しましょう。

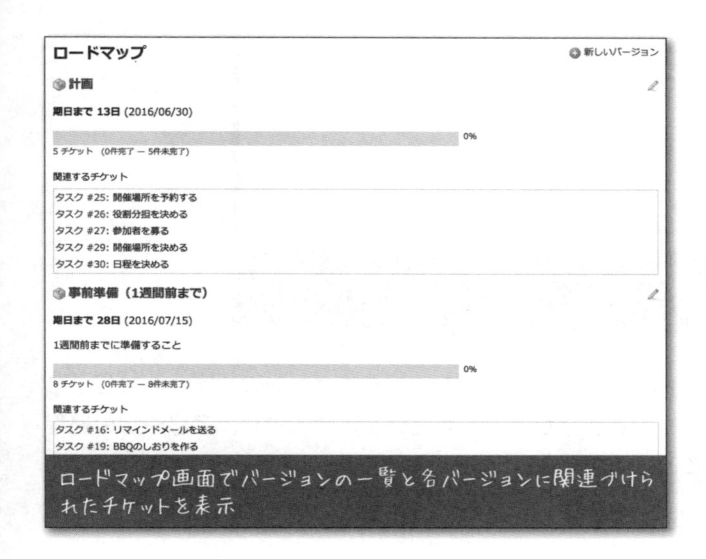

ロードマップ画面でバージョンの一覧と各バージョンに関連づけられたチケットを表示

なるほど、理解できました。Redmineではバージョンが一般的なプロジェクト管理の用語のマイルストーンに相当するわけですね。マイルストーンでチケットが分類されてすごく分かりやすくなりました。

> **NOTE** バージョンとロードマップの詳細は9.4節「ロードマップ画面によるマイルストーンごとのタスクと進捗の把握」で解説しています。

チケットがどんどん片づいていい感じ

Redmineにあまり慣れてなかった金築マネージャーも不自由なくRedmineを扱えるようになってきました。みんなの協力もあって、どんどんタスクが片づいていきます。「ロードマップ」画面の進捗のグラフも順調に伸びていい感じです。

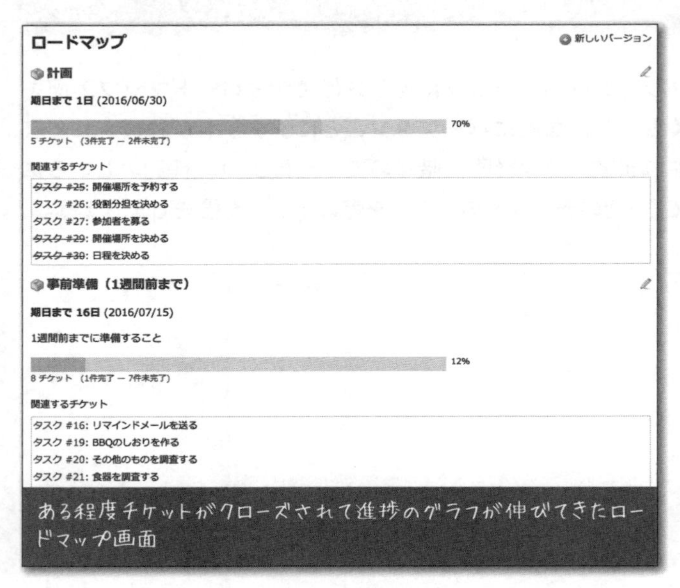

ある程度チケットがクローズされて進捗のグラフが伸びてきたロードマップ画面

特定のタスクに関するコミュニケーションをチケットのコメントで行うこともできます。きちんと記録が残って間違いを防げますし、意思決定の過程を後で振り返ることもできます。

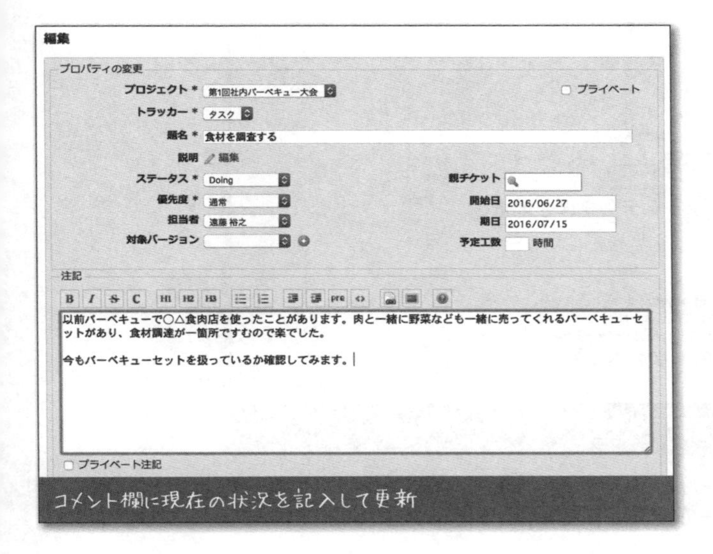

コメント欄に現在の状況を記入して更新

記録したコメントは時系列で表示されます。食材を調達する店を決めた経緯も、金築マネージャーから連絡をもらった想定参加人数も一目瞭然です。

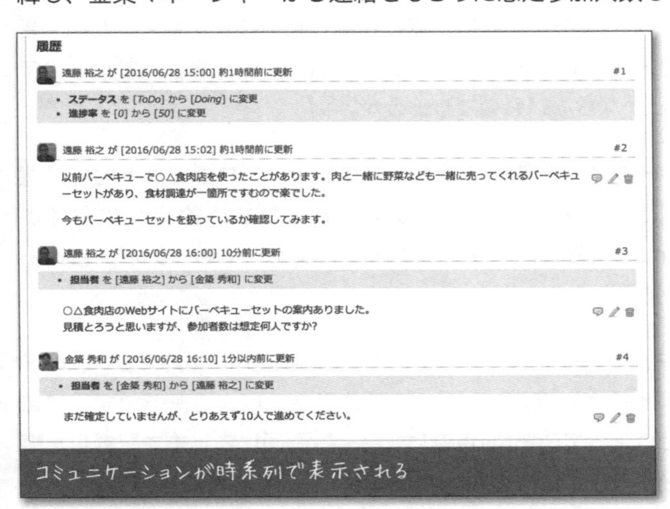

コミュニケーションが時系列で表示される

チケットに書かれたタスクが終わったら、忘れずにチケットのステータスを終了を示すものに変更します。バーベキュー用Redmineでは「Done」が該当します。

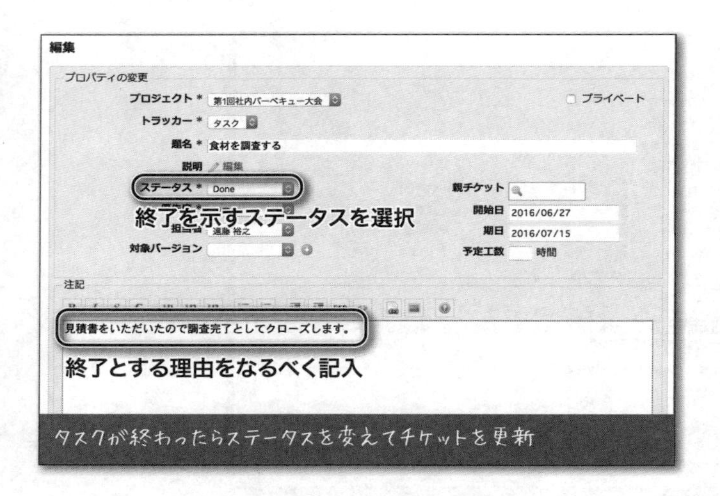

タスクが終わったらステータスを変えてチケットを更新

バーベキューの準備もRedmineの使いこなしも順調です。

みんなへのお知らせをニュースに掲載

開催日が近づいてくると参加者に一斉に連絡したいことがいくつか出てきます。メールで送ってもいいのですが、せっかくRedmineを使っているのでRedmineでなんとかならないものでしょうか。

ニュース機能を使うのはどうですか？　プロジェクト内に情報を載せることができて、しかもあらかじめ設定しておけばRedmineに載せたタイミングでプロジェクトのメンバーにメールが送られます。

今回、バーベキューの参加者のほとんどがRedmine上のプロジェクトのメンバーになっているので、確かにニュース機能を使えばよさそうです。単にメールを送るのとは違ってRedmineの「ニュース」画面にこれまで記録した情報が残るので、必要なときにいつでも振り返って見ることができます。

プロジェクトのメンバーになっていない参加者は個別にフォローするとして、ニュース機能を使って一斉連絡することにしました。

ニュースの作成

ニュースがRedmineに掲示され、さらにメンバーにメールが送られました。たくさんの宛先を入力してメールを送る作業は不要となり、簡単に一斉連絡ができました。

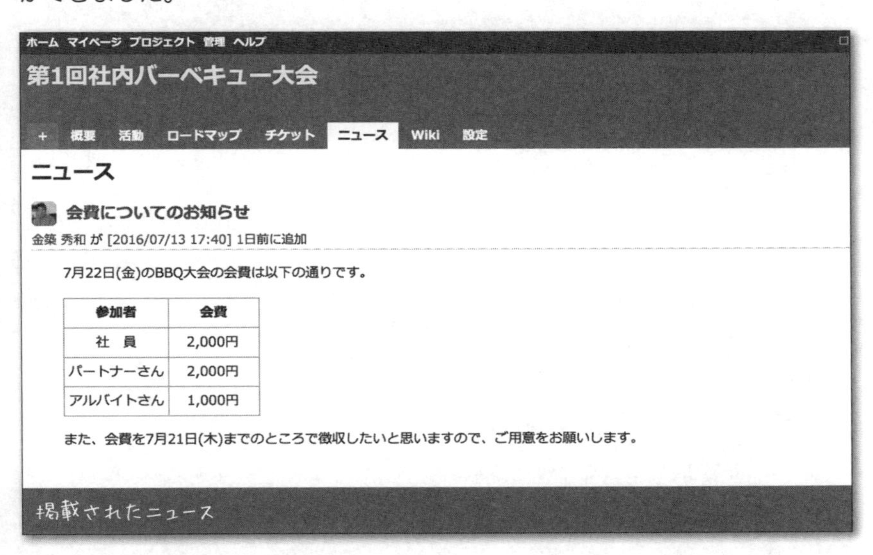

掲載されたニュース

NOTE ニュース機能の詳細は10.1節「ニュース」で解説しています。

「活動」画面でみんなの動きを把握

バーベキューの準備を取り仕切っている金築マネージャーにとっては、準備が順調か、なにか問題が発生していないかを知るために、みんなの動きを把握することは重要な仕事の1つです。Redmineにはその仕事を支援する「活動」画面があります。

この画面では、チケットの作成・更新やニュースの掲載など、Redmine上で誰がどの情報を更新したのか時系列で表示されます。

バーベキュープロジェクトの「活動」画面を見ると今日も情報が更新されていて、みんな着実に準備を進めていることがうかがえます。チケットに書き込まれたテキストも一部表示されますが、画面を見る限りは問題が発生することもなく順調そうです。

NOTE　「活動」画面の詳細は9.1節「活動画面によるプロジェクトの動きの把握」で解説しています。

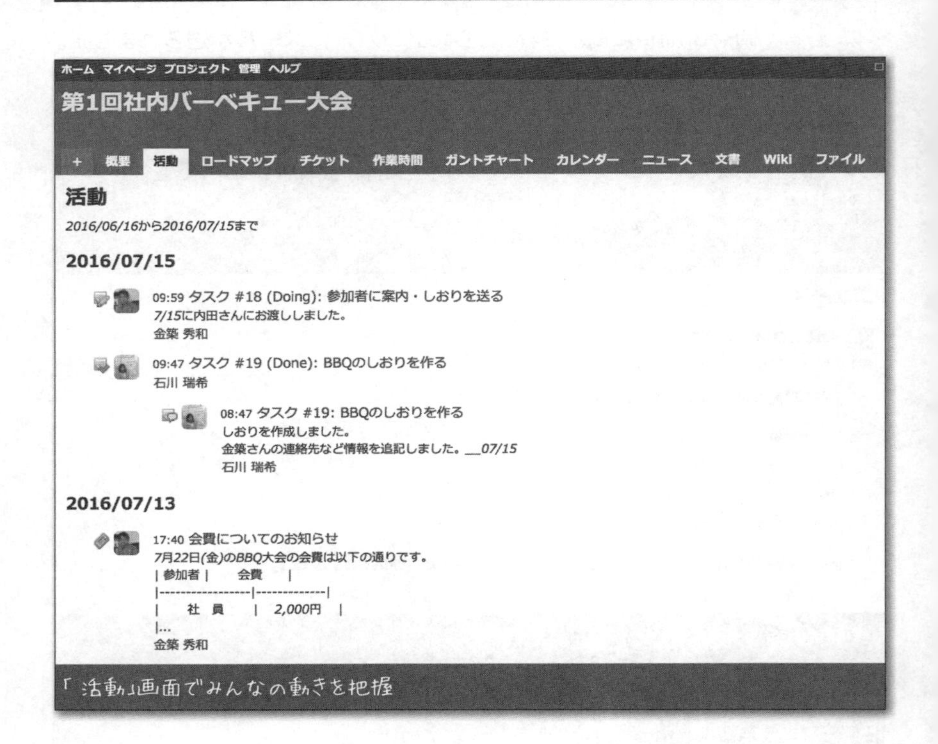

「活動」画面でみんなの動きを把握

プロジェクトの動きを見るだけでなく、「さっき更新されたあのチケットをもう一度見たい」というときにも活動画面は便利です。最近更新されたチケットは活動画面の上のほうに表示されます。

いよいよ当日！

いよいよバーベキュー大会当日がやってきました。天気は晴れ、プロジェクトメンバー全員とRedmineのおかげで準備も万端です。

先発隊は16時に業務を切り上げて準備に向かいました。残りの人たちは17時ごろに出発予定です。

バーベキュー大会の情報はすべてRedmineに蓄積されています。先発隊が現地でちょっと確認したい情報がある場合もRedmineにアクセスすれば参照できます。Redmineはスマートフォンにももちろん対応しているので、屋外からのアクセスも問題なく行えます。

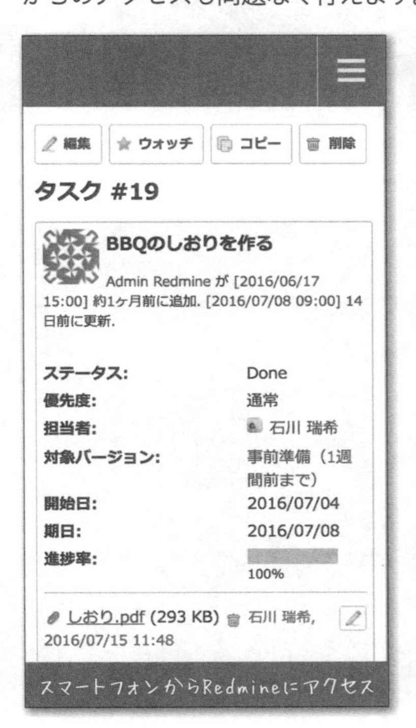

スマートフォンからRedmineにアクセス

そして18時。準備は万全の状態でバーベキュー大会が計画通り始まりました。新しく加わった社員をはじめ参加者全員が楽しい時間を過ごし、プロジェクトの目標は達成できたようです。

乾杯！

Chapter 2

Redmineの概要

Redmineはフランスの Jean-Phillipe Lang氏が開発したオープンソースの課題管理システムで、最初のバージョンは2006年6月25日にリリースされました。それ以降着実にリリースを重ね、現在は日本はもちろん世界中で広く使われています。

この章では、Redmineとは何か、なぜRedmineを使うべきなのかをお伝えします。

2.1 Redmineとは

Redmineはプロジェクト運営を支援するオープンソースのWebアプリケーションです。課題管理システム、プロジェクト管理システム、もしくはチケット管理システムなどと呼ばれています。

主な機能としてはプロジェクト全体として何をすべきか・誰がいつまでにやるのか管理するタスク管理、Wikiやフォーラムによる情報共有、GitやSubversionなどのリポジトリとの連係したソフトウェア開発支援などがあります。

▼ **表2.1** Redmineの主な機能(タスク管理・プロジェクト管理)

チケット	実施すべきタスクの一覧と個々のタスクの状況の管理
ガントチャート	各タスクの状況からプロジェクトの進捗を示す図を自動描画
カレンダー	タスクをカレンダー上に表示してスケジュールを把握
ロードマップ	タスクをマイルストーンごとに分類して表示。直近で取り組むべきタスクを把握
活動	プロジェクトのメンバーがRedmine上で行った情報更新を時系列表示

▼ **表2.2** Redmineの主な機能(情報共有)

Wiki	情報を共有・共同編集
フォーラム	メンバー同士で議論を行うための掲示板機能
ニュース	メンバー全員へのお知らせを掲載
文書	メンバーと共有するファイルを添付
ファイル	開発したソフトウェアに関連したダウンロードページを提供

▼ **表2.3** Redmineの主な機能(ソフトウェア開発支援)

リポジトリ	GitやSubversionなど多数のバージョン管理システムに対応したリポジトリブラウザ

これらの機能の中でも中核となるのがタスク管理です。ある程度の期間・人手を投入して何か大きな仕事を進めるときには、それをたくさんの小さな作業(タスク)に分解すると管理と実際の作業がやりやすくなります。

例えば、学校の夏休みの宿題の場合、手当たり次第に気の向くまま取り組むのではなく教科ごとに毎日どのくらい進めるか計画を立てることで、日々やるべきことが明確になり進捗も把握しやすくなります。

別の例として、ある会社が製品をアピールするために展示会に出展することを想定してみましょう。別の例として、ある会社が製品をアピールするために展示会に出展するとしましょう。「出展のための準備をせよ」と言われたとき、多くの人にとっては漠然としていて具体的な作業がイメージできません。しかし、出展申し込み、展示物の準備、パンフレットの手配といった具合に小さなタスクに分解すれば、1つ1つの作業が具体的になり、また仕事の全体像も見えてきます。

このような、プロジェクトを構成する多数の小さなタスクを管理するのに威力を発揮するのがRedmineです。チームとして取り組むべきタスクがどれだけあって、誰がいつまでに何をすべきか、現在の状況はどうなっているのかを関係者がWebブラウザで共有でき、プロジェクトを円滑に進めるのに役立ちます。また、タスクの実施状況の記録が残るので、後日経緯を確認したり、似たようなタスクを実施するときに過去の記録を参考にできます。

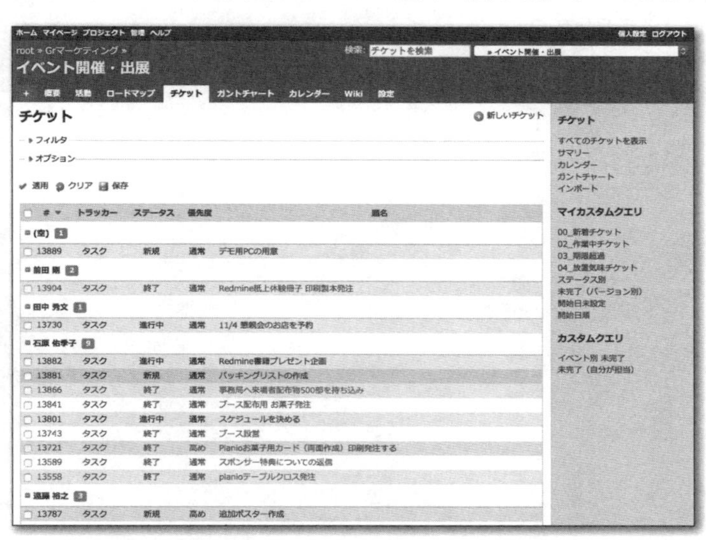

▲ 図2.1 Redmineの画面

そのほか、Wikiやフォーラムなどの情報共有機能を使うことで、資料や打ち合わせ記録などプロジェクトで発生するさまざまな情報を共有することもできます。Redmineは単なるタスク管理にとどまらず、プロジェクト運営・業務を支援する情報基盤となり得ます。

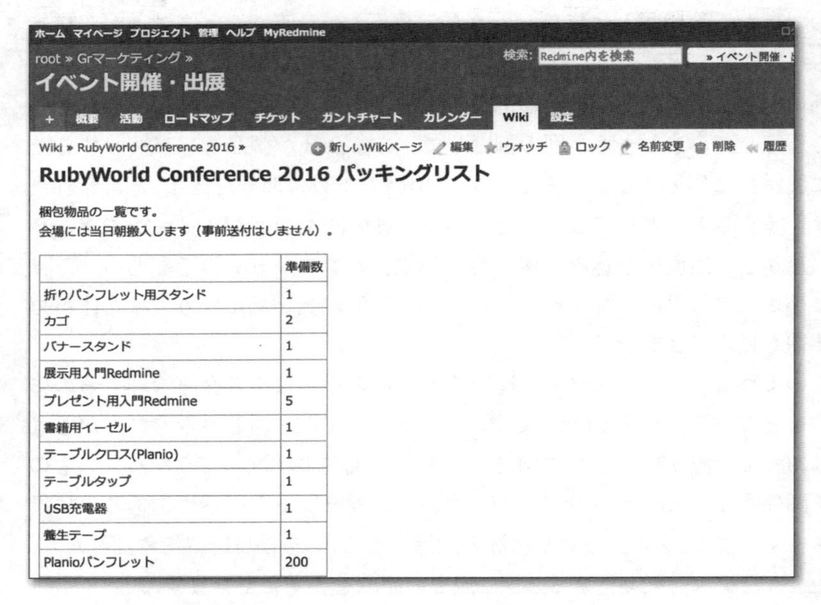

図2.2 Wikiによる情報共有

2.2 Redmine導入をお勧めする10のメリット

タスクを管理するために必ずしもRedmineのようなツールが必要なわけではありません。表計算ソフトで一覧を作ったり、壁に付箋を貼り付ける方法もあります。これらのやり方は特別なツールが不要なので簡単に始めることができます。

一方Redmineは、使い始めるまでのRedmineを稼働させるサーバなどの環境が必要で、また導入当初は関係者に使い方を周知しなければならないなど、使い始めるまでの手間はゼロではありません。では、それを乗り越えてRedmineを使うメリットは何なのでしょうか。

筆者がRedmineをお勧めする10個のメリットを挙げてみます。

やるべきことが明確になる

▶メリット① プロジェクト全体で実施すべきタスクが明確になる

タスクをすべてRedmineに登録しておくことで、Redmineを見ればプロジェクトの残作業がわかるようになります。チーム全体でやるべきことが明確になり、プロジェクトを着実に進めるのに役立ちます。

▶メリット② それぞれのメンバーが何をすべきか明確になる

フィルタを使って自分が担当者となっているタスクのみを表示させることができます(図2.3)。さらに、タスクの期日や優先度などで絞り込むこともできるので、自分が実施すべきタスクはどれかすぐにわかります。

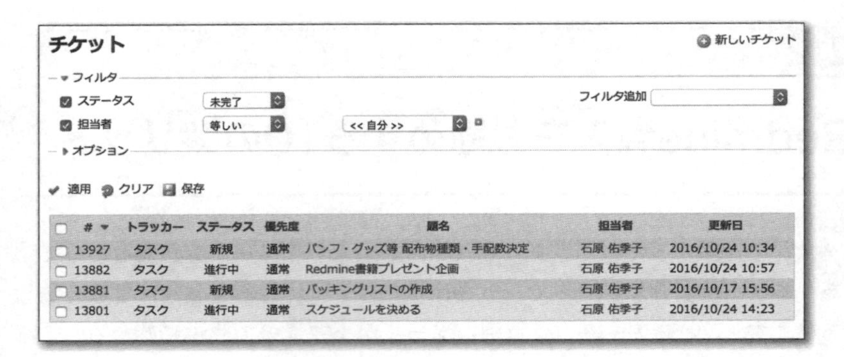

図2.3 フィルタで条件を指定してタスクの一覧を絞り込んで表示している様子

▶メリット③　大量のタスクを管理しやすい

タスクをさまざまな条件で絞り込んで表示するフィルタ機能、マイルストーンごとに分類して表示する**ロードマップ**画面、タスク同士の関連づけ・親子関係など、大量のタスクを効率的に扱うための機能が用意されています。

プロジェクトの情報共有・管理が楽になる

▶メリット④　作業の記録が残る

タスクを誰がいつどのように実施したのか記録が残ります。過去に実施した似たような作業を参照したり、システム開発でバグがどのように修正されたのかレビュー担当者が確認したりするといった使い方ができます。

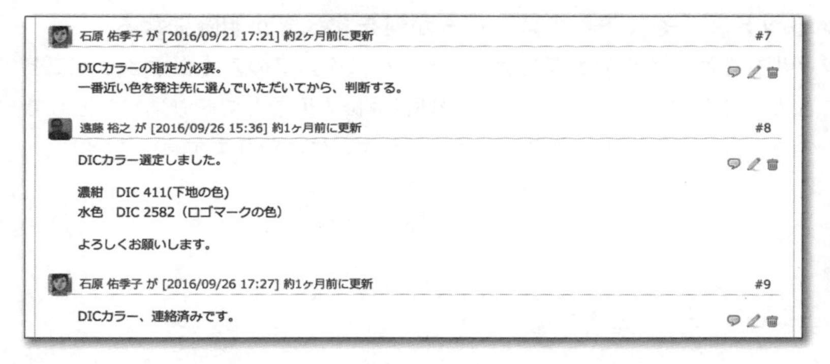

図2.4 仕事を進める過程の記録を残して後で参照できる

▶メリット⑤　情報が一元管理できる

表計算でタスクの管理を行うと情報はファイルに保存されます。ファイルは作成やコピーが容易なため、ファイルがあちこちに散らばったりコピーされて内容が一部更新されたファイルが作られるなどして、どこにあるのか・どれが原本かはっきりしなくなることがあります。Redmineではデータベースで情報を集中管理しますので、そのような問題は起きません。

また、タスクの実施に伴って受領・作成したファイルを添付することもでき、プロジェクトに関係する情報をRedmineに集約できます。

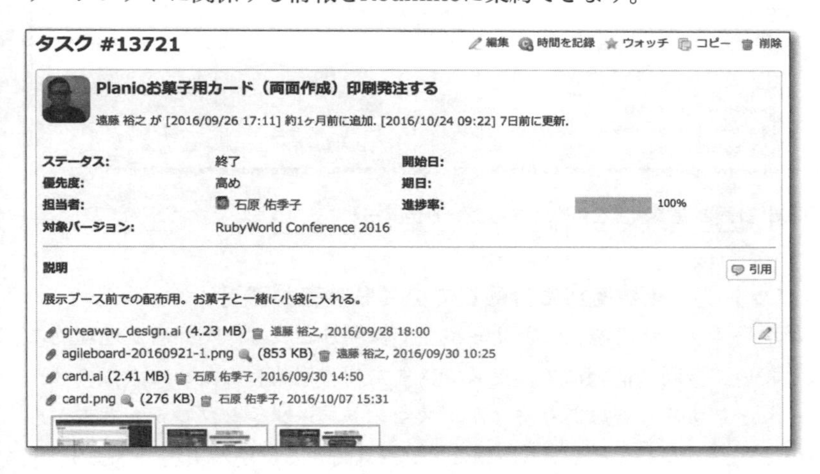

▲ **図2.5** タスク実施中に作成したファイルを添付。関係するファイルにすぐにアクセスできる

▶メリット⑥　進捗管理のための情報が得られる

ロードマップ画面でタスクをマイルストーンごとに分類して進捗率を表示したり、ガントチャートで計画と進捗状況を俯瞰することができます。

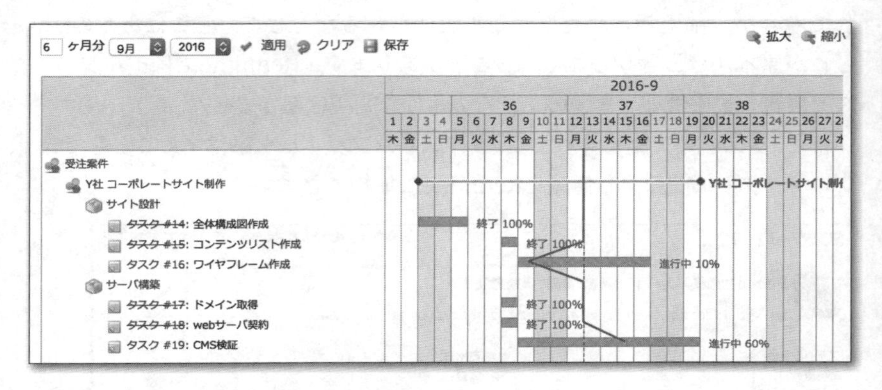

▲ **図2.6** 計画と進捗状況を俯瞰できるガントチャート

▶メリット⑦　複数拠点に分散していても共有が容易

インターネットに接続されたサーバ上で稼働させれば、関係者が地理的に分散していても同じ情報にアクセスできます。情報共有のために大量のメールのやりとりする必要はありません。スマートフォンやタブレット端末からも利用でき、いつでもどこでも情報にアクセスできる環境が実現できます。

▶メリット⑧　バージョン管理システムと連係できる

ソフトウェア開発においてソースコードの更新履歴を管理するために使われるGitやSubversionなどのバージョン管理システムと連係できます。Redmineの画面上でリポジトリの内容を参照したり、チケットとリポジトリへのコミットを相互に関連づけて、あるコードがどのような目的で変更されたのか追跡したりできます。

自由に使えて情報も豊富

▶メリット⑨　オープンソースソフトウェアなので自由に利用できる

Redmineはフランスのジャン-フィリップ Jean-Philippe Lang氏を中心に開発されている、GPLv2ライセンスのオープンソースソフトウェアです。無料で入手できるので気軽に導入できます。また、利用者が増えてもライセンスコストが膨れ上がる心配はありません。

Redmineのソースコードを参照しながらプラグインを開発するなどしてカスタマイズを行ったり、Redmineそのものの改良に参加することもできます。

▶メリット⑩　広く使われていて情報の入手が容易

Redmineは広く普及しています。日経SYSTEMSによる「開発・運用ツール利用実態調査2014」[1]によると、「直近2年間で利用したチケット管理・PMツールの割合」のトップはRedmineで、約7割の回答者に選ばれました。

利用者が多いことは活発な情報発信にもつながっています。日本国内では本書以外に累計10点[2]の関連書籍が出版され、またWebサイトやブログ記事などインターネットでも多くの情報が公開されています。

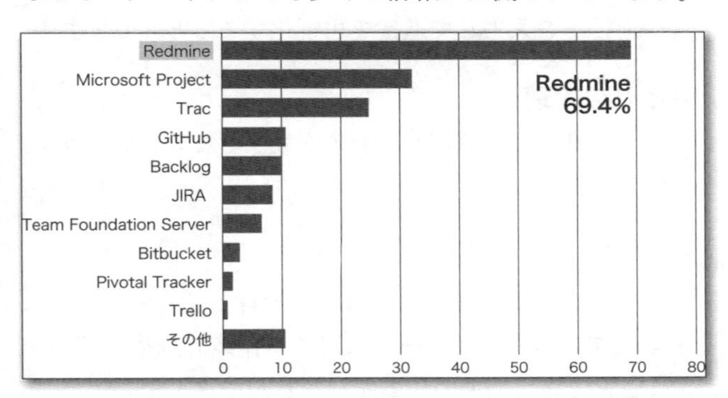

図2.7　直近2年間で利用したチケット管理・PMツールの割合（出典：日経SYSTEMS「開発・運用ツール利用実態調査2014」を元に作成）

【1】http://itpro.nikkeibp.co.jp/atcl/watcher/14/334361/092500065/

【2】国立国会図書館蔵書のうちタイトルに「Redmine」を含む図書の数。2016年10月31日調査。

2.3 Redmineの使い道

Redmineをはじめとした課題管理システムは、もともとはソフトウェア開発プロジェクトで修正すべきバグや実装すべき機能を管理するのに広く使われてきました。しかし、実際にはソフトウェア開発だけでなく、さまざまな用途に活用できる汎用的なソフトウェアです。用途の一例を紹介します。

▶バグの報告と対応状況の管理

ソフトウェア開発プロジェクトにおいて、発見されたバグの登録と対応状況の追跡に利用できます。

▶計画と進捗の管理

プロジェクトの作業計画を細分化したタスクをRedmineに登録し、担当者や開始日・期日を設定しておけば、誰がいつどのタスクを実施すべきか明確になります。実施状況や進捗率を入力して進捗を可視化することもできます。

▶顧客からの問い合わせの管理

顧客からの問い合わせをRedmineに登録し、対応が完了しているかどうか、どのように対応したのか管理できます。[3]

▶サーバの運用記録の管理

タスクではなく設置したサーバの情報をRedmineに登録してそのサーバに関する雑多な情報を追記していったり、サーバに対する作業計画や実際の作業の状況を登録しておくことで後日過去の作業記録を参照できます。[4]

Redmineはタスクだけではなく、たくさんの細かな物事を管理することができる、柔軟性の高い汎用的なツールです。ここで挙げた以外の業務でもきっと役立てることができるはずです。

次のChapter 3では実際の利用事例を紹介します。

【3】前田剛「Redmineによるメール対応管理の運用事例」http://www.slideshare.net/g_maeda/redmine-mailmanage

【4】Tomohisa Kusukawa「運用業務でのRedmine」http://www.slideshare.net/tkusukawa/redmine-23622195

Chapter 3

Redmineの様々な活用事例

Redmineはもともとはソフトウェア開発を支援するためのツールとして開発されたと考えられます。実際に表に出てくる事例もITに関連した業種のものが多いようです。しかし、実はRedmineは汎用性が高いツールであり、設定や運用を工夫することでIT関連に限らず多くの業務で利用できます。

ここではソフトウェア開発以外の業務でRedmineを活用している3つの事例を取り上げ、多様な用途に応用できることを示します。

3.1

スーパーコンピュータ「JSS2」の運用チームを支えるRedmine

JAXA

国立研究開発法人 宇宙航空研究開発機構(JAXA)では、2014年から導入・運用が始まったスーパーコンピュータシステム「JSS2」の運用業務の情報共有・進捗管理に、Redmineで構築したシステム「CODA」を使っています。2015年12月にはその事例をまとめた論文「CODA: JSS2の運用・ユーザ支援を支えるチケット管理システム –Redmineの事例と利用のヒント–」[1]が公開され、日本のRedmineコミュニティの中で話題になりました。

Redmineの選定理由と活用状況について、JAXA セキュリティ・情報化推進部 スーパーコンピュータ活用課の藤田直行課長と、Redmine導入を担当され論文の著者でもある木元一広・主任研究開発員にお話をうかがいました。

▶宇宙航空分野の研究開発を支えるスーパーコンピュータシステム

JAXAでは、実験や観測が困難な宇宙空間や超音速飛行の物理現象を解明するためにスーパーコンピュータによる数値シミュレーションを行っています。具体的な例としては、ロケットの設計、航空機の機体騒音技術の研究などが挙げられます。

現在稼働しているのは、2003年に発足したJAXAとしては第2世代となるスーパーコンピュータシステム「JSS2」です。2014年から導入・運用が始まり2016年4月にはメインシステム「SORA-MA」の理論計算性能が3.49PFLOPSに増強されました。この性能は、スーパーコンピュータの計算性能の世界ランキング「TOP500」の2016年6月のリストによると世界23位、日本国内では

【1】木元一広「CODA: JSS2 の運用・ユーザ支援を支えるチケット管理システム -Redmine の事例と利用のヒント -」, 2015 https://repository.exst.jaxa.jp/dspace/handle/a-is/557146

理化学研究所の「京」(世界5位、10.62PFLOPS)に次いで2位です。

▲ 図3.1 JSS2のメインシステム「SORA-MA」

JSS2の運用を担っているのがJAXA スーパーコンピュータ活用課です。主な業務は、スーパーコンピュータの運用、利用者の支援、計算により得られた膨大な数値データを画像や映像など理解しやすい形にする「可視化」、そしてそれらの業務の品質維持・向上を品質管理の国際規格ISO9001に従って管理することです。これらがすべてRedmineで管理されています。

▲ 図3.2 可視化の例：D-SEND#2(低ソニックブーム設計概念実証プロジェクト第2フェーズ試験)機体フライトモデル解析結果。実際はカラー画像(©JAXA)

▶JSS2の運用に関わるすべての業務をRedmineで管理

スーパーコンピュータ活用課のRedmine「CODA」は2014年1月から運用が始まり、JSS2の導入・運用に関する情報をすべて集約するという方針のもと、課内のJSS2関係のすべての業務で使われています。

取材時点(2016年6月)の利用者数は課のスタッフと納入・保守ベンダーのエンジニアをあわせて三十数名、チケット数は約5000です。月間のチケット作成数は、JSS2導入作業中でベンダーとのやりとりが多かったころは300件前後、最近は百数十件程度で推移しています。

Redmineは一般的にはプロジェクト管理、あるいはソフトウェア開発の支援ツールと見られることが多いのですが、スーパーコンピュータ活用課では汎用的なカード型データベースととらえて、利用者からのQ&A、ID作成の申請、障害の報告・記録など多様な用途に活用しています。

ユニークな使い方の一例として「顧客所有物」の管理があります。スーパーコンピュータ活用課で言う「顧客所有物」とは、利用者支援や障害対応などのために一時的に利用者から借り受ける情報(プログラムやデータ)のことです。預かった情報の流出を防ぐため、Redmineのチケットを使って複製を行った者・複製の所在・案件終了後の複製削除などの記録をISO9001の品質管理基準に従って管理しています。

情報の複製を行ったら「説明」欄内の「複製・展開履歴」の表に行を追加します。また、複製や削除を行ったときの実際のコマンドをチケットの「注記」欄に記入し、どのような操作を行ったのか記録を残しています。

「複製履歴」の表などさまざまな情報がある「説明」欄は、チケット作成時に定型文を入力できるプラグイン「Issue Template」でひな型を入力できるようにしています。

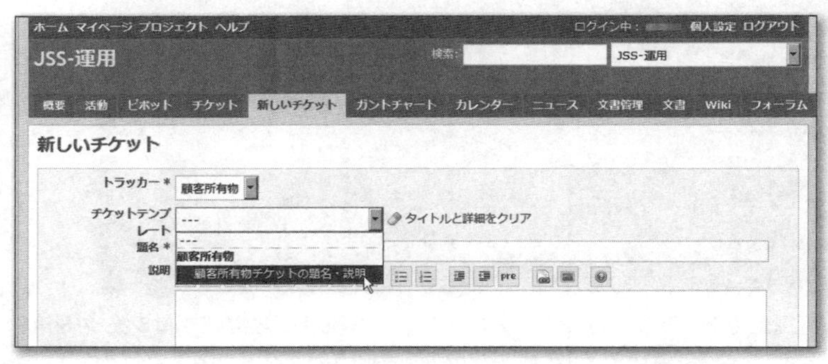

▲ 図3.3 Issue Templateプラグインでひな型を選択(©JAXA)

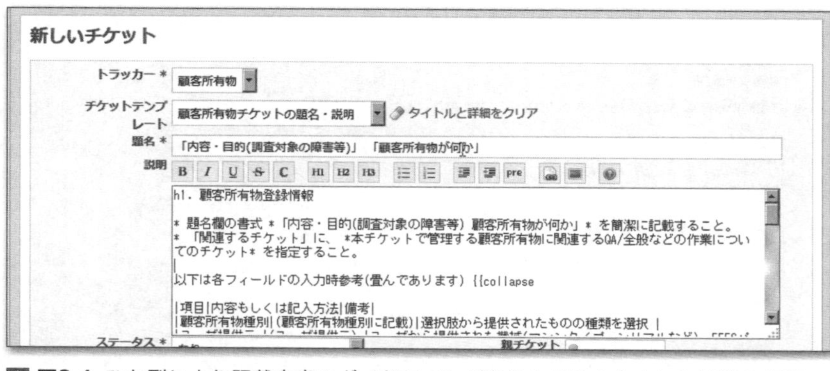

図3.4 ひな型により記載内容のガイドラインがあらかじめ入力された状態の「新しいチケット」画面(©JAXA)

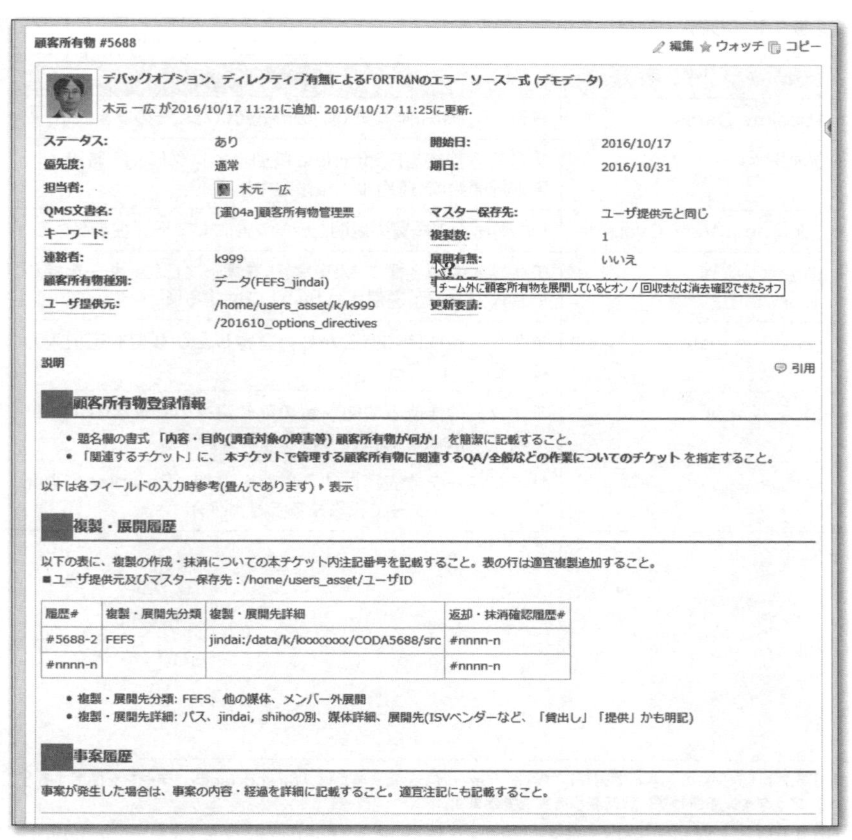

図3.5 作成済みの「顧客所有物」チケット。説明欄の「複製・展開履歴」は複製・抹消を行うごとに行を増やして記述する(©JAXA)

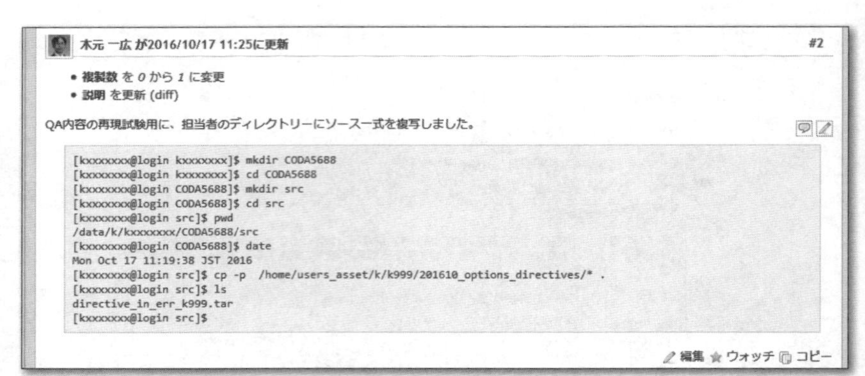

▲ **図3.6** 記欄に複製・抹消時に行った操作の詳細を記述(©JAXA)

▼ **表3.1** CODAで使用しているプラグイン

プラグイン名	説明
Absolute Dates	日時を「○時間前」「○日前」の形式ではなくそのまま表示[2]
DMSF	文書管理機能をRedmineに追加。インタビュー時点では実運用開始前(運用ルール策定中)
Document View Override	「文書」画面の一覧の説明をシンプルにして一覧性を高める
Enter Cancel	チケットの題名欄でIMEの操作を誤ってEnterキーを押しても入力内容が送信されないようにする[3]
Issue Template	チケット作成時にあらかじめ登録したひな型を選択入力できるようにする
Local Avatar	チケットの作成者や更新者のアイコンの管理をGravatarではなくRedmine自体で行えるようにする
Sidebar Hide	サイドバーを非表示にする機能を追加。Redmineの画面をプロジェクターで投影するときに使用

【2】5.7.1「テーマの入手」で紹介している「farend basic」または「farend fancy」テーマを使用すると、プラグインを使わずに日時表示を実現できます。

【3】8.10.1「フィールドに対する権限の設定例」ではEnterキー誤操作によるチケット登録・更新防止をプラグインを使わずに実現する方法を解説しています。

▶既存インシデント管理システムの課題を解決するために新システムを検討

Redmine導入前、スーパーコンピュータ活用課では独自に開発したインシデント管理システム「NSIM」により、システム障害、Q&A、要望そして定例業務の登録と対応状況の記録を行っていました。

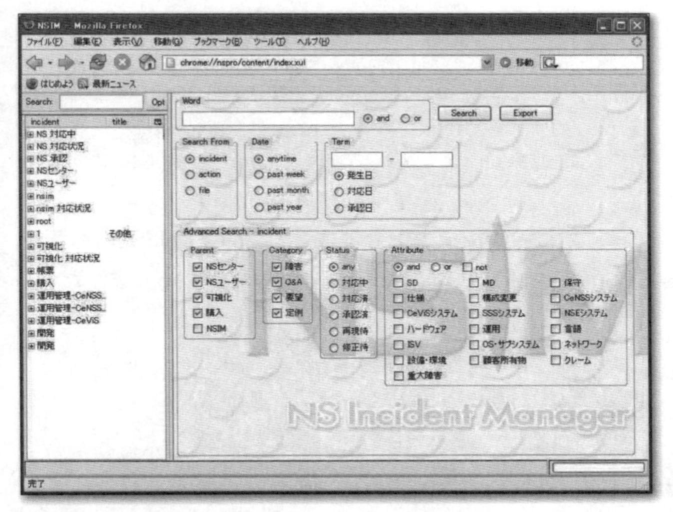

▲ **図3.7** Redmine移行前に使用していた独自開発システム「NSIM」の画面(出典：松尾, 土屋(2006)【4】図4.3)

NSIMにより情報共有とノウハウの蓄積が実現できていたものの、開発からおよそ10年がたって以下のような問題が発生していました。

- ドキュメント不足によりトラブル対応が困難
- 選択肢の値や生成レポート形式が固定であり、業務の変化に対応するためにはソフトウェアの改修が必要
- UIで使用している技術「XUL」が特定のブラウザに依存していて、さらにブラウザのバージョンアップに伴い不具合が発生するようになった

そこで、スーパーコンピューターシステムがJSSからJSS2に更新されるのを機にインシデント管理システムも更新することとし、後継となるツールの検討が始まりました。

【4】松尾裕一，土屋雅子「JAXA 大規模SMP クラスタにおける運用の課題と工夫」，2006 http://www.ssken.gr.jp/MAINSITE/download/wg_report/smpo/t39-1.pdf

▶JSS2の導入・運用の情報をすべて集約管理できるツールとしてRedmineを選定

インシデント管理システム「NSIM」に代わる新たなシステムを導入するにあたり、藤田課長はある方針を木元主任研究開発員に伝えました。

> JSS2に関しては、ここだけ見れば必ず情報があるというシステムを作りたい。
>
> （藤田課長）

新しいシステムでは、単にインシデント管理にとどまらず、JSS2の情報を集中して管理できるようにしたいという藤田課長の強い思いがありました。

> スーパーコンピュータシステムの導入から運用は数年間に及ぶ1個のプロジェクトとして考えることができます。そのプロジェクトの記録がいろんなところにあって、場合によっては自分のパソコンにしかなかったりすると、次のプロジェクト（JSS2の次の世代のスーパーコンピュータシステムの導入・運用）にきちんと引き継ぎができません。
>
> （藤田課長）

藤田課長が示した方針を満たすためには、多種多様な情報を管理できる汎用性が求められます。そこで木元主任研究開発員が着目したのがRedmineのチケットの構造でした。Redmineのチケットは標準フィールド・カスタムフィールドへの定型項目の記述、説明欄への概要の記述、関連するファイルの添付、そして注記欄への時系列情報の記述ができます。これを、汎用的な情報整理カードとみなせると考えました。

> 独自に後継システムを新たに開発するか、Redmineをはじめとしたいくつかのオープンソースのツールの利用を検討しました。その中でRedmineは工夫次第でいろいろなことに応用できそうだと感じました。
>
> （木元主任研究開発員）

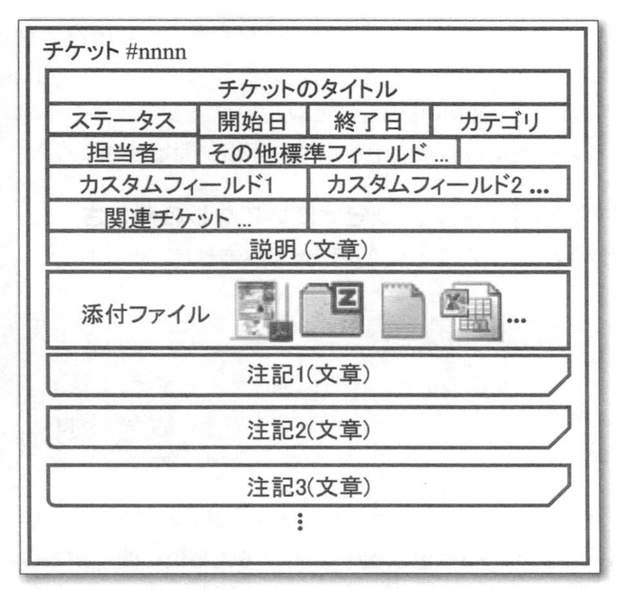

▲ **図3.8** Redmineのチケットの構造（出典：木元(2015) [1] Figure 1）

機能面以外にもRedmineが評価された点がありました。それは、書籍やネットでの情報が充実していたことです。

> 最終的にRedmineを選んだ決め手は、汎用的だということ、情報が充実していること、そして情報が充実しているため短期間で運用開始できそうだということ、この3つでした。
>
> （木元主任研究開発員）

導入するツールを最終決定する時点で、JSS2の構築開始が3ヶ月後に迫っていました。JSS2の導入から運用まですべての情報を集約するという方針を実現するためには、それまでにシステムのインストールだけでなく、システムへの習熟、設定や運用の検討など一通りの準備が完了している必要があります。Redmineはネット上の情報が充実していることに加え複数の書籍が出版されていて情報の入手が容易であるため、早く・確実にサービスインするために有利であると判断されました。

Redmineを利用することが決定し、2014年1月にJSS2の導入・運用のためのRedmine「CODA」の試験運用が開始されました。試験運用中はCODAに関する作業をCODA上で管理し、Redmineの習熟と設定の見直しを行ったそうです。そして、JSS2の導入開始にあわせて予定通り本運用が開始されました。

▶ソフトウェアの品質は非常に高い。課題は使いこなしの難しさ

Redmineの運用開始入後に感じたことをうかがってみました。

> 良かった点としては、ソフトウェアの品質がすごく高いと思っています。バグが非常に少なくて、だいたい期待した通りに動いてくれます。
> （木元主任研究開発員）

2006年6月に最初のバージョンがリリースされてから10年以上開発が続いているため成熟度が高いこと、世界中で広く使われているため仮に問題があっても短期間で報告・修正されることが、木元主任研究開発員の高い評価につながっているのかもしれません。

ただ、課題もいくつか挙げられました。まずはどのように運用すればよいのか、ベストプラクティスが分かりにくいという指摘です。

> チケットの粒度をどう考えたらよいのか、どういうタイミングでクローズすればよいのか、運用を標準化できていない面があります。
> （木元主任研究開発員）

> Redmineは多機能なので設定を工夫すれば多くのことが実現できますが、それをフィックスするのが大変です。うちでは私が要望を出すと木元が実現してくれるのでうまくいっていますが、それができる人がいないとどう使えばよいのかわからないと思います。ベストプラクティスとしてサンプルプロジェクトがあって、「まずはこう使ってみましょう」というようなものがあると検証や設計にかける時間が短くなって、クイックスタートに役立つと思います。
> （藤田課長）

これは、本書の執筆やWebサイト「Redmine.JP」を運営などで情報発信をしている者にとっては重要な指摘であり反省もしなければならないと感じました。

また、Redmineが多機能であるが故のわかりにくさの指摘もありました。

> Redmineの数ある機能の中には、例えば「文書」や「ファイル」など開発に力が入っていないと感じるものがあります。Redmineに慣れてくるとそういうことがだんだん分かってくるのですが、最初のうちはどうしても対等に見てしまう。そういう機能の濃淡を知らずに使い始めると後で困ることがあります。最初は「文書」でドキュメント管理をしようとしたのですが、たくさんドキュメントを追加していくと管理が難しくなって困っています。今はDMSFという「文書」機能を拡張するプラグインを入れて解決しようとしています。
>
> (木元主任研究開発員)

使い始めるにあたり分かりにくい部分があるということがインタビューの場にいた全員の共通認識でした。実は、木元主任研究開発員が論文を執筆した動機はRedmineの設定のわかりにくさを少しでも解消したいという思いからだそうです。

論文に書いた情報の中で最も世に出したかったとお話しされたのが主な定義の構造を示した図(図3.9)です。確かにステータスやワークフローなどRedmine内の各オブジェクトの関連を示した図というのは私もこれまで見たことがなく、Redmineの設定の構造を理解する上で大いに役立つと感じます。

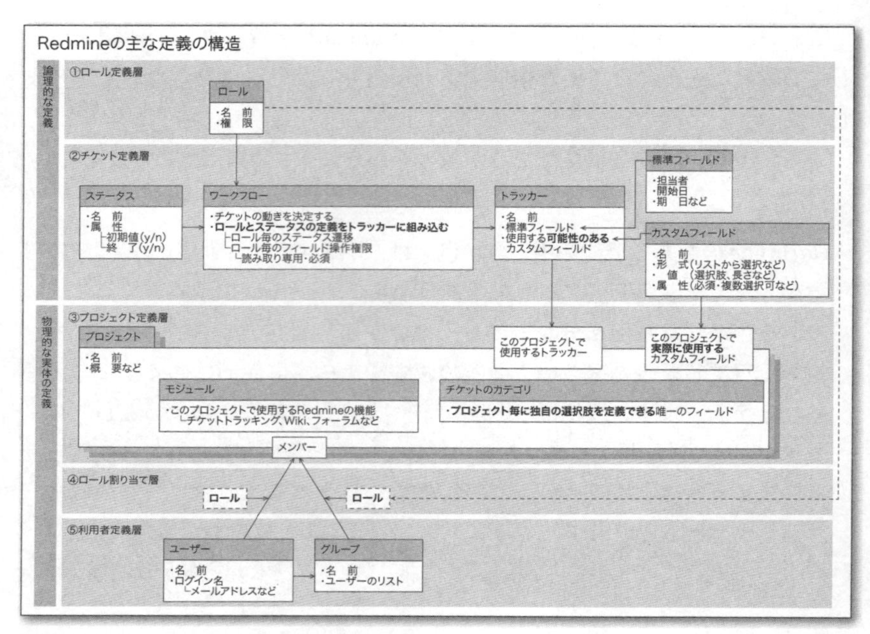

図3.9 Redmineの主な定義の構造(出典:木元(2015) [1] Figure 8を元に作成)

▶「Redmineがなくなったら業務が止まる」

課題はあるものの、今やCODAはスーパーコンピュータ活用課の中核的なツールとなりました。

> Redmineが入ってから、みんなが何をやっているのか把握するのが簡単になりました。チケットを見ることで仕事が進んでいるのか遅れているのか一目瞭然です。また、JSS2の運用のデータが蓄積されてきているので、今後はそれを分析して仕事の質を一段上げる取り組みを進めたい。
>
> (藤田課長)

日本の宇宙航空分野の研究開発を支えるスーパーコンピュータシステムJSS2。その運用を担うJAXA スーパーコンピュータ活用課の業務をRedmineは支援しています。そして、現在Redmineに日々蓄積されている情報は数年後の次世代のスーパーコンピュータシステムの構築・運用に役立てられます。

10年前の2006年にJean-Philippe Lang氏が1人で作り始めたRedmineが今やJAXAのスーパーコンピュータの運用チームを支える重要な情報基盤になっています。Redmineの普及を微力ながら手伝ってきた者として、大変うれしく思います。

▲ **図3.10** JAXA スーパーコンピュータ活用課のみなさん。前列で看板を持っているのが藤田課長（右）と木元主任研究開発員（左）。

3.2

Redmineで農作業を記録して翌年の作業に生かす

鳥取県・Tさん

鳥取県のTさんはIT企業に勤務する傍ら、兼業農家として計3枚・41アール（4100㎡）の水田を耕作しています。2013年から草刈りや農薬散布など実施した農作業をRedmineに記録し始め、スケジュールの検討や作業の効率化に役立てています。

▶仕事や個人の開発で使っていたRedmineを農作業に応用

仕事や個人の開発でRedmineを使っていて、農作業の記録にも使えそうだと思ってやってみた。

勤務先のIT企業で以前から業務にRedmineを活用し、また個人的な開発のために自分用のRedmineも運用しているTさんにとって、農作業をRedmineで記録するというのは自然な発想でした。

以前はJAに出荷するために必要な生産履歴は記録していたものの、草刈りなどの作業の実施日や農薬散布の際の機械の設定値などは記録していませんでした。記憶を頼りに前年のことを思い出しながら日程の計画や実際の作業を行っていたため、草刈りが必要になる時期の週末に別の予定を入れてしまったり、作業に必要以上の時間をかけてしまったりという問題が起こっていました。

作業をより効率的に進めるために、2013年からRedmineで実施した農作業を記録し始めました。2014年からは前年の記録を参照しながら計画・作業が行えるようになり、効率化に寄与しているということです。

▶年＝バージョン、田んぼ＝カテゴリ、1回の作業＝1チケットで作業を記録

TさんのRedmineの運用を紹介します。目的は農作業を記録すること、そして前年以前の記録を参照しながら計画に役立てたり作業効率を向上させることです。システム開発などでバグなど未完了のタスクを消していくというRedmineのよくある使い方からは少し外れていて運用もやや特殊です。

まず「田んぼ仕事」という農作業専用のプロジェクトを作成しています。このプロジェクトに農作業を記録していきます。

チケットは、耕起(田起こし)、草刈りなど1回の作業が終わるごとにステータスを**終了**にセットした状態で作成しています。田んぼ仕事プロジェクトは記録のみに使用しスケジュールや進捗の管理は行わないので、作業前にはチケットを作成しません。作業日を記録するために開始日・期日には作業した日をセットし、今後同様の作業をするときに事前に所要時間を見積もれるよう作業時間も記録しています。

▲ 図3.11 農作業のチケット

どの田んぼで作業を行ったのかはチケットのカテゴリで管理していて、例えば1日に3箇所の田んぼで耕起を行ったときは3個のチケットをカテゴリを分けて作成します。

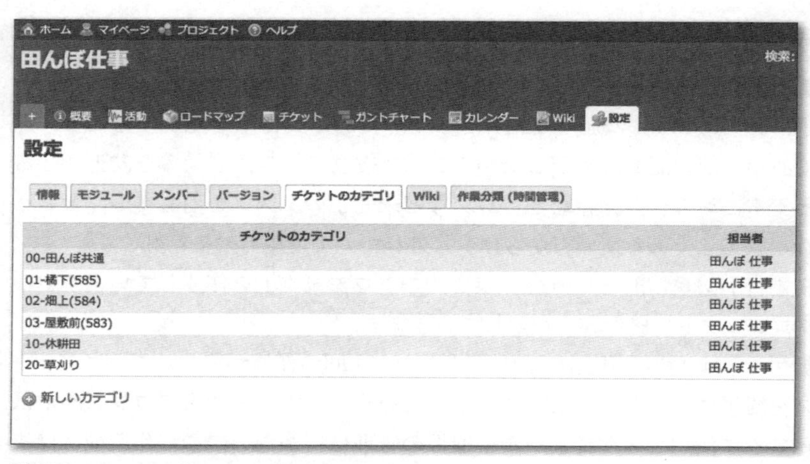

図3.12 田んぼごとに作成したカテゴリ

稲作のための一連の農作業は1年ごとに繰り返されます。チケットを年ごとの作業でまとめて管理するために**2015年**、**2016年**のような年ごとのバージョンを作り、農作業のチケットはそれぞれの年のバージョンに関連づけています。

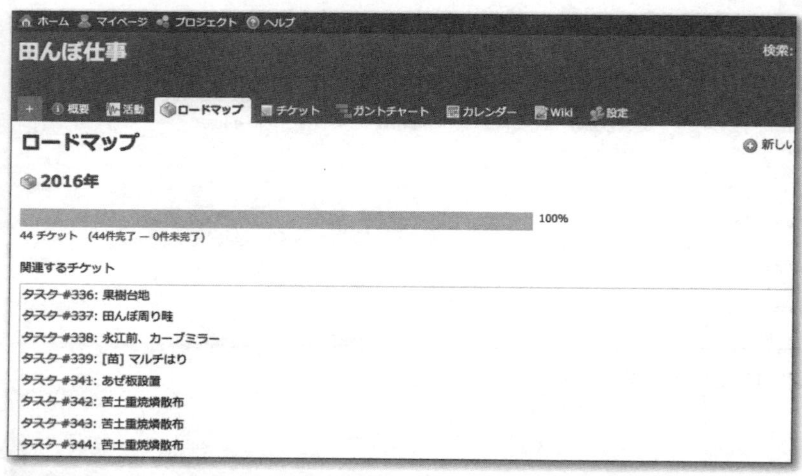

図3.13 1年分の農作業が表示されたロードマップ

▶田んぼごとにグルーピングしたチケットを開始日でソートして作業を計画

記録した情報が役立つのが、まずは作業をいつ実施するのか計画を立てるときです。

前年のチケットを田んぼ別(カテゴリ別)・開始日順に表示するすることで、どの田んぼでいつ何をしたかが時系列で一覧表示されます。平日はIT企業で働く兼業農家のTさんが限られた週末の時間をやりくりして計画を立てるために、Redmineに記録された情報が大いに役立っています。

チケットには作業に要した時間も記録してあるので、今年同じ作業をするときの所要時間も正確に見積もれます。

圃場別(2015)

新しいチケット

▸フィルタ

▸オプション

適用 クリア 編集 削除

#	トラッカー	題名	開始日 ▲	期日	ステータス	作業時間
00-田んぼ共通 3						
278	メモ	苗-搬入	2015-04-19	2015-04-19	終了	0
289	メモ	苗-寒冷紗撤去	2015-05-03	2015-05-03	終了	0
304	メモ	苗-苗箱回収	2015-06-13	2015-06-15	終了	0
01-橋下(585) 13						
273	メモ	[営農公社] 荒起	2015-04-25	2015-04-25	終了	0
279	メモ	[営農公社] 耕起	2015-04-30	2015-04-30	終了	0
282	タスク	肥料散布	2015-05-02	2015-05-02	終了	0.17
285	タスク	畦シート敷き	2015-05-03	2015-05-03	終了	0.50
290	メモ	[営農公社] 代掻き	2015-05-07	2015-05-07	終了	0
295	メモ	[営農公社] 田植え	2015-05-10	2015-05-10	終了	0
298	タスク	除草剤散布	2015-05-31	2015-05-31	終了	0.17
308	タスク	穂肥散布	2015-07-11	2015-07-11	終了	0.17
311	タスク	防除農薬散布	2015-07-25	2015-07-25	終了	0.17
318	タスク	防虫防除農薬散布	2015-08-01	2015-08-01	終了	0.25
323	タスク	畦シート撤去	2015-08-23	2015-08-23	終了	0.50
327	メモ	[コンバイン組合] 稲刈り	2015-09-05	2015-09-05	終了	0
332	タスク	土壌改良剤散布	2015-10-11	2015-10-11	終了	1.00
02-畑上(584) 13						
274	メモ	[営農公社] 荒起	2015-04-25	2015-04-25	終了	0
280	メモ	[営農公社] 耕起	2015-04-30	2015-04-30	終了	0
283	タスク	肥料散布	2015-05-02	2015-05-02	終了	0.17
286	タスク	畦シート敷き	2015-05-03	2015-05-03	終了	0.50
291	メモ	[営農公社] 代掻き	2015-05-07	2015-05-07	終了	0

チケット

すべてのチケットを表示
サマリー
カレンダー
ガントチャート
インポート

マイカスタムクエリ

00-田んぼ共通
01-橋下
02-畑上
03-屋敷前
10-休耕田
20-草刈り
圃場別(2013)
圃場別(2014)
圃場別(2015)
圃場別(2016)

△ **図3.14** 田んぼ別・開始日順のチケット一覧。クエリを保存しているので1クリックで呼び出せる

▶実際の作業もRedmineで効率化

計画だけでなく、作業の効率化にもRedmineが役立っています。チケットには実際の作業の様子も記録してあり、機械の設定値などを前年のものを参考にすることで作業を効率化できています。

個々の作業(チケット)に固有ではない情報、つまり複数の作業で共通の情報はWikiにまとめて参照しやすくしています。

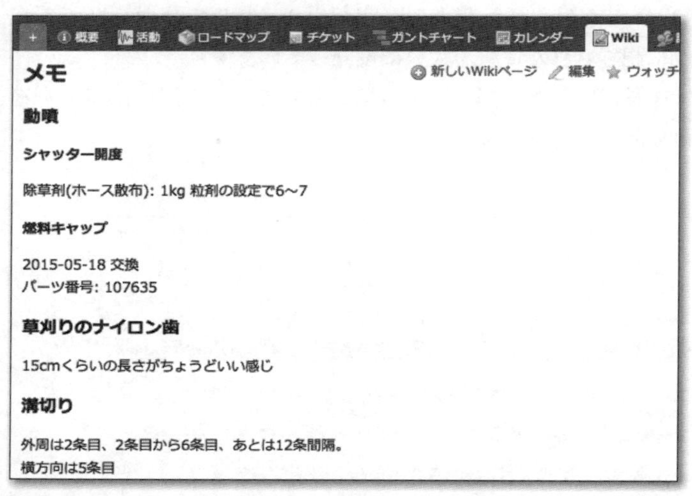

△ 図3.15 共通の情報をまとめたWikiページ

▶基本は毎年同じことの繰り返し。Redmineでやるべきことを確実に実施

> 農業は基本的には毎年同じことの繰り返し。よりよいものを作るためにやるべきことを確実に実施し、「これやってなかった!」を防ぐのにRedmineは役立っている。

Redmineの導入の効果をTさんは強調しています。

Redmineはシステム開発の支援ツールと思われがちですが、Tさんの事例からは、多数の小さな情報をチケットで管理するというRedmineの特徴がさまざまな用途に応用できることが感じられます。

3.3

メールでの顧客サポートをRedmineに切り替えて業務効率化

ファーエンドテクノロジー

ファーエンドテクノロジー株式会社は企業向けにRedmineのクラウドサービス「My Redmine」[5]を提供しています。また、Redmineの非公式日本語情報サイト「Redmine.JP」[6]の運営やRedmine本体の開発への参加などRedmineの普及・発展のための活動も行っています。筆者が所属する会社でもあります。

▲ 図3.16 ファーエンドテクノロジーのスタッフ

【5】 https://hosting.redmine.jp/

【6】 http://redmine.jp/

「My Redmine」はクラウドでRedmineを提供するサービスです。サーバの維持管理が不要なこと、異なる企業間での情報共有が行えることなどが評価され、2016年8月時点で500社近くが利用しています。

ただ、顧客が増えるにつれて日々の問い合わせの件数も増え、サポート業務の負荷の高まりや対応漏れの発生など多くの問題が発生するようになりました。これらを解決するために、2014年春からRedmineをヘルプデスクシステムとして使い始めました。

メールでの対応の問題点

Redmine導入前はメールでお問い合わせの対応を行っていました。顧客から届いたメールがメーリングリストで関係者に配信され、担当者はCcにメーリングリストのアドレスを入れて顧客に返信するという、メールによる顧客サポートの方法としてはよくあるやり方です。

しかし、顧客が増えてお問い合わせの件数が増えるにつれてさまざまな問題が発生するようになりました。その中で特に大きなものが2つありました。

まず1つ目はステータス管理ができないことです。メーラーの画面ではどれが対応が完了したお問い合わせなのか管理しにくいため、対応の遅れや漏れが発生していました。フォルダ分けを工夫するなどの方法も考えられますが、メーラー上での工夫の成果はあくまでも個人の範囲にとどまりチーム全体には波及しません。同じ工夫を関係者全員が同じように行うのは無理がありますし無駄です。

2つ目は、1つのお問い合わせでのメールのやりとりの回数が増えるとだんだんと話の経緯を追いかけるのが難しくなることです。引用部分がだんだん長くなってそれまでのやりとりの内容が読みづらくなり、やりとりの内容を記憶している直接の担当者以外の者が代理で対応するのが困難になります。

Redmineが応用できるのではないかというアイデア

Redmineを普段から業務で使っているファーエンドテクノロジーでは、先に挙げた問題を解決するためにRedmineを使うということは自然な発想でした。また、問い合わせの管理にRedmineはうまく適用できるはずという確信もありました。Redmineの得意分野の1つにソフトウェア開発におけるバグの管理がありますが、顧客サポート業務で行うべきことは以下の表のとおりバグ管理とよく似ているためです。

▼ **表3.2** バグ管理と問い合わせ管理の業務の類似性

バグ管理	問い合わせ管理
・発見されたものを「一覧管理」 ・「担当者をアサイン」して修正等を実施 ・「進捗の追跡・未完了案件の把握」が必要 ・「どのように修正したのか「記録」が必要	・お問い合わせを「一覧管理」 ・「担当者をアサイン」して対応を実施 ・「進捗の追跡・未完了案件」の把握が必要 ・どのように対応したのか「記録」が必要

そこで、以下の図3.17のように、顧客が問い合わせのためにRedmineのチケットを作成し、サポート担当者が回答をそのチケットに注記(コメント)として追記する方式でサポートを行えるようにすることとしました。

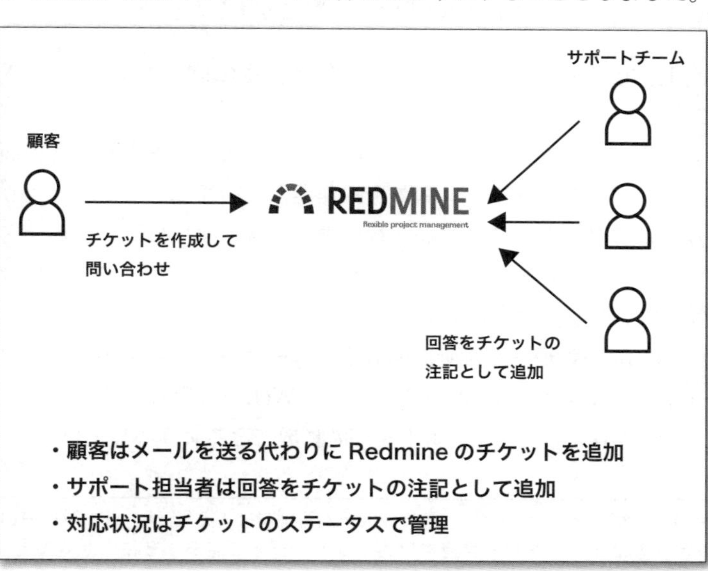

▲ **図3.17** Redmineを活用した顧客サポートの概念図

Redmineの柔軟な設定機能でヘルプデスク用に構成

Redmineで顧客サポートを行うための要件を検討した結果、次の4つが挙がりました。

1. 顧客が自分でアカウント登録をした後はすぐに問い合わせができること
2. ある顧客から別の顧客のチケットが見えてはならない
3. ある顧客から別の顧客の名前が見えてはならない
4. 不要な項目を非表示にしてわかりやすい入力画面を実現する

一般的なRedmineの運用ではあまり求められないものもありますが、Redmineはさまざまな運用に対応できる柔軟な設定機能を持っています。これら4つの要件もWebの管理画面での設定で実現できました。

▶①顧客が自分でアカウント登録をした後はすぐに問い合わせができるように

顧客が最初の問い合わせを行うために、顧客側でアカウント申請などの面倒な作業が必要だったり、スタッフ側で登録作業などの手順が必要だったりすると、お互いに手間がかかる上に顧客は必要なときにすぐに問い合わせをすることができません。初めての問い合わせも面倒な手続き無しですぐに行える状態になっている必要があります。

そこで、Redmineの**管理**→**設定**画面の設定で**ユーザーによるアカウント登録**で**メールでアカウントを有効化**をONにして、Webでの登録と確認メール内のURLクリック操作だけでアカウントを即時作成できるようにしました。

> **NOTE**
> Redmineのユーザーアカウントの登録は、システム管理者による「管理」→「ユーザー」画面での登録のほか、ユーザー自身でアカウント登録ができるようにも設定できます。

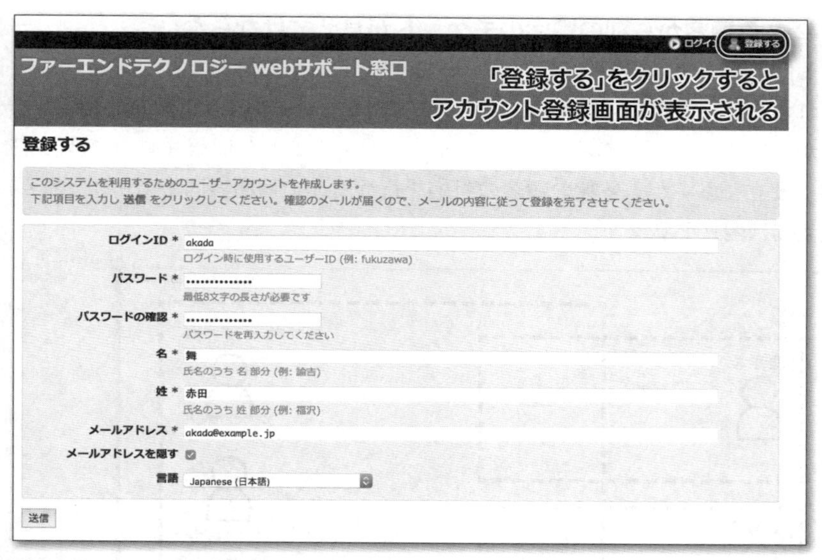

図3.18 ユーザー自身によるWebからのアカウント登録

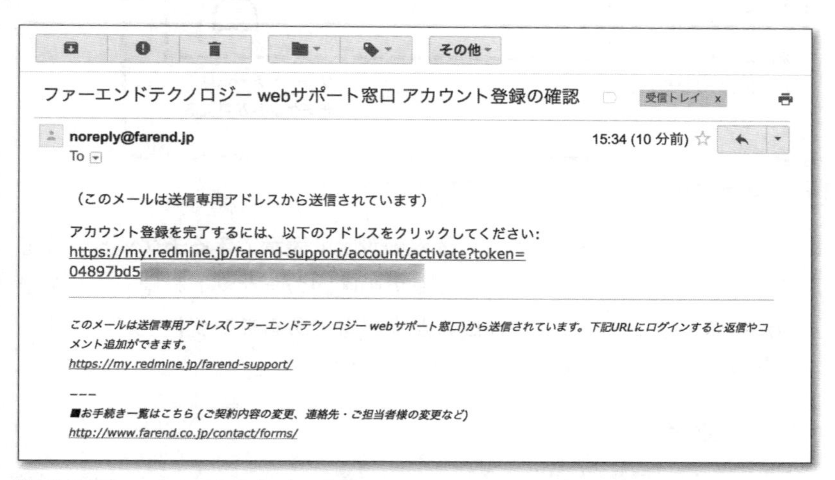

図3.19 アカウント登録時に送信されるメールアドレス確認用のメール

また、サポート用のプロジェクトは**公開**の設定とし、ユーザーがプロジェクトに所属しなくてもログインするだけで利用できるようにしました(プロジェクトにアクセスするときには**非メンバー**ロールの権限が適用される)。

▶②ある顧客から別の顧客のチケットが見えてはならない

お問い合わせの内容にはスクリーンショットや契約情報など、第三者に見られたくない情報が含まれることもあります。一般的なRedmineの運用だとほかのプロジェクトメンバーのチケットが見えることが情報共有や全体の把握に役立ちますが、多数の顧客の対応を行う用途では顧客同士でチケットが見えては困ります。

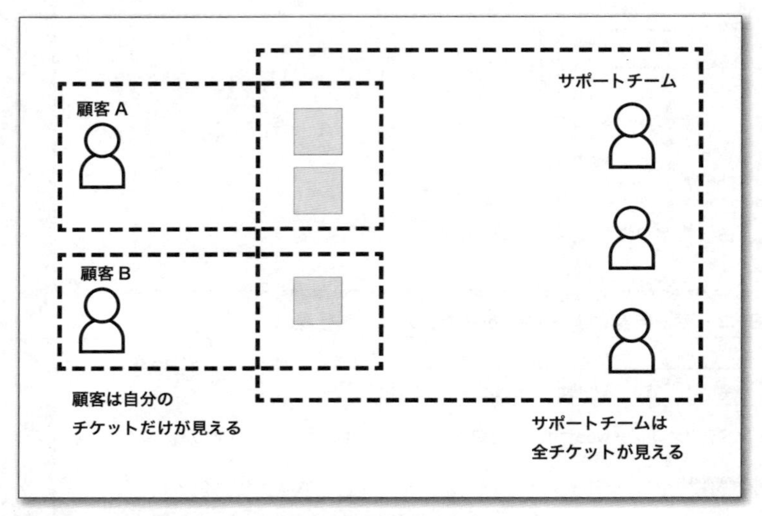

図3.20 チケットが見える範囲は顧客ごとに分離

Redmineの場合、ロールに対する権限の設定で**表示できるチケット**の設定を調整することでそのユーザーがどこまでの範囲のチケットを見ることができるのか指定できます。ここで**作成者か担当者であるチケット**を選び、他の顧客が作成したチケットは表示できないようにしました。

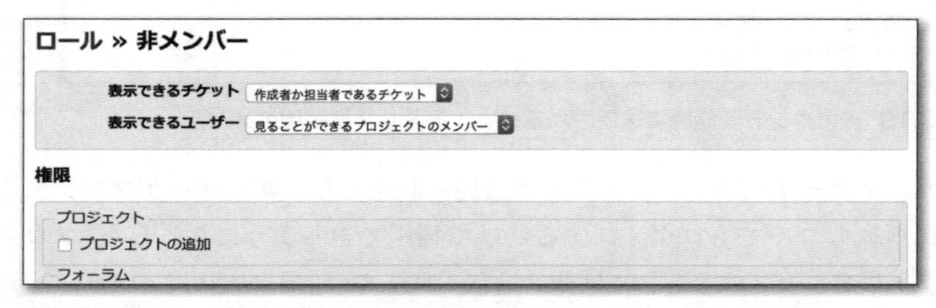

図3.21 ロールの「表示できるチケット」「表示できるユーザー」の設定

▶③ある顧客から別の顧客の名前が見えてはならない

前述②とも関連しますが、ほかの顧客の名前が見えるのも困ります。どこの会社の誰がサポートを利用しているのかが第三者から見えるのは顧客情報の保護の観点から問題があります。

これも②と同様にロールに対する権限の設定で実現できました。**表示できるユーザー**の設定を**見ることができるプロジェクトのメンバー**とすることで、顧客がアクセスできるプロジェクトに所属するメンバーしか見えなくなります。①で説明したとおり顧客はサポート用プロジェクトのメンバーになっていないので、結果としてサポート担当者しか顧客からは見えなくなります。

▶④画面からは不要な項目を非表示にしてわかりやすく

デフォルトのRedmineの画面には多数の入力項目があり、Redmineに慣れていない顧客にとっては分かりにくく感じることがあります。顧客になるべく負担をかけずに使ってもらうためには、一般的なお問い合わせ用画面と比較しても違和感のない程度にシンプルにする必要があります。

これを実現するために、トラッカーの設定で「期日」や「進捗率」などサポートでは使わないフィールドを無効にしました。また、「優先度」や「ステータス」など顧客がチケットを作成するときに設定する必要がないフィールドはワークフローの設定で読み取り専用の設定とすることで、チケット作成画面には表示されないようにしました。その結果、図3.21のようなシンプルな画面を実現できました。

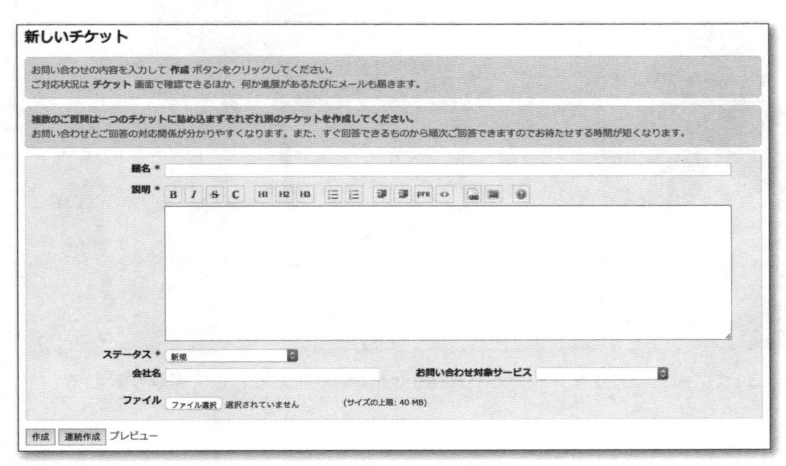

▲ **図3.22** 項目を減らしたチケット作成画面

> **NOTE**
> フィールドを無効にする方法は8.11節「チケットのフィールドのうち不要なものを非表示にする」で、読み取り専用にする方法は8.10節「「フィールドに対する権限」で必須入力・読み取り専用の設定をする」で解説しています。

> **NOTE**
> Redmineをヘルプデスクシステムとして使うための詳細な設定手順は下記資料で解説しています。
>
> 「Redmineを使ったヘルプデスクシステムでサポート業務を効率化」
> http://www.slideshare.net/g_maeda/redmine-58804869

省力化とレスポンスタイムの向上を実現

サポートの方法をメールからRedmineに切り替える大きな目的は、対応漏れを防ぐことと担当者間の情報共有を改善することでした。RedmineによるWebサポート窓口を開設してから数ヶ月で大半の問い合わせがRedmineで行われるようになり、期待していた効果はもちろん、想定外の効果も得られました。

▲ 図3.23 サポートの方法をメールからRedmineに切り替えることで業務が変わる

対応漏れの防止という点では、問い合わせ1件1件がチケットとして管理できるようになったことで対応状況をチケットのステータスで管理できるようになりました。ステータスごとに分類して更新日時で並べ替えれば最後のやりとりから時間がたっている未完了案件もすぐに分かり、対応漏れの防止に大きく役立っています。

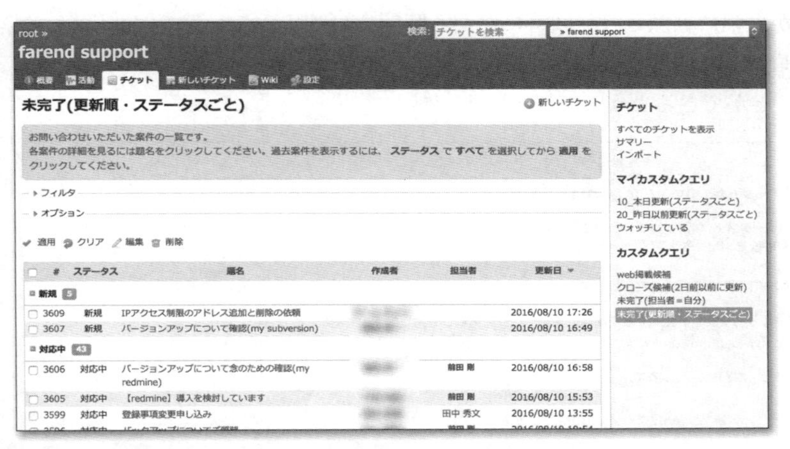

図3.24 ステータスごと・更新日順でチケットを表示させている様子

情報共有も大きく改善できました。ある問い合わせに関するやりとりが1つのチケットの履歴欄にメッセージングアプリのように時系列で並ぶようになり、これまでの経緯が理解しやすくなりました。担当者間の引き継ぎがスムーズに行えるようになったほか、自分が担当している案件でも内容を思い出すのが容易になりました。また、これまでのサポート内容がRedmine上で一元管理されているため、検索機能で過去の回答を探して参考にしたり、同じ顧客の別のお問い合わせを提示しながらの対応もできるようになりました。

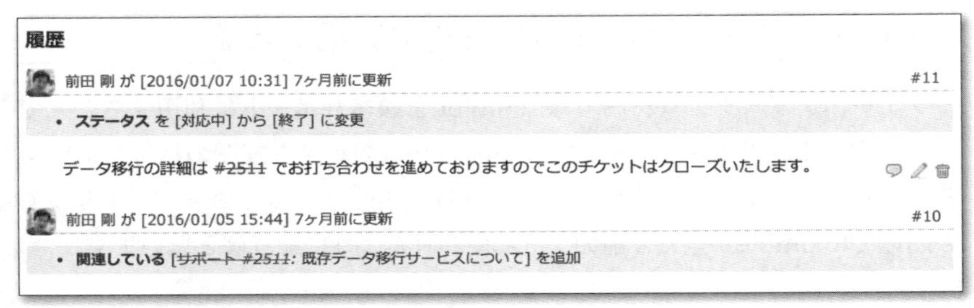

図3.25 対応中に同じ顧客の別のお問い合わせを提示

想定していなかった効果として大きかったのが、顧客とのやりとりの文面が簡潔になり、サポート担当者・顧客双方ともレスポンスが早くなったことです。メールの文面は、一般的な慣習に従うと本題に入る前に定型の挨拶があるなど冗長です。一方Redmineのチケットはメッセージングアプリのように用件を簡潔に書くのが普通です。長々しい形式に従うという手間と心理的負担が大幅に軽減され、回答にかかる時間を短縮することができました。顧客のレスポンスも早くなり、短い時間でより多くのコミュニケーションを重ねることができるようになりました。

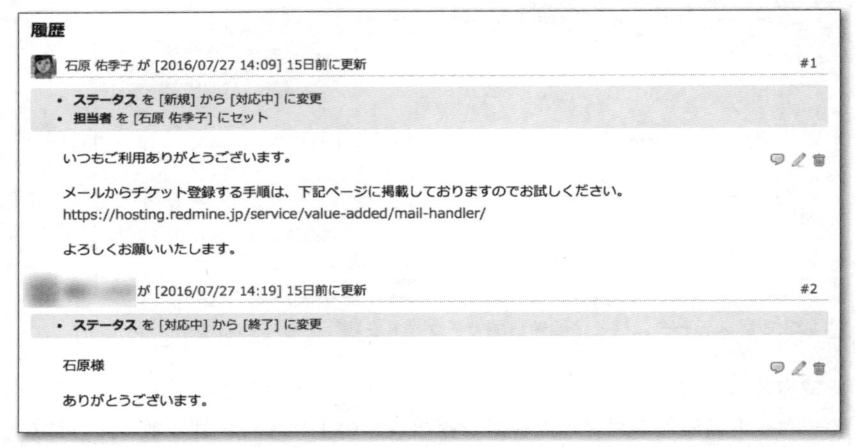

▲ **図3.26** メールというよりはチャットに近い短いやりとり

Redmineの利用によって対応漏れの防止、情報共有の改善、そしてレスポンスタイムの短縮が実現でき、顧客とサポート担当者の双方にとってメリットをもたらすことができました。

Redmineはもっといろんな業務に適用できる

ファーエンドテクノロジーではRedmineを顧客サポートに利用することで業務を大きく改善できました。Redmineは多数の小さな課題の状況を追跡する必要があるさまざまな業務に適用できる汎用性を持っています。より多くの用途でRedmineが当たり前のように使われるようになればと思います。

Chapter 4

Redmineの利用環境の準備

Redmineはサーバ上で動作するWebアプリケーションであり、利用するためにはまずはRedmineがインストールされたサーバを準備します。この章ではサーバの準備方法として、自分自身でサーバを構築する方法とクラウドサービスを利用する方法を紹介します。

4.1 システム構成と動作環境

RedmineはWebアプリケーションとして開発されています。したがって、アプリケーション本体はWebサーバ上で実行し、利用者はWebブラウザを使ってサーバ上のRedmineを利用します。

Redmineを利用するためのシステム構成図を図4.1に示します。

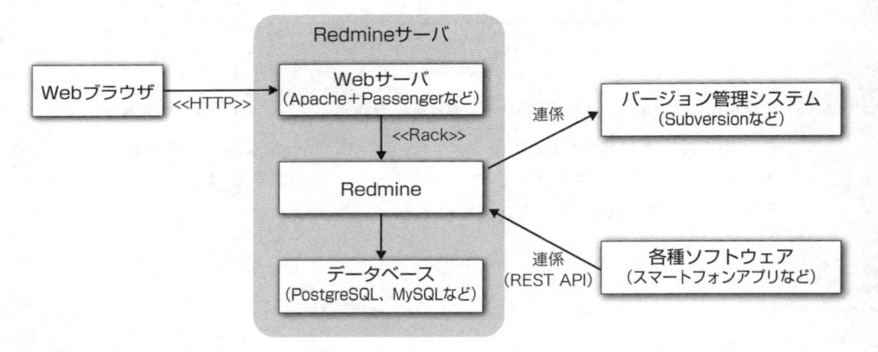

図4.1 Redmine利用時のシステム構成

NOTE: バージョン管理システムとの連係機能はRedmineに組み込まれています。また、RedmineにはREST APIが用意されており、他のソフトウェアからRedmineに蓄積されたデータを利用できます。

▶Webブラウザ

RedmineはWebアプリケーションなので、利用者はWebブラウザを使ってサーバ上のRedmineを利用します。レスポンシブレイアウトに対応しているのでスマートフォンやタブレット端末のブラウザでも利用できます。

▶Rack対応Webサーバ

Webアプリケーションを実行するにはWebサーバが必要です。Redmineの場合、Rackに対応したWebサーバ上で実行できます。

RackはWebサーバとRubyで開発されたアプリケーションのインターフェイスを提供するライブラリです。Rackに対応したWebアプリケーションはRack対応のWebサーバ環境で実行できます。

RedmineはRack対応のWebアプリケーションフレームワークであるRuby on Railsで開発されているので、さまざまなRack対応Webサーバ上で実行できます。Rack対応Webサーバの例を次に示します。

- Apache＋Passenger
- Nginx＋Passenger
- Unicorn
- thin

> NOTE Passenger[1]はApacheまたはNginxでRack対応アプリケーションを実行するためのソフトウェアです。

▶Redmine

Redmineはプログラミング言語RubyとWebアプリケーションフレームワークRuby on Railsで開発されています。LinuxやFreeBSDなどRubyを実行できる環境の多くでRedmineを実行できます。

▶データベース

Redmineはデータベースにデータを蓄積します。Redmine 3.3では次のデータベースに対応しています。

- MySQL 5.0以降
- PostgreSQL 8.2以降
- Microsoft SQL Server 2012以降
- SQLite 3

> NOTE SQLiteは検証やプラグイン開発環境向けです。パフォーマンスの観点から実運用環境には適しません。

【1】Phusion Passenger: https://www.phusionpassenger.com/

▶外部ツールとの連係例① バージョン管理システム

RedmineはGit、Mercurial、Subversionなどのバージョン管理システムと連係する設定を行うことで、Redmine上に登録されているチケットとバージョン管理システム上のリビジョンをRedmine上で相互に関連づけることができます。これによりソースコードの変更の根拠となった機能要求やバグを参照するなどの操作ができるようになります。

NOTE バージョン管理システムと連係するメリットや手順の詳細は、Chapter 12「バージョン管理システムとの連係」で解説しています。

▶外部ツールとの連係例② REST APIの利用

REST APIは、他のソフトウェアからRedmine上のデータにアクセスするためのインターフェイスです。XMLまたはJSON形式のデータを送ってチケットをはじめとしたRedmine上のデータを更新したり、Redmine上のデータをXMLまたはJSON形式で取得したりできます。

REST APIを利用すると、Redmineと連係して動作するアプリケーションを開発することができます。

NOTE REST APIの詳細とREST APIを利用したソフトウェアの例は13.1節「REST API」で解説しています。

4.2 利用環境の準備方法① 自分のサーバにインストール

Redmineはオープンソースソフトウェアなので、ソースコードを公式サイトからダウンロードして自由に環境を構築できます。

LinuxやmacOSなどのUNIX系OSやWindowsなど、Rubyを実行できる多くのOSにインストールできますが、UNIX系OSのほうが情報や事例が多いため構築・運用しやすいでしょう。

Redmineを利用するためのサーバを自分で構築する方法を2つ紹介します。

4.2.1 Redmineを公式サイトからダウンロードしてインストール

公式サイト[2]からダウンロードしたソースコードを使ってインストールするのはほかの方法と比べると手間がかかりますが、①常に最新版を追いかけることができる、②自分で都合のよいように環境を構築できる—などのメリットがあります。

詳細なインストール手順はRedmine本体やOSのバージョンアップによって頻繁に変わるため本書では扱いません。次のWebサイトなどで最新情報をご確認ください。

▶Redmine公式サイト

http://www.redmine.org/projects/redmine/wiki/Guide

公式サイト内のインストール手順です。随時更新されています。

▶Redmine.JP Blog

http://blog.redmine.jp/

最新のRedmineをCentOSとUbuntuにインストールするための手順が公開されています(図4.2)。

【2】http://www.redmine.org/projects/redmine/wiki/Download

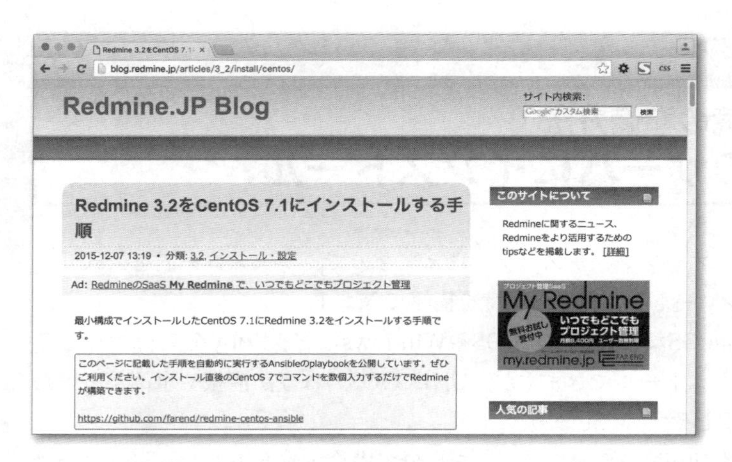

図4.2 最新のRedmineをCentOSにインストールするための手順

4.2.2 BitNami Redmine Stackを利用した一括インストール

BitNamiはさまざまなオープンソースソフトウェアの利用環境をWindows、LinuxまたはmacOS上で簡単に構築できるインストーラを提供しています。Redmine用には「BitNami Redmine Stack」が配布されています(図4.3)。

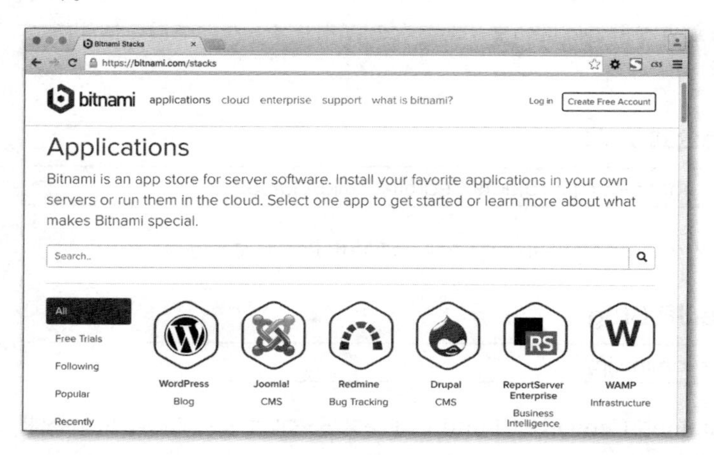

図4.3 Bitnamiのサイト(https://bitnami.com/)。およそ150種類(2016年11月時点)のオープンソースソフトウェアのインストーラや仮想マシンをダウンロードできる

対話型のインストーラでいくつかの質問に答えるだけでWebサーバやデータベースなどのセットアップもまとめて行われるので、公式サイトからソースコードをダウンロードしてセットアップするよりもはるかに簡単に環境を構築することができます(図4.4)。

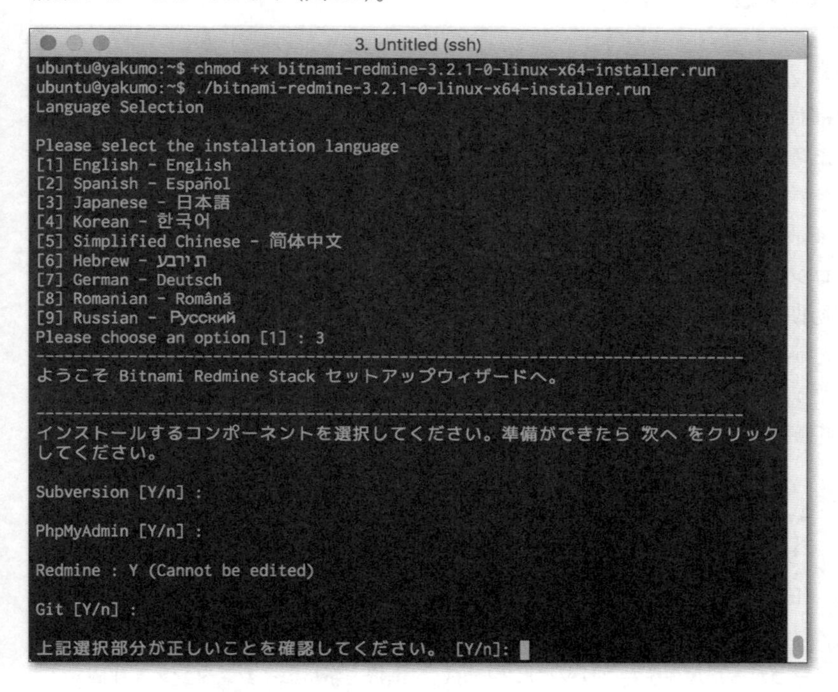

図4.4 Bitnami Redmine StackのインストーラをLinux上で実行している様子

Windows用のインストーラと仮想化ソフトウェアのVirtualBoxとVMWareですぐに使える仮想マシンイメージも配布されているので、手元のPCでRedmineをちょっと試してみたいときにも素早く環境を準備することができます。

4.3 利用環境の準備方法② AWSの利用

パブリッククラウドサービスのAWS（Amazon Web Services）にはAMIと呼ばれるサーバの起動イメージを配布する仕組みがあり、Redmineを実行するためのAMIもいくつか公開されています。AWSのアカウントを持っていれば、数分程度でRedmineが稼働するサーバを起動することができます。

多数公開されているRedmineのAMIの中から、ここではファーエンドテクノロジー株式会社が公開しているAMIを紹介します。日本語での利用に適した初期設定が行われていること、日本語の紹介ページも用意されていることなどから比較的扱いやすいと思います。

ファーエンドテクノロジー株式会社によるAMIを使ったインスタンスは次の手順で起動できます。

1. AWSマネジメントコンソールにログイン
2. 「サービス」から「EC2」を選択
3. 「EC2 ダッシュボード」から「AMI」を選択
4. 「パブリックイメージ」を選択してfarend-redmineで検索
5. 見つかったAMIを右クリックして「作成」を選択、新しいインスタンスを作成する

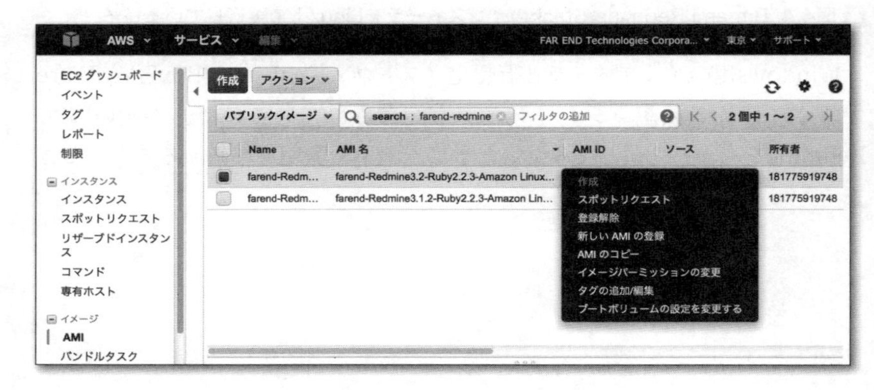

▲ **図4.5** AWSマネジメントコンソールでAMIを検索してインスタンス作成

4.4 利用環境の準備方法③ クラウドサービスの利用

Redmineはオープンソースソフトウェアなのでライセンスコストを気にせず利用できます。ただ、Redmineを稼働させるサーバを構築したり運用を継続するには技術・知識が必要なことに加え、継続的なサーバ保守を行う必要があります。

Redmineは広く普及していてある程度の市場規模があるため、Redmine自体をクラウドサービスとして提供している企業がいくつかあります。クラウドサービスの利用には料金がかかるものの、以下のメリットがあります。

- サーバ構築やメンテナンス、Redmineのバージョンアップなどを自分で行う必要がなく、本来の業務に集中できる
- インターネット経由で社外からも同じデータにアクセスでき、協力会社など複数の組織が関係するプロジェクトでも情報共有を円滑に行える
- 人件費を考えると自前で構築・運用するよりも安いことが多い

Redmineを利用できる主なクラウドサービスを紹介します。

NOTE 各サービスの料金・仕様はいずれも2016年11月時点のものです。最新の情報は各社のWebサイトなどでご確認ください。

▶My Redmine—大きめのプロジェクトでも利用しやすい料金

My Redmineは2009年に開始された国内で最も歴史が長いサービスです。200ユーザーまで月額税別7,600円からという手軽な料金で利用できます。

提供元のファーエンドテクノロジー株式会社は日本最大級のRedmine情報サイト「Redmine.JP」[3]の運営を行ったり、Redmine自体の開発にも参加したりするなど、Redmine普及のための活動も積極的に行っています。これらの活動を通じてRedmineの最新情報を常に把握しているスタッフが、サービス運営と顧客サポートを行っています。

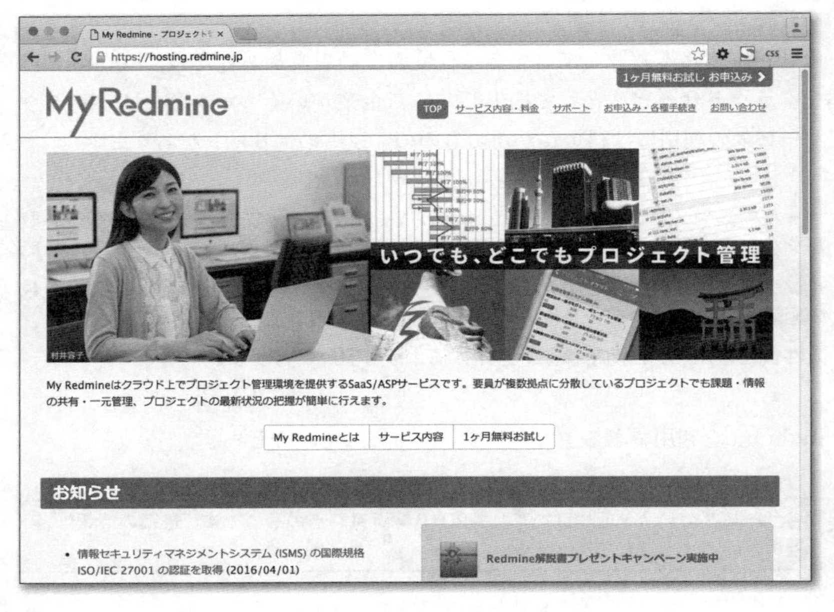

図4.6 「My Redmine」のWebサイト(https://hosting.redmine.jp/)

【3】http://redmine.jp/

▶Planio—画面デザイン改良と多数の機能追加

PlanioはRedmineを美しく高機能に改良したクラウドサービスです。最も分かりやすい特長はきれいな画面デザインですが、それ以外にもカンバン、チャット、GitとSubversionリポジトリなど多数の追加機能が利用できます。ドイツのPlanio GmbHによるサービスですが日本語でのサポートも提供されていて、国内でも安心して利用できます。

有料サービスの料金は19ユーロから。無料プラン(Bronzeプラン:1プロジェクト・2ユーザー・500MBまで)も用意されています。

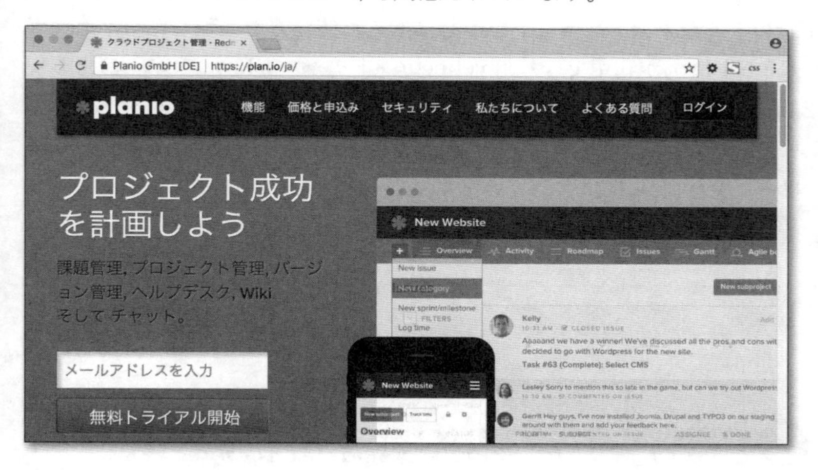

▲ 図4.7 「Planio」のWebサイト(https://plan.io/ja/)

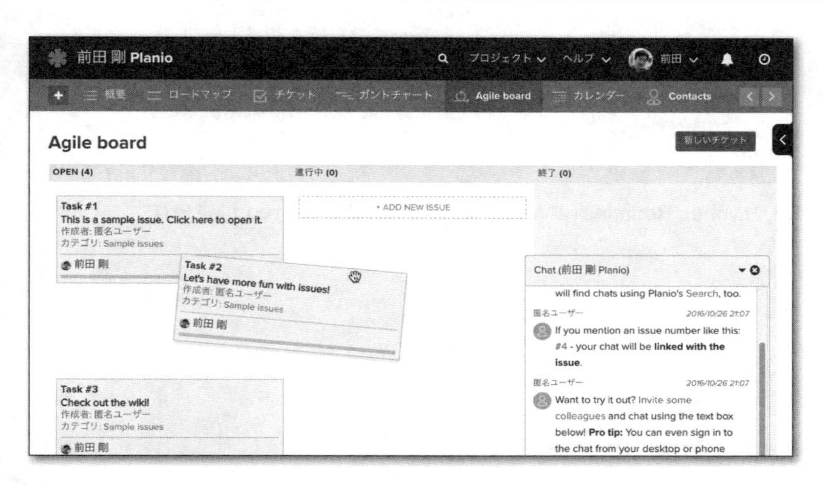

▲ 図4.8 Agile board(カンバン)

▶Lychee Redmine on Cloud—PM向けの拡張機能が充実

株式会社アジャイルウェアが提供する「Lychee Redmine on Cloud」は同社が開発・販売する「Lychee Redmine」シリーズのプラグインが組み込まれているのが最大の特長です。通常のRedmineに対して、プロジェクトマネージャー向けの管理機能(スケジュール・リソース・コスト・品質の管理)が強化されています。オプションでプラグインの追加やRedmineのカスタマイズにも対応できます。

ガントチャートに直接編集機能などの拡張を加えることでMicrosoft Projectのようなガントチャートを中心に据えた使い方を実現した「Lycheeガントチャート Pro」が利用できる「Lycheeガントチャート Pro プラン」は月額税別32,000円、タスクカンバンやバーンダウンチャートも使える「Lycheeガントチャート Pro＋アジャイル プラン」は月額税別37,000円(料金はいずれも25ユーザーの場合)から提供されています。

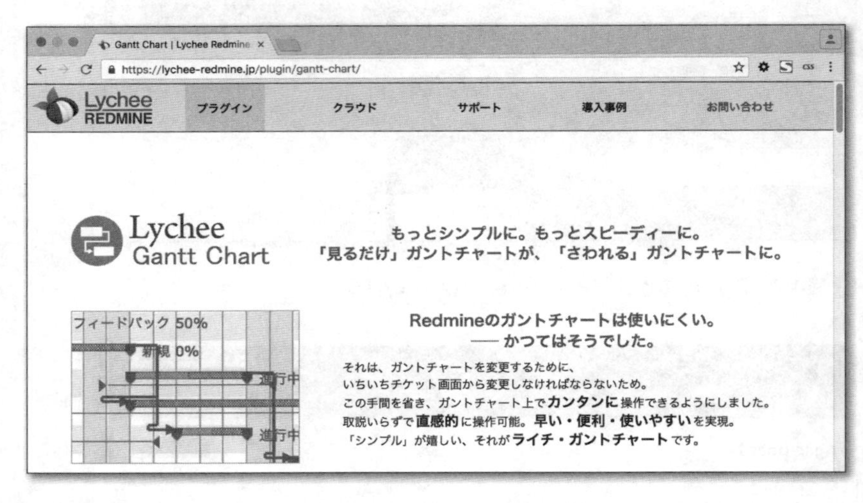

図4.9 「Lychee Redmine」のWebサイト(https://lychee-redmine.jp/)

Chapter 5

Redmineの初期設定

Redmineのインストールが終わってから、実際に利用を始めるまでに必要な初期設定の手順とおすすめの設定を説明します。

5.1 管理機能へのアクセス

Redmineのアプリケーション全体の設定は、「システム管理者」という特権を持っているユーザーのみが行えます。インストール直後のRedmineにアクセスできるユーザーは、システム管理者であるadminのみです。Redmineを使い始めるためにはまずadminでログインして各種設定を行います。

▼ 表5.1 インストール直後に利用可能なユーザー

ログインID	パスワード
admin	admin

NOTE admin以外のユーザーにもシステム管理者権限を付与できます。ユーザーの登録または編集画面で「システム管理者」チェックボックスをONにしてください。

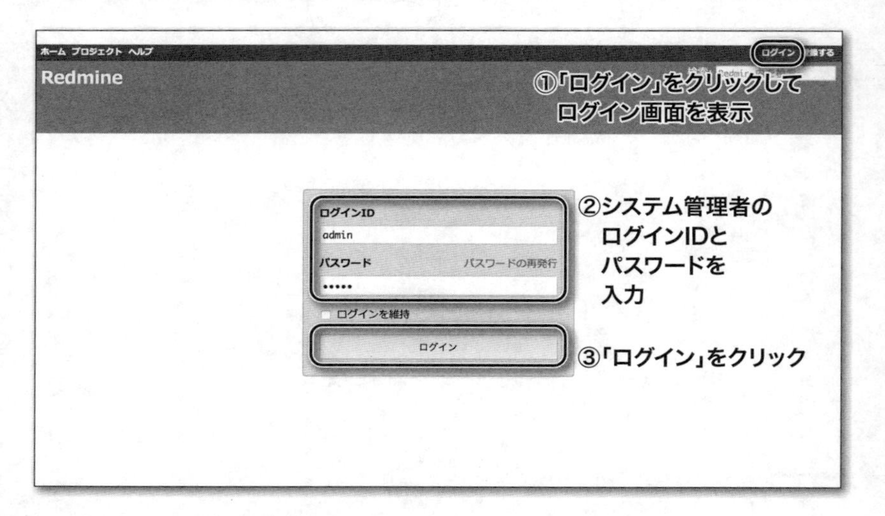

▲ 図5.1 インストール直後の唯一のユーザー「admin」でログイン

初めてadminでログインすると安全のためにパスワードの変更を求められます。第三者に不正にログインされることがないよう、デフォルト以外の安全性の高いもの(複雑なもの)に変更してください。

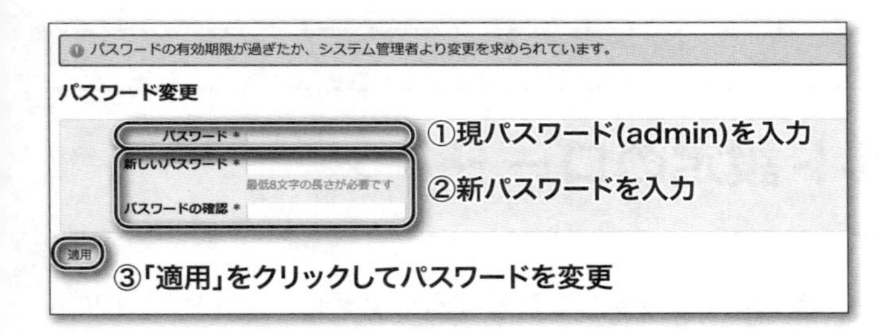

図5.2 「admin」ユーザーでの初回ログイン時はパスワード変更が強制される

adminなどシステム管理者権限を持つユーザーがログインすると、画面最上部のトップメニュー内に**管理**という項目が表示されます。これをクリックするとRedmineの設定が行える**管理**画面が表示されます。

図5.3 トップメニュー内の項目「管理」をクリックして管理機能にアクセス

Redmineの設定やユーザー作成などほとんどの管理操作はこの画面から行えます。

図5.4 システム管理者のみがアクセス可能な「管理」画面

5.2 デフォルト設定のロード

トップメニューの**管理**をクリックして**管理**画面にアクセスしたとき、図5.5のようにデフォルト設定のロードを求める警告が表示されることがあります。これは、デフォルトのトラッカーや優先度などのRedmineを使い始めるために必要な初期データが未投入であることを示しています。

このようなときは、**言語**セレクトボックスから**Japanese (日本語)**を選択し、**デフォルト設定をロード**ボタンをクリックしてください。日本語用のデフォルト設定の読み込みが行われ警告が消えます。

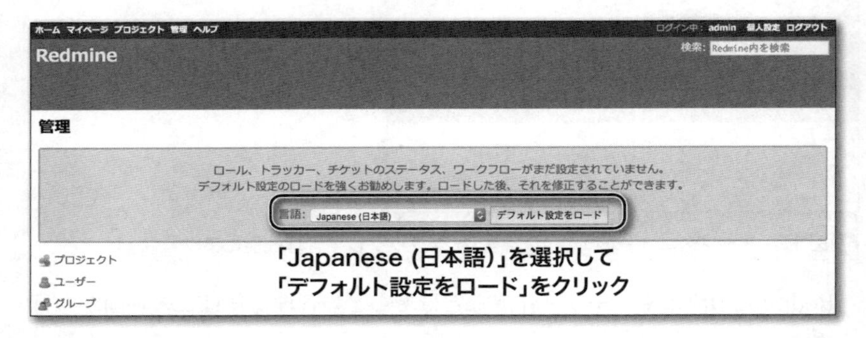

▲ **図5.5** デフォルト設定がロードされていないときの「管理」画面の表示

> **NOTE** デフォルト設定は、本来はインストール過程でbundle exec rake db:migrate RAILS_ENV=productionを実行してロードします。これを行わなかった場合に「管理」画面に上記の警告が表示されます。

デフォルト設定には次のものが含まれます。いずれも管理画面で自分で設定することもできますが大変手間がかかるので、デフォルト設定をロードしてからカスタマイズすることをお勧めします。

- ロール
- チケットのステータス
- トラッカー
- ワークフロー
- 選択肢の値(文書カテゴリ、チケットの優先度、作業分類)

5.3 アクセス制御の設定

Redmineはもともとはオープンなコミュニティでの利用を想定していたのかアクセス制御に関するデフォルト設定はかなり緩めで、そのままでは誰もが多くの情報を閲覧できる状態です。設定を見直すことで、情報へのアクセスを明示的に指定したユーザーのみに限定し、業務での利用やインターネット上での公開にも耐えうる状態にできます。

まずは画面左上のトップメニュー内の**管理**をクリックして**管理**画面にアクセスしてください。

図5.6 トップメニュー内の「管理」をクリック

管理画面が表示されたら**設定**をクリックしてください。

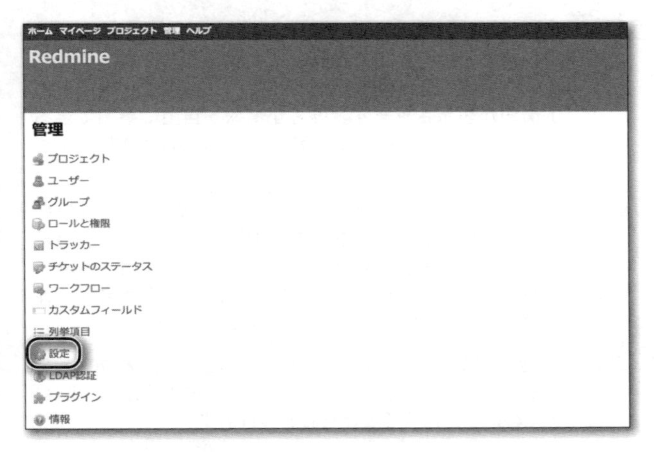

図5.7 「管理」画面の「設定」をクリック

5.3.1 ユーザーの認証に関する設定

ログインしていないユーザーには情報を一切見せないようにするなどのユーザー認証に関する設定を**管理**→**設定**→**認証**で行います。

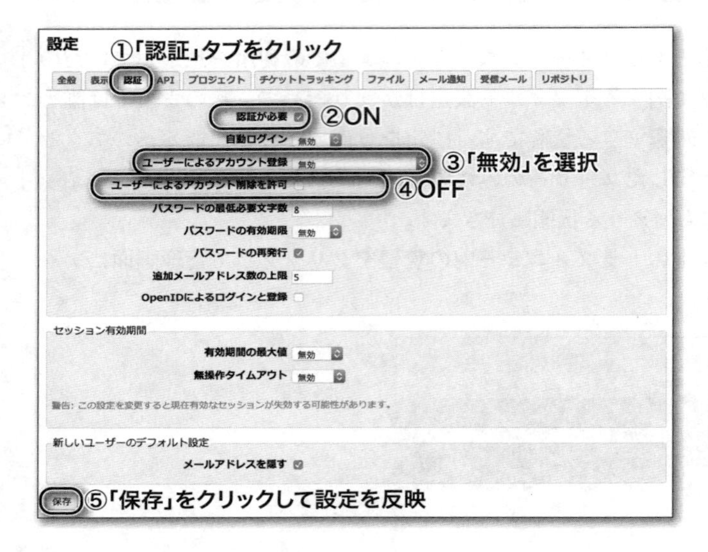

図5.8 認証に関する設定画面

表5.2 認証に関するお勧め設定

設定項目	推奨設定	設定と説明
認証が必要	ON	OFFの状態だと、Redmineにログインしていなくても「ホーム」画面や「公開」と設定されているプロジェクトの情報が表示されます。誰もが情報を自由に参照できるようにしたい特別な理由がある場合以外はONにしてください。
ユーザーによるアカウント登録	「無効」	アカウントの登録をユーザー自身の操作で行う機能。「無効」にするとシステム管理者のみがアカウントの登録を行えます。限られたメンバーのみで利用する場合やアカウントの管理を厳格に行いたい場合は自動登録機能は不要なので「無効」にしてください。
ユーザーによるアカウント削除を許可	OFF	「個人設定」画面でユーザーが自分自身のアカウントを削除できる機能。ユーザーの誤操作による削除を防ぐためにOFFにすることをお勧めします。

NOTE 認証タブには「**パスワードの最低必要文字数やパスワードの有効期限**」の設定もあり、短いパスワードを禁止したりパスワードの定期変更を強制したりできます。

5.3.2 新たに作成したプロジェクトを「公開」にしない設定

新しく作成したプロジェクトはデフォルトでは**公開**状態になりますが、これだとRedmineにログインした人は誰でもプロジェクト上の情報を参照できてしまいます。プロジェクトのメンバーとして登録されているユーザー以外はアクセスできない状態でプロジェクトが作成されるよう、**管理→設定→プロジェクト**で設定します。

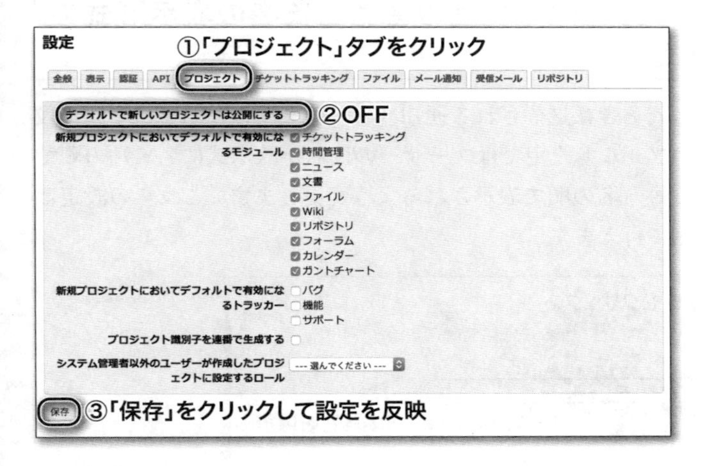

▲ **図5.9** プロジェクトに関する設定画面

▼ **表5.3** プロジェクトに関するお勧め設定

設定項目	推奨設定	設定と説明
デフォルトで新しいプロジェクトは公開にする	OFF	デフォルトではこの設定項目はONに設定されており、プロジェクトのメンバーとして登録されていないユーザーも情報を閲覧できます。さらに、「認証が必要」(「管理」→「設定」→「認証」)がOFFの場合、Redmineにログインしなくても情報の閲覧ができる状態となります。意図せずに情報が広く公開されてしまうことを防ぐために、この設定をOFFにすることをお勧めします。

5.4 日本語での利用に最適化する設定

Redmineはおよそ50の言語に対応していて、デフォルト設定のままでも画面は日本語で表示されます。しかし、そのままだと氏名が欧米風に名・姓の順で表示されたり、一部画面で文字化けが発生するなどの問題があります。これらは設定変更で解消できます。

5.4.1 メール通知の文面の言語と氏名の表示形式の設定

情報が更新されたときに送信される通知メールの文面の言語を日本語に設定します。またデフォルト設定ではユーザーの氏名が欧米式に名・姓の順で表示されるので、姓・名の順で表示されるよう変更します。これらの設定は**管理→設定→表示**で行えます。

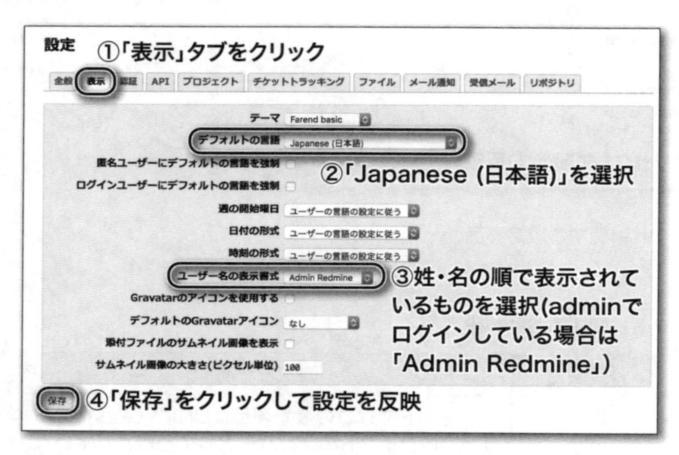

▲ 図5.10 「デフォルトの言語」と「ユーザー名の表示書式」の設定

▼ **表5.4** メール通知の文面の言語と氏名の表示形式の設定

設定項目	推奨設定	設定と説明
デフォルトの言語	「Japanese (日本語)」	メール通知の文面が日本語になります。また、新たに作成したユーザーの画面表示の言語が日本語に設定されます。なお、この項目の設定値と無関係に、各ユーザーの画面表示の言語は「個人設定」でユーザーごとに自由に変更できます。
ユーザー名の表示書式	「Admin Redmine」	氏名を「姓 名」の順で表示させます。デフォルトでは逆(欧米式)になっています。

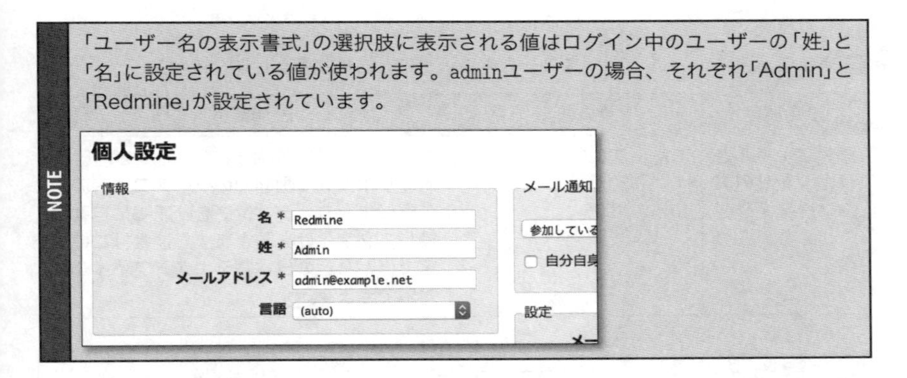

「ユーザー名の表示書式」の選択肢に表示される値はログイン中のユーザーの「姓」と「名」に設定されている値が使われます。adminユーザーの場合、それぞれ「Admin」と「Redmine」が設定されています。

5.4.2 一部画面での文字化け防止のための設定

添付ファイルやソースコードの内容をRedmineで表示するとき、デフォルト設定ではUTF-8以外のエンコーディング(例えばWindowsでよく使われるCP932やUNIX系OSでかつてよく使われていたEUC-JP)のファイルは、日本語部分が文字化けしてしまいます。

添付ファイルやソースコードで使用する可能性があるエンコーディングを**管理→設定→全般**の**添付ファイルとリポジトリのエンコーディング**で設定しておけば、画面表示の際にそれらのエンコーディングからの変換が行われ、文字化けすることなく表示されます。

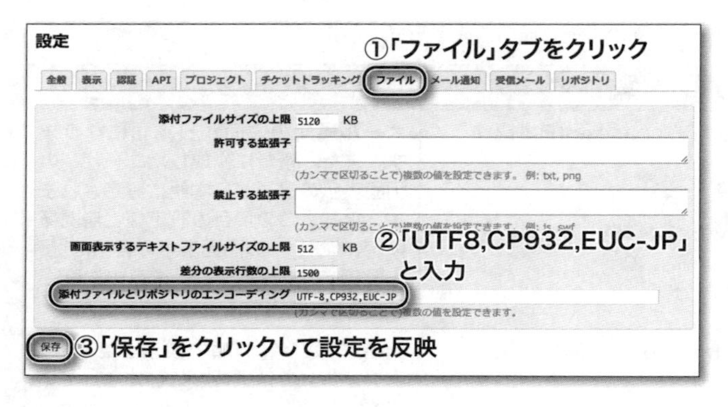

▲ **図5.11** 「ファイル」タブでのエンコーディングの設定

▼ **表5.5** 添付ファイルとソースコードを表示するときの文字化け防止の設定

設定項目	推奨設定	設定と説明
添付ファイルとリポジトリのエンコーディング	UTF-8,CP932,EUC-JP	チケットやWikiの添付ファイルの内容表示、リポジトリ画面でのソースコード表示の際にエンコーディングをUTF-8に自動変換して文字化けを防ぎます。通常はこの設定でほとんどの日本語テキストファイルに対応できます。

NOTE

「添付ファイルとリポジトリのエンコーディング」には上記以外にも、例えば中国語で使われるGB18030やBig5などさまざまなものが設定できます。設定可能なエンコーディングの一覧を確認するには、Redmineサーバのコマンドラインで`ruby -e 'puts Encoding.name_list'`を実行してください。

5.5 メール通知の設定

Redmineにはプロジェクトの情報が更新されたことをメールで知らせてくれる「メール通知」機能があります。メール内のURLと送信元アドレスを適切なものにするための設定を行います。

> **NOTE** メール送信に使用するサーバや認証情報などの技術的な設定はインストール時にサーバ上のファイルconfig/confguration.ymlを編集することで行います。「管理」画面では文面や送信元アドレスに関する設定のみが行えます。

5.5.1 リンクURLを正しく生成するための設定

Redmineから通知されるメールの本文にはRedmine上の情報へのリンクが含まれます。正しいリンクURLを生成するために必要な情報を、**管理→設定→全般**で設定してください。

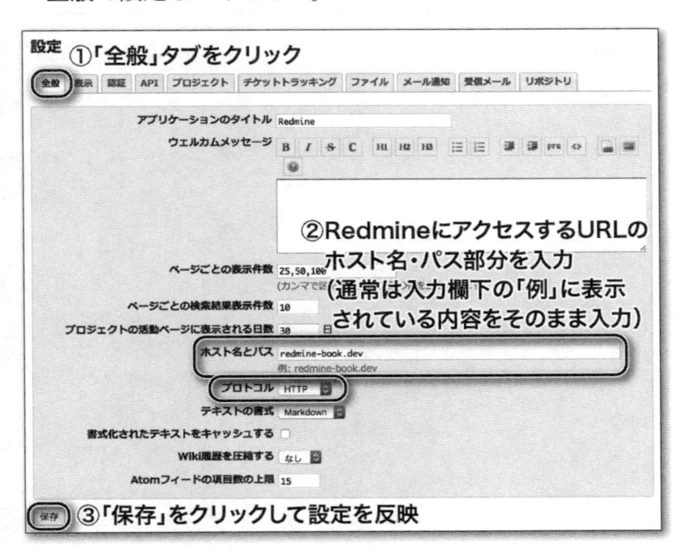

図5.12 「全般」タブでのメール通知で使われるURLの設定

▼ **表5.6** リンクURLを正しく生成するための設定

設定項目	設定と説明
ホスト名とパス	メールの本文に含まれる、チケットなどへのリンクURLの生成に使われます。Redmineにアクセスできる正しいURLが生成されるよう、Redmineにアクセスする際に使用するホスト名(必要であればディレクトリ名も含める)を入力してください。ほとんどの場合、テキストフィールドの下に例として表示されている値を入力すれば正しく設定できます。
プロトコル	「ホスト名とパス」同様、メール内のリンクURLを生成するのに使われます。「HTTP」または「HTTPS」のいずれか、Redmineにアクセスする際に使用するプロトコルを選択してください。

WARNING 「プロトコル」で「HTTPS」を選択しただけでRedmineにSSLでアクセスできるようになるわけではありません。この設定はリンクURLを生成するためだけに使われます。SSLを利用するためにはSSLサーバ証明書の調達やWebサーバの設定が必要です。

NOTE 例えばRedmineにアクセスするためのURLが`https://www.example.jp/redmine`であれば、「ホスト名」は`www.example.jp/redmine`、「プロトコル」は「HTTPS」とします。

5.5.2 メールのFromアドレスとフッタの設定

Redmineから送信されるメールのFromのアドレスと本文のフッタの設定を**管理→設定→メール通知**で行います。

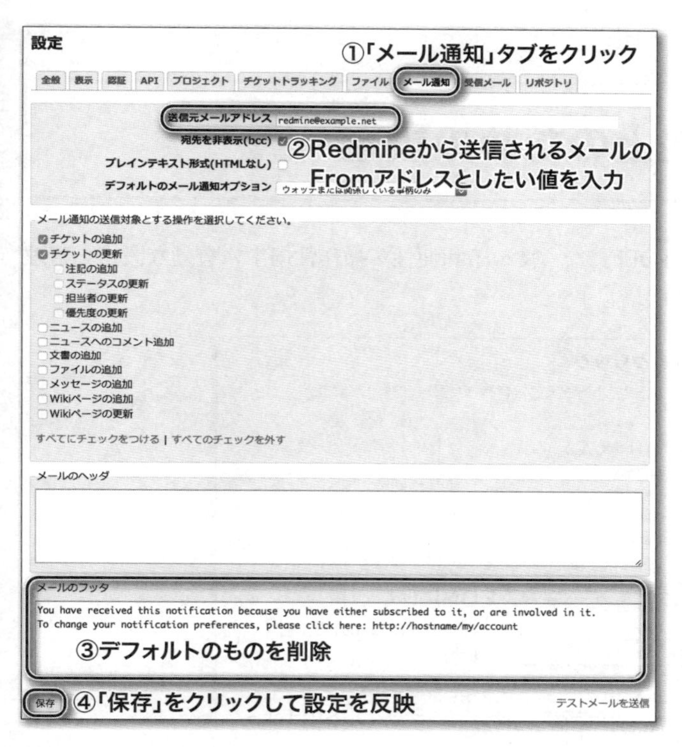

▲ **図5.13** メール通知に関する設定画面

▼ **表5.7** メールのFromアドレスとフッタの設定

設定項目	推奨設定	設定と説明
送信元メールアドレス	実在するメールアドレス	Redmineから送信されるメールのFromとなるアドレスです。デフォルトでは架空のメールアドレスが設定されていますが、受信側のメールサーバの設定によっては実在しないアドレスからのメールは拒否される場合があるので、トラブルを避けるために実在するアドレス(あえて架空のアドレスを使用する場合もドメインだけは実在するもの)を入力することをお勧めします。
メールのフッタ	デフォルトのものを削除	メールのフッタに常に挿入される文言です。デフォルトの英語の文面は邪魔に感じることも多いかと思いますので、削除するのがおすすめです。別の文言で差し替えてもかまいません。

5.6 利便性向上のための設定

デフォルトではOFFになっている利便性・操作性向上に有効な設定を**管理→設定→表示**でONにします。

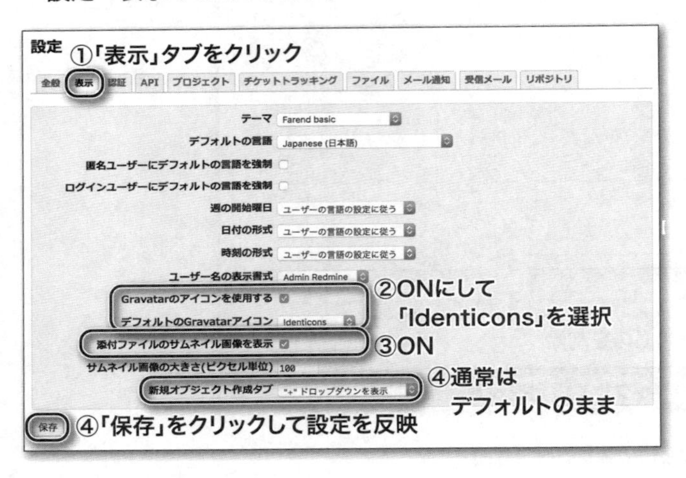

図5.14 表示に関する設定画面

表5.8 利便性向上のための設定

設定項目	推奨設定	設定と説明
Gravatarのアイコンを使用する	ON	チケット画面や活動画面などのユーザー名の近くにそのユーザーのアイコンを表示します。アイコンはGravatar[1]というサービスに登録されているもので、そのユーザーのメールアドレスをキーに検索されます。Gravatarについては、本表の次のWARNINGも参照してください。
デフォルトのGravatarアイコン	「Identicons」	ユーザーのアイコンがGravatarに登録されていないときに表示するアイコンを選択します。「Identicons」はユーザーごとに色や形が微妙に異なる幾何学模様のアイコンです。あまり癖がないので業務用のRedmineでも使いやすいと思います。

【1】http://ja.gravatar.com/

添付ファイルのサムネイル画像を表示	ON	チケットやWikiに画像ファイルを添付したときにサムネイル画像を表示します。添付ファイルの識別がしやすくなり便利です。
新規オブジェクト作成タブ	「"+" ドロップダウンを表示」	プロジェクトメニューにオブジェクト追加用の汎用の「+」ボタンを表示します。この設定がデフォルトです。 Redmine 3.3.0では「+」ボタンが追加され、Redmine 3.2まで存在した「新しいチケット」タブはデフォルトでは表示されなくなりました。以前のバージョンのRedmineに慣れていて引き続き「新しいチケット」タブを利用したい場合はこの設定を「"新しいチケット" タブを表示」に変更してください。

WARNING

「Gravatarのアイコンを使用する」をONにしてユーザーのアイコンを表示するためには、そのユーザーが自分のアイコンとメールアドレスをGravatarに登録していることが必要です。Gravatarにアイコンを登録するにはhttp://ja.gravatar.com/にアクセスしてください。

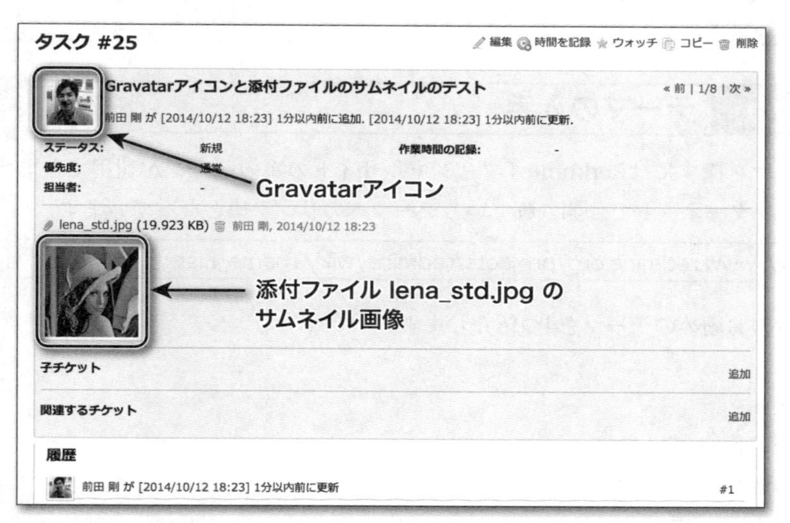

図5.15 設定「Gravatarのアイコンを使用する」と「添付ファイルのサムネイル画像を表示」の効果

5.7 テーマの切り替えによる見やすさの改善

Redmineの画面のフォントや配色は、テーマを切り替えることで変更できるようになっています。デフォルトで組み込まれている**デフォルト**、**Alternate**、**Classic**の3つのほか、多数のテーマがインターネット上で配布されています。

デフォルトのままでも利用できますが、筆者にとっては文字のコントラスト弱めで、さらに文字が小さく見にくく感じます。より見やすい画面でRedmineを使うために、インターネットで入手したテーマに切り替えて利用することをお勧めします。

> **NOTE**
> 本書に掲載しているRedmineのスクリーンショットはfarend basicというテーマを適用した状態で撮影されています。farend basicは日本語のテキストを表示するときの見やすさを重視したテーマで、デフォルトテーマの雰囲気を極力維持しつつ、フォントと色の調整などを行っています。

5.7.1 テーマの入手

テーマを探すにはRedmineオフィシャルサイトの次のページが利用できます。インターネットで公開されているテーマへのリンク集となっています。

```
http://www.redmine.org/projects/redmine/wiki/Theme_List
```

筆者のお勧めのテーマを4つ紹介します。

- A1テーマ
- farend basicテーマ
- farend fancyテーマ
- gitmakeテーマ

▶A1

http://redminecrm.com/pages/a1-theme

淡色・グレー・黒を基調とした落ち着いた配色とモダンな雰囲気が特徴です。

図5.16 A1テーマ

▶farend basic

http://blog.redmine.jp/articles/farend-basic-theme/

日本語のテキストを表示するときの見やすさを重視したテーマで、デフォルトテーマの雰囲気を極力維持しつつ、フォントと色の調整を行っています。また、チケット一覧画面で優先度に応じた色分け表示、チケット作成日・更新日を「○日前」という表現ではなく日時で表示、そのほか操作性を改善するための細かな調整などを行っています。

本書に掲載しているスクリーンショットはこのテーマが適用された状態のものです。

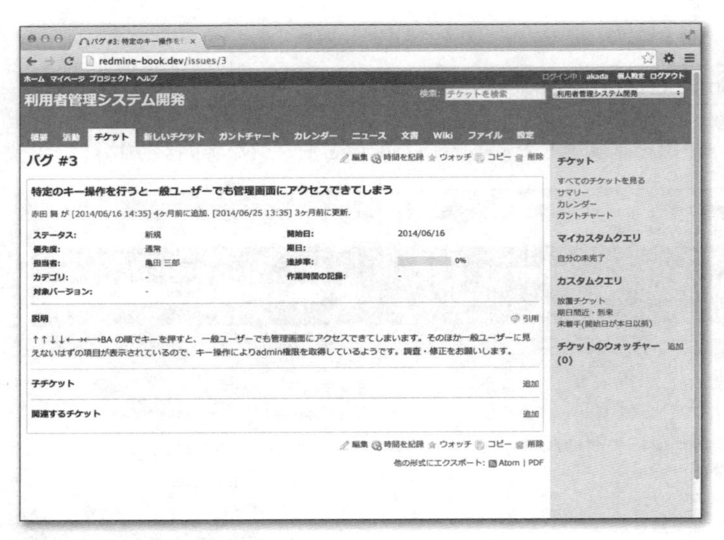

▲ 図5.17 farend basicテーマ

▶farend fancy

https://github.com/farend/redmine_theme_farend_fancy

farend basicをベースにアイコン表示の追加や色などの微調整を行ったテーマです。

▲ 図5.18 farend fancyテーマ

図5.19 farend fancyテーマによりアイコンが追加されたメニュー

▶gitmake

https://github.com/makotokw/redmine-theme-gitmike

GitHub風のデザインのテーマです。メニューやサイドバーは明るいグレー、チケットの背景など一部に彩度を抑えた淡い色が使われています。見やすく明るい雰囲気のテーマです。

図5.20 gitmakeテーマ

5.7.2 テーマのインストール

Redmineにテーマを追加するには、テーマのディレクトリ全体をRedmineのインストールディレクトリのpublic/themes以下にコピーしてください。

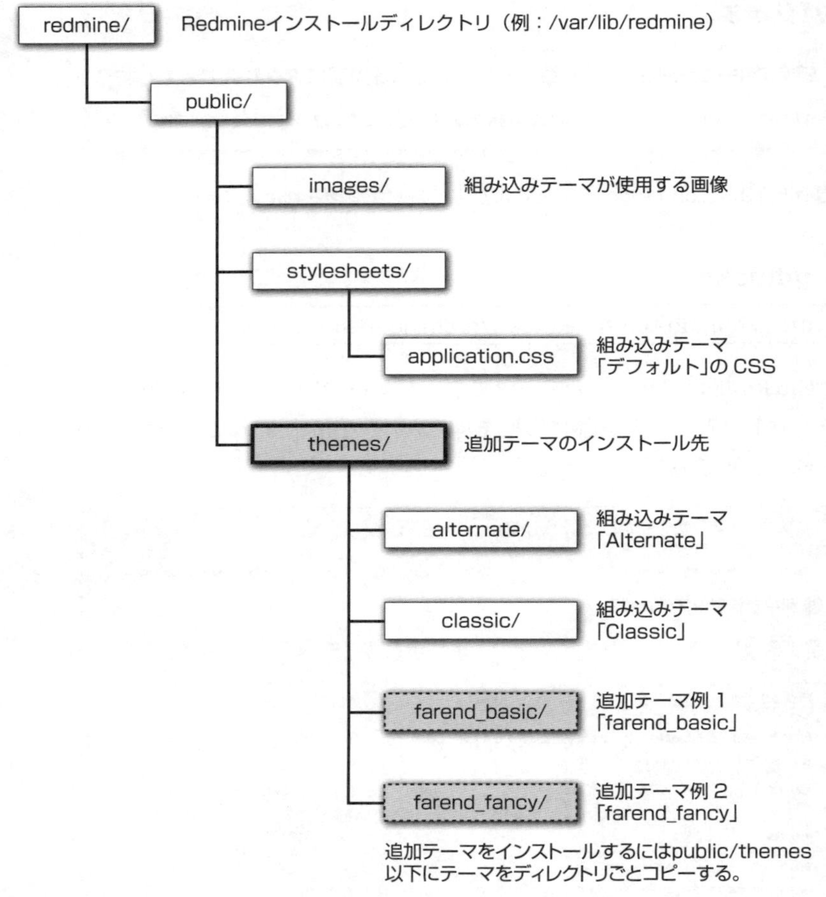

▲ **図5.21** 追加のテーマはpublic/themes以下にディレクトリごとコピーする

コピー後、すぐにテーマは**管理**→**設定**→**表示**で選択できるようになります。サーバやRedmineの再起動は不要です。

5.7.3 テーマの切り替え

テーマの切り替えは**管理**→**設定**→**表示**で行えます。

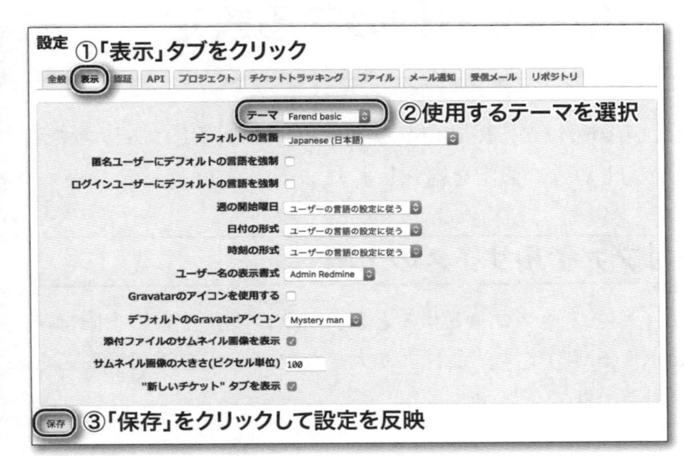

▲ **図5.22** 「表示」タブでのテーマの設定

▼ **表5.9** テーマの切り替え

設定項目	推奨設定	設定と説明
テーマ	(好みのものに変更)	選択肢には現在インストールされているテーマの一覧が表示されます。使用するものを選択してください。

5.8 そのほかの検討をお勧めする設定

これまで紹介したもののほか、Redmineを使うチームの運用にあわせて変更する必要があるかもしれない設定を紹介します。

5.8.1 添付ファイルサイズの上限

Redmineにファイルをアップロードするとき、ファイルサイズの上限はデフォルトでは5120KB (5MB) です。これより大きなファイルを添付することがある場合は値を引き上げてください。

▶設定箇所

管理→設定→ファイル内の**添付ファイルサイズの上限**

5.8.2 テキスト修飾のための書式

Redmineに文章を入力するとき、文字を太くしたりリスト形式にしたりなどの装飾が行えます。装飾のための書式として、デフォルトのTextileかMarkdownのいずれかを選択できます。

▶設定箇所

管理→設定→全般内の**テキストの書式**

▼表5.10 TextileとMarkdownのそれぞれの利点

Textileの利点	• セルの結合やセルごとの文字揃え設定など、Markdownよりも複雑な表組みができる • 文字の色やサイズの変更などができる
Markdownの利点	• 記述が簡潔でわかりやすい • プレインテキストとして見ても違和感がない • Redmine以外のアプリケーションでも広く使われている

▼ Textileの記述例

```
h1. TextileとMarkdownの比較

h2. 文字書式

*太字*
_斜体_
-取り消し線-
@inline code@

h2. リスト

* 項目1
* 項目2
* 項目3

h2. コードハイライト

<pre><code class="php">
<?php
echo 'Hello, world!';
exit;
?>
</code></pre>
```

▼ Markdownの記述例

```
# TextileとMarkdownの比較

## 文字書式

**太字**
*斜体*
~~取り消し線~~
`inline code`

## リスト

* 項目1
* 項目2
* 項目3

## コードハイライト

~~~ php
<?php
echo 'Hello, world!';
exit;
?>
~~~
```

TextileとMarkdownの比較

文字書式

太字
斜体
~~取り消し線~~
`inline code`

リスト

- 項目1
- 項目2
- 項目3

コードハイライト

```
<?php
echo 'Hello, world!';
exit;
?>
```

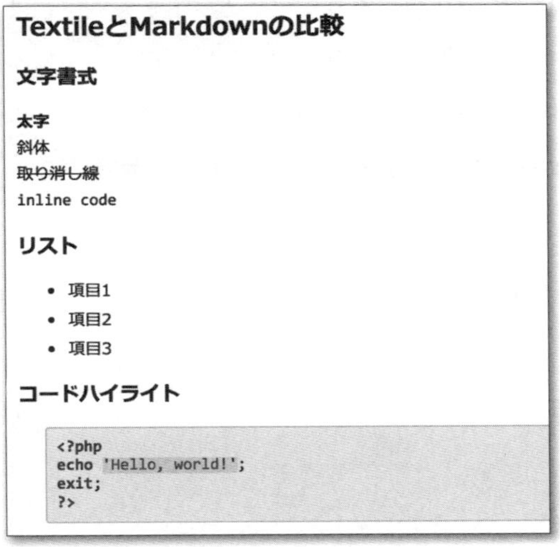

▲ 図5.23 TextileとMarkdownで記述したものの表示例

WARNING TextileとMarkdownの併用はできません。本格運用開始前にどちらを使うのか決定してください。運用が始まって情報が蓄積されてから設定を変更すると、変更前の書式で記述されたものの表示が崩れてしまいます。

NOTE 本書の解説やスクリーンショットは「テキストの書式」が「Markdown」に設定されていることを前提としています。

5.8.3 エクスポートするチケット数の上限

チケットをCSVファイルにエクスポートするとき、エクスポートできるチケット数の上限のデフォルト値は500です。エクスポート対象のチケット数がこれを超えている場合、超えた分はCSVファイルに出力されません。多数のチケットをエクスポートすることがある場合は値を引き上げてください。

▶設定箇所

管理→設定→チケットトラッキング内の**添付ファイルサイズの上限**

5.8.4 ガントチャート最大表示項目数

ガントチャートに表示されるチケットや対象バージョンなどの項目数の上限のデフォルト値は500です。表示対象の項目数がこれを超えている場合、超えた分はガントチャートの表示で切り捨てられます。ガントチャートに多数の項目を表示することがある場合は値を引き上げてください。

▶設定箇所

管理→設定→チケットトラッキング内の**ガントチャート最大表示項目数**

Chapter 6

新たなプロジェクトを始める準備

　Redmineのインストールや初期設定が済めばRedmineをプロジェクト管理で使い始めるまでもう少しです。ここでは、プロジェクトでRedmineを利用し始めるための準備作業を解説します。

6.1 Redmineの基本概念

Redmine上でプロジェクトのセットアップを始める前に、Redmineを使うために理解しておくべきRedmineの基本概念を示します。

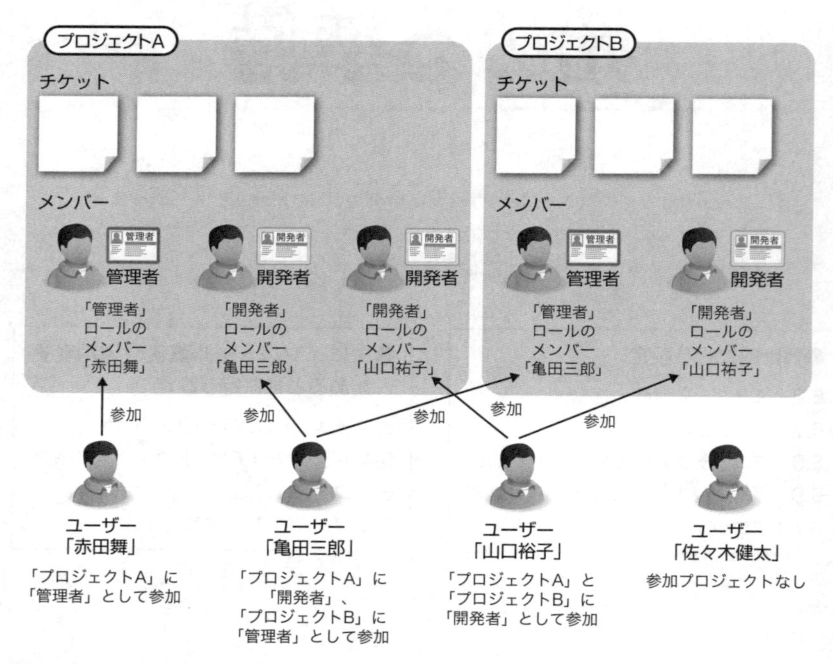

▲ 図6.1 プロジェクト、ユーザー、メンバー、ロールの関係

▶プロジェクト

Redmineで情報を分類する最も大きな単位が「プロジェクト」です。

一般的な用語の「プロジェクト」はシステム開発や建物の建築のような、独自の製品やサービスを創造するために実施される業務を指します。Redmineのプロジェクトもそのような業務におおむね対応します。タスク(1つ1つの小さな作業)をはじめ業務を進めていく中で発生する情報を納めるのがRedmineのプロジェクトです。

ただ、Redmineのプロジェクトは一般的な用語の「プロジェクト」が意味するもの以外の用途にも使われます。例えば、「プロジェクト」ではなく「定常業務」(終わることなくずっと続く業務)に分類される、システム運用やヘルプデスクなどにも活用できます。

1つのRedmine上には複数のプロジェクトを作成できます。そして、Redmineで管理するタスクなどの情報は必ずどれかのプロジェクトの中にあります。プロジェクトは情報の入れ物とも言えます。

▶チケット

チケットとは個々のタスク、具体的には実施予定の作業や修正すべきバグなどを記録し、さらに現在の状況や進捗を管理するためのものです。タスクを管理するために付箋にやるべき作業を書いて並べることがありますが、ちょうどその付箋に相当するのがチケットです。

Redmineでプロジェクトを管理するということは、チケットを管理することであると言えます。

▶ユーザー

ユーザーは個々の利用者をRedmine上で識別し、アクセス制御を行うためのものです。Redmine上でユーザーを作成することで、利用者はRedmineにアクセスし情報の閲覧や更新が行えるようになります。

▶メンバー

Redmineに作成されたユーザーのうち、あるプロジェクトの利用を認可されたユーザーをそのプロジェクトの「メンバー」と言います。ユーザーは複数のプロジェクトのメンバーになることができます。

▶ロール

ロールとは、メンバーがプロジェクトにおいてどのような権限をもつのかを定義したものです。デフォルトでは「管理者」「開発者」「開発者」の3つのロールが定義されています。プロジェクトのメンバーはそのプロジェクトにおいて1つ以上のロールが割り当てられます。

Chapter 6では、ユーザーの作成、プロジェクトの作成、プロジェクトへのメンバーの追加など、ある業務でRedmineを使い始めるために必要な準備を説明します。

6.2 ユーザーの作成

プロジェクトの関係者がRedmineにアクセスして情報の閲覧や更新ができるようにするために、Redmine上でユーザーの作成を行います。

ユーザーの作成は**管理→ユーザー**画面で行えます。この画面にアクセスできるのはシステム管理者権限を持つユーザーのみです。インストール直後のRedmineではadminユーザーのみがシステム管理者です。

まず、adminなどシステム管理権限を持つユーザーでログインしている状態で画面左上のトップメニュー内の**管理**をクリックして**管理**画面にアクセスしてください。

▲ **図6.2** トップメニュー内の「管理」をクリックして管理機能にアクセス

管理画面が表示されたら**ユーザー**をクリックしてください。

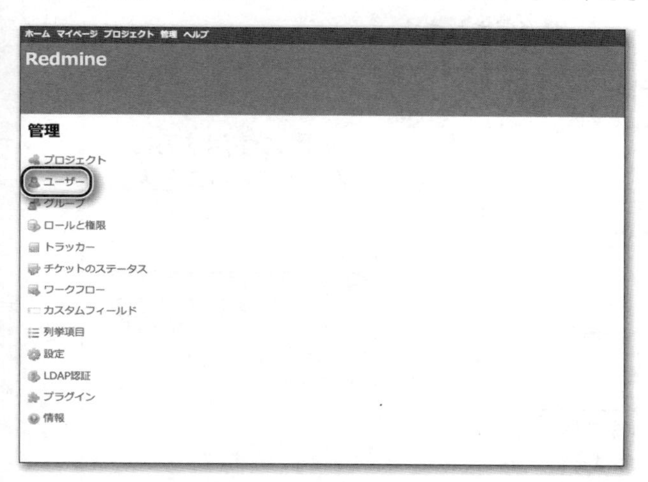

図6.3 「管理」画面の「ユーザー」をクリック

ユーザーの追加・編集・削除が行える**ユーザー**画面が表示されます。画面右上の**新しいユーザー**をクリックしてください。

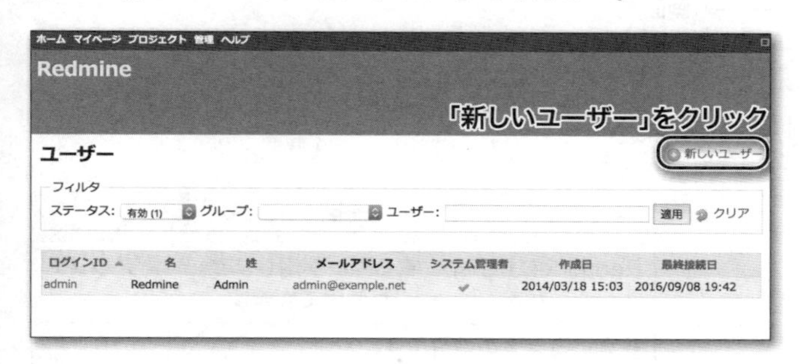

図6.4 「新しいユーザー」をクリック

新しいユーザー画面が表示されます。ユーザーの情報を入力し**作成**ボタンをクリックするとユーザーが作成されます。

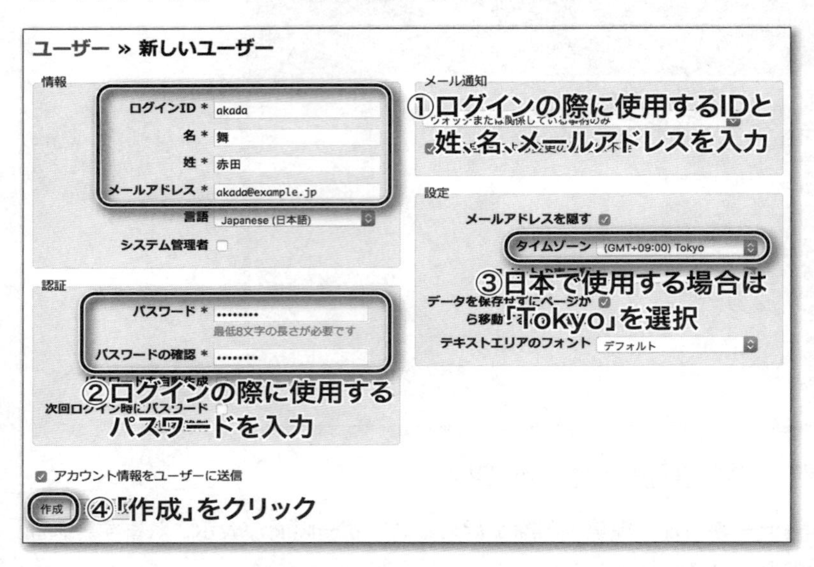

▲ **図6.5** 「新しいユーザー」画面

主要な項目の説明を表6.1に示します。

▼ **表6.1** 「新しいユーザー」画面の主な入力項目

項目	説明
ログインID	Redmineにログインする際に使用します。半角アルファベット、数字、@、-、.が使用できます。
名	氏名のうち名の部分です。 Redmineはヨーロッパ生まれのソフトウェアなので入力順序が日本語とは逆の 名ー姓 の順になっています。誤入力に注意してください。なお、ほかの画面で氏名が表示されるときにはきちんと 姓ー名 の順になります(「管理」→「設定」→「書式」の「ユーザー名の表示書式」で設定)。
姓	氏名のうち姓の部分です。
メールアドレス	ここで入力したメールアドレスに、Redmineから情報の更新を通知するメールが送られます。 メールアドレスは1つのRedmine上で一意でなければなりません。複数のユーザーが同じメールアドレスを共有することはできません。

言語	RedmineのGUIを表示するための言語です。デフォルトでは「管理」→「設定」→「表示」の「デフォルトの言語」で設定した言語が選択されています。 「(auto)」を選択するとブラウザの設定に応じた言語で画面表示が行われます。
システム管理者	チェックボックスをONにするとシステム管理者権限を持つユーザーとして作成されます。システム管理者は「管理」画面でRedmineの設定、プロジェクトやユーザーの作成・編集・削除、そのほかRedmine全体にかかわる設定が行えます。
パスワード	Redmineにログインする際に使用するパスワードです。
アカウントをユーザーに送信	チェックボックスをONにすると、ユーザーの作成完了と同時に「メールアドレス」宛にRedmineのログインに必要なURL、ユーザー名、パスワード等の情報が送られます。
タイムゾーン	画面に表示される時刻はここで設定したタイムゾーンで表示されます。

WARNING

ユーザーの「言語」は特別な理由がない限り「Japanese (日本語)」を選択してください。他の言語を選択すると、チケットなどをPDF形式にエクスポートした際に日本語の部分で文字化けが発生します。[1]

NOTE

システム管理者は、ユーザーが利用できるパスワードの最低文字数とパスワードの有効期限を「管理」→「設定」→「認証」で設定しておくことができます。

【1】Redmine.JP『言語設定を「日本語」以外にするとPDF出力が文字化けする (Redmine 1.2 以降)』
http://redmine.jp/faq/general/pdf-mojibake-caused-by-language-settings/

6.3 チケットのステータスの設定

NOTE ステータスはデフォルトで作成済みのものがあります。それらをそのまま使う場合はこの節で説明する設定は省略できます。

Redmineで実施すべきタスクを管理するには、タスクごとに「チケット」を作成します。チケットには現在の状況を示すフィールド「ステータス」があり、そのタスクの状況、例えば未着手なのか作業中なのか完了しているのかといったことを管理できます。

ステータスはRedmineを利用するチームの業務にあわせて設計できます。

6.3.1 デフォルトのステータス

デフォルトでは表6.2に挙げる6個のステータスが登録されています。

▼ **表6.2** デフォルトの状態で利用できるステータス

ステータス名	説明
新規	新たに作成されたチケット。作業は未着手。
進行中	作業を実施中。
解決	担当者の作業が終了。テスト／レビュー待ち。
フィードバック	テストやレビューを行った結果、修正などが必要となり、担当者に差し戻したもの。
終了	作業終了。
却下	作業を行わずに終了。採用されなかった新機能の提案、修正する必要のないバグ(重複した報告、報告者の誤認による報告など)。

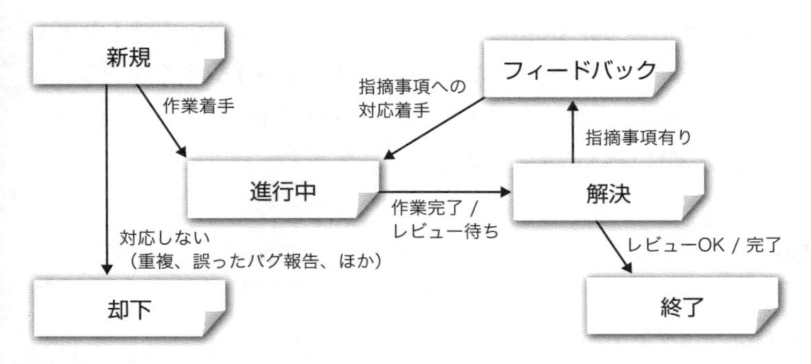

図6.6 デフォルトのステータスを使用する場合のステータス遷移

6.3.2 用途にあわせたステータスの設計例

ステータスは自由に追加・削除できるので、業務に合わせてステータスを増やしたり、反対に簡略化した必要最小限のステータスで利用することもできます。ステータスの設計はタスクの状態をどう管理したいのかを考えて決定します。

例えばWebサイトの運用においてコンテンツの制作や変更の依頼をRedmineのチケットで管理する場合を考えてみましょう。依頼に基づいて制作を行い、制作が終わったら依頼元にレビューをしてもらい、そしてレビューが終わったら本番公開するという運用をしているとします。この場合は図6.7のように5個のステータスを使った管理が考えられます。

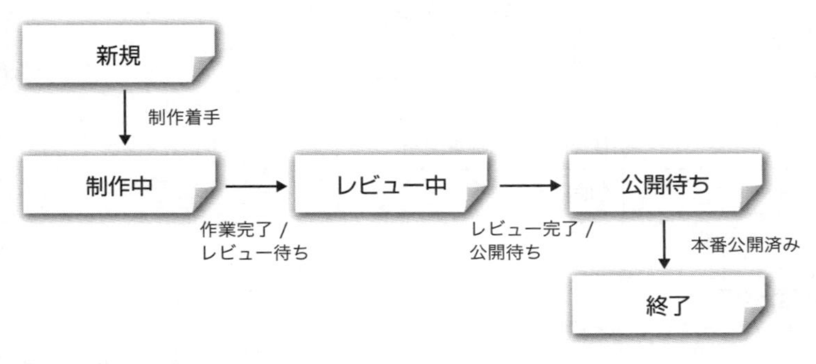

図6.7 Webサイト運用のステータス遷移の例

個人や小規模なチームでRedmineを利用する場合などでは、あまり細かいステータスを管理せずに必要最小限のステータスでわかりやすく運用したいことも多いかと思います。図6.8のように単に「ToDo」(未着手)、「Doing」(作業中)、「Done」(完了)の3個だけにすることもできます。

図6.8 単純化したステータス遷移の例

6.3.3 ステータスのカスタマイズ

どんなステータスを使うのか設計が定まったら、**管理→チケットのステータス**画面で設定を行います。

ここでは、図6.8「単純化したステータス遷移」で示した、3個のステータス「ToDo」「Doing」「Done」を使った運用のための設定を行うこととします。既存のステータスのうち、「新規」「進行中」「終了」は名称を「ToDo」「Doing」「Done」に変更して再利用し、残りの「解決」「解決」「却下」は削除しましょう。

表6.3 本節で行うステータスのカスタマイズ内容

既存ステータス	変更内容
新規	「ToDo」に名称を変更
進行中	「Doing」に名称を変更
解決	削除
フィードバック	削除
終了	「Done」に名称を変更
却下	削除

チケットのステータス

新しいステータス

ステータス	終了したチケット	
ToDo		削除
Doing		削除
Done	✔	削除

図6.9 ステータスのカスタマイズ結果

まず、adminなどシステム管理者権限を持つユーザーでログインしている状態で画面左上のトップメニュー内の**管理**をクリックして**管理**画面にアクセスしてください。次に、**管理**画面内の**チケットのステータス**をクリックしてください。

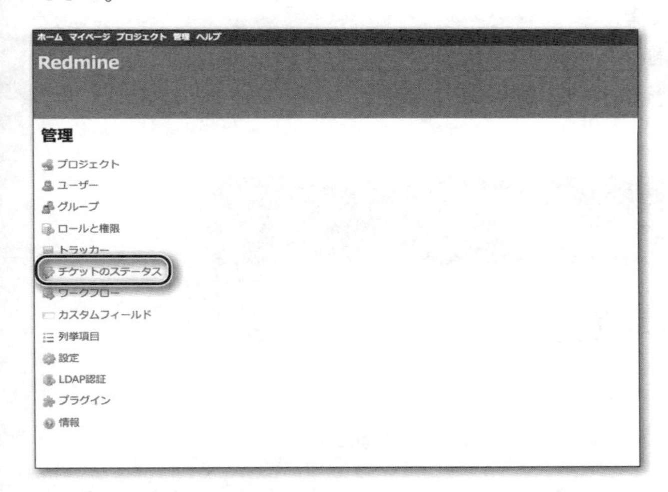

▲ 図6.10 「管理」画面の「チケットのステータス」をクリック

ステータスの追加・編集・削除が行える**チケットのステータス**画面が表示されます。

▶ステータスの削除

各ステータスの行の右端にあるゴミ箱アイコン🗑をクリックしてください。削除対象のステータスが3個あるので3回繰り返します。

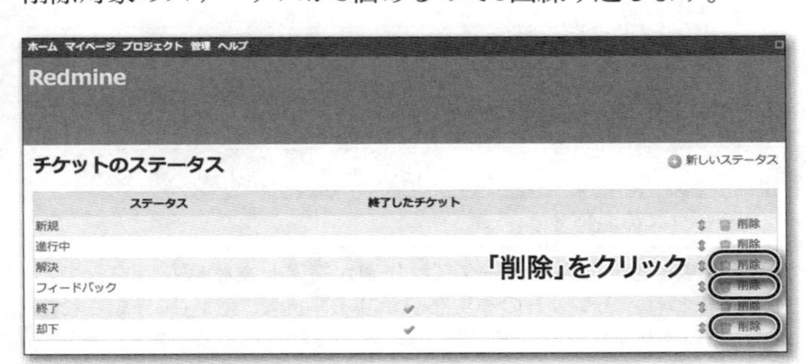

▲ 図6.11 デフォルトのトラッカーを削除

> **WARNING**
> 使用中のステータス(次のいずれかの条件に合致するステータス)は削除できません。
> ・そのステータスを使用しているチケットが存在する
> ・そのステータスをデフォルトステータスとしているトラッカーが存在する

▶ステータスの編集

ステータスの名称を変更するには、**チケットのステータス**画面で編集対象のステータスの名称部分をクリックしてください。ステータスの編集画面が表示されます。

▲ 図6.12 ステータスの名称をクリックして編集画面に移動

ステータスの編集画面で新しい名称を入力し**保存**をクリックすると名称が変更されます。

▲ 図6.13 ステータスの編集画面

▼ 表6.4 ステータスの編集画面の入力項目

名称	説明
名称	ステータスの名称です。
終了したチケット	ONにすると、このステータスは作業が終了した状態を表すものとして扱われ、チケットの一覧を表示する画面で「完了」に分類されたり、「ロードマップ」画面で「完了」として集計されたりします。

> **WARNING**
> ステータスは作成しただけでは利用できません。実際に利用するためには6.6節で解説するワークフローの設定が必要です。

6.4 トラッカー(チケットの大分類)の設定

> **NOTE** トラッカーはデフォルトで作成済みのものがあります。それらをそのまま使う場合はこの節で説明する設定は省略できます。

トラッカーは、簡単に言えばチケットの大分類です。デフォルトでは表6.5に挙げる3個が登録済みです。

システム開発プロジェクトではデフォルトのままでも運用できますが、それ以外の業務でRedmineを使う場合は違和感があります。使いやすいよう定義し直すことをおすすめします。

▼ 表6.5 デフォルトで定義されているトラッカーと用途

トラッカー名	用途
バグ	バグ修正等
機能	新たな機能の開発、既存の機能を改良等
サポート	成果物に直接結びつかない(ソースコードの変更が発生しない)作業。例えばプロジェクト運営のための資料作成、各種手続きなど

▲ 図6.14 トラッカーの定義例。Redmine公式サイトでは「Defect」(不具合)・「Feature」(機能要望)・「Patch」(パッチ投稿)の3つのトラッカーが使われている

6.4.1 トラッカーの役割

トラッカーは単にチケットを分類するだけではありません。より重要な役割はチケットの性質を定義することです。具体的には次の3つです。

▶役割①　使用する標準フィールドとカスタムフィールドの定義

フィールドとはチケットの作成・編集時に表示される入力欄のことです。トラッカーごとに、どのフィールドを使用するのか定義できます。設定は、トラッカーの編集画面(**管理**→**トラッカー**を開き対象のトラッカーをクリック)で行います。

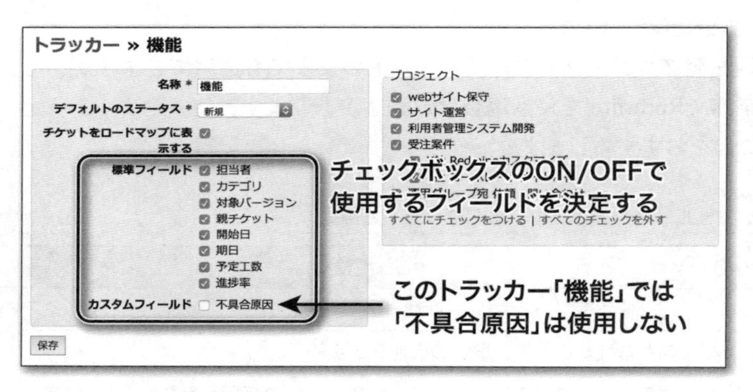

図6.15 使用するフィールドの定義例

> **NOTE**
> カスタムフィールドの使用・不使用はプロジェクトの設定(プロジェクトメニューの「設定」→「情報」)でも制御できます。トラッカーをなるべく増やさず管理しやすい状態を保つために、トラッカーでは全プロジェクトで利用する可能性があるカスタムフィールドをすべて使用する設定とし、各プロジェクトで使用・不使用の設定をするようにしましょう[2]。

▶役割②　ワークフローの定義

チケットのステータスを誰がどのように変更できるのか決定します。ワークフローはトラッカーとロールの組み合わせごとに定義できます。設定は**管理**→**ワークフロー**で行います。

【2】木元一広「CODA: JSS2 の運用・ユーザ支援を支えるチケット管理システム –Redmine の事例と利用のヒント –」: 4.2.3「フィールド設定の AND ルール」, 2015 https://repository.exst.jaxa.jp/dspace/handle/a-is/557146

例えば図6.16は、ロール「開発者」のメンバーがトラッカー「バグ」のチケットで可能なステータス遷移を表示したものです。**現在のステータス**の**終了**と**却下**からは**遷移できるステータス**のチェックボックスがすべてOFFです。これは、ステータスが**終了**または**却下**の場合、ステータスの変更ができないことを示しています。

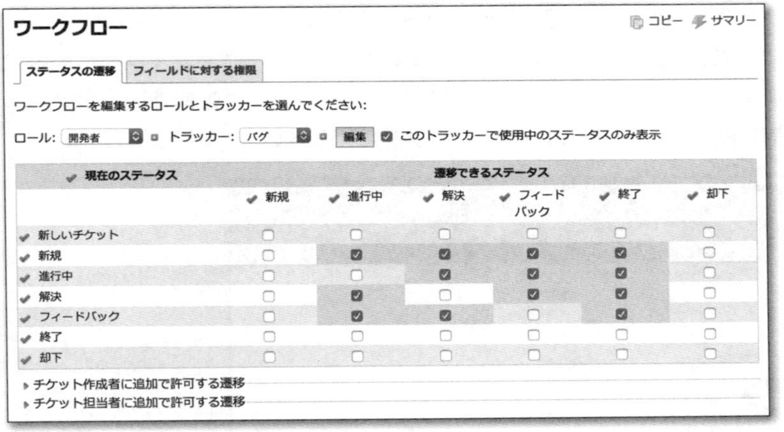

ワークフロー

コピー　サマリー

ステータスの遷移　フィールドに対する権限

ワークフローを編集するロールとトラッカーを選んでください:

ロール: 開発者　トラッカー: バグ　編集　☑ このトラッカーで使用中のステータスのみ表示

現在のステータス	遷移できるステータス					
	新規	進行中	解決	フィードバック	終了	却下
新しいチケット	☐	☐	☐	☐	☐	☐
新規	☐	☑	☑	☑	☑	☐
進行中	☐	☐	☑	☑	☑	☐
解決	☐	☑	☐	☑	☑	☐
フィードバック	☐	☑	☑	☐	☑	☐
終了	☐	☐	☐	☐	☐	☐
却下	☐	☐	☐	☐	☐	☐

▸ チケット作成者に追加で許可する遷移

▸ チケット担当者に追加で許可する遷移

図6.16 ワークフローの設定例

NOTE ワークフローの詳細は6.6節「ワークフローの設定」で解説しています。

▶役割③　フィールドに対する権限の定義

チケット上の各フィールドに対する制約(「読み取り専用」または「必須」)をトラッカーとロールの組み合わせごとに定義します。設定は**管理→ワークフロー**画面の**フィールドに対する権限**タブで行います。

NOTE フィールドに対する権限の詳細は8.10節「「フィールドに対する権限」で必須入力・読み取り専用の設定をする」で解説しています。

6.4.2 トラッカーの作成

> **WARNING** トラッカーをあまりに気軽に作ると数が増えすぎて管理が難しくなります。6.4.1「トラッカーの役割」を参照し、本当に新しいトラッカーを作る必要があるか、チケットのカテゴリなど別の手段で対応できないか十分検討してください。

トラッカーの作成は**管理**→**トラッカー**画面で行います。

まず、adminなどシステム管理者権限を持つユーザーでログインしている状態で画面左上のトップメニュー内の**管理**をクリックして**管理**画面にアクセスし、**管理**画面内の**トラッカー**をクリックしてください。

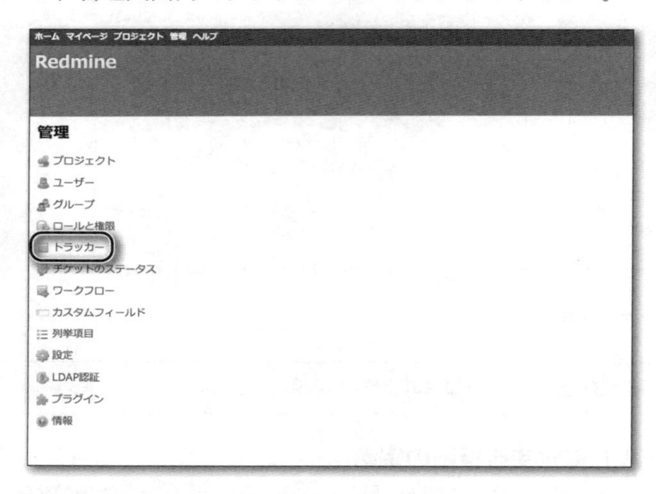

図6.17 「管理」画面の「トラッカー」をクリック

トラッカーの追加・編集・削除が行える**トラッカー**画面が表示されます。画面右上の**新しいトラッカー**をクリックしてください。

図6.18 「新しいトラッカー」をクリック

新しいトラッカー画面が表示されます。情報を入力し**作成**ボタンをクリックするとトラッカーが作成されます。

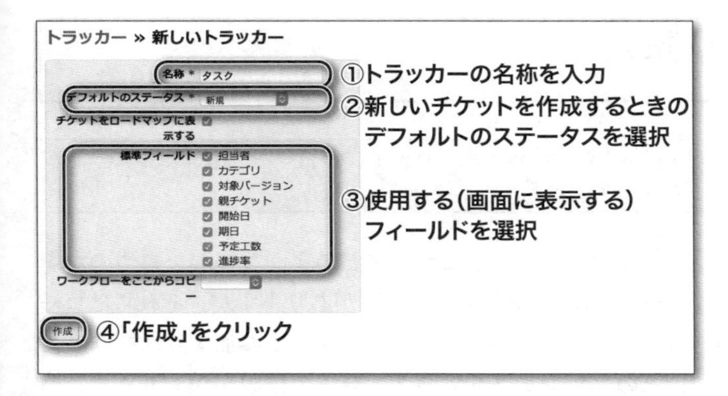

▲ **図6.19** 「新しいトラッカー」画面

主な入力項目の説明を表6.6に示します。

▼ **表6.6** 「新しいトラッカー」画面の主な入力項目

名称	説明
名称	トラッカーの名称です。トラッカーを使用するさまざまな画面で表示されます。
デフォルトのステータス	新しいチケットを作成するときにデフォルトで選択されるステータスです。
チケットをロードマップに表示する	ONの場合、このトラッカーのチケットが「ロードマップ」画面で各バージョンの「関連するチケット」欄に表示されます。
標準フィールド	標準フィールドのうちこのトラッカーで使用するものを指定します。チェックボックスをOFFにするとチケットの入力や表示をする画面にその項目が表示されなくなります。不要なものは非表示にすることで画面をわかりやすくできます。
ワークフローをここからコピー	トラッカーを作成後はステータスをどのように変更できるかを定義する「ワークフロー」の設定が必要ですが、この欄ではワークフローを別のトラッカーからコピーすることを指定できます。 ワークフローをコピーすることで、ワークフローの設定を省略したり、既存のワークフローをもとに変更することでワークフロー設定の作業量を抑えることができます。

WARNING トラッカーは作成しただけでは使用できません（ステータスをデフォルトステータス以外に変更できません）。6.6節で解説するワークフローの設定を必ず行ってください。

6.5 ロールの設定

NOTE ロールはデフォルトで作成済みのものがあります。それらをそのまま使う場合はこの節で説明する設定は省略できます。

ロールとはメンバーがプロジェクトにおいてどのような権限を持つのかを定義したものです。Redmineには約60個の権限がありますが、それらはロールに対して付与します。そしてロールをプロジェクトに参加するユーザーに割り当てることで、そのプロジェクトでのユーザーの権限が決まります。つまり、権限はユーザーに直接付与するのではなく、ロールを経由して付与されます。

NOTE ロールとユーザーの関係を6.1節の図6.1で示しています。また、プロジェクトのメンバーへのロールの割り当ては6.8節「プロジェクトへのメンバーの追加」で解説しています。

ロール » 権限レポート

権限	管理者	開発者	報告者	非メンバー	匿名ユーザー
プロジェクトの追加	☑	☐	☐	☐	
プロジェクトの編集	☑	☐	☐		
プロジェクトの終了/再開	☑	☐	☐		
モジュールの選択	☑	☐	☐		
メンバーの管理	☑	☐	☐		
バージョンの管理	☑	☑	☐		
サブプロジェクトの追加	☑	☐	☐		
フォーラム	管理者	開発者	報告者	非メンバー	匿名ユーザー
メッセージの追加	☑	☑	☑	☑	☐
メッセージの編集	☑	☐	☐		
自身が記入したメッセージの編集	☑	☑	☑	☐	
メッセージの削除	☑	☐	☐		
自身が記入したメッセージの削除	☑	☐	☐	☐	
フォーラムの管理	☑	☐	☐		
カレンダー	管理者	開発者	報告者	非メンバー	匿名ユーザー
カレンダーの閲覧	☑	☑	☑	☑	☑

図6.20 ロールの役割①　権限の割り当て(「管理」→「ロールと権限」→「権限レポート」)

また、メンバーがチケットのステータスをどのように変更できるのかを定義するワークフローの設定でもロールが参照されます。

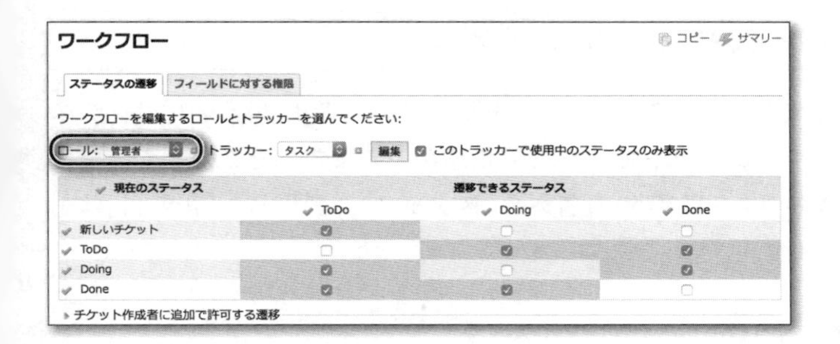

▲ **図6.21** ロールの役割② ワークフローで参照される

6.5.1 デフォルトのロール

デフォルトでは5個のロールが登録されています。「開発者」や「報告者」などの名称から、システム開発プロジェクトを想定していると考えられます。

「管理者」はすべての権限が割り当てられたロールです。「開発者」「報告者」は権限が一部制限されています。デフォルトのロールのうち「非メンバー」と「匿名ユーザー」は一定の条件に合致するユーザーに自動的に割り当てられる特殊なロールです。

▼ **表6.7** 初期状態で定義されているロール

名称	種別	説明
管理者	ユーザー定義	すべての権限が割り当てられています。
開発者	ユーザー定義	プロジェクトの管理機能以外の多くの権限が割り当てられています。
報告者	ユーザー定義	テスター向けのロール。チケットの作成・注記の追加や情報の閲覧に限られています。
非メンバー	組み込みロール	ログイン中のユーザーが、自分がメンバーとなっていない公開プロジェクトにアクセスする際に適用されるロール。
匿名ユーザー	組み込みロール	「管理」→「設定」→「認証」で「認証が必要」をOFFにして認証なしで公開プロジェクトにアクセスできるようにしているとき、ログインしていないユーザーが公開プロジェクトにアクセスする際に適用されるロール。

NOTE 組み込みロールの削除や名称の変更はできません。

6.5.2 ロールのカスタマイズ

初期状態で作成されているロールの「開発者」「報告者」という名称は、システム開発以外のプロジェクトで使うと違和感があります。そこで、ここではそれらのロールのうち「開発者」の名称を「スタッフ」に変更し、「報告書」は削除することとします。

▼ **表6.8** この節で行うロールのカスタマイズ内容

既存ロール	変更内容
管理者	そのまま使用
開発者	「スタッフ」に名称を変更
報告者	削除

まず、adminなどシステム管理者権限を持つユーザーでログインしている状態で画面左上のトップメニュー内の**管理**をクリックして**管理**画面にアクセスし、**管理**画面内の**ロールと権限**をクリックしてください。

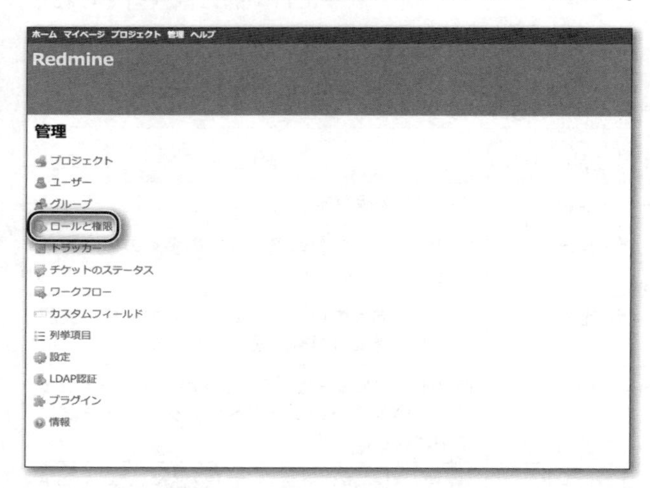

▲ **図6.22** 「管理」画面の「ロールと権限」をクリック

ステータスの追加・編集・削除が行える**ロール**画面が表示されます。

▶ロールの削除

削除する「報告者」ロールの行の右端にあるゴミ箱アイコン🗑をクリックするとロールが削除されます。

図6.23 報告者ロールを削除

▶ロールの編集

ロールの名称を変更するには、**ロール**画面で編集対象のロールの名称部分をクリックしてください。ロールの編集画面が表示されます。

図6.24 ロールの名称をクリックして編集画面に移動

ロールの編集画面で新しい名称を入力し**保存**をクリックすると名称が変更されます。

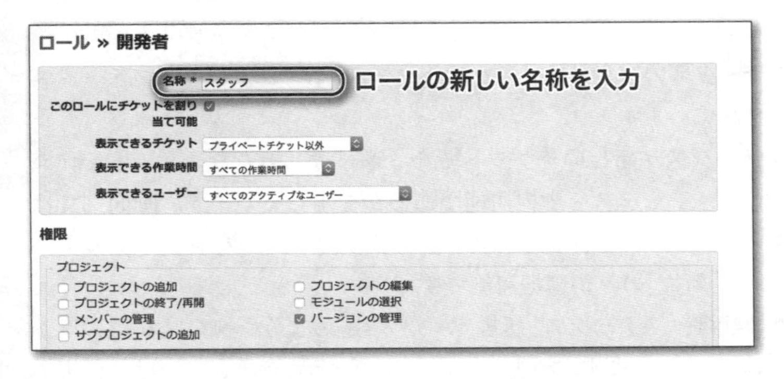

図6.25 ロールの編集画面でロールの新しい名称を入力する

6.6 ワークフローの設定

NOTE

ワークフローはデフォルトで作成済みのロール、トラッカー、ステータスに対して定義済みです。デフォルトのロール、トラッカー、ステータスをそのまま使う場合はこの節で説明する設定は省略できます。

ワークフローはプロジェクトのメンバーがチケットのステータスをどのように変更できるのかを定義するものです。例えば、ステータスが「進行中」のチケットは作業の承認者だけが「終了」にできるよう制限するといったことができます。

ワークフローはロールとトラッカーの組み合わせごとに定義します。つまりRedmine上にはロール数×トラッカー数のワークフローが存在することになります。

WARNING

ロールとトラッカーの数が多いと定義すべきワークフローの数も膨大になり管理が難しくなります。ロールとトラッカーを安易に作りすぎないようにしてください。

6.6.1 ワークフローの例

▶例① すべてのステータス遷移が許可されたワークフロー

図6.26の画面はデフォルトのワークフローのうちロール「管理者」・トラッカー「バグ」に対するワークフローです。縦軸の**現在のステータス**と横軸の**遷移できるステータス**の交点のチェックボックスがONであればそのステータス遷移は許可されています。

現在のステータスが**新しいチケット**である遷移は、新たなチケットを作成するときにどのステータスを選択可能であるかを示しています。画面例ではすべてのチェックボックスがOFFなので、トラッカー「バグ」のデフォルトステータスである「新規」のみが選択可能です。

それ以外の欄は、ステータス「新規」から「新規」のような無意味な遷移以外はすべてONになっています。つまり、ロール「管理者」のメンバーは、新規チケット作成時はステータス「新規」のみが選択でき、それ以外はあらゆるステータス遷移が許可されています。

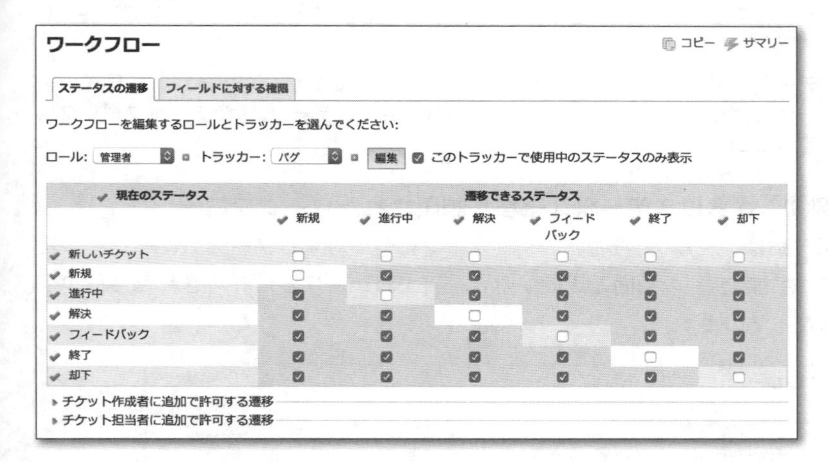

現在のステータス	遷移できるステータス 新規	進行中	解決	フィードバック	終了	却下
新しいチケット	☐	☐	☐	☐	☐	☐
新規	☐	☑	☑	☑	☑	☑
進行中	☑	☐	☑	☑	☑	☑
解決	☑	☑	☐	☑	☑	☑
フィードバック	☑	☑	☑	☐	☑	☑
終了	☑	☑	☑	☑	☐	☑
却下	☑	☑	☑	☑	☑	☐

図6.26 ロール「管理者」・トラッカー「バグ」のデフォルトのワークフロー

▶例② 一部のステータス遷移が制限されたワークフロー

図6.27の画面はデフォルトのワークフローのうちロール「開発者」・トラッカー「バグ」に対するワークフローです。前述の「管理者」のものと比べるとONであるチェックボックスの数が減っていることがわかります。

ワークフロー

コピー サマリー

ステータスの遷移 / フィールドに対する権限

ワークフローを編集するロールとトラッカーを選んでください:

ロール: 開発者 トラッカー: バグ 編集 このトラッカーで使用中のステータスのみ表示

現在のステータス	遷移できるステータス 新規	進行中	解決	フィードバック	終了	却下
新しいチケット	☐	☐	☐	☐	☐	☐
新規	☐	☑	☑	☑	☑	☐
進行中	☐	☐	☑	☑	☑	☐
解決	☐	☑	☐	☑	☑	☐
フィードバック	☐	☑	☑	☐	☑	☐
終了	☐	☐	☐	☐	☐	☐
却下	☐	☐	☐	☐	☐	☐

チケット作成者に追加で許可する遷移

チケット担当者に追加で許可する遷移

図6.27 ロール「管理者」・トラッカー「バグ」のデフォルトのワークフロー

このワークフローは、ロール「開発者」のメンバーに対して次の制約を課しています。

- ステータスを「新規」に戻すことができない（「遷移できるステータス」のうち「新規」欄がすべてOFF）
- ステータスを「却下」にすることができない（「遷移できるステータス」のうち「却下」欄がすべてOFF）
- ステータスが「終了」「却下」であればステータスの変更が一切できない（「現在のステータス」が「終了」と「却下」に対する「遷移できるステータス」のチェックボックスがすべてOFF）

▶例③　さらにステータス遷移が制限されたワークフロー

図6.28はロール「報告者」・トラッカー「バグ」に対するワークフローです。「管理者」や「開発者」の画面と比較すると一目でわかるほどに許可された遷移が少なくなっています。

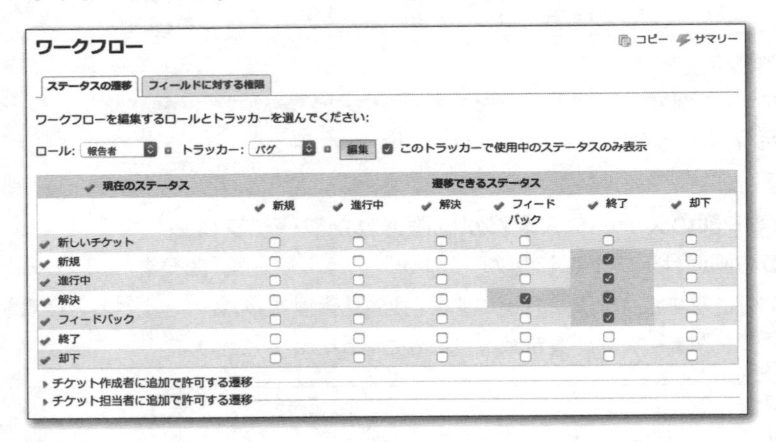

図6.28 ロール「開発者」・トラッカー「バグ」に対するワークフロー

ロール「報告者」のメンバーに許されたステータスの変更は次のパターンのみです。

- ステータスが「新規」「進行中」「解決」「フィードバック」のチケットを「終了」にする
- ステータスが「解決」のチケットを「フィードバック」にする

6.6.2 ワークフローのカスタマイズ

これまで6.3節でステータスのカスタマイズ、6.4節でトラッカーのカスタマイズ、そして6.5節でロールのカスタマイズを行いました。6.5節までで準備したトラッカーとロールに対してワークフローの設定を行い、各ロールがどのようにステータスを変更できるのかを定義します。

ここでは、6.4節で作成したトラッカー「タスク」と6.5節で用意したロール「管理者」「スタッフ」に対して、次のようなワークフローを定義します。誰もが自由にステータスを変更できる単純なものです。

- チケットを新たに作成するときはステータス「ToDo」のみ選択可能
- ステータス「ToDo」「Doing」「Done」は相互に自由に遷移できる

まず、adminなどシステム管理者権限を持つユーザーでログインしている状態で画面左上のトップメニュー内の**管理**をクリックして**管理**画面にアクセスし、**管理**画面内の**ワークフロー**をクリックしてください。

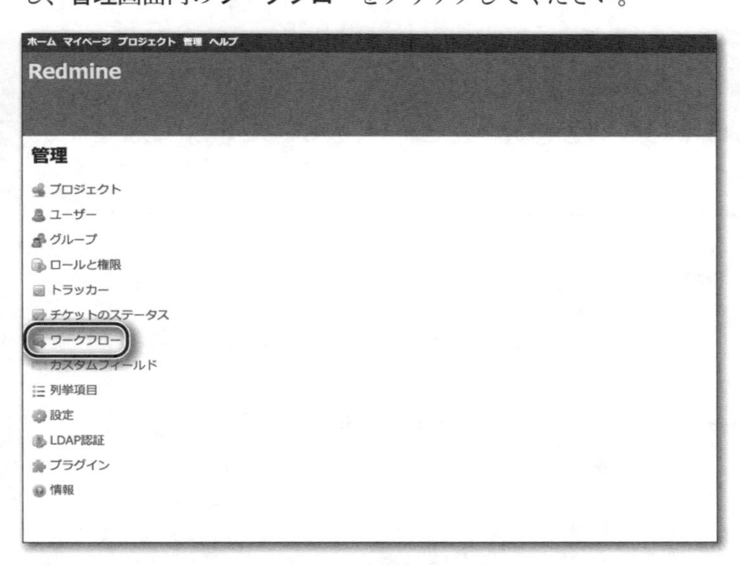

▲ 図6.29 「管理」画面の「ワークフロー」をクリック

ワークフローの編集が行える**ワークフロー**画面が表示されます。

まずは、ワークフローを定義するロールとトラッカーの組み合わせを選択して**編集**をクリックします。2つのロール「管理者」と「スタッフ」に対して同じ定義を行うので、**ロール**の右側の「+」をクリックして複数選択ができる状態とし、Ctrlキー(Windows)/⌘キー(Mac)を押しながら**管理者**と**スタッフ**をクリックして選択してください。また、トラッカーは**タスク**を選択してください。そして、**このトラッカーで使用中のステータスのみ表示**のチェックボックスをOFFにしてから**編集**をクリックしてください。

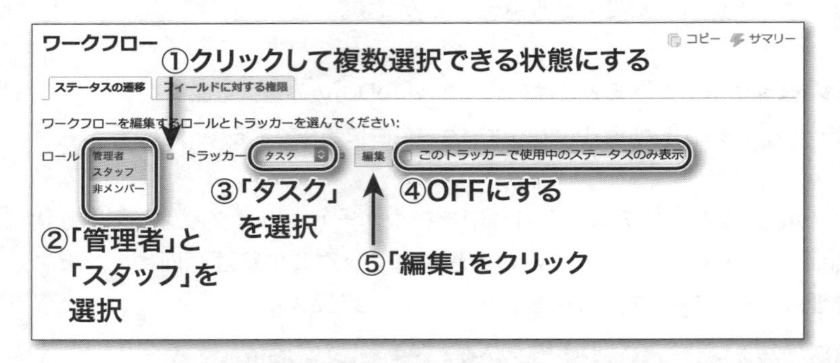

図6.30 ワークフローの編集画面① ロールとトラッカーの組み合わせを選択

どのようにステータスを遷移させることができるのか、組み合わせをチェックボックスで表現した表が表示されます(図6.31)。

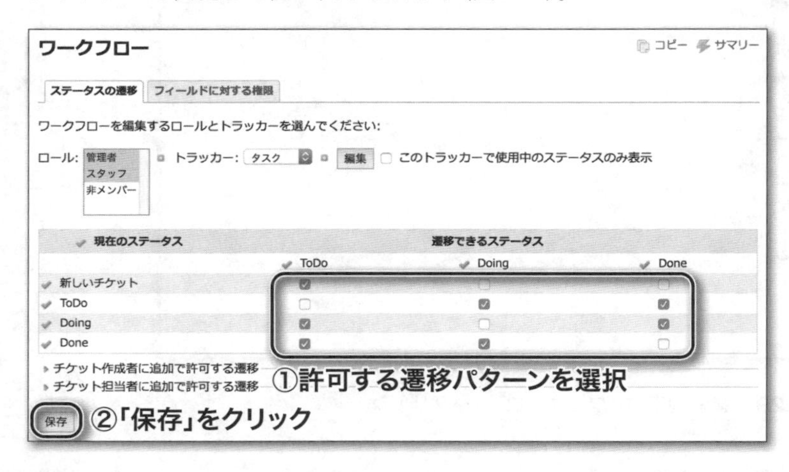

図6.31 ワークフローの編集画面② 許可するパターンの遷移に対応するチェックボックスをONにする

縦軸が現在のステータスで横軸が遷移先のステータスを意味しています。遷移を許可する組み合わせのチェックボックスをONにして**保存**ボタンをクリックしてください。ワークフローの定義が保存されます。

ワークフローの定義後、チケットの作成・更新時に選択できるステータスは表6.9のようになります。

▼ **表6.9** チケットの作成・更新時に選択可能なステータス

状況	選択可能なステータス
新しいチケットを作成するとき	①トラッカーの「デフォルトのステータス」(6.4.2「トラッカーの作成」参照)で選択されているステータス ②ワークフローで「新しいチケット」からの遷移先と指定されているステータス
既存チケットのステータスを変更するとき	ワークフローで現在のステータスからの遷移先として指定されているステータス

6.7 プロジェクトの作成

6.1節「Redmineの基本概念」で説明した通り、プロジェクトはRedmineで情報を分類するための最も大きな単位で、タスクの情報などは必ずいずれかのプロジェクトに作成されます。したがって、Redmineで何かを管理するためには情報の入れ物となるプロジェクトを作成します。

プロジェクトの作成は**管理→プロジェクト**画面で行います。

まず、adminなどシステム管理者権限を持つユーザーでログインしている状態で画面左上のトップメニュー内の**管理**をクリックして**管理**画面にアクセスし、**管理**画面内の**プロジェクト**をクリックしてください。

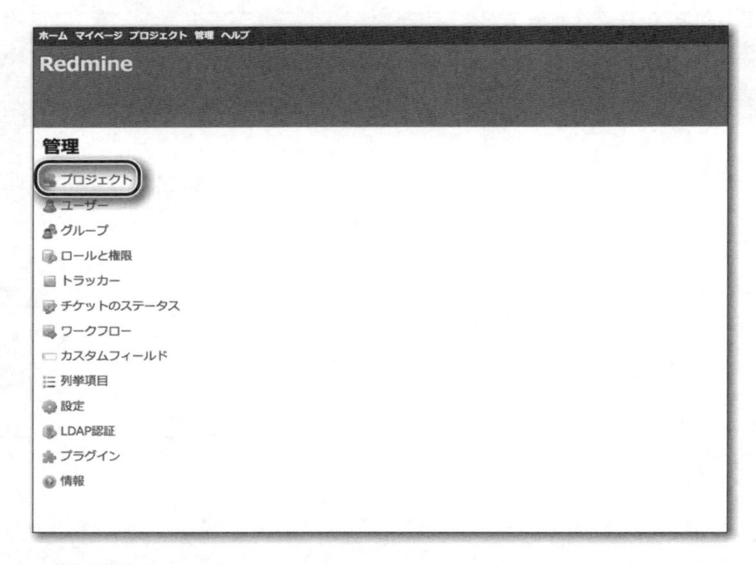

▲ 図6.32 「管理」画面の「プロジェクト」をクリック

プロジェクトの追加・編集・削除が行える**プロジェクト**画面が表示されます。画面右上の**新しいプロジェクト**をクリックしてください。

▲ **図6.33** 「新しいプロジェクト」をクリック

新しいプロジェクト画面が表示されます。新たに作成するプロジェクトの情報を入力し、**作成**ボタンをクリックするとプロジェクトが作成されます。

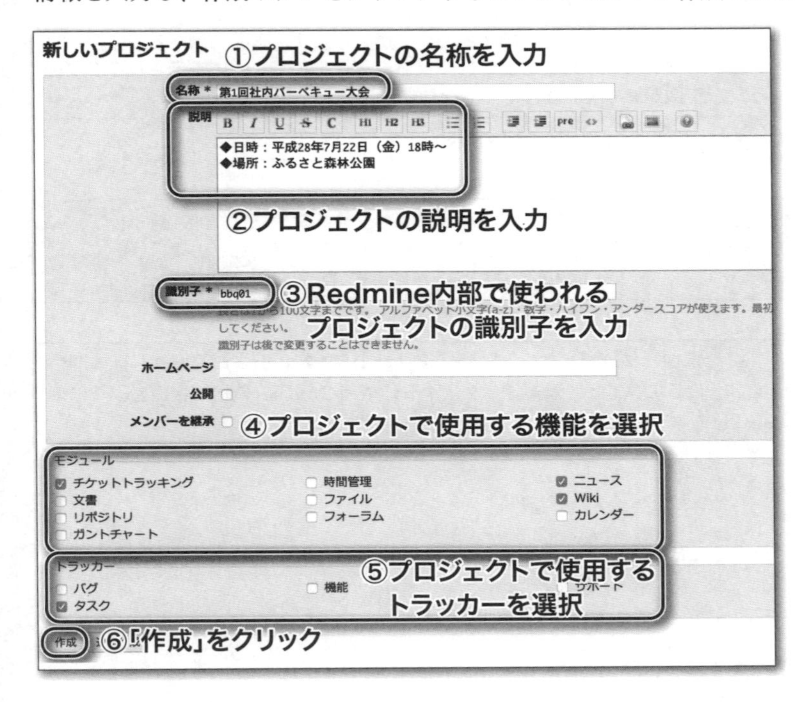

▲ **図6.34** 「新しいプロジェクト」画面

主な入力項目の説明を表6.10に示します。

▼ 表6.10「新しいプロジェクト」画面の入力項目

項目	説明
名称	プロジェクトの名前です。プロジェクトの一覧やさまざまな画面で表示されます。短くわかりやすい名前をつけましょう。
説明	プロジェクトについての簡単な説明です。「概要」画面に表示されます。利用者が頻繁に目にするので、プロジェクトの目標など、全員が常に共有すべき情報を記載しておいても良いでしょう。
識別子	Redmine内部でプロジェクトを識別するために使われる名前で、URLの構成要素の1つとしても使われます。 プロジェクト識別子はほかのプロジェクトと重複してはなりません。また、プロジェクト作成後は変更できないので注意してください。
公開	チェックボックスがONの場合、プロジェクトのメンバーになっていなくてもRedmineにアクセスできればプロジェクト内の情報を参照できます。OFFにすると、プロジェクトのメンバーのみが情報を参照できる状態になります。
モジュール	プロジェクトで使用する機能を選択します。当面利用する予定がない機能はOFFにしておけば、プロジェクトメニューに表示されるタブの数が減ってわかりやすくなります。
トラッカー	プロジェクトで使用するトラッカーを選択します。

NOTE

識別子以外の項目は後で変更できます（プロジェクトメニュー内の「設定」→「情報」）。プロジェクト作成時には「説明」・「モジュール」・「トラッカー」などの項目はデフォルトのままにしておき、後で設定変更してもかまいません。

NOTE

「管理」→「設定」→「プロジェクト」を開き「デフォルトで新しいプロジェクトは公開にする」をOFFにしておくと、新規プロジェクト作成時の「公開」の初期状態をOFFにできます。

6.8 プロジェクトへのメンバーの追加

Redmineにユーザーを作成しただけでは、そのユーザーがRedmineにログインしてもほとんど何もできません。プロジェクト上の情報の参照やチケットの作成などRedmineの機能を活用するためには、ユーザーをプロジェクトのメンバーに追加します。

まず、システム管理者であるユーザーでログインしている状態で画面左上のトップメニュー内の**管理**をクリックして**管理**画面を表示させ、その中の**プロジェクト**をクリックしてください。

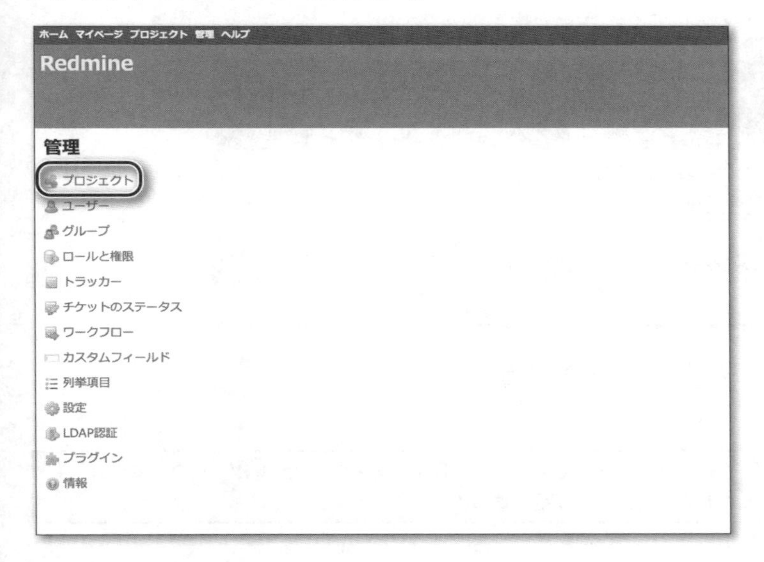

図6.35 「管理」画面の「プロジェクト」をクリック

Redmineに作成されているプロジェクトの一覧が表示されるので、メンバー追加を行いたいプロジェクト名をクリックしてください。

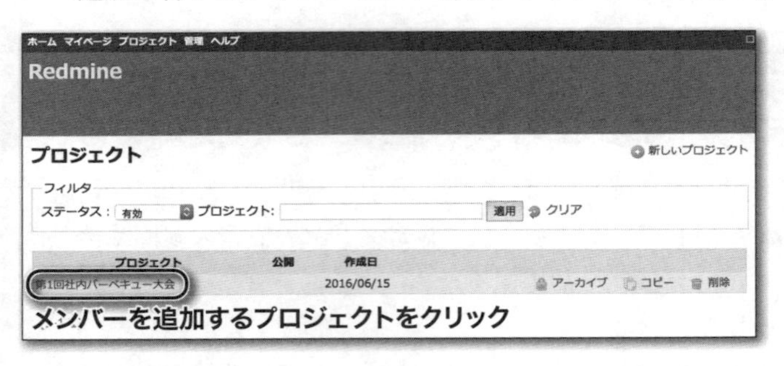

▲ **図6.36** メンバー追加を行うプロジェクトをクリック

プロジェクトの設定画面が表示されるので**メンバー**タブを開き**新しいメンバー**をクリックしてください。

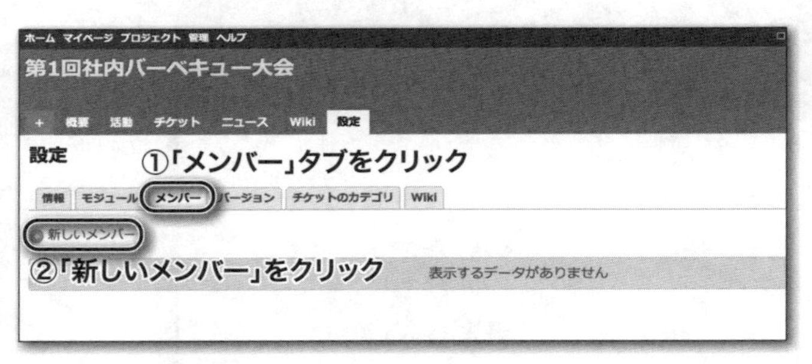

▲ **図6.37** メンバー追加のための画面にアクセス

> **NOTE**
> プロジェクトを開いた状態でプロジェクトメニューの「設定」をクリックすることでもプロジェクトの設定画面を表示させることができます。

メンバー追加のためのダイアログボックスが表示されたら、メンバーとして追加したいユーザーと、それらのユーザーのプロジェクトにおけるロールを選択し、**追加**をクリックしてください。例えば図6.38では、7人のユーザーをロール「スタッフ」のメンバーとしてプロジェクトに追加しようとしています。なお、プロジェクトのメンバーは複数のロールでプロジェクトに参加できます。このとき、プロジェクトにおける権限とワークフローは関係するロールに割り当てられたものがすべて有効な状態(和集合)となります[3]。

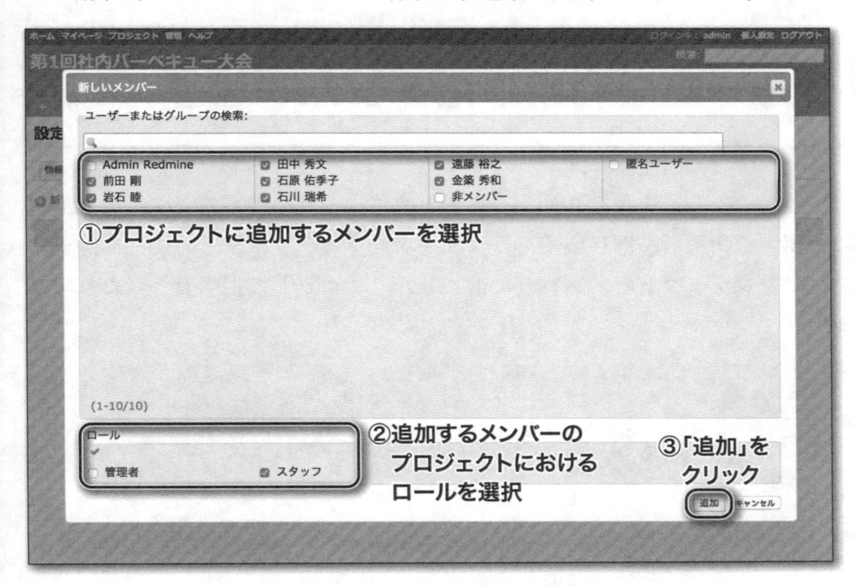

図6.38 ユーザーとロールを選択してメンバーを追加

例えば図6.39では2人のユーザーが「管理者」と「スタッフ」の2つのロールでメンバーになっています。これらのユーザーは「管理者」と「スタッフ」の両方の権限を持ちます。また、ワークフローは両方のロールで定義されているものを足し合わせたものが適用されます。

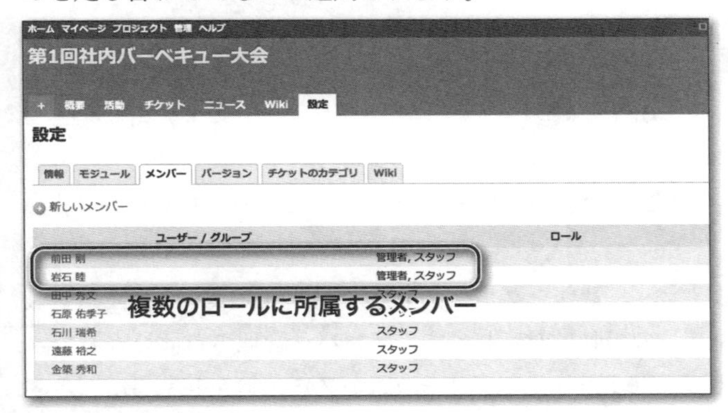

図6.39 複数のロールに所属しているメンバー

【3】木元一広「CODA: JSS2 の運用・ユーザ支援を支えるチケット管理システム –Redmine の事例と利用のヒント –」: 4.2.1「ロール設定の OR ルール」, 2015 https://repository.exst.jaxa.jp/dspace/handle/a-is/557146

6.9 グループを利用したメンバー管理

「グループ」とは複数のユーザーをまとめて扱うためのものです。同じ部署に所属する利用者、同じ業務を行う利用者をグループにまとめて、グループ単位でプロジェクトのメンバーに追加したりチケットの担当者としたりできます。

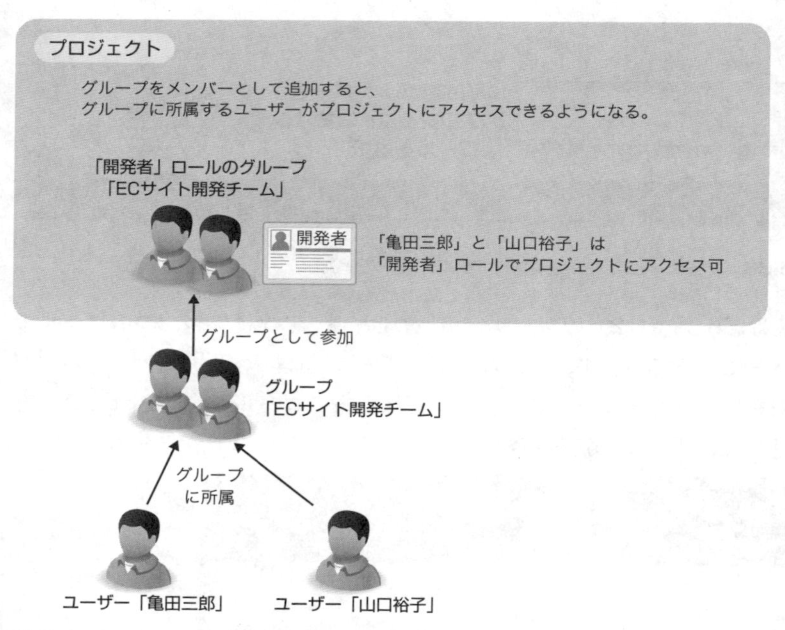

▲ 図6.40 グループを使うと複数のユーザーを一括してプロジェクトのメンバーに追加できる

プロジェクトのメンバー管理をグループ単位で行う利点は、部署異動や入社・退職などユーザーの異動に対応しやすくメンバー管理の負荷を軽減できることです。例えば、Redmine上でグループXがプロジェクトA、B、Cのメンバーとして追加されていたとします。そこへスタッフNさんが新しくチームに加わったとき、Redmine上ではNさんをグループXのメンバーとするだけで、Nさんに対してプロジェクトA、B、Cへのアクセス権限を付与できます。

> NOTE プロジェクトにメンバーを追加するときは、ユーザーを直接追加するのではなくなるべくグループ単位で追加するようにしましょう。メンバーのメンテナンスが楽になることが多いです。

また、**管理→設定→チケットトラッキング**の**グループへのチケット割り当てを許可**チェックボックスをONにしておけば、チケットの担当者をグループに設定できます。担当するチームは決まっているが担当者が決まっていないタスクや、複数の担当者が共同で進めるタスクなどに便利です。

> NOTE グループへのチケット割り当ての詳細は、8.13節「複数のメンバーを担当者にする―グループへのチケット割り当て」で解説しています。

6.10 プロジェクトの終了とアーカイブ

一般的にプロジェクトには終わりがあります。製品やサービスが完成して業務が完了すると、Redmineに作成したプロジェクトもアクセスされることが少なくなります。使わなくなったプロジェクトは、「終了」の状態にすることで読み取り専用にしたり、「アーカイブ」を行うことでデータを保持したままプロジェクトがユーザーから見えないようにしたりできます。

▼ 表6.11 終了とアーカイブの違い

	終了	アーカイブ
プロジェクト内の情報の参照	○	×
プロジェクト内の情報の更新	×	×

6.10.1 プロジェクトの終了

プロジェクトを「終了」状態にすると、そのプロジェクトは読み取り専用になり、チケットの作成や更新、Wikiページの編集など、情報の更新を行う操作が一切できなくなります。

Redmineで管理していたプロジェクトは終了したもののチケットやWikiページなどの情報は引き続き参照したいとき、プロジェクトを「終了」状態にしておけば誤ってチケットが作成されたりするのを防げます。

▶プロジェクトを終了状態にする

プロジェクトを「終了」状態にするには、プロジェクトの**概要**画面右上の**終了**をクリックしてください。

▲ 図6.41 「概要」画面右上の「終了」

▶終了状態のプロジェクトを再開させる

「終了」状態になると図6.42のようにプロジェクトが読み取り専用になります。元に戻して再度更新できるようにするには**再開**をクリックしてください。

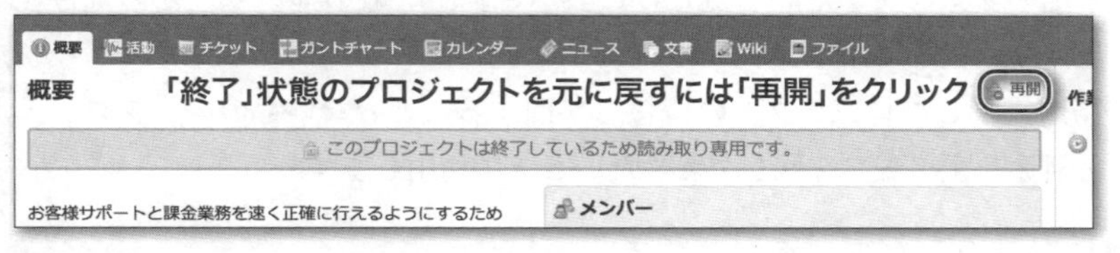

図6.42 「終了」状態となり読み取り専用になったプロジェクト

▶終了状態のプロジェクトを「プロジェクト」画面に表示させる

「終了」状態になったプロジェクトは、**プロジェクト**画面や画面右上のプロジェクトセレクタに表示されません。プロジェクトを選択するには、下図のように**プロジェクト**画面で**終了したプロジェクトを表示**をONにしてください。

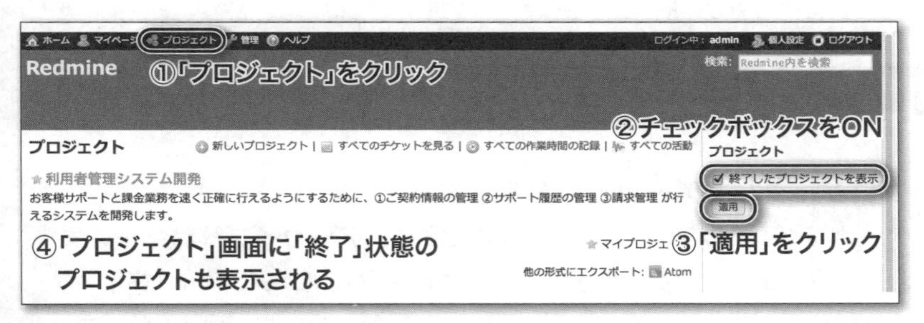

図6.43 終了したプロジェクトを表示

WARNING

プロジェクトの終了・再開を行うには「プロジェクトの終了/再開」権限が必要です。この権限は通常は「管理者」ロールにのみ割り当てられています。「管理者」以外のロールで操作できるようにするにはシステム管理者に権限の割り当てを依頼してください。権限の割り当ての確認や変更は「管理」→「ロールと権限」→「権限レポート」で行えます。

6.10.2 プロジェクトの「アーカイブ」

プロジェクトの「アーカイブ」を行うと、そのプロジェクトは**管理→プロジェクト**画面のプロジェクトの一覧だけに表示され、一般のユーザーからは存在すら見えない状態になります。

業務が完了しプロジェクトの情報を参照することもないものの、プロジェクトを削除せずデータを残しておきたいときに利用します。

▶プロジェクトをアーカイブする

プロジェクトのアーカイブは、システム管理者であるユーザーで**管理→プロジェクト**画面を開いてプロジェクトの一覧を表示させ、該当するプロジェクトの**アーカイブ**をクリックしてください。

▲ **図6.44** プロジェクト一覧の「アーカイブ」

▶プロジェクトをアーカイブを解除する

アーカイブしたプロジェクトを元に戻すには**アーカイブ解除**を行います。なお、プロジェクト一覧にはデフォルトでは有効なプロジェクト(終了・アーカイブではないプロジェクト)のみが表示されているので、画面上部の**フィルタ**で**すべて**または**アーカイブ**を選択してアーカイブされたプロジェクトを表示させてから操作してください。

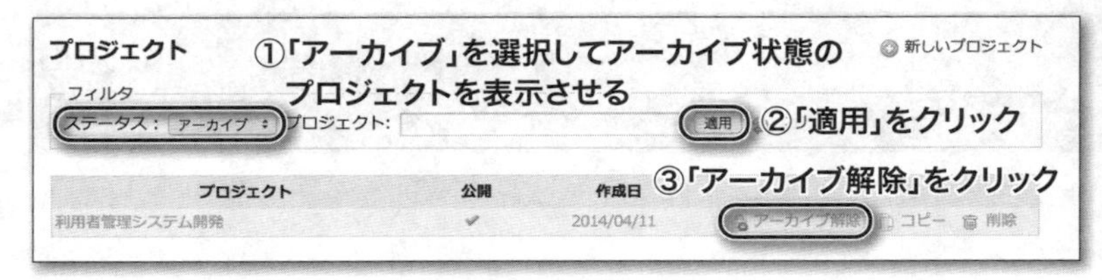

▲ **図6.45** プロジェクトのアーカイブ解除

Chapter 7

Redmineはじめの一歩 ～チケットの基本と作法～

Chapter 6まででRedmineの概要や導入・設定方法など、Redmineを使い始めるまでの事前準備を説明しました。ここではいよいよRedmineをタスク管理に活用するための使い方を紹介します。

7.1 はじめに知っておきたい基本 ― プロジェクトとチケット

これからRedmineを使い始めるのに先立ち、まず知っておいて欲しいのは「プロジェクト」と「チケット」です。Redmineで仕事を管理するために最初に押さえておくべき概念です。

7 Redmineはじめの一歩 ～チケットの基本と作法～

> **NOTE** ここで説明するプロジェクトとチケットに加えて、6.1節「Redmineの基本概念」では「ユーザー」「メンバー」「ロール」も含んだ基本概念を説明しています。

▶プロジェクト

Redmineにおけるプロジェクトとは、Chapter 6でも説明したとおり、情報を分類する最も大きな単位です。Redmine上で管理する情報は必ずいずれかのプロジェクトに含まれるので、情報の入れ物と考えることもできます。

なお、プロジェクトは事前にシステム管理者が作成しておく必要があります。実際に運用を始める前の準備方法はChapter 5 ～ 6を参照してください。

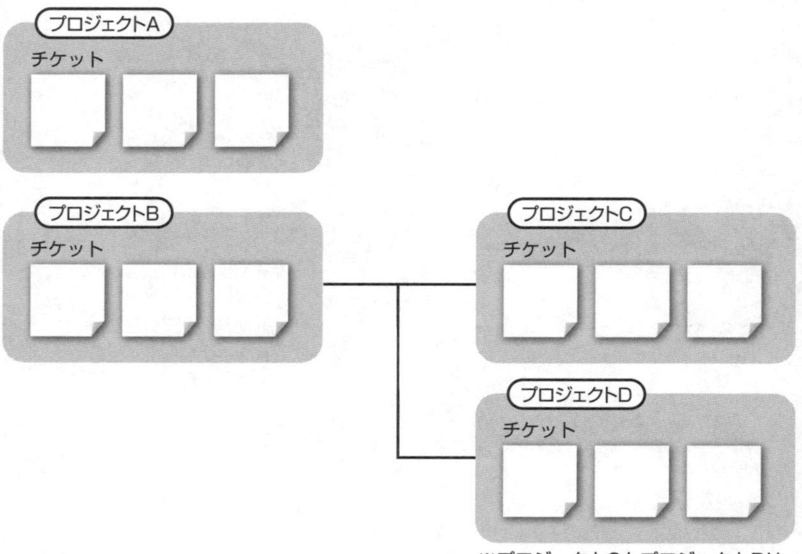

▲ 図7.1 Redmineのプロジェクトは情報の入れ物でもある

▶チケット

実施すべき作業、修正すべきバグなどの情報を記録・管理するためのものがチケットです。題名・説明・担当者・開始日・期日などの情報を記載します。

Redmineを使わない場合、これらを管理するのに一覧表を作ったり付箋に記入したりしますが、作業を記録した一覧表の1行分の明細もしくは1枚の付箋がまさにRedmineのチケット1つに相当します。

Redmineにチケットを作成することで、自分だけのメモで管理するのと異なり、自分が何をすべきか、チームとして実施すべき作業がどれだけあるのか、進捗状況はどうなっているのか、関係者全員が共有できます。また、チケットには作業の途中の経過を記載することもできるので、そのまま作業の記録にもなります。

Redmineを使ったプロジェクト運営では、実施すべき1つ1つの作業ごとにチケットを作成し、それらをチーム内でキャッチボールのように受け渡ししながら更新していくということが基本的な考え方です。

チケットの役割と機能は作業を記録し一覧表示することだけではありません。Redmineが提供するロードマップやガントチャートなど多くの機能はチケットに記録された情報を利用しています。チケット管理機能はRedmineの中核をなす機能であり、チケット管理機能の使いこなすことがRedmineを使いこなすために重要です。

図7.2 Redmineのチケットはタスクを書きとめた付箋のイメージ

7.2 ログイン

Redmine上の情報を参照・更新するには、Redmineにログインします。RedmineのURLにWebブラウザでアクセスすると表示される**ログイン**画面で、システム管理者から割り当てられたアカウント情報を入力してください。

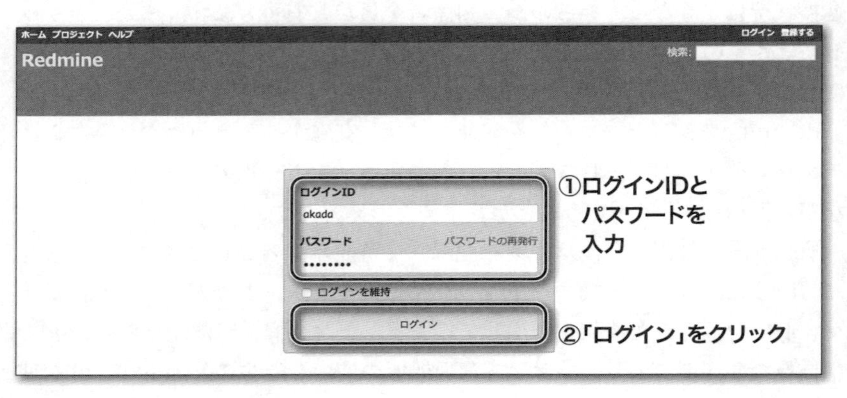

図7.3 ログイン画面

認証を必須とする設定を行っていない場合、Redmineにアクセスすると**ログイン**画面が表示されずにいきなり**ホーム**画面が表示されます。この状態でもRedmineの設定によっては情報を参照できる場合もありますが、すべての情報が見えているとは限りませんし、情報の更新は行えません。画面右上の**ログイン**をクリックしてログイン画面を表示させ、ログインを行ってください。

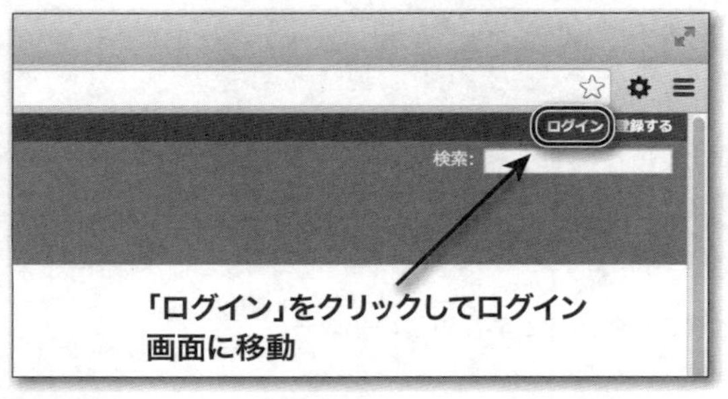

図7.4 画面右上の「ログイン」リンク

7.3 プロジェクトの選択

Redmineは複数のプロジェクトを扱えます。1つのRedmine上に複数のプロジェクトを作成して切り替えながら使えます。これにより、一人の担当者が同時期に並行して複数の案件に関わったり、組織内の複数のチームの業務を1つのRedmine上でまとめて管理することができます。

Redmineにログインしたら、まずは利用するプロジェクトを選択します。

プロジェクトの選択は次のいずれかの方法で行えます。2つの方法の違いは選択対象として表示されるプロジェクトの範囲です。方法①のプロジェクトセレクタを使う方法が手数がかからず簡単ですが、自分がメンバーとなっているプロジェクトしか表示されません。方法②の**プロジェクト**画面を使う方法は、自分がアクセスできるプロジェクトがすべて表示されます(メンバーとなっていないプロジェクトも含む)。

▶方法①　画面右上のプロジェクトセレクタから選択

画面右上のプロジェクトセレクタ(**プロジェクトへ移動...**と表示されているドロップダウンリストボックス)で目的のプロジェクトを選択します。

選択肢には自分がメンバーとなっているプロジェクトのみ表示されます。

図7.5 プロジェクトセレクタからプロジェクトを選択

▶方法②　「プロジェクト」画面の一覧から選択

画面上部のトップメニュー内の**プロジェクト**をクリックして**プロジェクト**画面に移動し、表示されている一覧の中から目的のプロジェクトをクリックします。

一覧には自分がメンバーとなっているプロジェクト(画面ではプロジェクト名の左に☆印が表示される)に加えて、メンバーではないがアクセス権限があるプロジェクト(☆印なし)も表示されます。

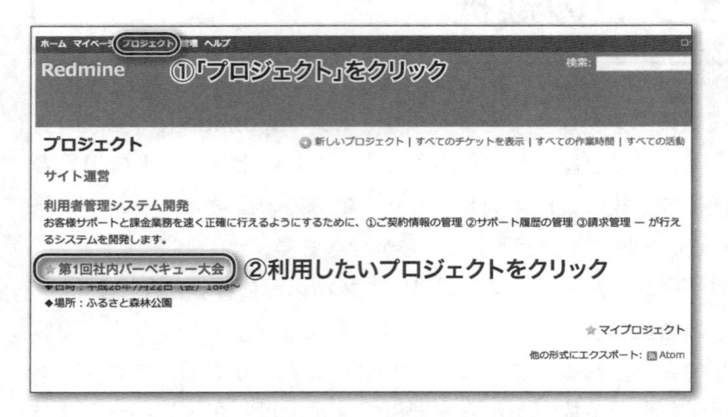

図7.6 「プロジェクト」画面でプロジェクトを選択

WARNING プロジェクトを作成していないか、アクセスできるプロジェクトがない場合はプロジェクトの一覧が表示されずプロジェクトの選択も行えません。Chapter 6を参考にプロジェクトの作成とメンバーの追加を行ってください。

プロジェクトを選択すると、選択したプロジェクトの**概要**画面が表示されます。

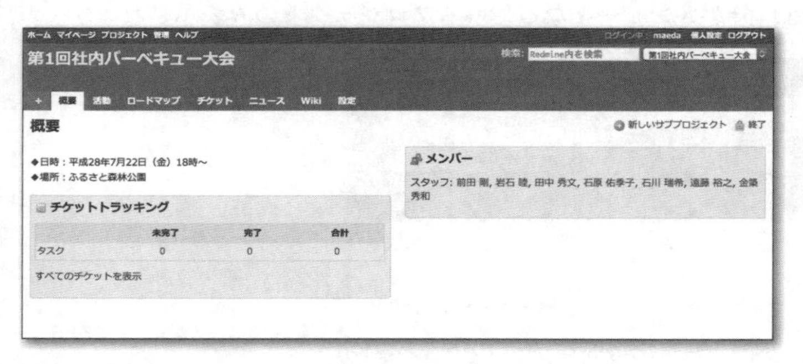

図7.7 選択したプロジェクトが表示された状態

7.4 実施すべき作業のチケットを作成

これまで繰り返し説明したとおり、Redmineでは実施すべき作業を「チケット」に記録します。チケットを作成すればRedmine上にずっと情報が残りますので、作業が漏れたり細かい内容を忘れてしまったりするのを防ぐことができます。Redmineでうまくプロジェクト管理をするためには、やるべき作業を洗い出してきちんとチケットを作成することが肝心です。

7.4.1 新しいチケットの作成

それでは、作業を管理するためにチケットを作成してみましょう。チケットを作成するには、プロジェクトメニュー左端の「+」ドロップダウンから**新しいチケット**を選択するか、**チケット**画面の右上にある**新しいチケット**をクリックしてください。

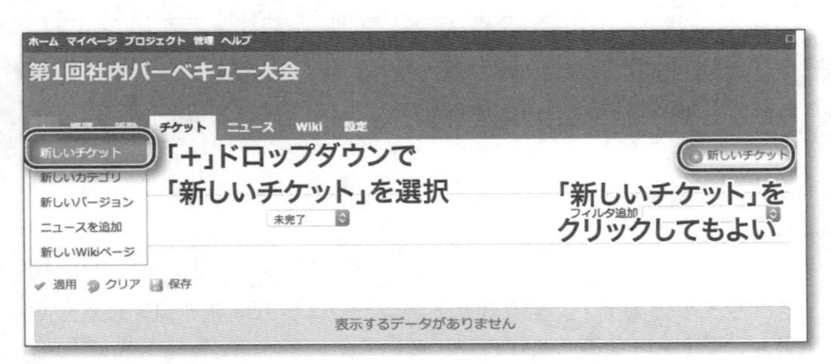

▲ **図7.8** 新しいチケットを作成

図7.9のような**新しいチケット**画面が表示されます。ここで作業の詳細、それを実施すべき担当者、開始日と期日などを入力していきます。

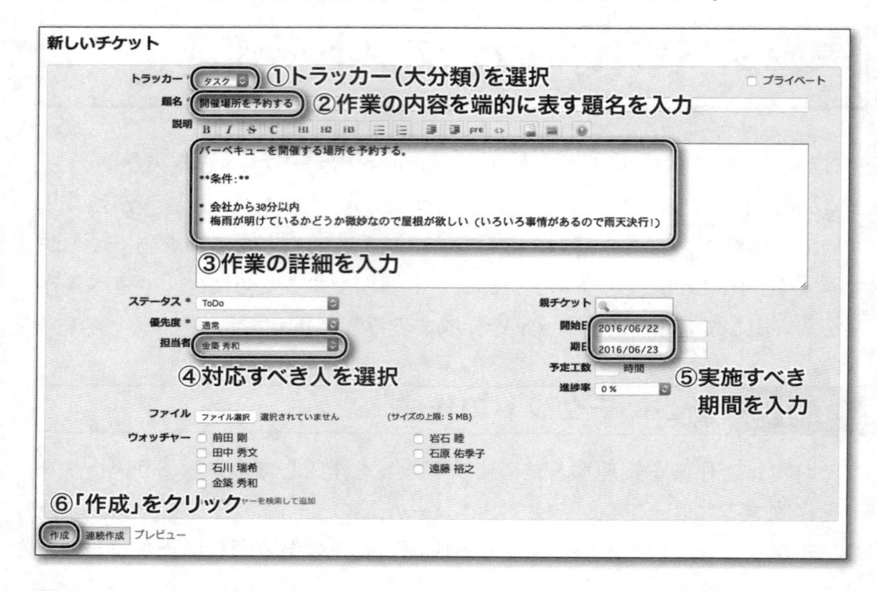

▲ **図7.9** 「新しいチケット」画面

チケットの主な入力項目は表7.1の通りです。これらの項目を入力し**作成**ボタンをクリックするとチケットが作成されます。

▼ **表7.1** 「新しいチケット」画面の入力項目

項目	説明
トラッカー	チケットの分類です。デフォルトでは、システム開発を想定した「バグ」、「機能」、「サポート」の3つが選択できます。「バグ」は不具合等修正すべき問題点、「機能」は開発する機能、「サポート」は成果物に直接結びつかない(ソースコードの変更が発生しない)支援業務を意味します。これらは「管理」→「トラッカー」で業務に合わせて変更できます。
題名	題名はチケットの一覧画面などで表示されます。題名だけでおおよその内容がわかるような、チケットの内容を端的に表す分かりやすいものにしてください。
説明	題名だけでは書ききれない詳細な説明を記載します。
ステータス	チケットの進捗状況を表します。選択できるステータスはトラッカーの設定によって異なります(6.4節～6.6節参照)。

優先度	チケットに記載された作業の優先度です。デフォルトでは「低め」、「通常」、「高め」、「急いで」、「今すぐ」から選択できます。チケットの優先度を設定しておけば、多数のチケットの中からどのチケットに着手すべきか判断するのに役立ちます。
担当者	チケットに記載された内容を実施すべき担当者です。そのチケットの責任者という意味ではなく、あくまでもその時点でチケットを処理すべき人を設定します。例えばバグの報告のチケットであれば、開発者による修正、別の担当者によるレビューなど、進捗に応じて作業をする担当者が変化します。その時々の当事者(いわゆる「ボールを持っている」人)をチケットの担当者に設定してください。
開始日	チケットに記載されているタスクを開始すべき日付です。
期日	チケットに記載されているタスクの期日です。 開始日と期日は、期限間近のチケットをメールで通知するリマインダ機能、カレンダー、ガントチャートでも参照されます。
ファイル	チケットにファイルを添付できます。関連する資料やスクリーンショットを添付できます。

NOTE

チケットを作成すると、「担当者」に設定したメンバーにメールで通知されます。その担当者はRedmineの画面を見張っていなくても自分が担当すべき作業が発生したことを知ることができます。

7.4.2 チケット作成のグッドプラクティス

Redmineを使っていると、未完了のチケットが大量にたまるという状況に陥ることがあります。こうなると、すぐに着手すべきチケットが埋もれてしまったり、どのチケットから着手すればよいのかが分かりにくくなったりします。Redmineはどんどん使いにくくなり、最終的には誰にも使われなくなってしまいます。たくさんのチケットはもはやゴミの山でしかありません。

このような事態を避けるためには、チケットを作成するときに「終了しやすさ」を意識し、チケットがゴミと化してしまう可能性の芽を摘んでおくことが極めて重要です。

▶分かりやすい題名を書く

題名だけでチケットの内容が伝わるよう心がけましょう。シンプルで分かりやすい題名をつけることが、チケットの説明欄を分かりやすく書くことにもつながります。

#	トラッカー	ステータス	優先度	題名
6	バグ	解決	通常	不具合です
5	バグ	解決	通常	不具合報告
3	バグ	新規	通常	報告
2	バグ	進行中	通常	至急修正願います

△ 図7.10 悪い例：分かりにくい題名

▶「説明」欄は簡潔に

本題がきちんと伝わるよう、チケットの説明欄は簡潔に書きましょう。「お世話になっております」「お疲れさまです」などの挨拶は書くべきではありません。

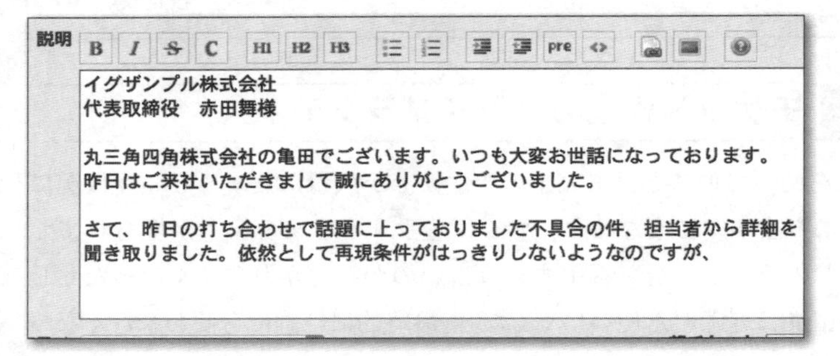

△ 図7.11 悪い例：手紙のような宛名や挨拶は不要。用件のみを簡潔に書くべき

▶1つのチケットには1つの課題のみ書く

1つのチケットに複数の課題を盛り込まないようにしましょう。記載されたすべての課題が完了しないとチケットのステータスを「終了」にできないので、チケットがたまる原因になりがちです。また、それぞれの課題に関するコミュニケーションがチケット上で行われると、いろんな話題が入り交じってしまい話の筋を理解するのが難しくなります。

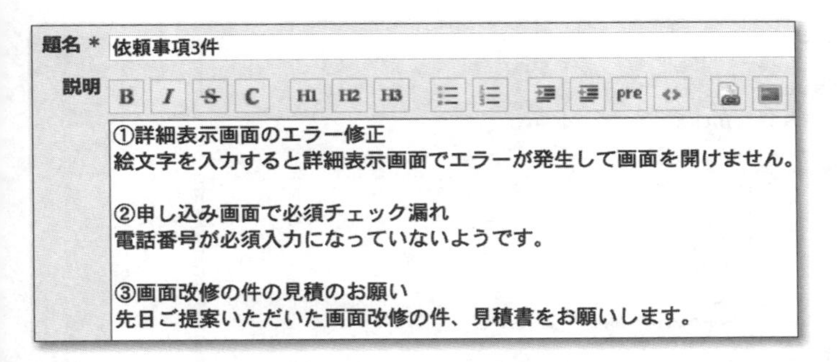

▲ 図7.12 悪い例：1つのチケットに複数の課題が書かれている。題名も良くない

▶数時間から数日程度で終わる粒度でチケットを作成する

1つのチケットに記述するタスクが、完了させるのに長期間かかるものにならないようにしましょう。あまり大きなチケットを作成するとなかなかチケットを終了させることができません。

小さなチケットをスピード感をもってどんどん終了させることができると仕事が進んでいる実感が得られやすく、モチベーションの向上にも役立ちます。

▶書かれた課題がどうすれば・どうなれば終了なのか明確にする

ゴールを明確に書くようにしましょう。完了条件が不明確なチケットはなかなか終了させることができず、チケットが滞留する原因になりがちです。

7.4.3 テキストの修飾

チケットを書くときには、文字を太くしたりリンクを設定したり箇条書きをリスト形式にしたりなどの修飾ができます。

テキストの修飾はMarkdownまたはTextileと呼ばれる記法により行えます。RedmineのデフォルトはTextileですが、**管理→設定→全般→テキストの書式**でMarkdownに切り替えることもできます。

テキスト修飾の記述例を図7.13～図7.15に示します。

新しいチケット

トラッカー * タスク

題名 * テキスト修飾のサンプル (Textile)

説明

```
*太字* / -取り消し線- / "リンク":http://www.redmine.org/

* 箇条書き1行目
* 箇条書き2行目
* 箇条書き3行目

<pre>
#!/usr/bin/env ruby
puts "hello, world"
</pre>
```

図7.13 Texitleによる修飾の例

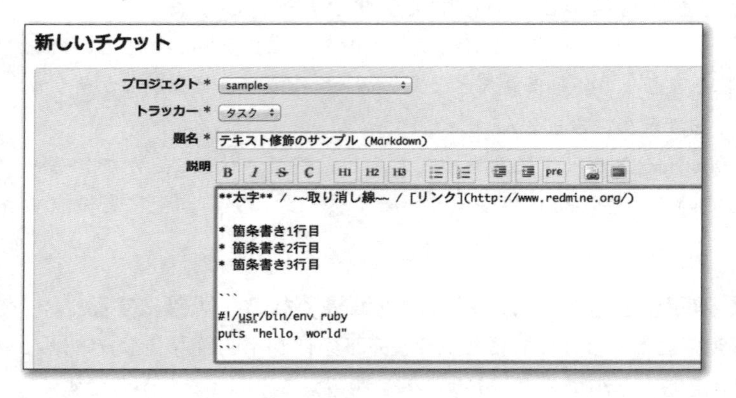

図7.14 Markdownによる修飾の例

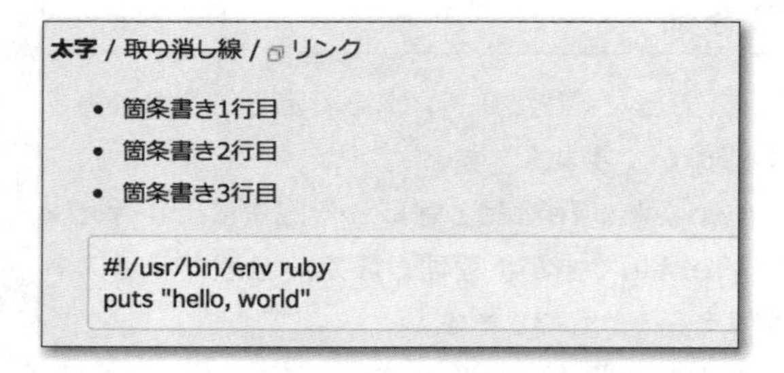

図7.15 表示例(Textile/Markdown共通)

NOTE

MarkdownとTextileの書き方の詳細は14.6節「チケットとWikiのマークアップ」で解説しています。

7.5

自分がやるべき作業の把握

Redmineにおいては実施すべき作業はすべてチケットとして登録するので、チケットの一覧を見ればチームが実施すべきすべての作業が分かります。そして、チケットには「担当者」という項目があり、そこにはチケットに書かれたことに対応すべきメンバーが設定されています。ということは、チケットのうち担当者が自分に設定されているチケットだけを一覧表示すれば、自分が対応すべき作業が分かります。

チケットの一覧を見るには、プロジェクトメニュー内の**チケット**をクリックしてください。プロジェクト内のすべての未完了のチケットが表示され、チームが取り組むべきチケットの一覧が確認できます。

チケット　新しいチケット

フィルタ

ステータス　未完了　フィルタ追加

オプション

適用　クリア　保存

#	トラッカー	ステータス	優先度	題名	担当者	開始日	期日
34	タスク	ToDo	通常	調達リストを作成する	金築 秀和	2016/07/13	2016/07/15
33	タスク	ToDo	通常	カメラ電池を充電する	岩石 睦	2016/07/21	2016/07/21
32	タスク	ToDo	通常	ストロボ電池を充電する。	岩石 睦	2016/07/21	2016/07/22
31	タスク	ToDo	通常	席次作成する	石原 佑季子	2016/07/19	
30	タスク	ToDo	通常	日程を決める	金築 秀和	2016/06/17	2016/06/17
29	タスク	ToDo	通常	開催場所を決める	金築 秀和	2016/06/17	2016/06/17
28	タスク	ToDo	通常	予算を決める	前田 剛	2016/06/17	2016/07/22
27	タスク	ToDo	通常	参加者を募る	金築 秀和	2016/06/17	2016/06/21
26	タスク	ToDo	通常	役割分担を決める	金築 秀和	2016/06/22	2016/06/22
25	タスク	ToDo	通常	開催場所を予約する	金築 秀和	2016/06/23	2016/06/23
24	タスク	ToDo	通常	食材を調査する	遠藤 裕之	2016/06/27	2016/07/15
23	タスク	ToDo	通常	飲み物を調査する	金築 秀和	2016/06/27	2016/07/15
22	タスク	ToDo	通常	調理用具を調査する	石原 佑季子	2016/06/27	2016/07/15
21	タスク	ToDo	通常	食器を調査する	石原 佑季子	2016/06/27	2016/07/15
20	タスク	ToDo	通常	その他のものを調査する	遠藤 裕之	2016/06/27	2016/07/15
19	タスク	ToDo	通常	BBQのしおりを作る	石川 瑞希	2016/07/04	2016/07/08
18	タスク	ToDo	通常	参加者に案内・しおりを送る	金築 秀和	2016/07/11	2016/07/20
17	タスク	ToDo	通常	費用徴収する	金築 秀和	2016/07/11	2016/07/22

図7.16 チケットの一覧

　ここで**フィルタ**を使うと、条件を指定して表示対象のチケットを絞り込むことができます。**担当者**が**自分**である**未完了**のチケットが表示されるようフィルタを設定すれば、自分がやるべき作業を知ることができます。

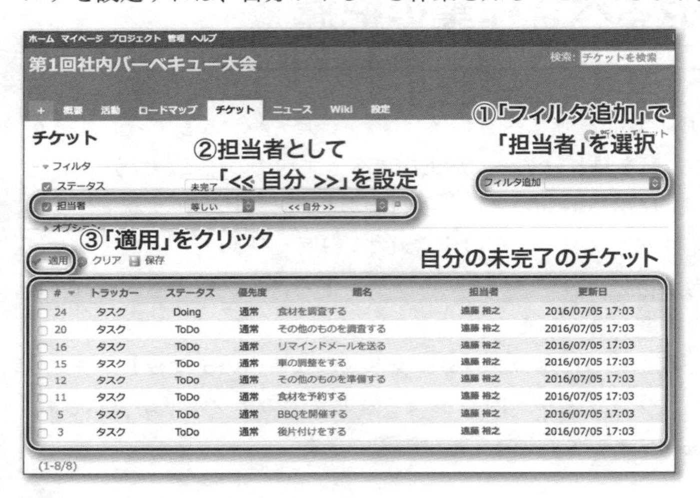

▲ **図7.17** 自分の未完了チケットのみを表示

　フィルタは担当者以外にもさまざまな種類が用意されています。例えば図7.18は**開始日**を使用して、自分の未完了のチケットのうち「開始日」が6月30日までのものを表示しています。たくさんのチケットの中から今進めるべきチケットはどれか知ることができます。

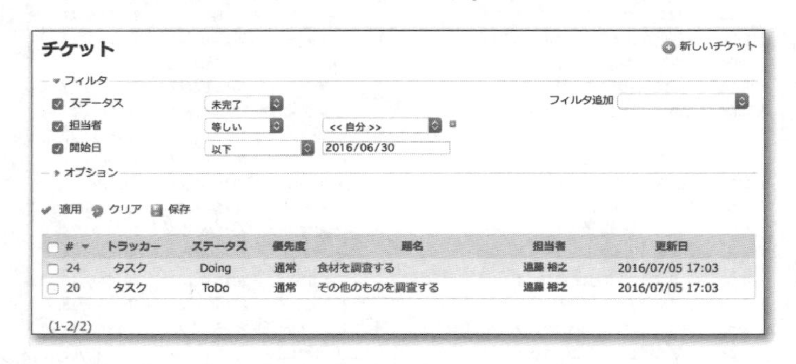

▲ **図7.18** 自分の未完了チケットのうち、開始日が6月30日までのものを表示

> **NOTE**
> より詳しいフィルタの使い方は8.1節「フィルタによるチケット一覧の絞り込み」で解説しています。

Column

全プロジェクトのチケットを表示する

「チケット」画面には現在のプロジェクトのチケットのみが表示されますが、次の手順で全プロジェクトのチケットを表示することもできます。

①トップメニューの「プロジェクト」をクリック。
「プロジェクト」画面が表示されます。
②「プロジェクト」画面で「すべてのチケットを見る」をクリック。
アクセスすることができるすべてのプロジェクトのチケットがまとめて表示されます。

複数のプロジェクトを並行して進めているときに、自分が担当しているチケットをプロジェクトを横断してまとめて参照したいときなどに便利です。

7.6 チケットを更新して作業状況を記録・共有する

作業の進行に応じてチケットを更新していくことで、作業をどのように実施したのか記録したり、ほかのメンバーと作業状況を共有することができます。また、メンバー同士のコミュニケーションにも利用できます。

7.6.1 作業着手

7.5節では、チケットの一覧を見ることで自分が実施すべき作業が確認できることを説明しました。いよいよチケットに記載された作業に着手します。作業するチケットを決めたら、詳細を表示して内容を確認しましょう。

チケットの一覧が表示されている状態でチケットの題名部分をクリックすると、そのチケットの詳細が表示されます。

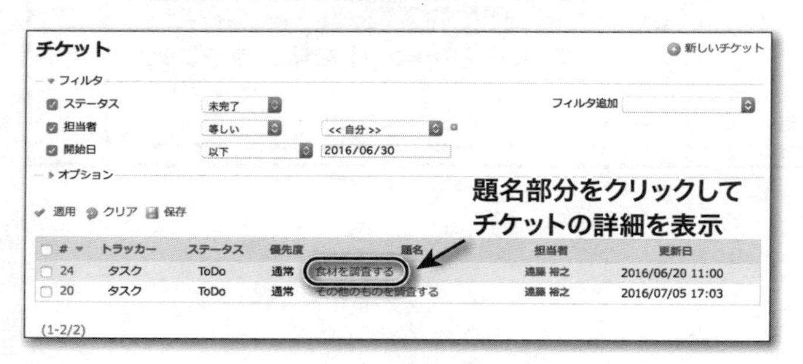

▲ 図7.19 詳細を表示したいチケットの題名部分をクリック

図7.20 チケットの詳細

チケットに記載された作業に着手したときには、そのことがチケットを作成した人やチームのメンバーにも分かるように**ステータス**を作業中であることを示すものに変更します。図7.20の「第1回社内バーベキュー大会」プロジェクトでは6.3節「チケットのステータスの設定」で「Doing」を作業中であることを表すステータスとして設定しているので、「ToDo」から「Doing」に変更しましょう。

図7.21 バーベキュープロジェクトで採用しているステータス遷移

> **NOTE** チケットのステータスは使いやすいようカスタマイズできます。詳しくは6.3節～6.6節をご覧ください。

ステータスを変更するには、チケットを表示した状態で、画面右上の**編集**をクリックしてください。

図7.22 チケットの内容を更新するには「編集」をクリック

チケットを編集できる状態の画面が表示されるので、**ステータス**を**Doing**に変更し、画面最下部の**送信**をクリックしてください(図7.23)。チケットのステータスが変更されます。

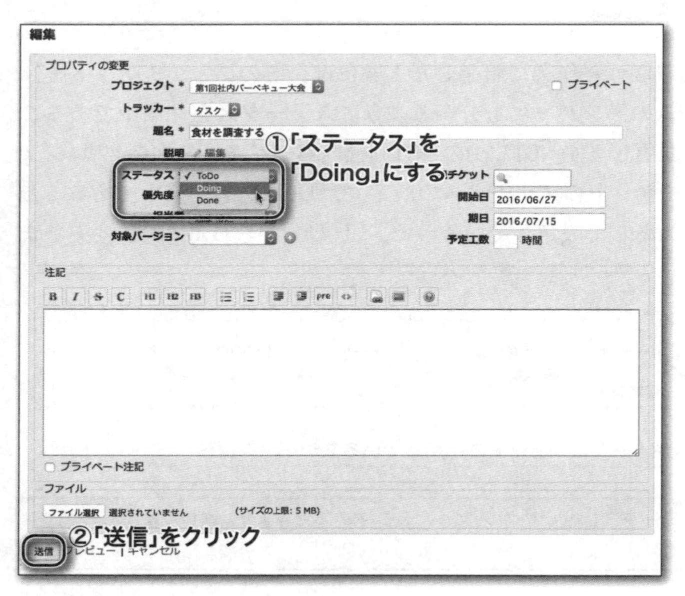

図7.23 ステータスの変更

以上でチケットのステータスが**Doing**に変更され、作業に着手したことが客観的に分かるようになりました。

全体の進捗を管理する立場の人からはRedmineを見るだけで今どの作業が進められているのか分かります。また、作業を実施する担当者も、チケットの一覧でフィルタを適用すれば自分が今進めているチケットが分かるので、どれが仕掛かり中の作業か容易に識別できます。作業を抱えすぎて何をすべきか分からない、という状況に陥るのを防ぐのにも役立ちます。

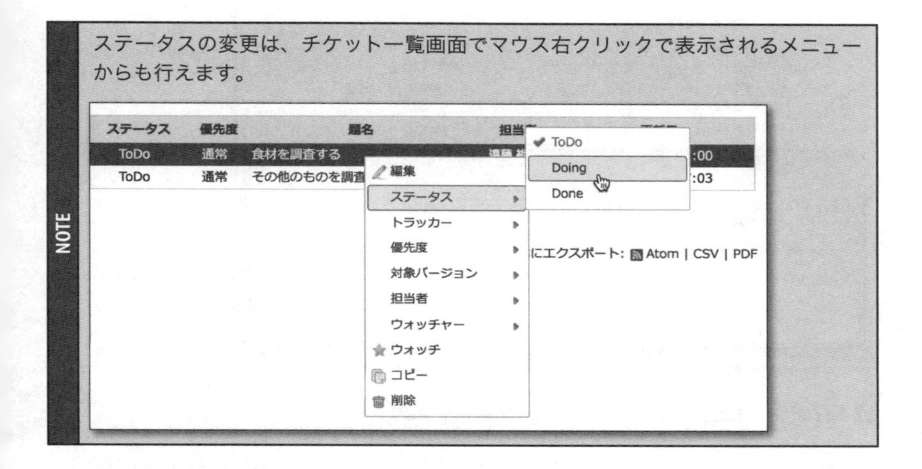

7.6.2 実施状況の記録

チケットはステータスで完了・未完了状態を管理できるだけでなく、作業に関する記録やほかの担当者への連絡事項も記入できます。作業内容を後で振り返ったり、作業内容をほかの担当者に申し送るのに役立ちます。

メモや連絡事項は、チケットの**注記**に記録します。注記を追加するには、ステータスを変更するときと同様にチケット表示中の画面右上の**編集**をクリックしてください。

図7.24 注記を追加するには「編集」をクリック

> **NOTE**
> 注記の追加などチケットの更新を行うとチケットの作成者と担当者にメールが送られます。Redmineの画面を開かなくても作業に進捗があったことを知ることができます。

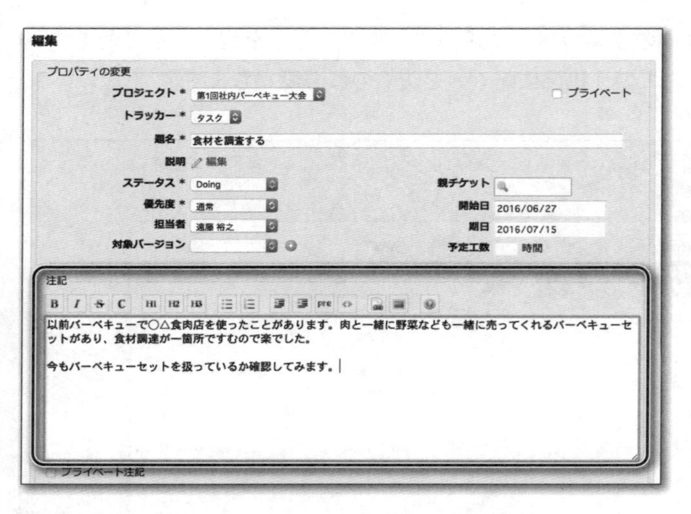

図7.25 「注記」欄に作業のメモや連絡事項を入力

追加した注記はチケットの**履歴**欄に表示されます。注記は何回でも追加でき、追加するとそれぞれが時系列で**履歴**欄に表示されます。

図7.26 「履歴」欄に注記が表示されている状態

7.6.3 注記によるコミュニケーション

チケット上でその作業についてのコミュニケーションも行えます。口頭やメールでやりとりする代わりにチケットを使うことで、その作業をどう進めたのか、どんな議論があったのか、チケット上に記録を残すことができます。

図7.27は、食材の調達について調査を進めている遠藤さんが、作業の依頼元の金築さんに対して想定参加者数を確認しようとしている様子です。

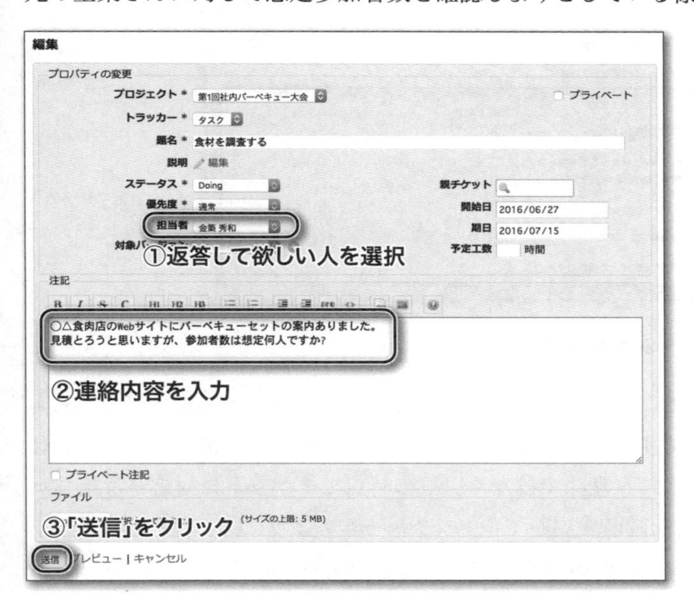

▲ **図7.27** 注記によるコミュニケーション

> **NOTE** チケットで依頼や連絡を行うときは、「担当者」を返答して欲しい人に変更しましょう。

ここで注目して欲しい点は、**担当者**を金築さんに変更していることです。「担当者」という言葉は一般的には作業に最初から最後まで責任を持つ人という意味でとらえられることが多いのですが、Redmineの場合はそうではありません。Redmineにおける「担当者」は、その時点でチケットの内容について対応・反応して欲しい人を設定します。図7.27では金築さんに参加者数を回答して欲しいので**担当者**を金築さんに変更しています。こうすることで、新たに設定した担当者にはメールで注記の内容が通知され、またRedmineのチケット一覧画面では自分の未完了のチケットとして表示されるので、対応漏れを防ぎやすくなります(図7.28)。

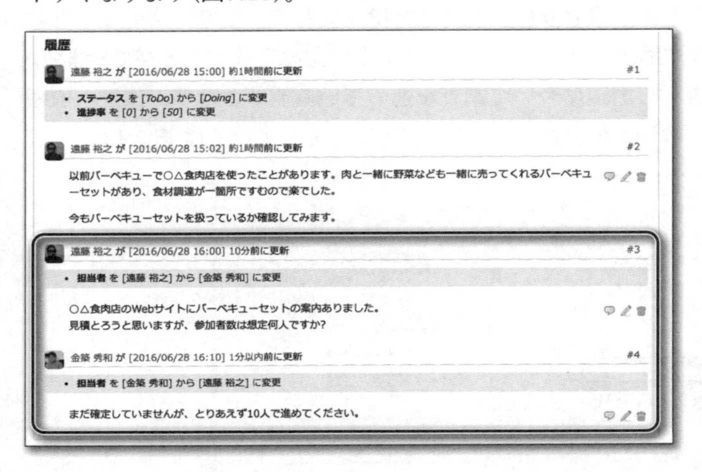

図7.28 チケットの履歴欄の表示

Redmineに初めて触れる人がやりがちなのが、チケットの担当者をずっと変更しないことです。繰り返しになりますが、チケットの担当者は、その仕事を任された人という意味ではなく、その時点でチケットに対応・反応すべき人です。担当者を随時変更してキャッチボールのようにメンバー間でチケットをやりとりするのがRedmineを使った仕事の進め方です。

7.6.4 ファイルの添付

チケットにはファイルを添付することもできます。作業を進めていく過程で発生したファイルをチケットに添付しておけば、その仕事に関連したファイルが1つのチケットに集約されることになり整理が容易です。

ファイルの添付はチケットの編集画面で行います。

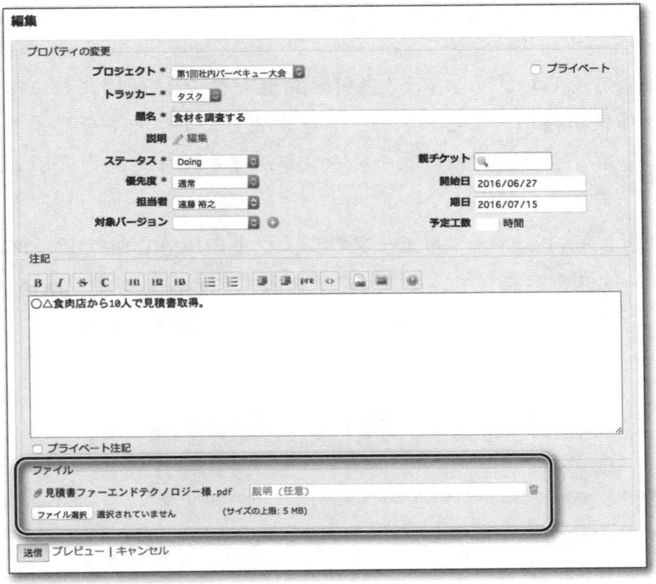

図7.29 ファイルの添付

> **NOTE**
> ファイルの添付は「ファイル添付ボタン」をクリックしてファイル選択ダイアログを使用する方法のほか、「編集」画面にファイルをドラッグ&ドロップする方法もあります。

添付されたファイルの一覧は**チケット**画面の**説明**内に表示されます。

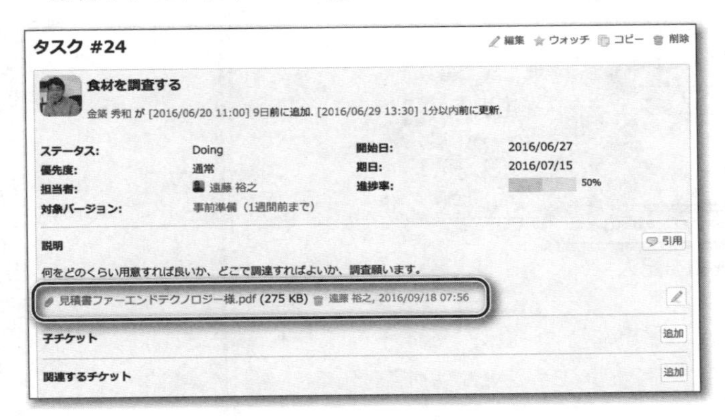

図7.30 チケットに添付されたファイルの一覧

7.6.5 作業完了とチケットの終了

食肉店から見積書をもらい、チケット「食材を調査する」の作業は終わったと言えそうです。作業が終わったらステータスを変更してチケットを終了させます。チケットを終了させるには、ステータスを終了を示すものに変更します。

Chapter 7で例示しているバーベキュープロジェクトのRedmineでは、図7.31のようにステータスを定義しています。終了を示すステータスは「Done」なので、チケットを終了させるにはステータスを「Done」に変更します。

▲ 図7.31 バーベキュープロジェクトのRedmineで定義しているステータス

チケットの編集画面を表示し、ステータスを変更します。このとき、単にステータスを変えるだけでなく、チケットを終了させる理由を**注記**に書くようにしましょう。自分以外のチームメンバー、特に作業を依頼した人に作業結果がどうだったのか状況がよくわかります。

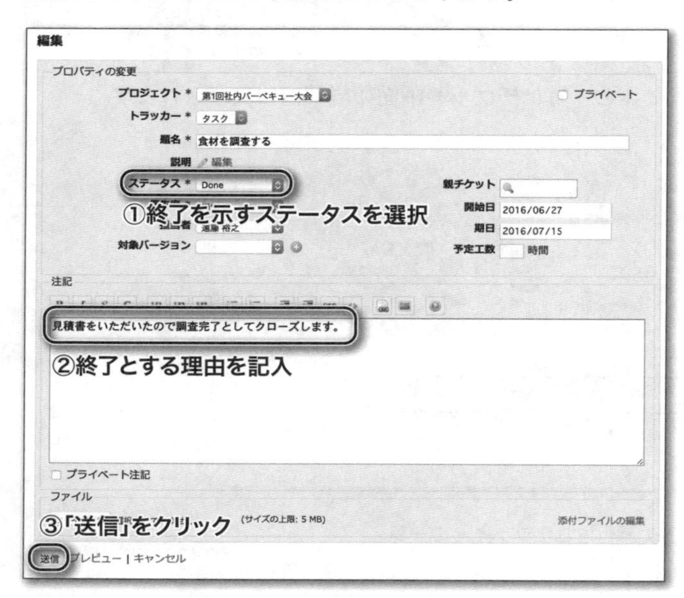

▲ 図7.32 チケットを終了させる際の作法

終了させたチケットは未完了のチケットの一覧には出てこなくなります。

Redmineで管理されているプロジェクトでは、チケットに書かれた作業を処理してチケットをどんどん終了させていきます。チームメンバーが協力し合ってすべてのチケットを終了すればプロジェクトが完了します。

7.7 チケットの更新の把握

Redmine上で管理されているチケットなどの情報はプロジェクトメンバーの活動によりどんどん変化します。特にチケットの更新は、作業の依頼や進捗の共有などコミュニケーションの一端を担っていますので、それぞれのメンバーが自分に関係する更新を遅滞なく把握し対応することがプロジェクトをスピーディーに進めることにつながります。

チケットの更新を把握する方法として、①**活動**画面による把握、②メールによる通知、③フィードによる通知の3つを紹介します。

7.7.1 「活動」画面による把握

活動画面は、チケットの作成・更新など、Redmine上の情報の更新が時系列で表示される画面です。プロジェクトでどんな動きがあったのか一目でわかります。

「さっき自分が更新したチケットを見たい」「ほかのメンバーが今日更新したチケットを見たい」といったときは、**活動**画面を見るのが簡単です。

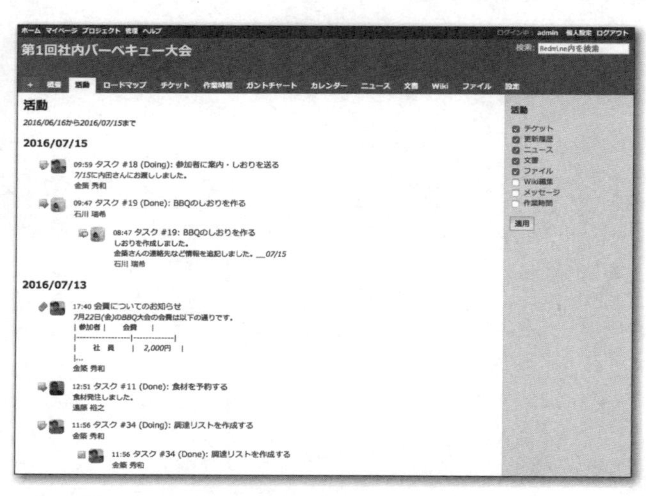

図7.33 「活動」画面

NOTE 「活動」画面はプロジェクト全体の状況を把握するのにも活用できます。より詳細な解説は9.1節「活動画面によるプロジェクトの動きの把握」を参照してください。

7.7.2 メールによる通知

チケットの担当者が自分に設定されたり自分が作成したチケットを誰かが更新したりするとメールで通知されます。メールにはチケットの情報、そのチケットへのリンク、更新内容の概要が記されています。これにより、Redmineの画面を頻繁に確認しなくても、自分に関係するチケットが追加されたり更新されたりしたことがわかります。

次の事象が発生するとメール通知が送られます。

- 自分が追加したチケットが更新された
- 自分が担当しているチケットが更新された
- チケットの更新によって、自分が担当者に設定された
- 自分がウォッチしている（ウォッチャーとして追加されている）チケットが更新された

NOTE あるチケットに対してウォッチを行うと、自分が関係していないチケットでも更新があったときにメール通知を受け取れます。

NOTE どの事象をメール通知の対象とするのかは「個人設定」画面で変更できます。詳細は14.3節「個人設定」と11.3節「通知メールの件数を減らす」で解説しています。

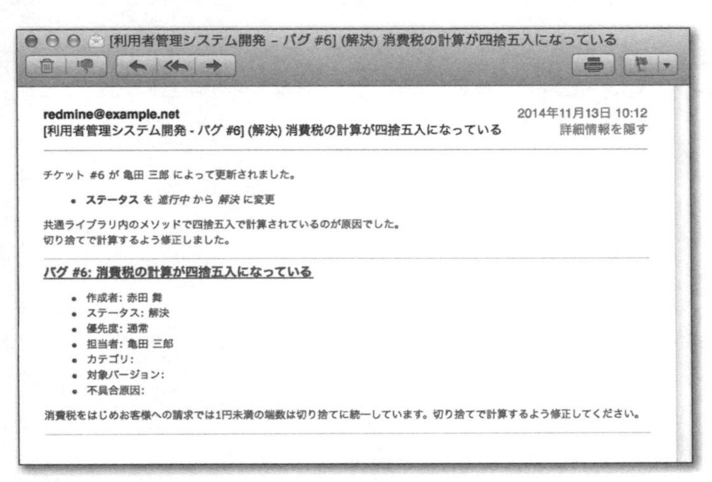

▲ 図7.34 Redmineによるメール通知の例

7.7.3 フィードによる通知

チケットの追加や更新は、RSSでも出力されています。ThunderbirdなどRSSリーダー機能を備えたソフトウェアなどを使ってチケットの更新を監視することができます。

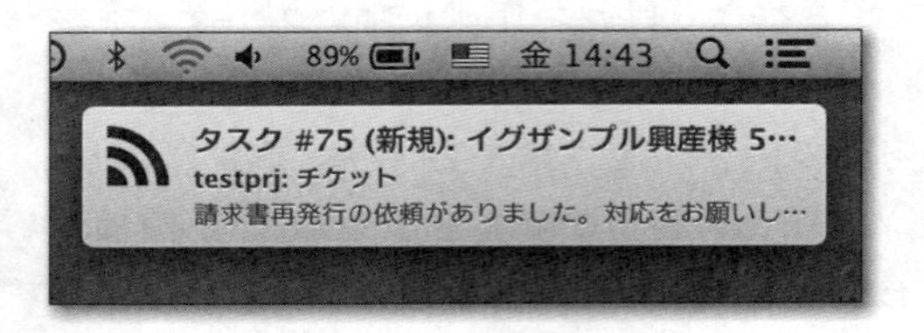

▲ 図7.35 フィードの更新を通知するmacOS用ソフトウェア「Monotony」を使ってチケットの更新をデスクトップに通知した様子

NOTE フィードの利用の詳細は13.3節「Atomフィード」で解説しています。

7.8 「バージョン」でプロジェクトの段階（フェーズ）ごとにチケットを分類する

チケットをどんどん登録して一覧に表示されるチケットが多くなると、今進めるべき作業と後日着手する予定の作業が一緒に表示され、どれが今進めるべき作業なのか分かりにくくなってしまいます。この問題は、Redmineの「バージョン」と呼ばれる機能を使えば解決できます。

チケット　　新しいチケット

▼フィルタ

☑ ステータス　未完了　　フィルタ追加

▶オプション

✔ 適用　クリア　保存

#	トラッカー	ステータス	優先度	題名	担当者	開始日	期日
34	タスク	ToDo	通常	調達リストを作成する	金築 秀和	2016/07/13	2016/07/15
33	タスク	ToDo	通常	カメラ電池を充電する	岩石 睦	2016/07/21	2016/07/21
32	タスク	ToDo	通常	ストロボ電池を充電する。	岩石 睦	2016/07/21	2016/07/22
31	タスク	ToDo	通常	席次作成する	石原 佑季子	2016/07/19	
30	タスク	ToDo	通常	日程を決める	金築 秀和	2016/06/17	2016/06/17
29	タスク	ToDo	通常	開催場所を決める	金築 秀和	2016/06/17	2016/06/17
28	タスク	ToDo	通常	予算を決める	前田 剛	2016/06/17	2016/07/22
27	タスク	ToDo	通常	参加者を募る	金築 秀和	2016/06/17	2016/06/21
26	タスク	ToDo	通常	役割分担を決める	金築 秀和	2016/06/22	2016/06/22
25	タスク	ToDo	通常	開催場所を予約する	金築 秀和	2016/06/23	2016/06/23
24	タスク	ToDo	通常	食材を調査する	遠藤 裕之	2016/06/27	2016/07/15
23	タスク	ToDo	通常	飲み物を調査する	金築 秀和	2016/06/27	2016/07/15
22	タスク	ToDo	通常	調理用具を調査する	石原 佑季子	2016/06/27	2016/07/15
21	タスク	ToDo	通常	食器を調査する	石原 佑季子	2016/06/27	2016/07/15
20	タスク	ToDo	通常	その他のものを調査する	遠藤 裕之	2016/06/27	2016/07/15
19	タスク	ToDo	通常	BBQのしおりを作る	石川 瑞希	2016/07/04	2016/07/08
18	タスク	ToDo	通常	参加者に案内・しおりを送る	金築 秀和	2016/07/11	2016/07/20
17	タスク	ToDo	通常	費用徴収する	金築 秀和	2016/07/11	2016/07/22

▲ **図7.36** チケットがたくさんあるとどれが今進めるべき作業か分かりにくい

Redmineの「バージョン」とは、プロジェクトの実施期間をいくつかの段階（フェーズ）に分割し、チケットを各段階ごとに分類して管理する機能です。一般的なプロジェクト管理の用語ではマイルストーンと呼ばれます。各段階ごとに作業の進捗を管理することで、それぞれの段階での作業のモレを防ぐことができます。

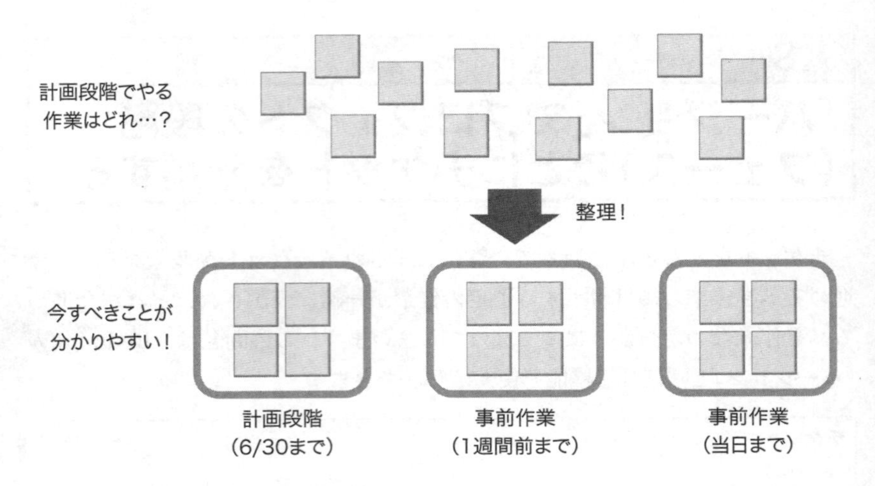

図7.37 チケットを段階ごとに分類すると今やるべきことが分かりやすくなる

次の箇条書きはバーベキュー開催プロジェクトを5段階に分割してみた例です。

- 計画
- 事前準備(1週間前まで)
- 事前準備(当日まで)
- 当日作業
- 実施後

それぞれの段階に対応したバージョンを作成し、すべてのチケットをいずれかのバージョンに振り分けてから**ロードマップ**画面を開くと、図7.38のようにチケットがバージョンごと、すなわちプロジェクトの各段階ごとに分類された状態で表示されます。大量のチケットが一覧で表示される**チケット**画面と比べると、現段階でやるべき作業が容易に識別できます。

チームへのRedmineの導入を成功させるためにはバージョンとロードマップはぜひ使って欲しい機能です。

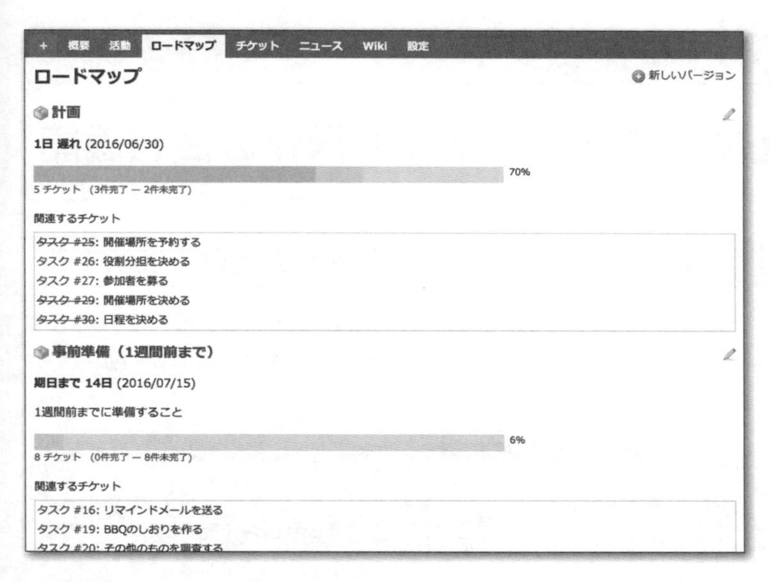

▲ **図7.38** ロードマップ画面でバージョンごとに分類されて表示されたチケット

> **NOTE**
> バージョンとロードマップの詳細は9.4節「ロードマップ画面によるマイルストーンごとのタスクと進捗の把握」で解説しています。

7.9 覚えておきたいチケット操作の便利機能

7.9.1 番号が分かっているチケットを素早く表示する

画面右上の検索ボックスに19または#19のようにチケット番号を入力してEnterキーを押すと、その番号のチケットが表示されます。番号が分かっているチケットを瞬時に表示できます。

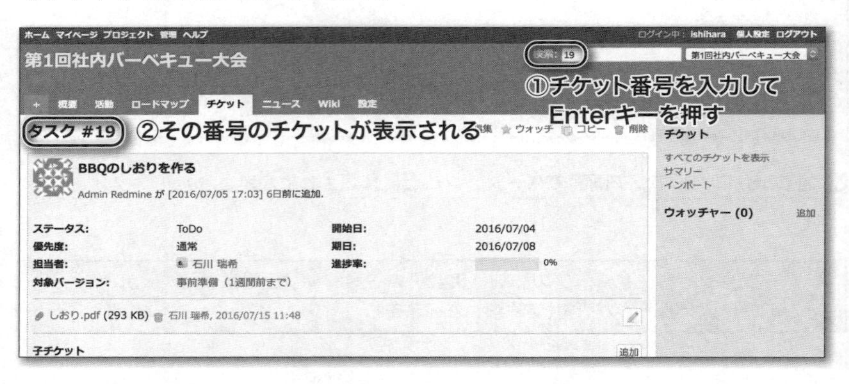

図7.39 検索ボックスに番号を入力してチケットを表示

NOTE チケットを表示するのではなく単に数字の並びを検索したい場合は"19"のようにダブルクォーテーションで囲んで入力してください。

7.9.2 コンテキストメニューによるチケットの操作

チケット画面や**ロードマップ**画面などで表示されるチケットの一覧では、リンク以外の場所を右クリックするとコンテキストメニュー(右クリックメニュー)が表示され、マウス操作だけでチケットの情報の更新が行えます。チケットの画面を開くことなくステータス、担当者、対象バージョンなどが変更できるので、操作が素早く完結します。

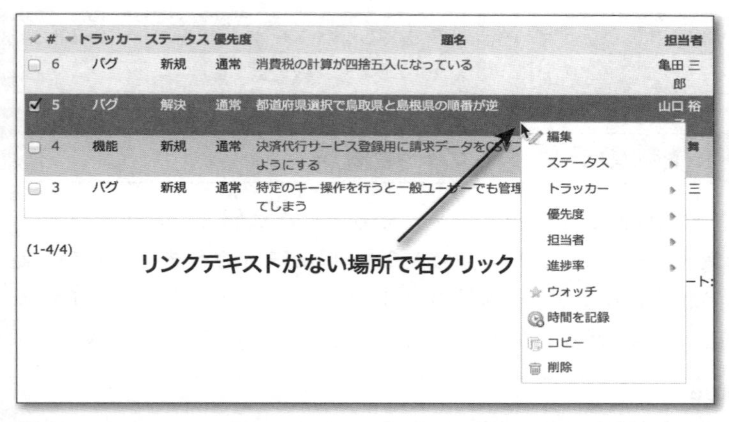

▲ **図7.40** チケット一覧の右クリックで表示されるコンテキストメニュー

7.9.3 複数のチケットをまとめて操作

コンテキストメニューを使うと複数のチケットをまとめて操作することもできます。

チケット画面の一覧の左端にはチェックボックスがあります。これは一括での操作の対象となるチケットを選択するためのものです。操作対象のチケットのチェックボックスをONにしてから右クリックでコンテキストメニューを表示させ、希望の操作を行ってください。選択した全チケットに対して操作が適用されます。

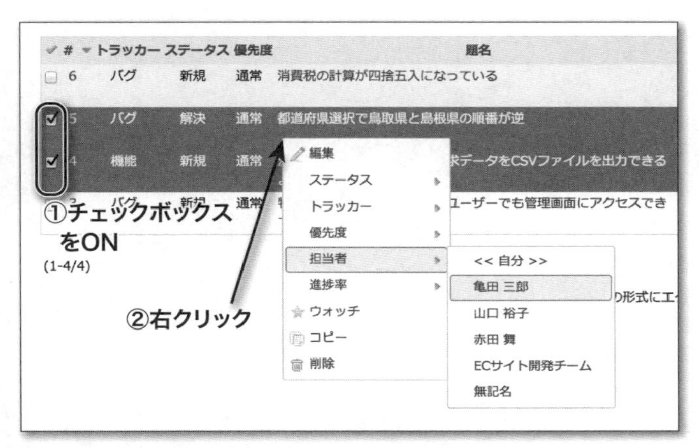

▲ **図7.41** 「チケット」画面のチェックボックスを使い複数のチケットをまとめて操作

> **NOTE**
> Ctrlキー（Windows）／⌘キー（macOS）を押しながらチケットの行のリンク以外の部分をクリックすることでも操作対象のチケットを複数選択できます。

7.9.4 複数のチケットの一括編集

チケット一覧画面で複数のチケットを選択した状態でコンテキストメニューの**編集**を選択すると、次の図のような画面が表示されチケットの一括編集ができる状態になります。複数の項目を同時に更新したり、コンテキストメニューには表示されない**開始日**、**期日**、**注記**などの更新も行えます。

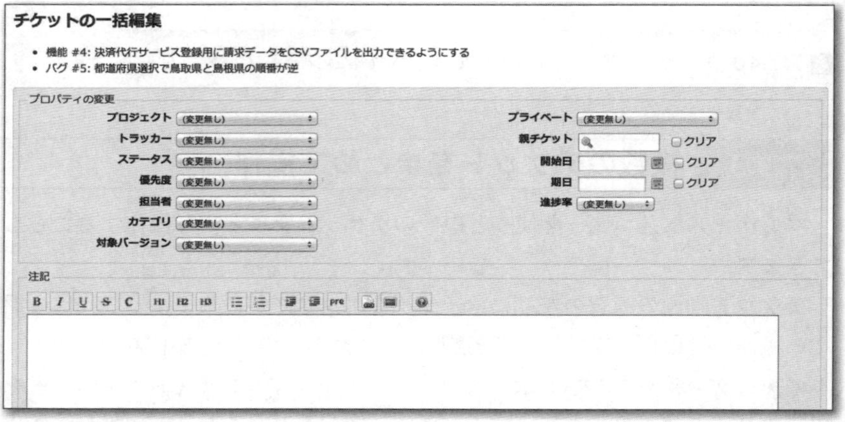

▲ 図7.42「チケットの一括編集」画面

Chapter 8

より高度なチケット管理

チケット管理はRedmineの中心的な機能であり、Redmineを使ったプロジェクト管理に不可欠な機能です。これをよく理解することがRedmineをうまく使いこなすことに直結します。ここでは、Chapter 7でも解説したチケット管理の基本をさらに進め、より本格的に利用するための情報をお伝えします。

8.1 フィルタによるチケット一覧の絞り込み

チケット画面にはデフォルトでは未完了のチケットが一覧表示されますが、**フィルタ**を使えばさまざまな条件を指定して一覧を絞り込めます。大量のチケットが表示されていると処理すべきチケットが分かりにくくなりますが、フィルタを適切に設定することで今見るべきチケットだけに表示を絞り込むことができます。

> **NOTE** 目に見えるチケットを減らして今進めるべきチケットだけにフォーカスする手段として、「バージョン」と「ロードマップ」を使ってプロジェクトの各段階ごとにチケットを分類する方法も用意されています。詳しくは9.4節「ロードマップ画面によるマイルストーンごとのタスクと進捗の把握」を参照してください。

8.1.1 フィルタの設定方法

フィルタを設定するには、**チケット**画面内の**フィルタ**で条件を設定します。絞り込みの条件に使うフィールドを**フィルタ追加**ドロップダウンリストボックスから選択して条件設定を行ってください。複数の条件を設定すると、すべての条件を満たすチケットのみが表示されます(AND条件)。条件を設定し終えたら**適用**をクリックしてください。

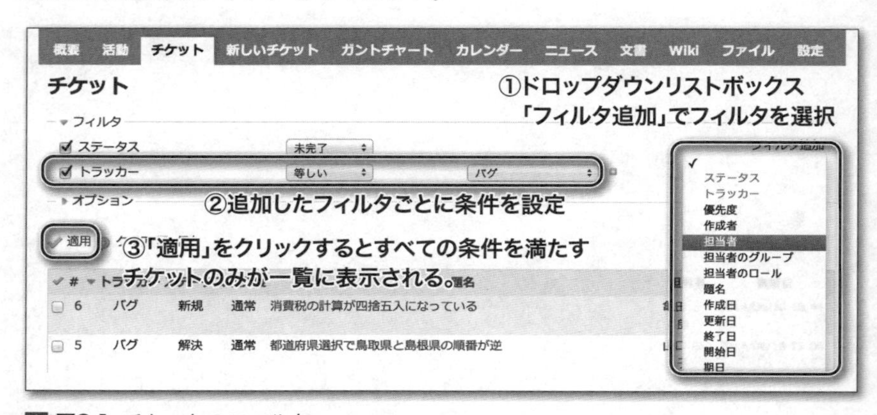

図8.1 チケットのフィルタ

クリアをクリックするとフィルタが解除され、すべての未完了のチケットが表示されるデフォルトの状態に戻ります。

> **NOTE**
> 設定したフィルタは「クエリ」として保存しておけば都度設定することなく1クリックで呼び出せるようにできます。クエリについては8.2節「フィルタによる絞り込み条件をクエリとして保存する」で解説しています。

8.1.2 フィルタの設定例

▶担当者が自分になっている未完了のチケット

担当者が自分に設定されているチケットの一覧が表示されます。これらは自分が何らかのアクションを起こす必要があるチケットです。

▲ **図8.2** フィルタ設定例：担当者が自分になっている未完了のチケット

▶ステータスが新規で開始日が本日以前のチケット

未着手のチケット(ステータスが新規)のうち、開始日が到来しているものの一覧が表示されます。計画している開始日が到来しているので、速やかに着手すべきチケットです。

▲ **図8.3** フィルタ設定例：ステータスが新規で開始日が本日以前のチケット

▶期日が過ぎているか期日が7日以内に到来するチケット

未完了のチケットのうち、期日が過ぎているか期日が7日以内に到来するチケットの一覧が表示されます。

フィルタ
ステータス　未完了　フィルタ追加
期日　今日から○日後以前　7　日

▲ **図8.4** フィルタ設定例：期日が過ぎているか7日以内に到来するチケット

▶しばらく更新されていないチケット

　未完了のチケットのうち、7日間以上まったく更新が行われていないチケットの一覧が表示されます。何も作業が行わず放置されているチケットがないか確認できます。

図8.5 フィルタ設定例：しばらく更新されていないチケット

▶ステータスごとに分類して表示(「グループ条件」を利用)

　グループ条件を設定すると、チケットを指定したフィールドの値ごとにグループ分けして表示できます。図8.6の例ではステータスごとにグループ分けして表示しています。

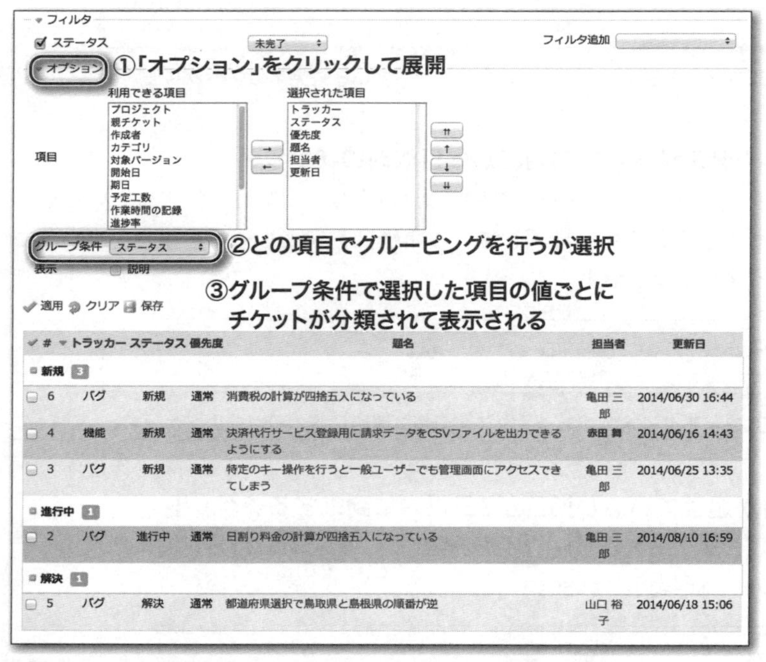

図8.6 フィルタ設定例：ステータスごとに分類して表示

8.2 フィルタによる絞り込み条件をクエリとして保存する

8.1節ではフィルタを使ったチケットの絞り込みを紹介しました。作成したフィルタの設定は「クエリ」(カスタムクエリ)として保存しておけば1クリックで呼び出せるようにできます。頻繁に使う絞り込み条件や複雑な条件のフィルタを都度組み立てる手間を省けます。

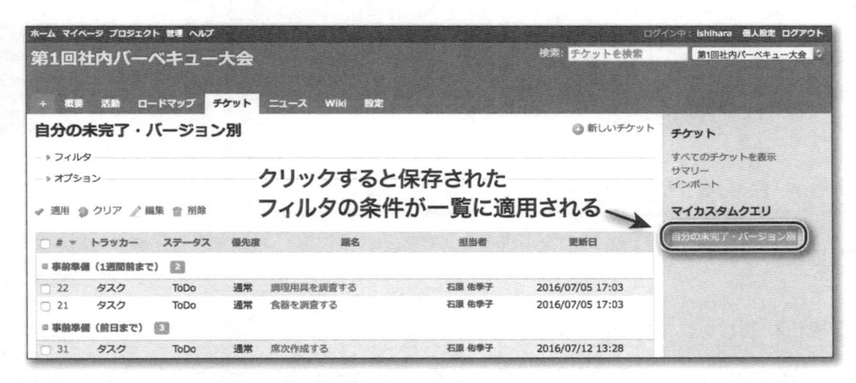

図8.7 チケット一覧の右サイドバーに表示されたクエリ

8.2.1 クエリの保存

フィルタで設定した条件をクエリとして保存するには、**フィルタ**欄の下の**保存**をクリックしてください。

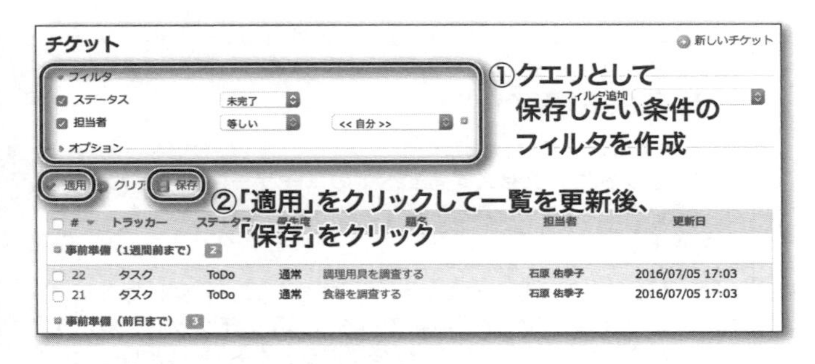

図8.8 クエリの保存1

新しいクエリ画面が表示されます。クエリを保存するための名前を**名称**欄に入力して**保存**ボタンをクリックしてください。保存されたクエリは**チケット**画面のサイドバーに表示され、1クリックでフィルタを適用できるようになります。

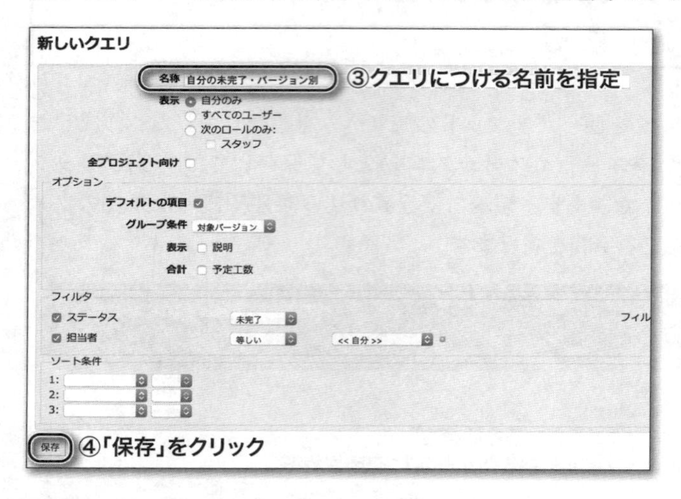

▲ **図8.9** クエリの保存2

▼ **表8.1** 新しいクエリ画面の主な項目

名称	説明
名称	クエリの名前です。「チケット」画面のサイドバー内のクエリの一覧に表示されます。
表示	作成したクエリが誰に表示されるのかを指定します。次の3つの中から選択できます。 ①「自分のみ」 自分だけに表示されます。デフォルトの選択肢です。 ②「以下のロールのみ」 作成者だけでなく、そのプロジェクトの特定のロールのメンバーに表示されます。例えば、「管理者」ロールのメンバー全員に表示されるクエリを作成できます。 ③「すべてのユーザー」 プロジェクトにアクセスするすべてのユーザーに表示されます。よく使いそうなフィルタを管理者があらかじめ作成しておくことができます。
全プロジェクト向け	ONにすると、作成したクエリがすべてのプロジェクトで表示されます。例えば、自分が担当者である未完了のチケットを表示するもののような汎用的なものは「全プロジェクト向け」としておくと便利です。

デフォルトの項目	OFFにすると、クエリを適用したチケット一覧にどのフィールドが表示されるのかカスタマイズできます。
グループ条件	ここで選択したフィールドの値でチケット一覧がグルーピングされて表示されます。
表示 》説明	ONにするとチケット一覧に説明欄の内容も表示されます。
フィルタ	クエリで適用されるフィルタです。
ソート条件	クエリを適用したチケット一覧でどのような並び順でチケットを表示させるのかソートキー・ソート順を指定できます。最大3件のソートキーを指定できます。

WARNING

「表示」欄は、「公開クエリの管理」権限を持つユーザーのみ利用できます。権限を持たないユーザーは「自分のみ」のクエリだけを作成できます。この権限は、デフォルトでは「管理者」ロールに割り当てられています。権限の割り当ての確認や変更は「管理」→「ロールと権限」→「権限レポート」で行えます。

NOTE

チケット一覧の操作では単一のソートキーしか利用できませんが、クエリを作成することで複数のソートキーを指定したソートが実現できます。

8.2.2 クエリの編集と削除

まず、**チケット**画面のサイドバー内のクエリの一覧で編集または削除したいクエリをクリックし、チケット一覧にそのクエリが適用された状態にしてください。すると、フィルタ欄の下に**編集**と**削除**が表示されます。目的に応じていずれかをクリックしてください。

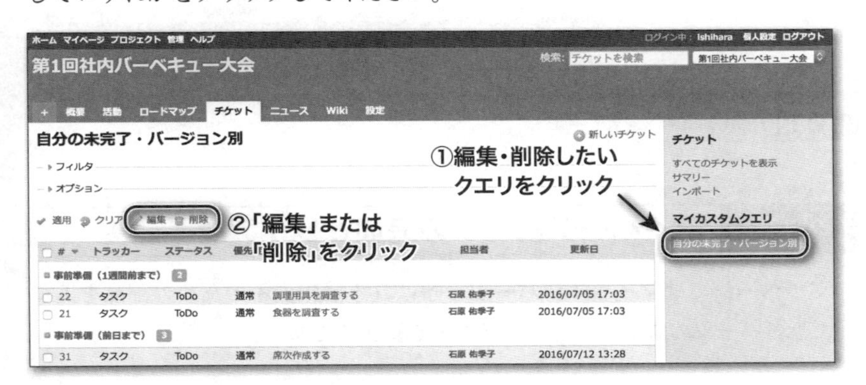

▲ 図8.10 クエリの編集と削除

8.3 マイページで自分に関係する情報を把握する

マイページ画面は自分に関係がある情報が集中して表示される画面です。表示内容はカスタマイズ可能で、デフォルトでは担当者が自分に設定されているチケットの一覧(**担当しているチケット**)と、自分が作成したチケットの一覧(**報告したチケット**)が表示されます。

すべてのプロジェクトのチケットが表示されるので、あちこちのプロジェクトに移動せずに自分に関係するチケットをまとめて把握することができます。始業時や作業の区切りなどに参照することを習慣づけるとよいでしょう。

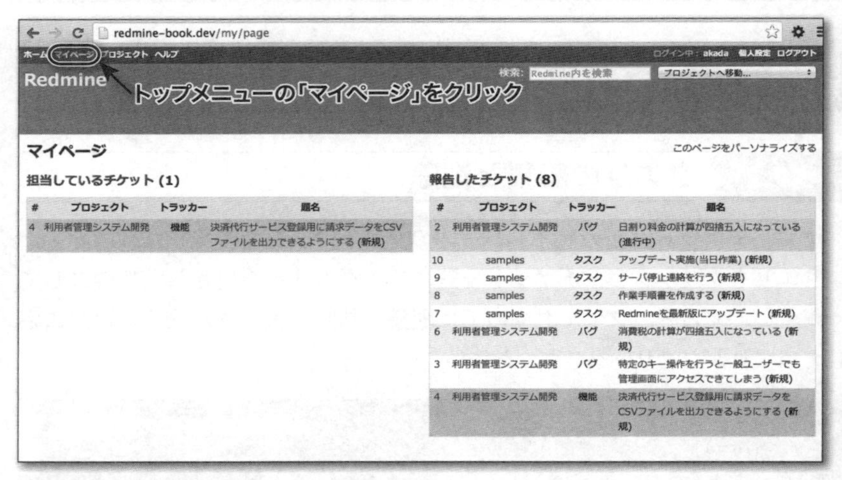

#	プロジェクト	トラッカー	題名
4	利用者管理システム開発	機能	決済代行サービス登録用に請求データをCSVファイルを出力できるようにする (新規)

#	プロジェクト	トラッカー	題名
2	利用者管理システム開発	バグ	日割り料金の計算が四捨五入になっている (進行中)
10	samples	タスク	アップデート実施(当日作業) (新規)
9	samples	タスク	サーバ停止連絡を行う (新規)
8	samples	タスク	作業手順書を作成する (新規)
7	samples	タスク	Redmineを最新版にアップデート (新規)
6	利用者管理システム開発	バグ	消費税の計算が四捨五入になっている (新規)
3	利用者管理システム開発	バグ	特定のキー操作を行うと一般ユーザーでも管理画面にアクセスできてしまう (新規)
4	利用者管理システム開発	機能	決済代行サービス登録用に請求データをCSVファイルを出力できるようにする (新規)

▲ 図8.11　マイページ

8.3.1 マイページパーツの追加とレイアウト変更

マイページでは**マイページパーツ**と呼ばれる情報表示のための部品を追加したり各パーツの画面上でのレイアウトを変更できます。

表示する情報と表示位置を変更するには、**マイページ**画面右上の**このページをパーソナライズする**をクリックしてください。**マイページパーツ**の追加やレイアウト調整が行える状態になります。

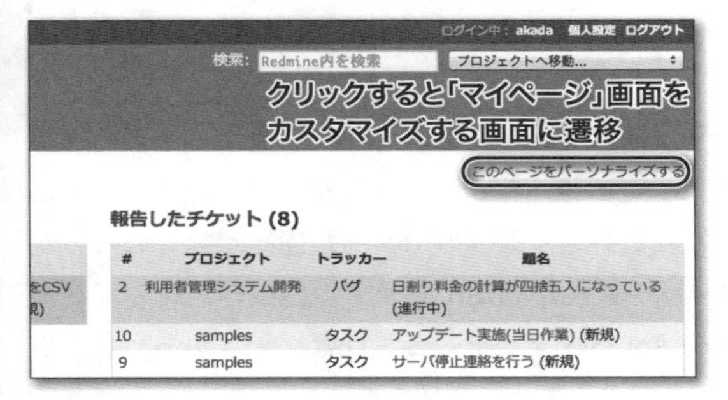

▲ **図8.12** マイページの「パーソナライズ」

▼ **表8.2** 標準で利用できるマイページパーツ

名称	説明
担当しているチケット	担当者が自分に設定されているチケットのうち最近更新された10件が一覧表示されます。
報告したチケット	自分が作成したチケットのうち最近更新された10件が一覧表示されます。
ウォッチしているチケット	ウォッチしているチケットのうち最近更新された10件が一覧表示されます。
作業時間	直近7日間の、Redmineに登録した自分の作業時間の合計と明細が表示されます。
文書	全プロジェクトの「文書」から最近登録された10件が表示されます。
最新ニュース	全プロジェクトの「ニュース」から最近登録された10件が表示されます。
カレンダー	今週のカレンダーが表示され、開始日または期日が今週であるチケットがカレンダー上に表示されます。

NOTE

インターネットで公開されているプラグインの中には利用できるマイページパーツを増やせるものがあります。例えば、11.8.2「プラグインの例」で紹介している「My Page Blocks」は、期限が超過したチケットや期限間近のチケットを参照できる「優先チケット」、ステータスが「新規」や「終了」以外のチケットを表示して作業中のチケットが一覧できる「作業中チケット」などのマイページパーツを追加します。

8.4 ウォッチ機能で気になるチケットの状況を把握

Redmineではチケットの更新をメールで知ることができますが、この通知はデフォルトでは自分が担当しているチケットと自分が作成したチケットについてのみ送信されます。それ以外のチケットでメール通知が欲しいものがあるときは、チケットのウォッチ機能が利用できます。直接担当はしていないものの状況が気になるチケットをウォッチしておけば、動きがあったときにメール通知を受け取ることができるようになります。

8.4.1 ウォッチの活用例

▶自分の担当ではないが状況を把握しておきたいチケットをウォッチする

自分の作業を進めるために別の担当者が実施中のチケットの完了を待っているときや、自分が担当者だったチケットを別の担当者に変更したときなど、あるチケットの状況を把握しておきたいときに便利です。チケットをウォッチしておけば、そのチケットに注記が追加されたり状態が変更されたりしたときにメールで通知されるので、進捗を随時把握することができます。

▶重要なチケットの目印として使用する

作業中のチケット、後で参照したいチケットなど、チケットに目印を付けておきたいときにウォッチを活用できます。

マイページ画面にマイページパーツ**ウォッチしているチケット**を追加しておけばウォッチしているチケットの一覧を1クリックで参照できます。チケットの一覧画面でもフィルタ設定でウォッチャーが自分であるチケットを絞り込んで表示できます。

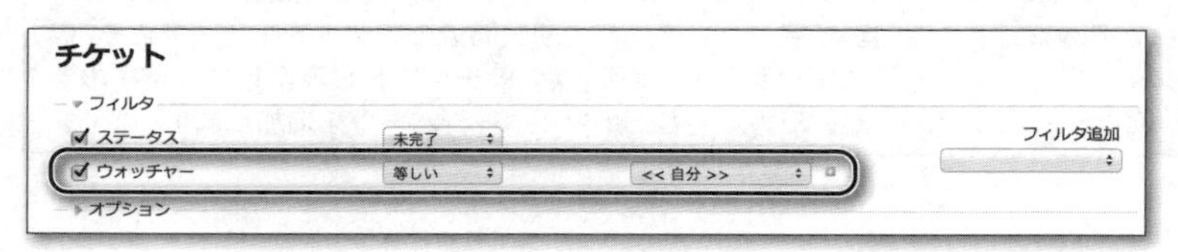

▲図8.13 自分がウォッチしているチケットの一覧を表示するためのフィルタ

▶関係者をウォッチャーに追加(メールにおけるCCの代替)

ウォッチャーとはチケットをウォッチしているユーザーのことです。チケットを自分でウォッチするのではなく、他のユーザーをウォッチャーにすることもできます。

例えばメールで誰かに連絡するとき、関係者をCCに入れることがあります。チケットを作成する際にメールのCCと同様に関係者をウォッチャーとして追加しておけば、メール通知がウォッチャーにも行われ、メールのCCと同じことが実現できます。

8.4.2 ウォッチの設定

チケットのウォッチの設定方法は2つあります。1つ目が自分自身でウォッチを行う方法、もう1つは権限をもったユーザーがほかのユーザーをウォッチャーに追加する方法です。

▶チケットを自分でウォッチする

チケットをウォッチするには、チケット表示画面の右上と右下に表示されているメニュー内の**ウォッチ**をクリックしてください。ウォッチしている状態になると、メニュー内の**ウォッチ**の文字が**ウォッチをやめる**に変わり、文字の左側の星印が灰色から黄色に変化します。

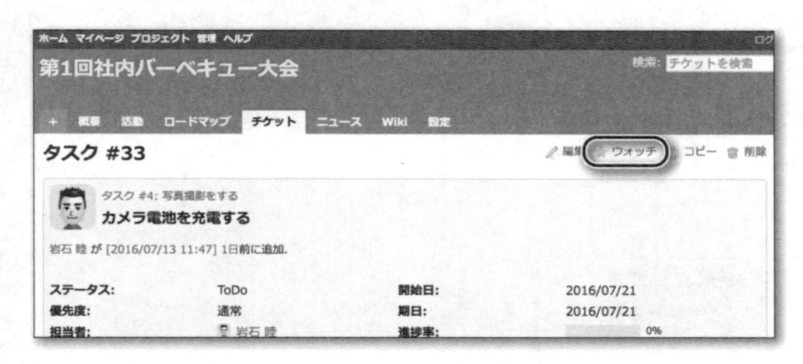

▲ 図8.14 チケットのウォッチ

▶チケットを他のユーザーにウォッチさせる

他のユーザーをウォッチャーに追加することで、関係者にそのチケットをウォッチさせることができます。

新しいチケットを作成するときは、**新しいチケット**画面の**ウォッチャー**欄の該当するユーザーのチェックボックスをONにすればウォッチャーが追加された状態でチケットを作成できます。

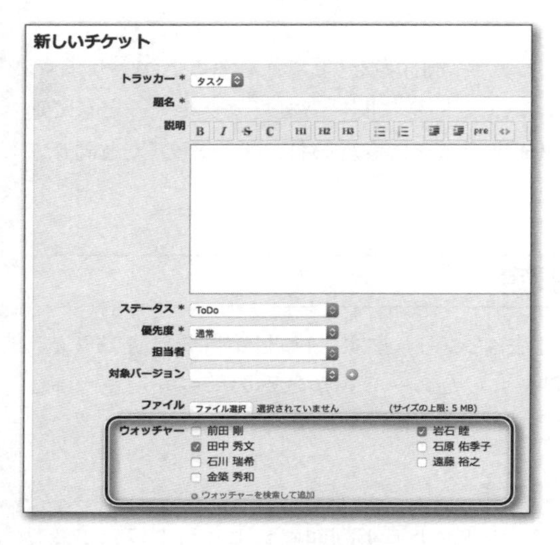

▲ **図8.15** 「新しいチケット」画面でのウォッチャーの追加

NOTE プロジェクトのメンバーが20人を超えている場合はチェックボックスは表示されません。「ウォッチャーを検索して追加」をクリックすると表示される「ウォッチャーの追加」ダイアログから追加してください。

作成済みのチケットでは、そのチケットを表示している画面の右側のサイドバー内の**ウォッチャー**欄で操作を行うことでウォッチャーの追加・削除が行えます。

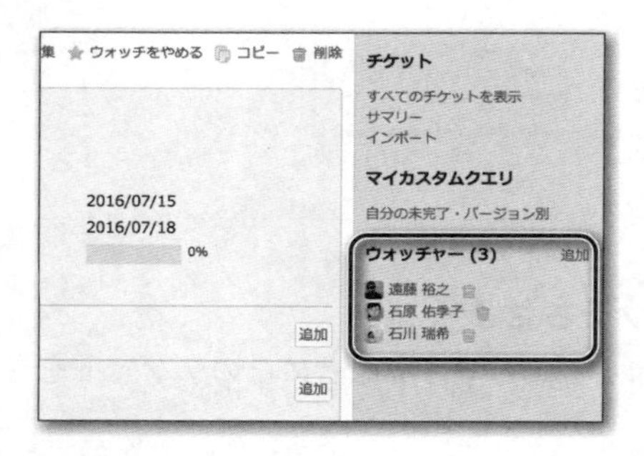

▲ **図8.16** 既存チケットのウォッチャーの追加・削除

WARNING

チケットのウォッチャーを追加・削除するには「ウォッチャーの追加」権限・「ウォッチャーの削除」権限が必要です。この権限は通常は「管理者」ロールにのみ割り当てられています。管理者以外のロールで操作できるようにするにはシステム管理者に権限の割り当てを依頼してください。権限の割り当ての確認や変更は「管理」→「ロールと権限」→「権限レポート」で行えます。

8.5 チケット同士を関連づける

Redmineのチケットには**関連するチケット**という欄があり、ここでチケット同士を関連づけることができます。この機能を利用することで、チケットの前後関係を示したり、相互に関連するチケットを明示することができます。

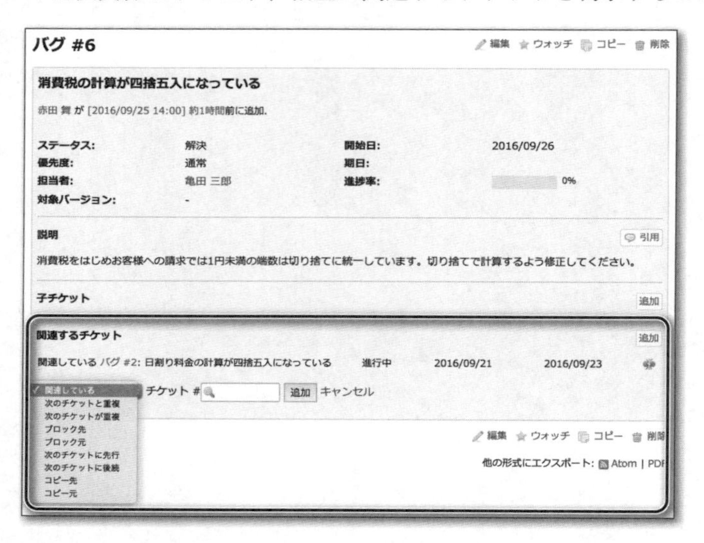

▲ 図8.17 「関連するチケット」による関連づけ

8.5.1 関連の種類

チケット同士の関連の種類を表8.3にまとめます。

なお、関連の種類によっては、関連が設定された相手方のチケットと連動し、ステータスや開始日に対して自動更新や入力制限などが行われるものがあります。その内容はは8.5.2「関連の相手方のチケットへの影響」で解説します。

▼ **表8.3** チケット同士の関連の種類

名称	相手方との連動	説明
関連している (Related to)	なし	単にチケットが相互に関係していることを示すことができます。チケット同士の関連の種類の中で最も単純なものです。
次のチケットと重複 (Duplicates)	あり	チケットの内容が既存のチケットと重複していることを示すために使います。後から作成されたチケットからもともとあったチケットに対して設定します。 この関連を設定すると関連の相手方のチケットからは関連「次のチケットが重複」が設定されます。
次のチケットが重複 (Duplicated by)	あり	次のチケットと重複 の反対です。後から重複した内容のチケットが作成されたときに、後から作成されたチケットに対してこの関連を設定します。 この関連を設定すると関連の相手方のチケットからは関連「次のチケットが重複」が設定されます。
ブロック先 (Blocks)	あり	関連の相手方をブロックしていて、このチケットが終了しなければ相手方も終了できない状態を表現します。 関連の相手方のチケットでは関連「ブロック元」が設定されます。
ブロック元 (Blocked by)	あり	関連の相手方にブロックされていて、相手方のチケットが終わらなければこのチケットも終了できない状態を表現します。 関連の相手方のチケットでは関連「ブロック先」が設定されます。
次のチケットに先行 (Precedes)	あり	このチケットが終了しなければ関連の相手方のチケットが開始できないことを表現します。 関連の相手方のチケットでは関連「次のチケットが先行」が設定されます。
次のチケットに後続 (Follows)	あり	関連の相手方のチケットが終了しなければこのチケットを開始できないことを表現します。 関連の相手方のチケットでは関連「次のチケットが後続」が設定されます。
コピー元／コピー先 (Source / Target)	なし	既存のチケットをコピーして新しいチケットを作成したとき、コピー元・コピー先のチケット間に自動的に設定されます。 これら2つの関連を自動設定するかどうかは「管理」→「設定」→「チケットトラッキング」の設定「チケットをコピーしたときに関連を設定」で選択できます。

8.5.2 関連の相手方のチケットへの影響

設定する関連の種類によっては、相手方のチケットのステータスや開始日が自動更新されたり更新が制限されたりするなどの影響を及ぼすものがあります。相手方に及ぶ影響は次の通りです。

▶次のチケットが重複／次のチケットと重複

次のチケットが重複を設定したチケットのステータスを終了状態のものに変更すると、関連の相手方のステータスも自動的に同じステータスに変更されます。

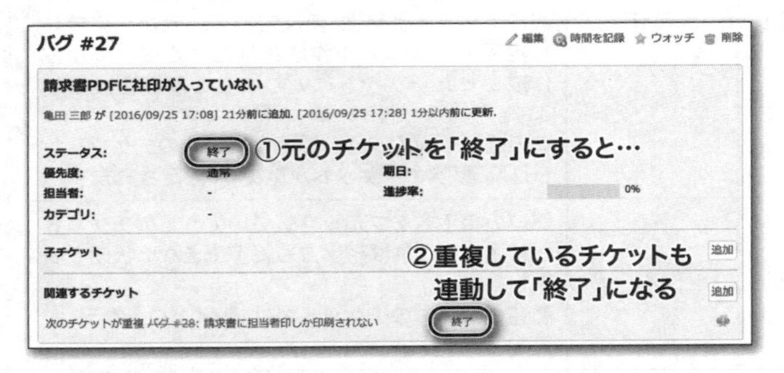

▲ 図8.18 ステータスを「終了」にすると「次のチケットが重複」の相手方のステータスも連動して「終了」になる

> **NOTE** チケット終了状態と見なされるステータスは、「管理」→「チケットのステータス」(システム管理者のみアクセス可)で「終了したチケット」が「ON」になっているステータスです。デフォルトでは「終了」と「却下」です。

▶ブロック先／ブロック元

ブロック元を設定したチケットが未完了のうちは、関連の相手方のチケット(ブロックされているチケット)は終了状態のステータスに変更できません。

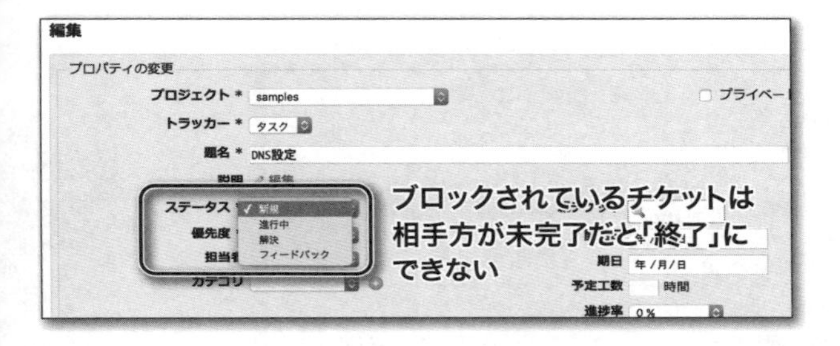

図8.19 ブロックされているチケットをクローズするには相手方もクローズされている必要がある

▶次のチケットに先行／次のチケットに後続

これらの関連を設定すると、後続のチケットの開始日は先行するチケットの期日以前に設定できなくなります。もし関連設定時に後続チケットの開始日が先行チケットの期日以前だった場合、関連設定後は自動的に先行チケットの期日の翌営業日に更新されます。

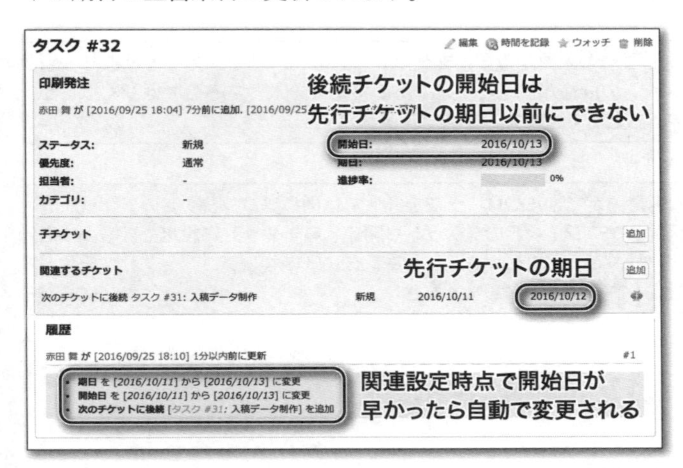

図8.20 後続チケットの開始日は先行チケットの期日以前に設定できない

8.5.3 関連の設定方法

チケットの更新を行う画面の**関連するチケット**でチケット間の関係を設定することができます。

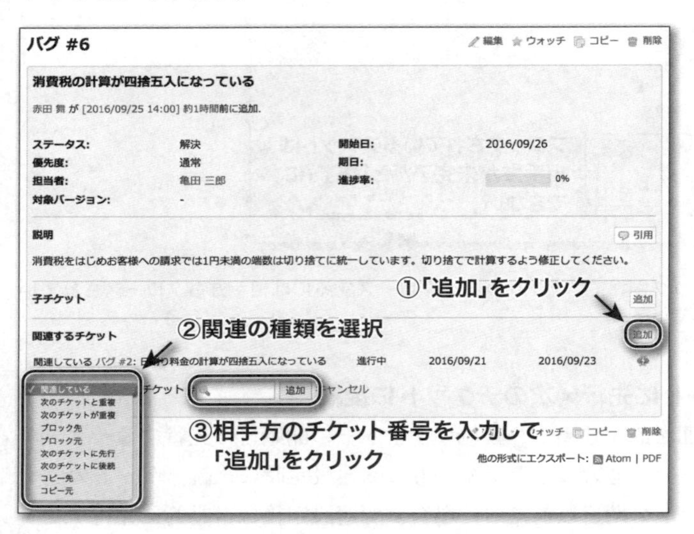

▲ **図8.21** 「関連するチケット」の設定手順

> **NOTE**
> 相手方のチケット番号を入力する欄にチケットの題名の一部を入力すると部分一致で該当するチケットの候補が表示されます。直接番号を入力するのではなくそこから選んで入力することもできます。

> **NOTE**
> 関連するチケットに設定できるのは、デフォルトでは同じプロジェクトのチケット同士のみです。異なるプロジェクトのチケットも関連するチケットに設定できるようにするには、「管理」→「設定」→「チケットトラッキング」で「異なるプロジェクトのチケット間で関係の設定を許可」をONにしてください。

8.6 親チケット・子チケットで粒度の大きなタスクの細分化

8.5節「チケット同士を関連づける」で解説した**関連するチケット**の機能に加え、チケットを階層化できる親子チケットの機能もあります。

関連するチケットによるチケットの関連づけでは各チケットは対等であり横方向の関係を作るのに対して、親子チケット機能による関連づけはチケット同士が親と子という従属関係を持つ垂直方向の関係を作ります。作業ボリュームが大きいチケットをより小さな複数のチケットに細分化するのに利用できます。

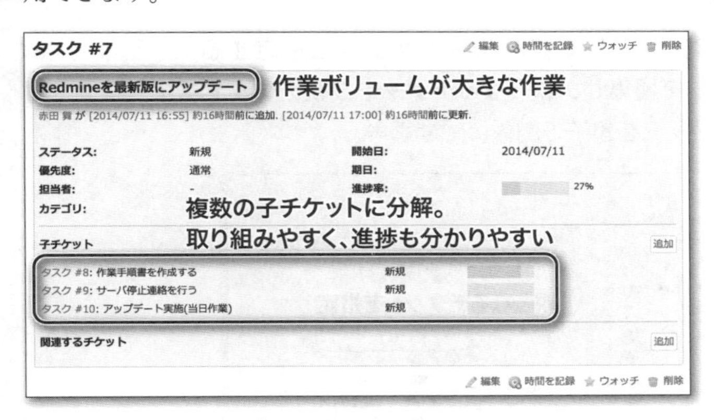

▲ 図8.22 親子チケットの利用例

8.6.1 親子関係の設定方法

チケットを親子の関係にする方法は、親となるチケットから子チケットとなる新たなチケットを作成する方法と、既存のチケットで親となるチケットを指定する方法の2つがあります。

▶方法①　親となるチケットから子チケットを新規作成する

チケットの**子チケット**欄内の**追加**をクリックすると、表示中のチケットの子チケットを追加するための新規チケット作成画面が表示されます。

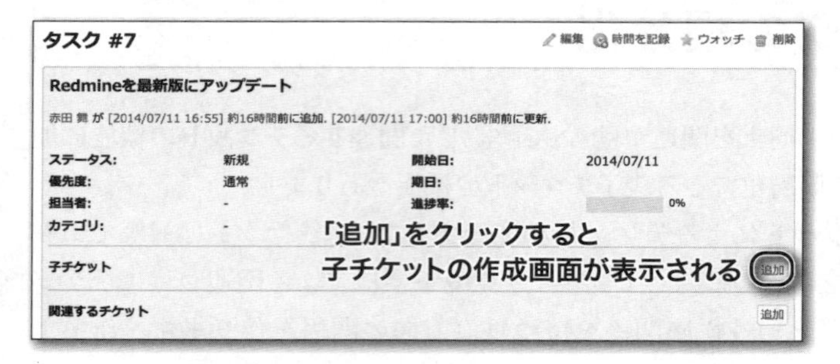

▲ **図8.23** 親チケットから新しい子チケットを作成

▶方法②　既存チケットで親となるチケットを指定する

既存のチケットを編集し、親となるチケットを**親チケット**フィールドで指定することでチケットを親子の関係にできます。

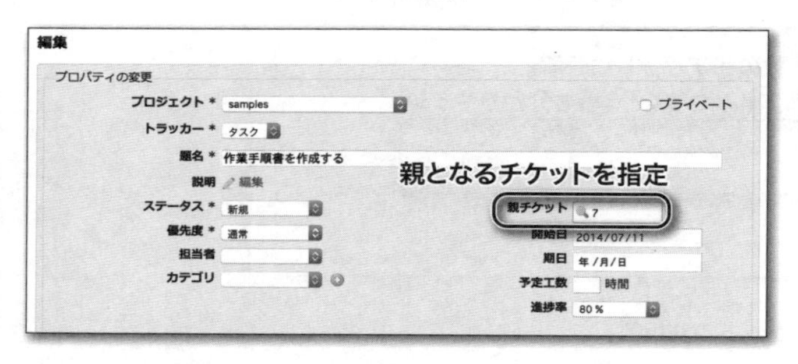

▲ **図8.24** 既存チケットで親となるチケットを指定

親チケットの入力は、チケットの番号を直接入力する方法のほか、チケットの題名の一部の入力により表示される候補から選択することもできます。

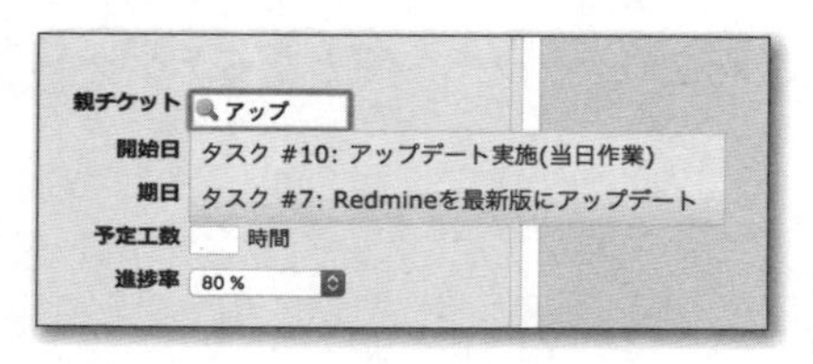

▲ **図8.25** チケットの題名を入力して表示される候補から選択することもできる

8.6.2 親チケットのフィールドの値の自動算出

子チケットを持つチケット(親チケット)では、表8.4で示したフィールドの値はデフォルトでは子チケットに連動して自動で算出され、親チケットで手入力できなくなります。

▼表8.4 子チケットに連動して自動算出されるフィールド

フィールド	算出方法
開始日	子チケットの中で最も早い開始日
期日	子チケットの中で最も遅い期日
優先度	未完了の子チケットの中で最も高い優先度
進捗率	子チケットの進捗率を予定工数で重み付けした加重平均

この動作は、子チケットは親チケットを構成するすべての作業を網羅しているという考え方(WBSにおける「100%ルール」)に基づいています。例えば、この節の冒頭のスクリーンショットの「Redmineを最新版にアップデート」という親チケットに当てはめると、「作業手順書を作成する」「サーバ停止連絡を行う」「アップデート実施(当日作業)」の3つの子チケットが完了すれば「Redmineを最新版にアップデート」という仕事が終わるはずです。

100%ルールによって子チケットがすべての作業を網羅している、すなわち子チケットがすべて完了すれば親チケットに書かれた作業も終了するという状態であれば、親チケットの進捗率や開始日・期日などは子チケットの値から機械的に決定できます。

しかしながら、現実には親チケットの値が子チケットに連動するのが不都合な場面も少なくありません。例えば、子チケットですべての作業を網羅するのではなく、親チケットから重要な作業だけを子チケットとして切り出して管理するという使い方をしたい場合もありますし、これまで経験したことがない新しい取り組みであれば事前にすべての作業を予測・網羅することが難しいこともあります。

子チケットの値に連動させたくないときは、**管理→設定→チケットトラッキング**の**親チケットの値の算出方法**で動作を切り替えることができます。

8.7 カテゴリによるチケットの分類

カテゴリはプロジェクト内のチケットを分類するために利用できます。運用にあわせて自由な使い方ができます。

カテゴリを利用すると、**チケット**画面のフィルタでチケットの絞り込みやグルーピングを行ったり、**ロードマップ**画面で個別のバージョンの詳細を表示した際にカテゴリ別に進捗を表示することができます。

例えばRedmine公式サイトでは、チケットがRedmineのどの機能に関するものかを分類するのにカテゴリを利用しています。

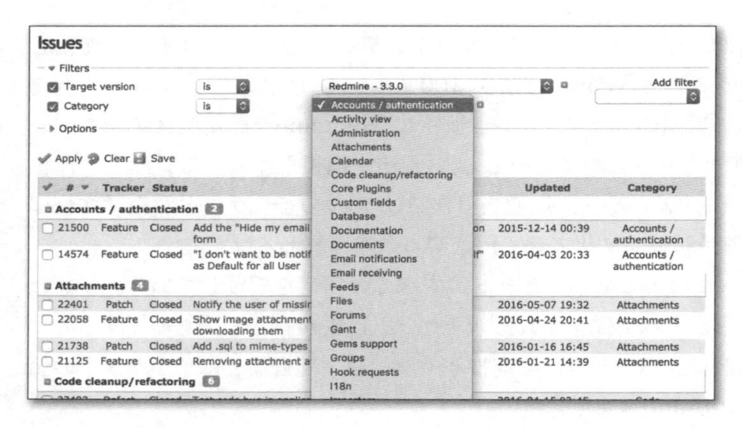

図8.26 Redmine公式サイトでは開発対象の機能をカテゴリで分類

カテゴリの追加・編集・削除は、プロジェクトメニューから**設定**画面を開き、**カテゴリ**タブで行います。

8.7.1 カテゴリの選択による担当者の自動設定

カテゴリには担当者を設定することができます。担当者を設定しておくと、チケットを作成するときに担当者を選択しなくてもカテゴリを選ぶだけでチケットの担当者を自動設定できます。

業務ごとに担当者が決まっているプロジェクトであれば、担当者が設定されたカテゴリをいくつか作成しておけば、チケットを起票する人は業務ごとの担当者を把握していなくてもカテゴリを選択するだけで適切な担当者にチケットを割り当てることができます。

> **WARNING** 担当者の自動設定は新しいチケットを作成するときのみ可能です。作成済みのチケットを編集してカテゴリの設定を行っても担当者は設定されません。

チケットのカテゴリ
名称 * webサイト
担当者 赤田 舞
保存

図8.27 担当者が設定されたカテゴリ

8.8 プライベートチケットとプライベート注記

チケットをほかのメンバーに見せたくないときは、プライベートチケット機能を利用できます。チケットをプライベートに設定すると次のいずれかの条件を満たすユーザーしか参照できなくなり、無関係のユーザーがチケットを参照するのを防ぐことができます。

- チケットの作成者
- チケットの担当者
- 「表示できるチケット」が「すべてのチケット」に設定されているロール（デフォルトでは「管理者」ロール）でプロジェクトに参加しているメンバー
- システム管理者

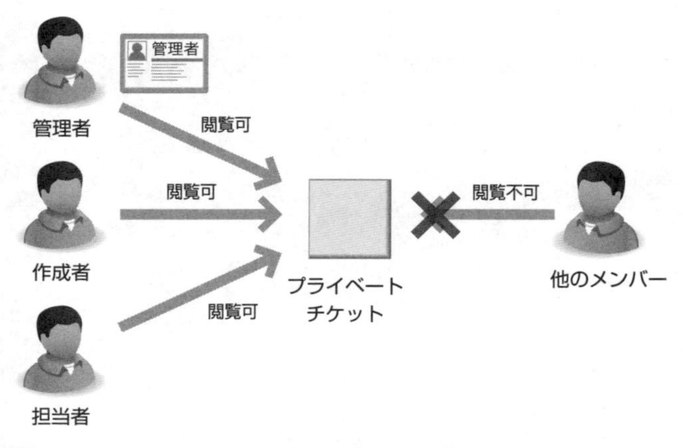

図8.28 プライベートチケットを閲覧できるユーザー

> **WARNING** プライベートチケットは作成したユーザーだけでなく、担当者に設定されているユーザーや管理者ロールのユーザーなどからも参照できます。ほかのユーザーから全く見えないわけではないことに注意してください。

8.8.1 プライベートチケットの使いどころ

Redmineはタスクなどの情報をプロジェクトメンバーと共有することが前提のツールです。担当者が無闇にプライベートチケットを作成すると誰が何をやっているのか把握できなくなり、プロジェクト運営に支障を来す可能性があります。プライベートチケット機能の利用を許可する前に必要性を慎重に検討すべきです。

プライベートチケットには次のような用途が考えられます。

▶①機微情報を扱う

事務管理にRedmineを使っている場合に、給与など限定された関係者以外には見せたくない情報を扱うのに利用できます。

▶②未修正のセキュリティ脆弱性の情報を扱う

Redmineをオープンソースソフトウェアの公式サイトとして使っているとします。ソフトウェアにセキュリティ脆弱性が見つかったとき、その情報をチケットに記載して修正作業を進めると、未修正の脆弱性情報が広く公開されゼロデイ攻撃が行われる可能性があります。

プライベートチケットを使えば、関係者のみがチケットを参照できる状態にしてソフトウェアの修正作業を進めることができます。

8.8.2 チケットをプライベートにする

チケットをプライベートチケットにするには、チケットの作成画面または編集画面でチェックボックス**プライベート**をONにしてください。

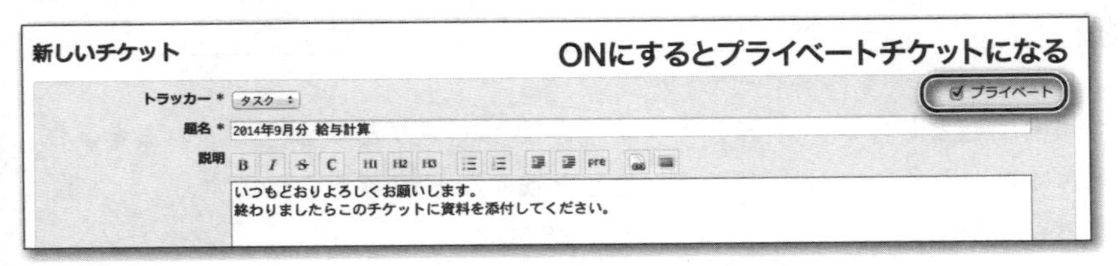

▲ 図8.29 チケットをプライベートチケットにするための「プライベート」チェックボックス

プライベートチケットは題名の横に赤で「プライベート」と表示されます。

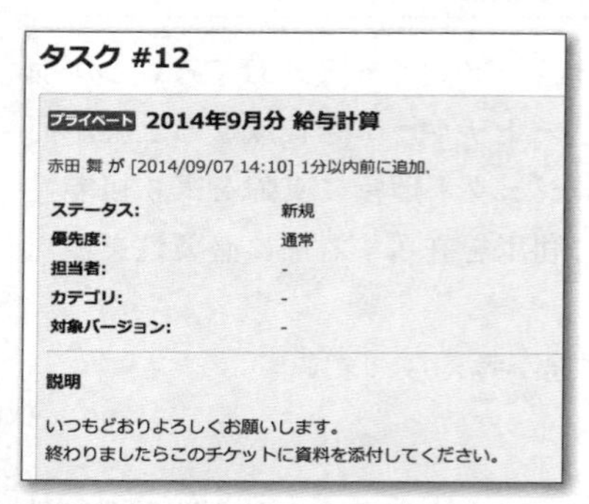

▲ 図8.30 プライベートチケットの表示

WARNING

プライベートチケットを作成するには「チケットをプライベートに設定」または「自分のチケットをプライベートに設定」権限が必要です。これらの権限は通常は「管理者」ロールにのみ割り当てられています。管理者以外のロールで操作できるようにするにはシステム管理者に権限の割り当てを依頼してください。権限の割り当ての確認や変更は「管理」→「ロールと権限」→「権限レポート」で行えます。

8.8.3 プライベート注記

プライベートチケットはチケット全体が無関係のメンバーから見えなくなりますが、特定の注記だけを関係者限定にすることができる**プライベート注記**という機能もあります。プライベート注記は**プライベート注記の閲覧**権限を持つメンバーのみが見ることができます。

NOTE

プライベートチケットとプライベート注記は閲覧できるメンバーの範囲が異なります。

利用用途としては、顧客とチケットを使ってやりとりを行っているときに、顧客に見せたくない社内用のメモなどを残すなどが考えられます。

プライベート注記を追加するには、注記の追加または編集の際に**プライベート注記**チェックボックスをONにしてください。

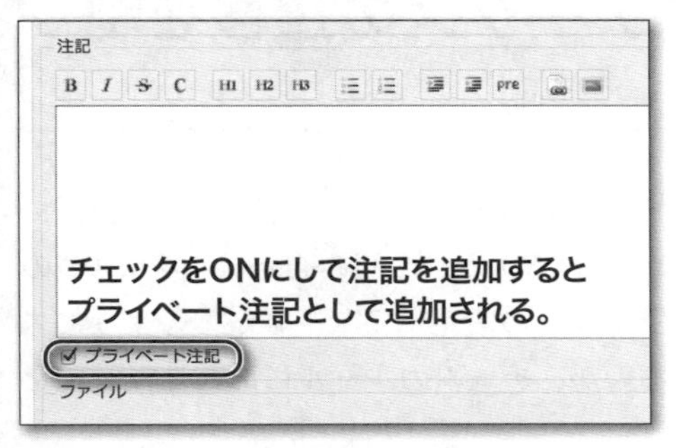

図8.31 プライベート注記の追加

プライベート注記はチケットの履歴欄の中で左側に赤い線が入った状態で表示されます。

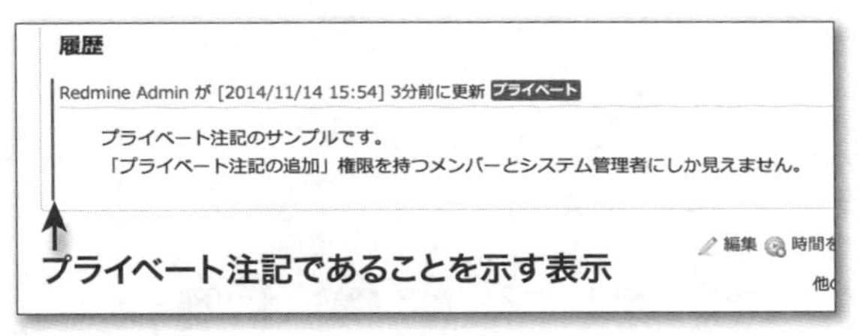

図8.32 プライベート注記の表示例

> **WARNING**
> プライベート注記を追加するには「注記をプライベートに設定」権限が必要です。この権限は通常は「管理者」ロールにのみ割り当てられています。管理者以外のロールで操作できるようにするにはシステム管理者に権限の割り当てを依頼してください。権限の割り当ての確認や変更は「管理」→「ロールと権限」→「権限レポート」で行えます。

8.9 ワークフローでステータスの遷移を制限する

　ワークフローとは、ユーザーがチケットのステータスをどのように変更できるのかを定義したもので、ロールとトラッカーの組み合わせごとに1つのワークフローが存在します。ワークフローの設定により、誰がどのようにステータスを遷移させることができるのか、チームのルールにあわせた制約を設定できます。

　例としてインストール直後のRedmineに初期値として登録されているロール「開発者」とトラッカー「バグ」の組み合わせに対するワークフローを見てみましょう。

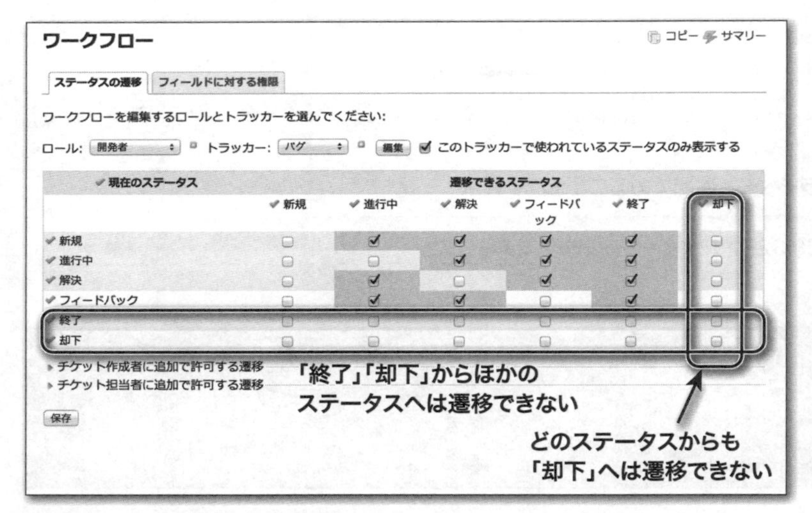

▲ 図8.33 ロール開発者「開発者」・トラッカー「バグ」に対するデフォルトのワークフロー

　遷移できるステータス欄の**却下**のチェックボックスはすべてOFFになっています。これは、現在のステータスがどれであっても、ステータスを「却下」への変更は許可されていないことを示しています。

　また、**現在のステータス欄**の**終了**と**却下**からは**遷移できるステータス**の全ステータスのチェックボックスがOFFです。これは、権限を持ったユーザーがステータスを「終了」「却下」にした状態だと開発者ロールのメンバーはステータスを一切変更できないことを示しています。

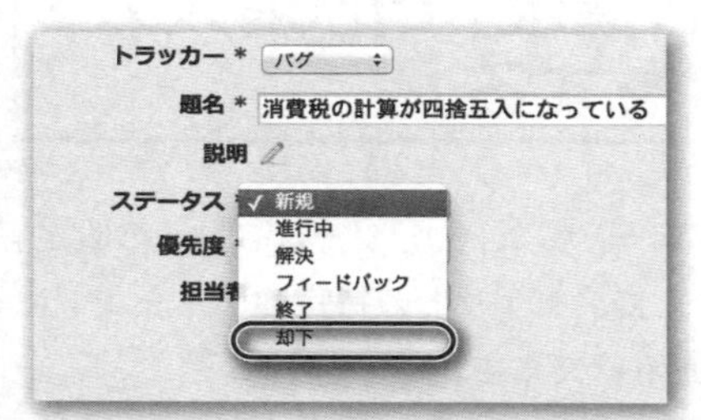

管理者ロールのメンバーから見える「ステータス」欄

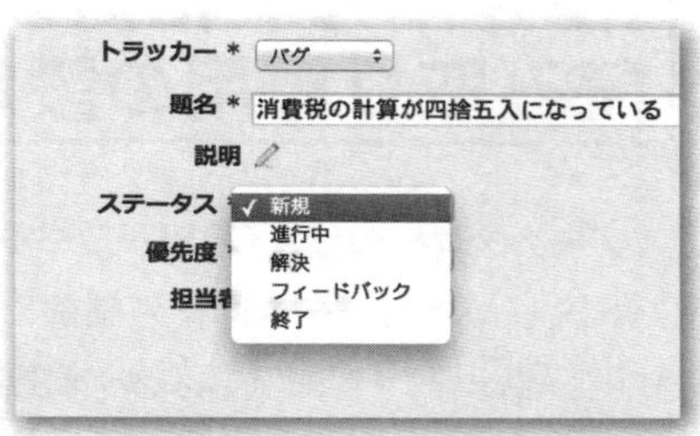

開発者ロールのメンバーから見える「ステータス」欄

図8.34 ワークフローの設定によるステータス欄の見え方の違い

NOTE

ワークフローの設定手順の詳細は6.6「ワークフローの設定」で解説しています。

8.10 「フィールドに対する権限」で必須入力・読み取り専用の設定をする

ワークフローの設定(**管理→ワークフロー**)では、6.6「ワークフローの設定」で解説したステータス遷移の制御に加えて、チケットの特定のフィールドに対して「読み取り専用」「必須」の権限設定も行えます。

フィールドに対する権限の設定は**管理→ワークフロー**画面で**フィールドに対する権限**タブを開いて行います。設定はロール・トラッカー・ステータスごとに細かく行えます。

WARNING システム管理者であるユーザーには「フィールドに対する権限」タブでの設定内容は適用されません。

8.10.1 フィールドに対する権限の設定例

▶担当者を必須入力にする

チケットの**担当者**はデフォルトでは入力は任意ですが、フィールドに対する権限の設定を行うことで、**担当者**が未入力の状態ではチケットの作成・更新が行えないようにできます。

図8.35は、**開発者**ロールのメンバーが**バグ**トラッカーを作成・更新するときに**担当者**フィールドで必ずメンバーが選択されていることを強制するための設定手順です。

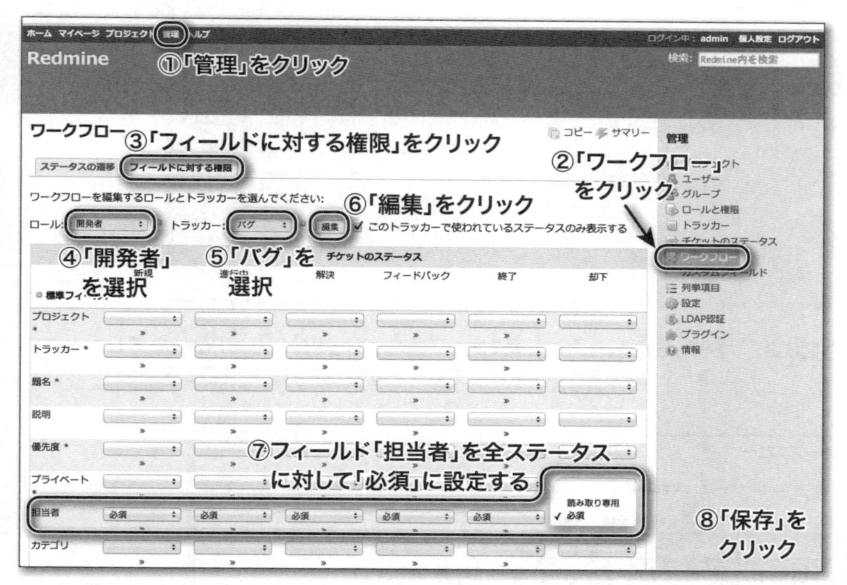

▲ **図8.35** ロール「開発者」・トラッカー「バグ」でフィールド「担当者」を必須に設定

▲ **図8.36** 必須項目になった「担当者」フィールド

▶新規チケット作成時に題名を必須入力することで、題名入力中に誤ってEnterキーを押してチケットが作成されるのを防ぐ

チケットを作成するとき、題名入力中に誤ってEnterキーを押すと**作成**ボタンをクリックしたとみなされて書きかけの状態のチケットが作成されてしまいます。特に日本語を入力しているときはIMEの操作でEnterを多用するため起こりがちです。

フィールドに対する権限で**説明**を必須入力にすれば**説明**が未入力の状態ではチケットを作成できなくなるので、この問題を防ぐことができます。

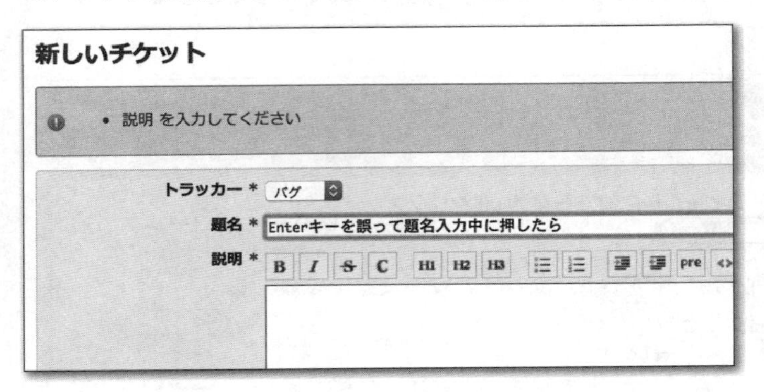

図8.37 「説明」を必須入力にしたとき、「題名」入力中に誤ってEnterを押したときのエラー。誤操作で書きかけのチケットが作成されるのを防止できる

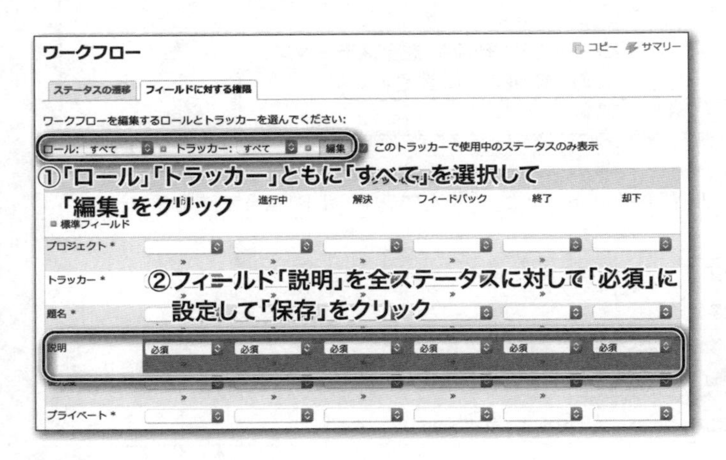

図8.38 「説明」を必須入力にするための設定

8.10.2 フィールドを読み取り専用に設定した場合のチケット作成・編集画面の表示

フィールドに対する権限で**読み取り専用**に設定されたフィールドは、チケットの作成・更新画面には表示されなくなります。この性質を利用して、特定のロールのメンバーに対して表示する項目を最小限に抑えたシンプルな入力画面を見せることができます。

例えば、図8.39はトラッカーの設定で使用する標準フィールドを最小限にした上で、**トラッカー**、**優先度**、**担当者**などの項目を読み取り専用にして作成・更新画面で表示されないようにすることにより、入力項目を最小限に減らしたシンプルな画面を実現しています。Redmineに不慣れな利用者でもたくさんの項目に悩むことなく入力できます。

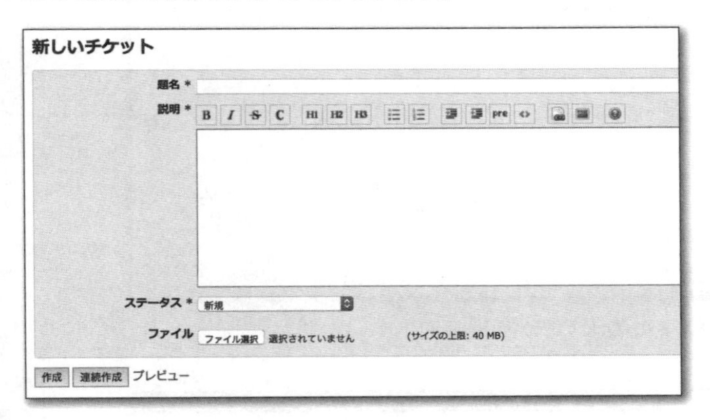

▲ 図8.39 多数のフィールドを読み取り専用にすることで入力項目を最小限に減らした「新しいチケット」画面

8.11 チケットのフィールドのうち不要なものを非表示にする

チケットの入力画面はデフォルトでは10個以上の入力フィールドがあります。ただ、用途によってはこれらのうち一部しか使わないこともあります。例えば、Redmine上で工数管理を行わないのであれば**予定工数**は不要です。

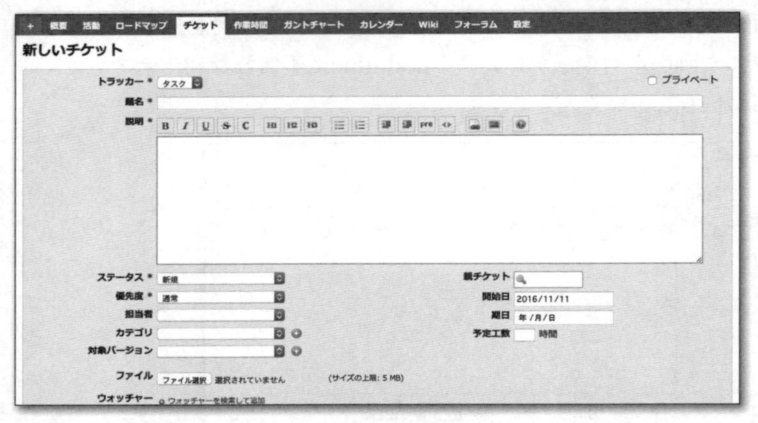

図8.40 デフォルトの「新しいチケット」画面

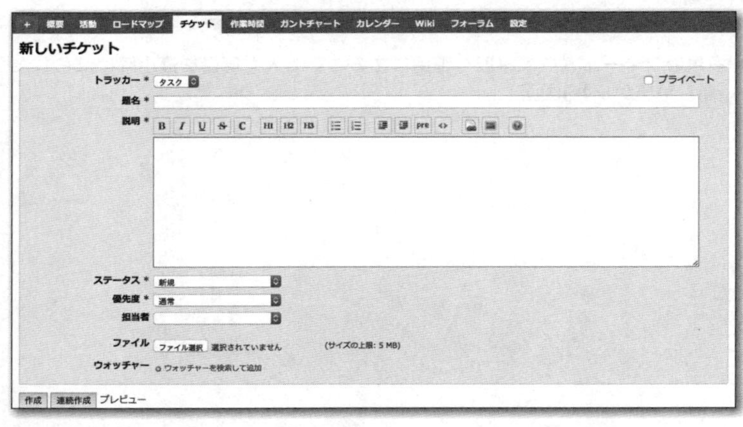

図8.41 表示するフィールドを減らした「新しいチケット」画面

図8.41は、トラッカーの編集画面で**担当者**以外のフィールドを使用しない設定にした「新しいチケット」画面です。図8.40と比べると画面がシンプルでわかりやすくなります。

表示するフィールドの設定はトラッカーごとに行えます。**管理→トラッカー**画面で対象のトラッカーをクリックし、編集画面を開いて設定を行います。図8.42は**タスク**トラッカーで**担当者**以外のフィールドを非表示に設定している様子です。

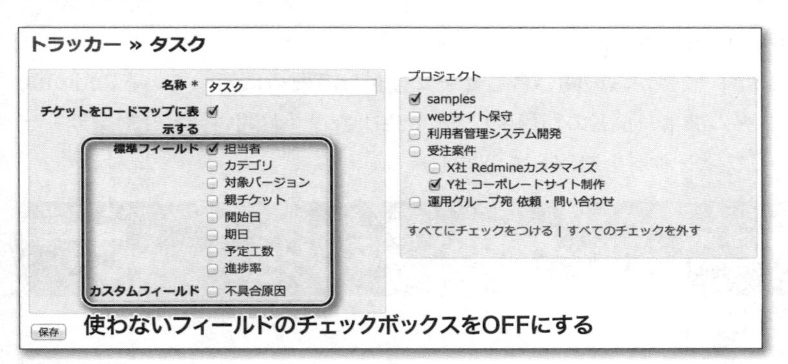

▲ **図8.42** 表示するフィールドの設定

NOTE

「トラッカー」「題名」「説明」「ステータス」「優先度」「担当者」はトラッカーの設定では非表示にすることはできません。しかし、フィールドを「読み取り専用」に設定すればチケットの作成・編集画面からは表示を消すことができます。
詳しくは8.10節「「フィールドに対する権限」で必須入力・読み取り専用の設定をする」で解説しています。

8.12 カスタムフィールドで独自の情報をチケットに追加

カスタムフィールドを使うとチケット等に独自のフィールドを追加できます。自分たちの使い方に合わせてチケットに持たせる情報を追加できるので、Redmineの活用の範囲が広がります。

図8.43は、顧客からの問い合わせを受け付けるために使っているRedmineでのカスタムフィールドの利用例です。「会社名」と「お問い合わせ対象サービス」というフィールドを追加しています。

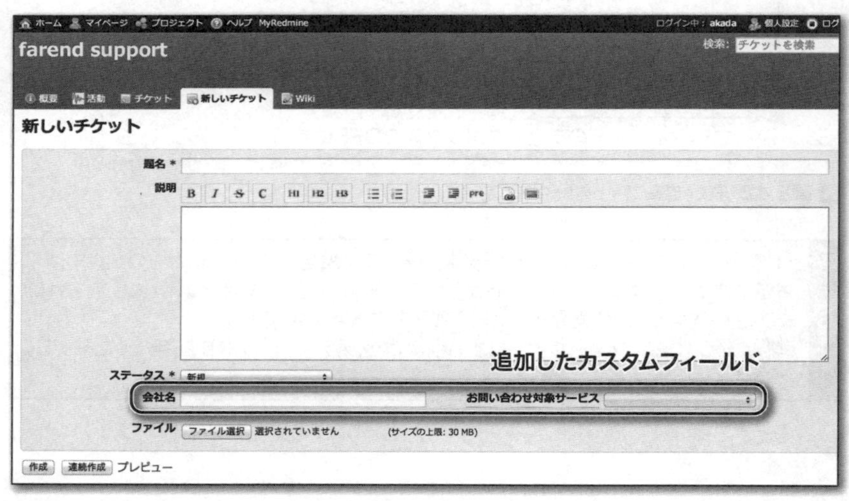

▲ 図8.43 カスタムフィールドの利用例① 顧客サポート

もう1つ利用例を挙げます。図8.44はRedmine公式サイトのトラッカー「Defect」(障害・バグ)のチケットのカスタムフィールドです。報告に対して最終的にどのように対処したのかを示す「Resolution」、その障害がどのバージョンのRedmineで発生するのか示す「Affected version」の2つのカスタムフィールドが使われています。

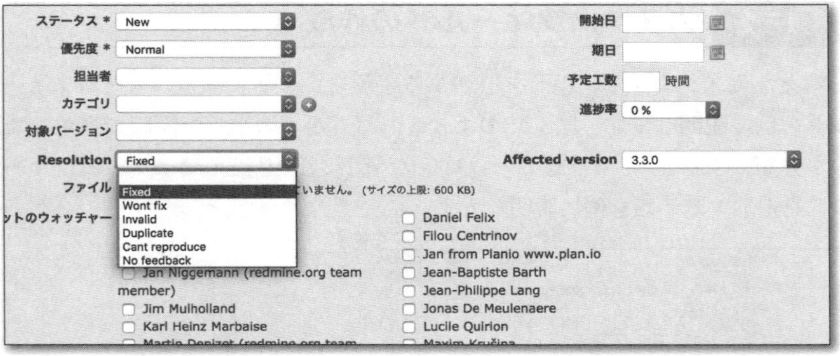

▲ 図8.44 カスタムフィールドの利用例② Redmine公式サイト

8.12.1 カスタムフィールドを追加できるオブジェクト

カスタムフィールドを追加できるオブジェクトは表8.5の通りです。

▼ 表8.5 カスタムフィールドを追加できるオブジェクト

追加対象	表示される箇所
チケット	チケット、チケット一覧、カスタムクエリ、作業時間の記録
作業時間	なし
プロジェクト	プロジェクトの「概要」画面
バージョン	「ロードマップ」画面、バージョンの詳細表示
ユーザー	ユーザーのプロフィール画面
グループ	なし
作業分類(時間管理)	なし
チケットの優先度	なし
文書カテゴリ	なし

NOTE

Redmine 3.3においては、一部のオブジェクトはカスタムフィールドを作成・入力することはできますが、それらを表示する画面は用意されていません。プラグイン等で利用します。

8.12.2 カスタムフィールドの作成

新たなカスタムフィールドを追加する手順を、チケットのカスタムフィールドを例に説明します。図8.45のように、バグがどのような原因で発生したのか分類できるよう、トラッカー「バグ」に「不具合原因」というカスタムフィールドを追加する手順を例に説明します。

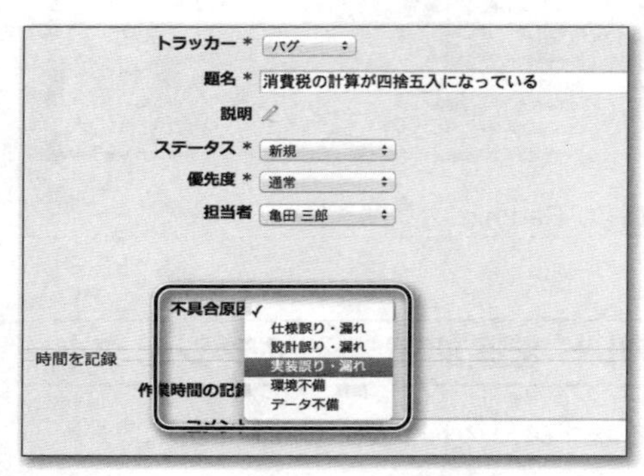

図8.45 トラッカー「バグ」に追加されたカスタムフィールド「不具合原因」

まずは**管理**→**カスタムフィールド**を開いてください。

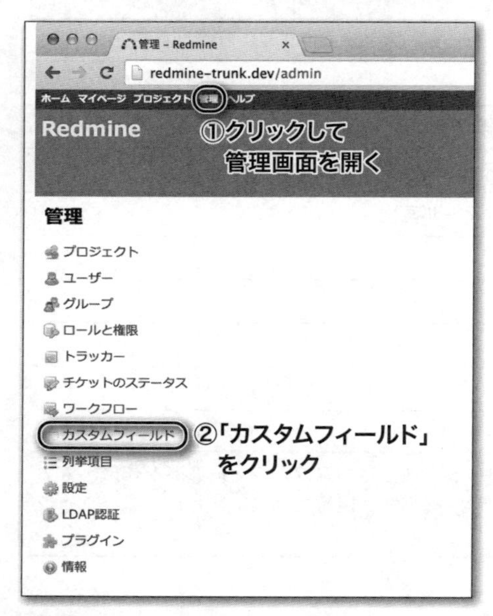

図8.46 「管理」画面の「カスタムフィールド」をクリック

表示された**カスタムフィールド**画面で、画面右上の**新しいカスタムフィールド**をクリックしてください。

▲ **図8.47** 「新しいカスタムフィールド」をクリック

カスタムフィールドを追加するオブジェクトとして**チケット**が選択されていることを確認した上で**次 »**ボタンをクリックしてください。

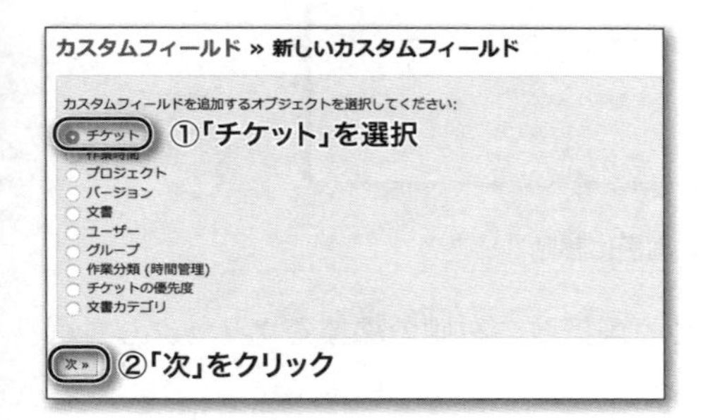

▲ **図8.48** 「チケット」を選択し「次 »」をクリック

新しく作成するカスタムフィールドの書式や名称などの詳細を入力し、**保存**ボタンをクリックしてください。

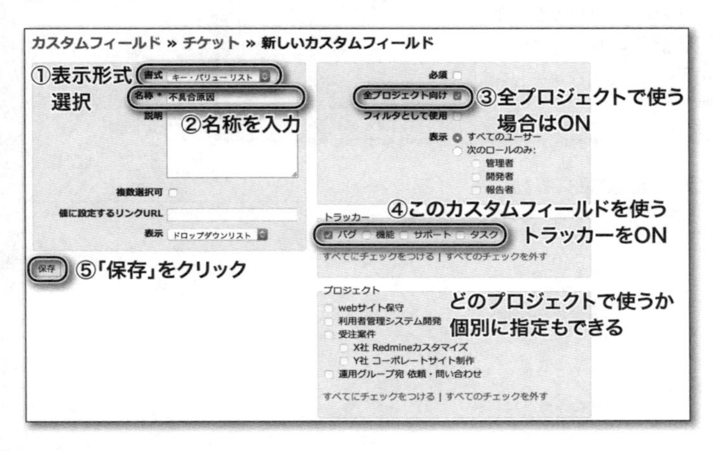

▲ **図8.49** カスタムフィールドの詳細を入力し「保存」をクリック

NOTE 「新しいカスタムフィールド」画面の入力項目の詳細は後述の表8.6と表8.7を参照してください。

保存したら、サイドバー内または画面上部の**カスタムフィールド**をクリックしてカスタムフィールドの一覧に戻ってください。

「キー・バリュー リスト」書式のカスタムフィールドの場合、この後カスタムフィールドの編集を行って選択肢を追加します。カスタムフィールドの一覧で作成したカスタムフィールドの名称部分をクリックして編集画面に移動してください。

▲ 図8.50 名称部分をクリックして編集画面に移動

カスタムフィールドの編集画面で、**選択肢**の右側の**編集**をクリックして選択肢の編集画面に移動します。

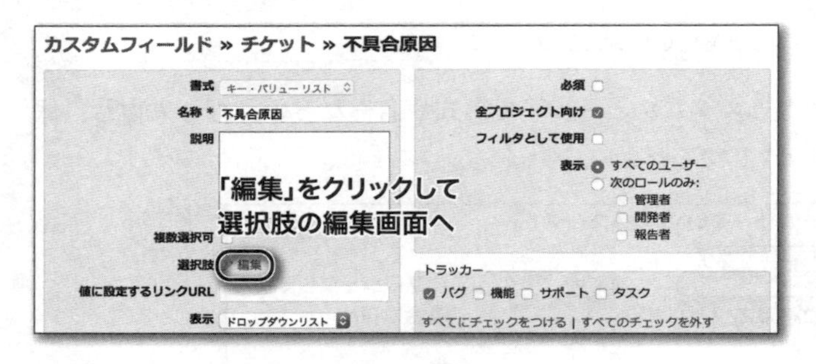

▲ 図8.51 選択肢の編集画面に移動

新しい値に選択肢の値を入力して**追加**をクリックすると選択肢が追加されます。すべての選択肢を追加し終えたら**保存**をクリックしてください。

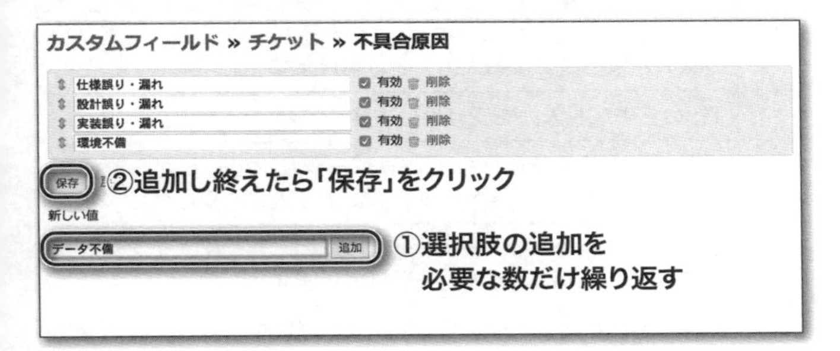

▲ 図8.52 選択肢を追加

以上でカスタムフィールドの追加は完了です。

▼ 表8.6 チケットのカスタムフィールドの主な入力項目

名称	説明
名称	カスタムフィールドの名称です。カスタムフィールドが画面に表示されるときに使われます。
書式	カスタムフィールドでどのような入力を受け付けるのかを指定します。 指定可能な入力書式については、表8.7を参照してください。
デフォルト値	カスタムフィールドのデフォルト値を設定することができます。
必須	ONにするとこのカスタムフィールドが必須入力になり、値の入力を省略することができなくなります。
全プロジェクト向け	ONにするとすべてのプロジェクトでこのカスタムフィールドが使用できます。OFFの場合、プロジェクトの「設定」→「情報」内の「カスタムフィールド」でこのカスタムフィールドを利用する設定を行ったプロジェクトでのみ使用できます。
フィルタとして使用	ONにすると「チケット」画面のフィルタでカスタムフィールドの値による絞り込みが行えます。
検索対象	ONにするとこのカスタムフィールドの値もRedmineの検索機能で検索できるようになります。
トラッカー	どのトラッカーのチケットでこのカスタムフィールドを使うのかを指定します。
プロジェクト	どのプロジェクトのチケットでこのカスタムフィールドを使うのか個別に指定します。「全プロジェクト向け」がOFFのとき利用可能です。

▼ **表8.7** 指定可能な入力書式

書式	説明
キー・バリュー リスト	あらかじめ指定した値の中から1つを選択するドロップダウンリストボックスによる入力を受け付けます。
テキスト	1行のテキスト入力を受け付けます。
バージョン	プロジェクトに作成されているバージョンの一覧から選択するドロップダウンリストボックスによる入力を受け付けます。
ユーザー	プロジェクトのメンバーの一覧から選択するドロップダウンリストボックスによる入力を受け付けます。
リスト	あらかじめ指定した値の中から1つを選択するドロップダウンリストボックスによる入力を受け付けます。 「リスト」は旧バージョンとの互換性維持のために存在します。Redmine 3.2以降では「キー・バリュー リスト」を使用してください。「リスト」は選択肢の特定の値を後で変更することができません(削除と追加は可能)。
リンク	書式「テキスト」と同様に1行のテキスト入力を受け付けます。ただし、入力された値はURLとして扱われ、その値を表示する際には値にリンクが設定されます。
小数	小数値の入力を受け付けます。
整数	整数値の入力を受け付けます。
日付	日付の入力を受け付けます。
真偽値	チェックボックスのON/OFFの入力を受け付けます。
長いテキスト	複数行のテキスト入力を受け付けます。

NOTE

作成したカスタムフィールドはデフォルトではプロジェクトの全メンバーが使用できますが、カスタムフィールドの作成・編集画面の「表示」欄でロールを選択することで、特定のロールのメンバーだけに使用させ、ほかのロールのメンバーからは見えないようにすることもできます。

8.13 複数のメンバーを担当者にする―グループへのチケット割り当て

Redmineのチケットの担当者に設定できるメンバーは一人だけで、1つのチケットで複数のメンバーを同時に担当者に設定することはできません。しかし、複数のメンバーを束ねる**グループ**をチケットの担当者とすることができるので、複数の担当者を割り当てるのに近い運用をすることができます。

グループをチケットの担当者にすると、グループに所属するメンバーからはそのチケットが自分に割り当てられたチケットと同じように見えます。

- そのチケットが自分が担当するチケットの一覧に表示される
- そのチケットが更新されるとグループのメンバー全員に対してメール通知が行われる

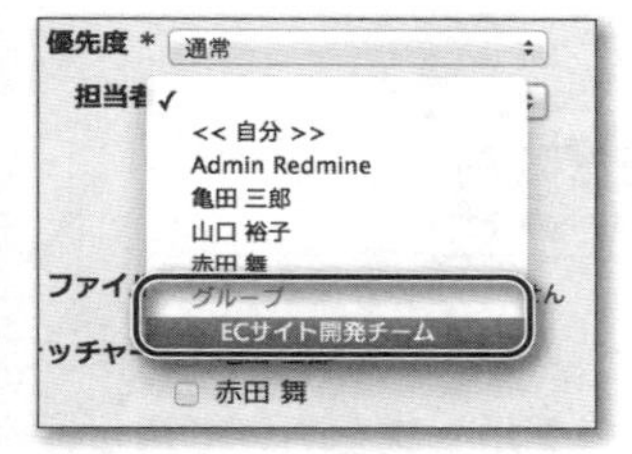

図8.53 グループへのチケット割り当て

8.13.1 グループへの割り当てを利用するための準備

▶「グループへのチケット割り当てを許可」をON

グループへのチケット割り当て機能はデフォルトでは利用できないので、設定変更が必要です。**管理→設定→チケットトラッキング**を開き**グループへのチケット割り当てを許可**をONにしてください。

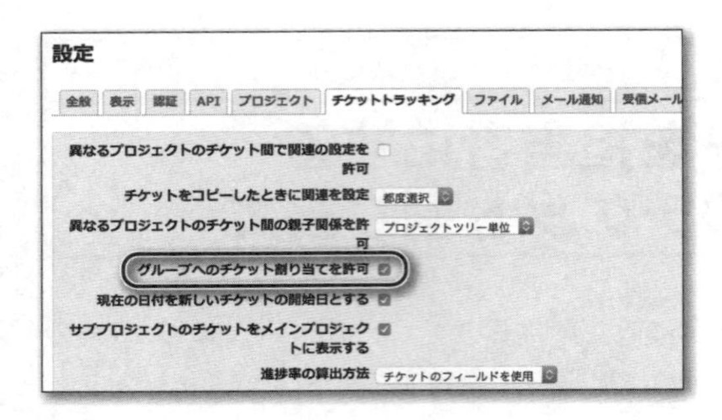

図8.54 グループへのチケット割り当てを利用するための設定

▶グループをプロジェクトに参加させる

チケットの担当者をグループにするためには、そのグループがプロジェクトに参加していなければなりません。プロジェクトの**設定→メンバー**でグループをプロジェクトのメンバーにしてください。

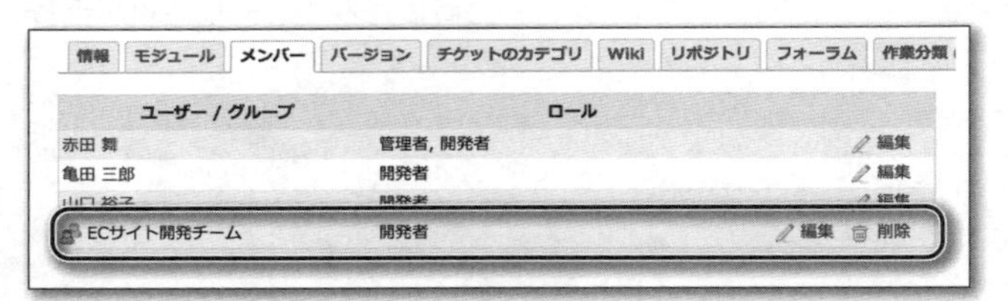

図8.55 グループをプロジェクトのメンバーに追加

もしまだグループを作成していない場合は**管理→グループ**を開いて新しいグループを作成してください。

> **NOTE** グループの管理ついての詳細は6.9「グループを利用したメンバー管理」で解説しています。

以上の設定を行うとチケットの**担当者**ドロップダウンリストボックスにプロジェクトにメンバーとして追加されているグループが表示され、グループへのチケット割り当てが利用できるようになります。

8.14 チケットの進捗率をステータスに応じて自動更新する

チケットには**進捗率**という項目があり、0%から100%まで10%きざみで値を選べます。しかし、次のことが問題になる場合があります。

▶進捗率の更新忘れ

進捗率はチケットのステータスとは同期していない独立の項目であるため、例えばステータスを**終了**にしても進捗率が自動的に100%になるわけではありません。担当者が進捗率の更新を忘れた場合は、作業が終了しているのにもかかわらず進捗率が0%のままだったり、逆に進捗率が100%なのにステータスが**終了**になっていないということがあり得ます。

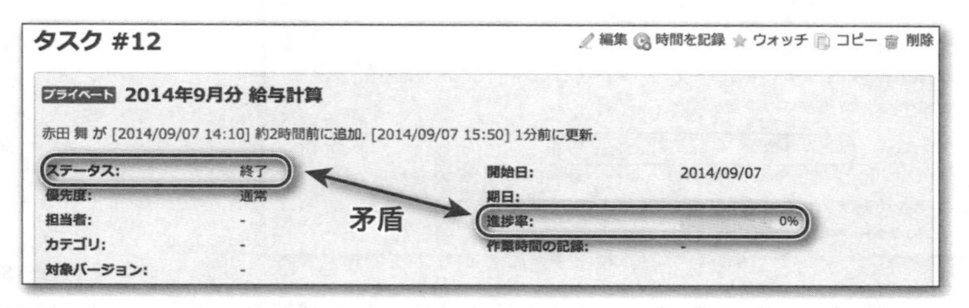

▲ 図8.56 ステータスと進捗率が矛盾した状態のチケット

▶進捗率の基準のばらつき

進捗率の基準が担当者間で統一されていない場合、実際には同程度の進捗でも入力した担当者によって進捗率の数字が大きく異なることがあります。

これらの問題の対策として、進捗率を手入力するのではなく現在のチケットのステータスに応じて自動設定することができます。この設定を行うことで、ステータスを変更すれば同時に進捗率もあらかじめ定義された値に更新されるようになり、進捗率の更新漏れがなくなります。また、ステータスに応じて進捗率が固定的に決まるので、担当者間の進捗率の基準のばらつきの影響も受けません。

> **WARNING** 「進捗の算出方法」を「チケットのステータスを使用する」に設定すると、進捗率は必ずステータスに連動した値となり、チケットの編集画面で任意に変更することはできなくなります。

8.14.1 設定方法

▶①進捗の算出方法の変更

Redmineの**管理→設定→チケットトラッキング**で、**進捗の算出方法**を**チケットのステータスに連動**に変更してください。この設定変更を行うと、各ステータスに対して進捗率を設定できるようになります。

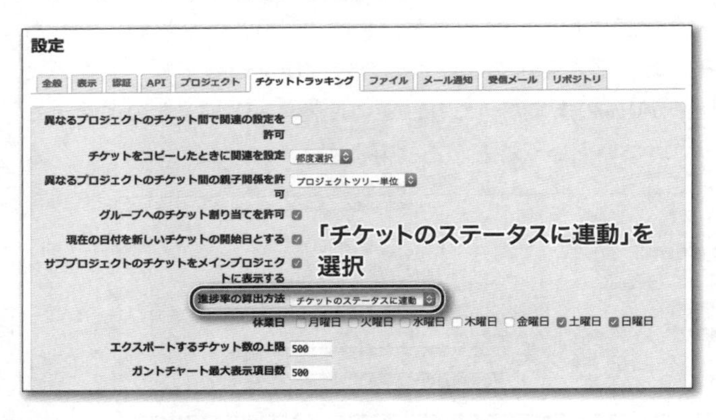

▲ **図8.57** 「進捗の算出方法」を「チケットのステータスに連動」に変更

▶②各ステータスに進捗率を設定

管理→チケットのステータスで各ステータスの名称をクリックして編集画面を開き、そのステータスの進捗率を設定してください。

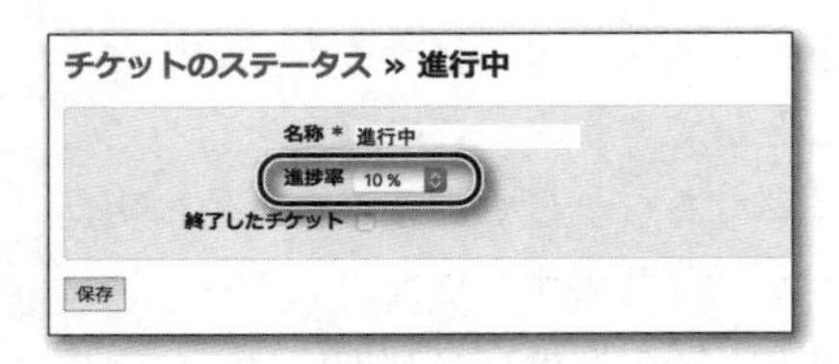

▲ **図8.58** ステータスごとに進捗率を設定

▼ **表8.8** ステータスごとの進捗率の設定例

ステータス	進捗率
新規	0%
進行中	10%
解決	60%
フィードバック	60%
終了	100%
却下	100%

▶③既存チケットの進捗率の更新（任意）

以上の設定により、これ以降作成・更新するチケットにはステータスに応じた進捗率が表示されるようになりますが、データベース上これまで個別に入力していた進捗率の値が記録されている状態です。したがって、**進捗の算出方法**の設定を元の**チケットのフィールドを使用**に戻すと、もともと入力されていた進捗率の値が表示されます。

既存チケットのデータベース上の進捗率の値もステータスに連動した値に更新するには、**管理→チケットのステータス**画面で**進捗の更新**をクリックしてください。

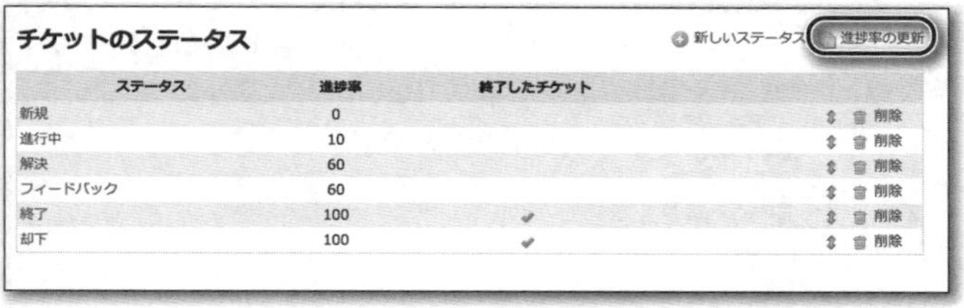

チケットのステータス　　新しいステータス　進捗率の更新

ステータス	進捗率	終了したチケット	
新規	0		削除
進行中	10		削除
解決	60		削除
フィードバック	60		削除
終了	100	✔	削除
却下	100	✔	削除

△ **図8.59** データベースに記録されている既存チケットの進捗率をステータスに応じた値に更新

Column

日本のRedmineユーザーコミュニティ

Redmineの利用者が集まって、情報交換やイベント開催を行っているコミュニティがあります。Redmineをさらに活用するために、メーリングリストや勉強会への参加をしてみてはいかがでしょうか。

▶ Redmine Users(Japanese)メーリングリスト

https://groups.google.com/group/redmine-users-ja

Redmineの利用について日本語での情報交換が行われているGoogleグループ(メーリングリスト)です。利用上の疑問点などの解決、Redmineに関する取り組みの告知などに活用できます。過去の投稿の検索もできます。

Redmineが世に出た翌年の2007年4月から運営されています。

▶ Redmine大阪

http://redmine-osaka.connpass.com/

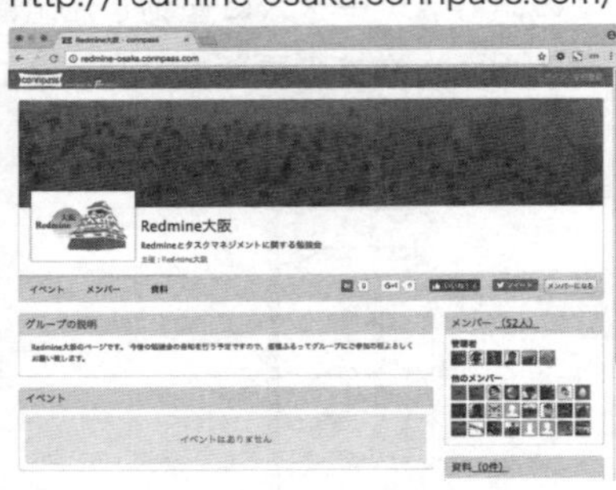

Redmineの勉強会を年に数回、主に大阪で開催しています。

2011年にRedmineとタスク管理の勉強会という意味を込めて「RxTstudy」というコミュニティ名で活動が始まり、2016年に「Redmine大阪」にコミュニティ名が変更されました。

▶ redmine.tokyo

https://redmine.tokyo/

Redmineの勉強会を年に数回、主に東京で開催しています。

2011年に「shinagawa.redmine」というコミュニティ名で活動が始まり、2014年に「redmine.tokyo」にコミュニティ名が変更されました。コミュニティの公式サイトはRedmineで作られていています。

Chapter 9

プロジェクトの状況の把握

プロジェクト管理ソフトウェアであるRedmineは、個別のタスクの状況を追跡できるチケットのほか、プロジェクト全体を俯瞰して状況を把握するための活動、ガントチャート、カレンダー、ロードマップなどの機能を備えています。

ここでは、活動、ガントチャート、カレンダー、ロードマップなどプロジェクト全体を俯瞰して状況を把握するための機能、そして工数管理機能など、プロジェクトマネージャー向けの機能を紹介します。

9.1 活動画面によるプロジェクトの動きの把握

活動画面(図9.1)は、チケットの作成・更新、リポジトリへのコミットなど、Redmineに記録されているプロジェクトメンバーの行動が時系列で表示される画面です。この画面を日々見ることで次のことがわかります。

▶チーム全体の動きがわかる

チケットの作成やリポジトリへのコミットなど、Redmine上に記録されている各メンバーの行動が時系列で表示されるので、メンバーが取り組んでいることやチーム全体の動きが一目で把握できます。

▶チームのメンバーの動きがわかる

チーム全体ではなく個々のメンバーに着目して、そのメンバーが何をやっているのか把握できます。

▶プロジェクト運営上の問題が早期にわかる

活動画面の情報量を見ることで、プロジェクトの大まかな状態を把握できます。チケットの更新やリポジトリへのコミットがたくさん表示されていればプロジェクトが活発に動いていることがわかります。逆に表示が少ないときはプロジェクトがうまく進んでいないか、Redmineが活用されていない可能性があります。

また、ほかのメンバーに比べて表示が少ないメンバーも、作業がうまくいっていないなど何らかの問題を抱えている可能性があります。

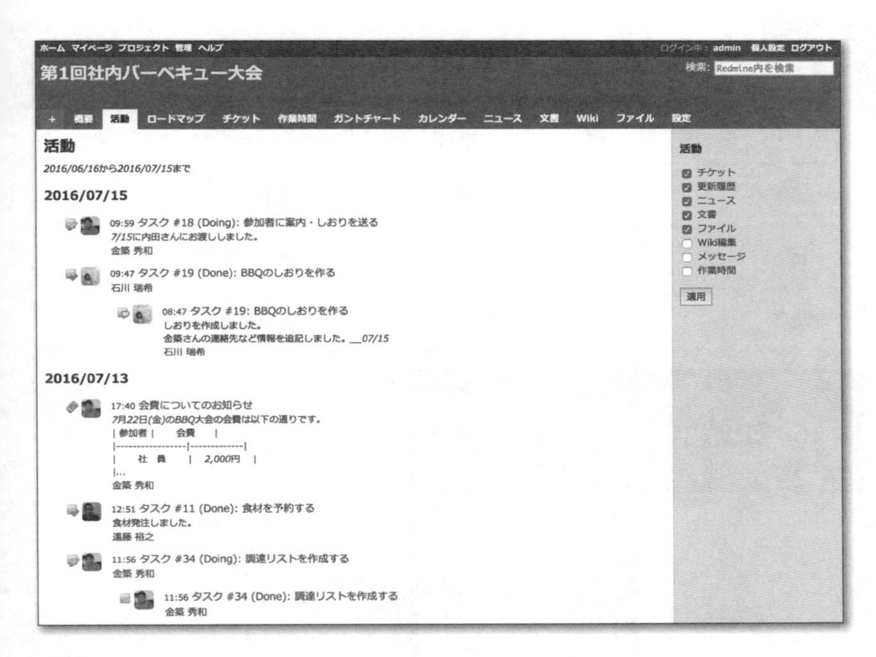

▲ 図9.1 「活動」画面

9.1.1 活動画面に表示できる情報

活動画面には表9.1に挙げる情報を表示させることができます。デフォルトで表示されているもの以外の情報は、画面右側のサイドバー内のチェックボックスをONにすると表示されます(図9.2)。

▼ **表9.1** 活動画面に表示される情報

種別	アイコン	説明	デフォルトで表示
チケット		チケットの作成・更新	○
更新履歴		プロジェクトと連係しているリポジトリへのコミット(ソースコードの更新)	○
ニュース		新しいニュースの追加	○

文書		新しい文書の作成	○
ファイル		新しいファイルの追加	○
Wiki編集		Wikiページの追加・編集	–
メッセージ		フォーラムでのメッセージ作成	–
作業時間		チケットに対して作業時間を記録	–

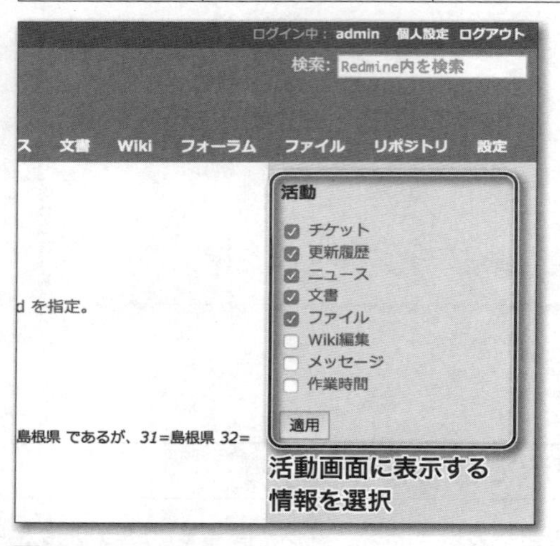

▲ **図9.2** 活動画面に表示されるイベントの設定

NOTE 直近30日分の活動が1画面に表示されます。何日分表示するかは「管理」→「設定」→「全般」→「プロジェクトの活動ページに表示される日数」で変更できます。

9.1.2 全プロジェクトの活動を表示する

プロジェクトの**活動**画面ではそのプロジェクト内でのチケットの更新などのイベントを表示できますが、自分がアクセスできるすべてのプロジェクトの「活動」をまとめて表示できる画面もあります。複数のプロジェクトを利用しているとき、全体の動きをまとめて把握できます。

全プロジェクトの活動を表示するには、トップメニュー内の**プロジェクト**をクリックして**プロジェクト**画面を表示させ、画面右上の**すべての活動**をクリックしてください(図9.3)。

図9.3 全プロジェクトの活動を表示する手順

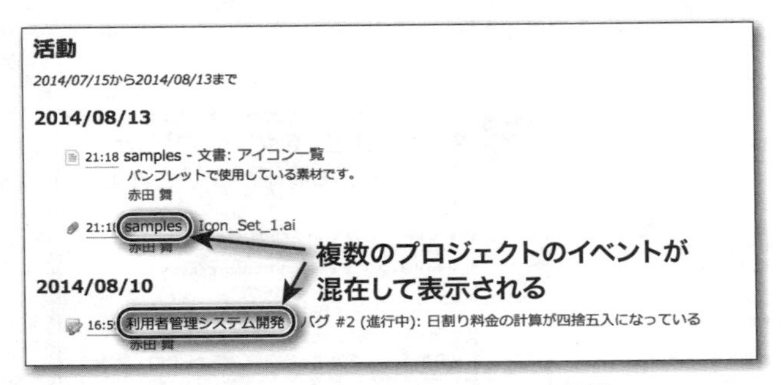

図9.4 全プロジェクトの活動を表示している状態

9.1.3 ユーザーごとの活動を表示する

プロジェクトメンバー全員ではなく、特定のユーザーのイベントのみを表示する画面も用意されています。自分が行った作業を振り返ったり、ある特定の担当者の最近の作業状況を見ることができます。

ユーザーごとの活動画面を閲覧するには、プロジェクトの**概要**画面右側の**メンバー**欄内に表示されているユーザー名をクリックしてください(図9.5)。そのユーザーのプロフィール画面(図9.6)に切り替わり、画面の右半分に最新10件分の活動が表示されます。さらに多くの活動を閲覧するには、タイトルの文字**活動**をクリックします。

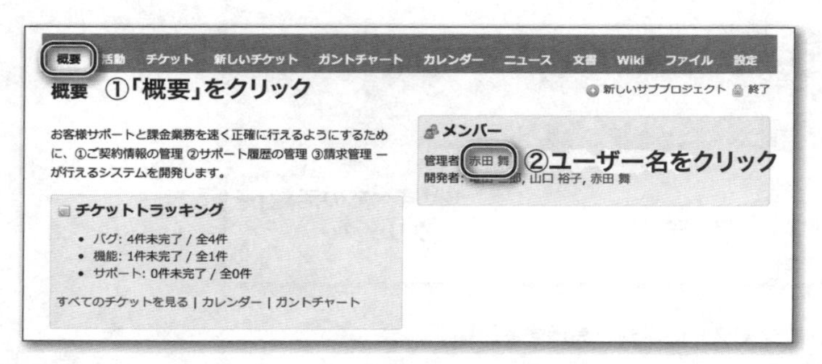

図9.5 ユーザーごとの活動の表示手順1

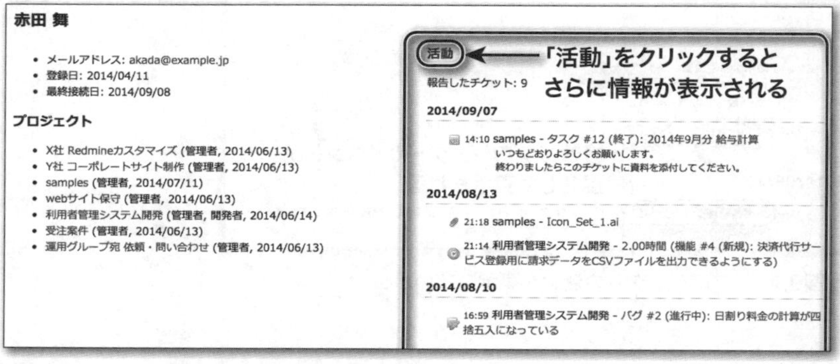

図9.6 ユーザーごとの活動の表示手順2

9.2 ガントチャートによる予定と進捗の把握

ガントチャートは作業の計画と進捗をわかりやすく表現した図で、プロジェクト管理でよく使われます。多数の作業について開始・終了すべき時期を俯瞰でき、また順調に進んでいる作業と遅延が発生している作業も一目でわかるため、プロジェクト全体を計画通り進めるために有効に活用できます。

ガントチャートを表示するには、**ガントチャート**をクリックします(図9.7)。チケットに記録されている開始日・期日・進捗率を元に自動的に作図されるので、強力な進捗管理資料であるガントチャートが手間をかけずに簡単に得られます。

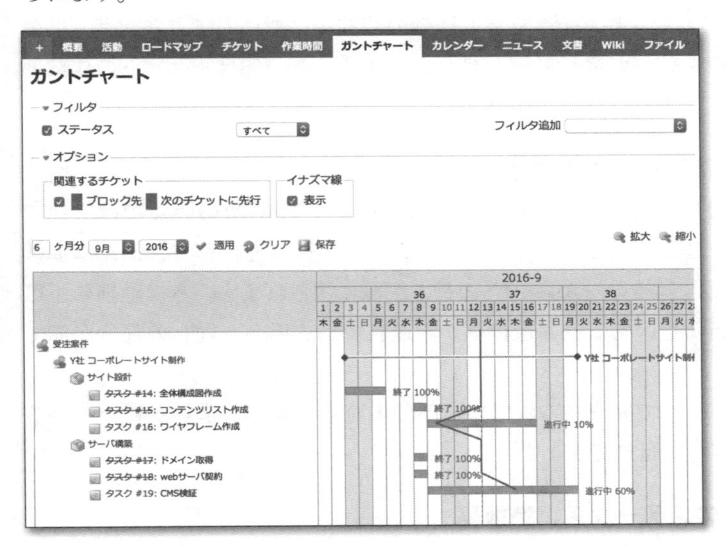

図9.7 ガントチャート

WARNING ガントチャートはプロジェクトの「設定」→「モジュール」で「ガントチャート」がONのときのみ利用できます。

9.2.1 ガントチャートに表示される情報

ガントチャートには次の情報が表示されます。

▶時間軸

ガントチャートの横軸は時間軸を表現しています。年、月、週番号(年初から数えて第何週か表す数字)が表示されます。**拡大**をクリックして拡大表示すると、日付と曜日も表示されます。

▶チケットとバージョン

ガントチャートの左端の列はチケットとバージョンが一覧表示されます。対象バージョンが設定されているチケットは、そのバージョンでグルーピングされて表示されます。

▶横棒で表現されたチケットの作業期間

左端に一覧表示されたチケットと横軸の時間軸に対応して、各チケットの開始日と期日を結んだ横長の棒が描画されます。この棒はチケットの作業期間を表現しています。

▶進捗状況に応じた横棒の塗り分け

チケットの作業期間を示す横棒は開始日前かつ進捗0%の時点では灰色ですが、進捗に応じて緑と赤に塗り分けられます。緑は進捗率で、例えば進捗率が40%であれば棒の左から40%の長さが緑に塗られます。赤は進捗の不足分です。本日時点のあるべき進捗率から遅れている場合、遅れの部分が赤で塗られます。

ガントチャートで赤く塗られている部分の有無を見れば進捗が遅れているチケットを容易に発見できます。

▶チケットのステータス、進捗率

作業期間を示す横長の棒の右側に、チケットのステータスと進捗率の値が表示されます。

▶イナズマ線

各チケットに対応する横長の棒の中の進捗率の位置を結んだ線です。ギザギザの赤い線の頂点が、計画より遅れているチケットでは本日を表す縦線より左側に、計画より進んでいるチケットでは右側に突き出て表示されます。

イナズマ線を表示するためには、画面内の**オプション**を展開して**イナズマ線**欄内のチェックボックスをONにしてください(図9.8)。

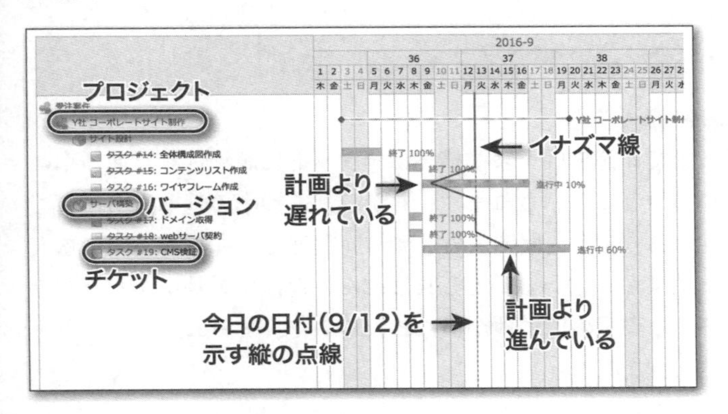

図9.8 ガントチャートに表示される情報

ガントチャートでは**チケット**画面と同様、フィルタを使って表示対象を絞り込むことができます。例えば、特定の担当者のチケットだけでガントチャートを作成することができます。

ガントチャート上の横棒の表示の上にマウスカーソルを重ねるとチケットの詳細がポップアップ表示されます(図9.9)。詳細表示内のチケットへのリンクをクリックするとそのチケットの詳細の画面に移動できます。

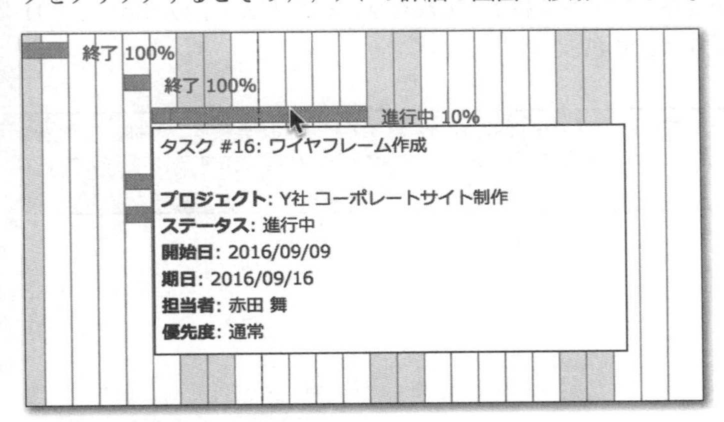

図9.9 ガントチャート上にポップアップ表示されるチケットの詳細

9.2.2 正しいガントチャートを出力するための注意点

プロジェクトの状況を正しく反映したガントチャートを得るためには、次の点に注意してください。

▶進捗率の基準を統一する

ガントチャート上で作業期間を表す横棒はチケットに記録された進捗率に応じて緑と赤に色分けして表示されます。しかし、進捗率の基準は担当者ごとに異なる可能性があり、例えば実際の進捗が同程度でも80%と入力する人もいれば60%と入力する人がいるかもしれません。進捗率の基準がバラバラだとガントチャートの表示の信頼性が損なわれるので、チーム内で基準をそろえておくことが重要です。

> **NOTE**
> 進捗率の基準を揃える方法の1つとして、チケットのステータスと進捗率を固定的に関連づける設定(「管理」→「設定」→「チケットトラッキング」の「進捗の算出方法」)により手入力を禁止する方法が利用できます。
> この設定の詳細は、8.14節「チケットの進捗率をステータスに応じて自動更新する」で解説しています。

▶開始日・期日を正しく入力する

開始日または期日が入力されていないチケットはガントチャートに表示されません。ガントチャートを利用する場合は、必ずチケットの開始日と期日を入力するようにしてください。

> **NOTE**
> 設定により「開始日」と「期日」の入力を強制することができます。詳細は8.10節「「フィールドに対する権限」で必須入力・読み取り専用の設定をする」で解説しています。

9.3 カレンダーによる予定の把握

プロジェクトメニューの**カレンダー**をクリックすると、チケットとバージョンの開始日と期日をカレンダー形式で表示することができます(図9.10)。チケットに記載された作業をいつから始めていつまでに終えるべきか、今日はどのチケットが進行しているのかなど、スケジュールを把握するのに便利です。

図9.10 カレンダー

> **WARNING**
> カレンダーはプロジェクトの「設定」→「モジュール」で「カレンダー」がONのときのみ利用できます。

カレンダーでは**チケット**画面と同様、フィルタを使って表示対象を絞り込むことができます。例えば、特定の担当者の未完了のチケットのみ表示したり、特定のトラッカーのチケットのみ表示することができます。

カレンダー上のチケットの表示の上にマウスカーソルを重ねるとチケットの詳細がポップアップ表示されます(図9.11)。詳細表示内のチケットへのリンクをクリックするとそのチケットの詳細の画面に移動できます。

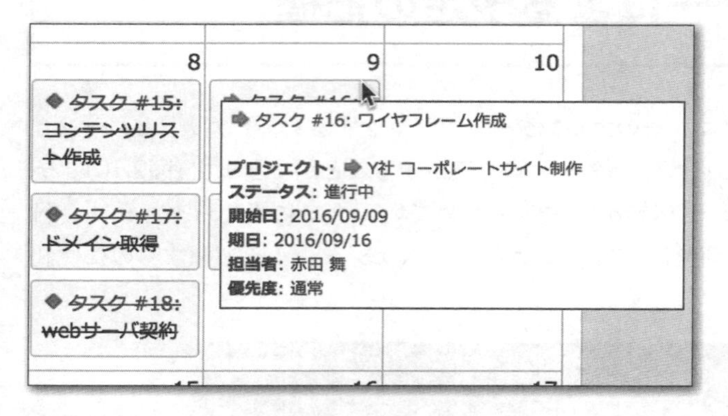

図9.11 カレンダー上にポップアップ表示されるチケットの詳細

9.4 ロードマップ画面によるマイルストーンごとのタスクと進捗の把握

未完了のチケットが多いとチケットの一覧が長くなり、全体の把握が難しくなります。また、たくさんのチケットの中に今やるべき作業が埋もれてしまい、何から手をつければよいのか分かりにくくなります。

チケット

新しいチケット

フィルタ

ステータス　未完了

フィルタ追加

オプション

適用　クリア　保存

#	トラッカー	ステータス	優先度	題名	担当者	開始日	期日
34	タスク	ToDo	通常	調達リストを作成する	金築 秀和	2016/07/13	2016/07/15
33	タスク	ToDo	通常	カメラ電池を充電する	岩石 睦	2016/07/21	2016/07/21
32	タスク	ToDo	通常	ストロボ電池を充電する。	岩石 睦	2016/07/21	2016/07/22
31	タスク	ToDo	通常	席次作成する	石原 佑季子	2016/07/19	
30	タスク	ToDo	通常	日程を決める	金築 秀和	2016/06/17	2016/06/17
29	タスク	ToDo	通常	開催場所を決める	金築 秀和	2016/06/17	2016/06/17
28	タスク	ToDo	通常	予算を決める	前田 剛	2016/06/17	2016/07/22
27	タスク	ToDo	通常	参加者を募る	金築 秀和	2016/06/17	2016/06/21
26	タスク	ToDo	通常	役割分担を決める	金築 秀和	2016/06/22	2016/06/22
25	タスク	ToDo	通常	開催場所を予約する	金築 秀和	2016/06/23	2016/06/23
24	タスク	ToDo	通常	食材を調査する	遠藤 裕之	2016/06/27	2016/07/15
23	タスク	ToDo	通常	飲み物を調査する	金築 秀和	2016/06/27	2016/07/15
22	タスク	ToDo	通常	調理用具を調査する	石原 佑季子	2016/06/27	2016/07/15
21	タスク	ToDo	通常	食器を調査する	石原 佑季子	2016/06/27	2016/07/15
20	タスク	ToDo	通常	その他のものを調査する	遠藤 裕之	2016/06/27	2016/07/15
19	タスク	ToDo	通常	BBQのしおりを作る	石川 瑞希	2016/07/04	2016/07/08
18	タスク	ToDo	通常	参加者に案内・しおりを送る	金築 秀和	2016/07/11	2016/07/20
17	タスク	ToDo	通常	費用徴収する	金築 秀和	2016/07/11	2016/07/22

▲ **図9.12** 未完了チケットが多いと何から手をつけるべきかわかりにくい

この問題は、7.8「バージョン」でプロジェクトの節目ごとにチケットを分類する」で説明したようにバージョンを使ってチケットをプロジェクトのマイルストーンごとに分類し、**ロードマップ**画面を参照するようにすることで解決できます(図9.13)。

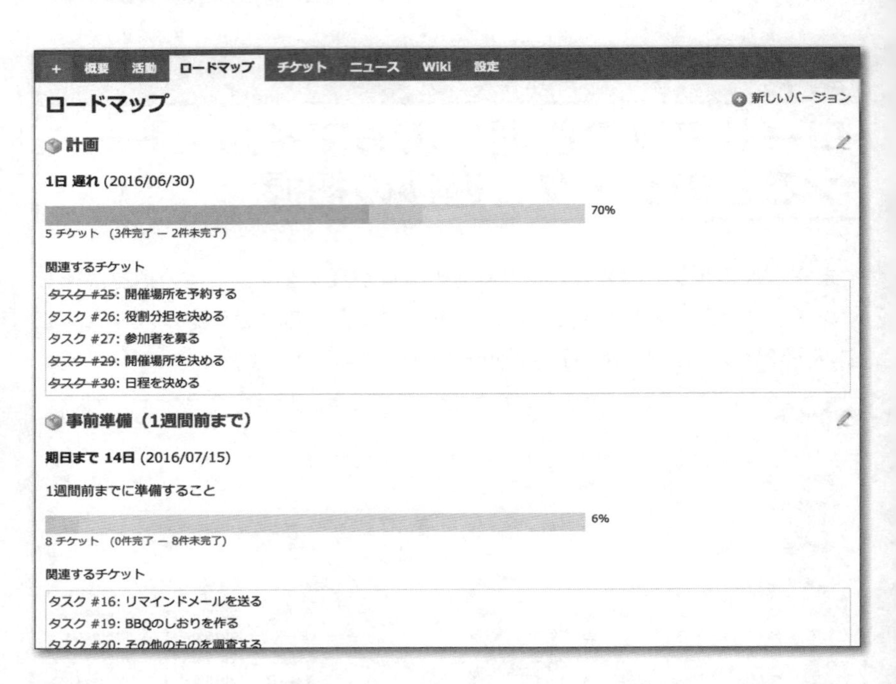

図9.13 ロードマップ画面でマイルストーンごとにチケットを整理するとわかりやすい

Redmineではプロジェクトの区切りであるマイルストーンを表現するために「バージョン」を使います。マイルストーンごとにバージョンを作成(図9.14)し、チケットの**対象バージョン**を設定する(図9.15)ことで、マイルストーンごとにチケットを分類できます。

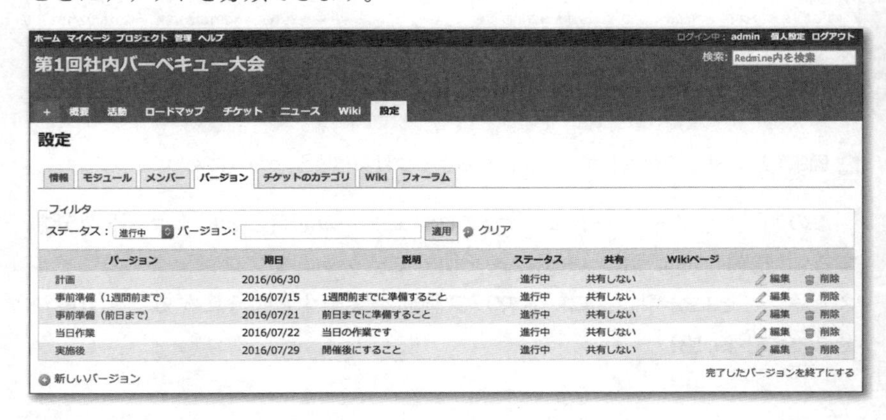

図9.14 プロジェクトメニューの「設定」→「バージョン」でバージョンを作成

編集
プロパティの変更
プロジェクト * 第1回社内バーベキュー大会
プライベート
トラッカー * タスク
題名 * 開催場所を決める
説明 編集
ステータス * ToDo
親チケット
優先度 * 通常
開始日 2016/06/17
担当者 金畑 秀和
期日 2016/06/17
対象バージョン 計画
予定工数 時間
進捗率 100 %

▲ **図9.15** チケットの編集で対象バージョンを設定

それぞれのチケットの対象バージョンを設定してから**ロードマップ**画面を開くと、プロジェクト上のバージョンと各バージョンに関連づけられたチケットが一覧表示されます(図9.16)。

この画面を参照することで次のことが把握できます。

- プロジェクトのバージョンの一覧
- バージョンごとの期日
- チケットのステータス・進捗率から算出したバージョンごとの進捗状況
- それぞれのバージョンごとに処理すべきチケットの一覧

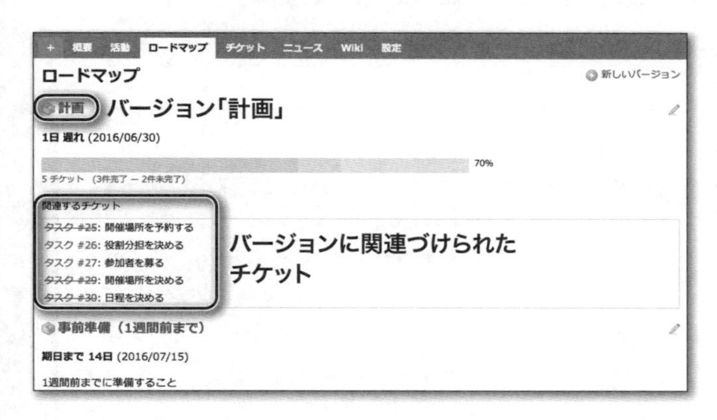

▲ **図9.16** ロードマップ画面によるマイルストーンごとのタスクと進捗の把握

9.5 サマリー画面によるチケットの未完了・完了数の集計

Redmineには**サマリー**と呼ばれるチケットの集計機能があります。プロジェクト内の全チケットをトラッカー、優先度、担当者、作成者、バージョン、カテゴリの6種類の分類で集計し、未完了・完了・合計のチケット数が表示されます。プロジェクトの進捗度合いやメンバーごとの手持ち作業の量の把握などに利用できます。

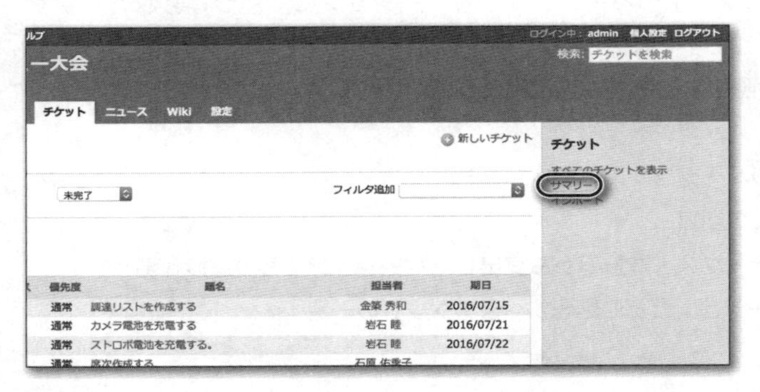

▲ 図9.17 サマリーを表示するにはチケット画面のサイドバー内「サマリー」をクリック

レポート

トラッカー

	未完了	完了	合計
タスク	31	3	34

優先度

	未完了	完了	合計
今すぐ	-	-	-
急いで	-	-	-
高め	-	-	-
通常	31	3	34
低め	-	-	-

担当者

	未完了	完了	合計
前田 剛	1	-	1
岩石 睦	3	-	3
田中 秀文	-	-	-
石原 佑季子	6	-	6
石川 瑞希	1	-	1
遠藤 裕之	8	-	8
金築 秀和	12	3	15

バージョン

	未完了	完了	合計
計画	2	3	5
事前準備（1週間前まで）	8	-	8
事前準備（前日まで）	12	-	12
当日作業	7	-	7
実施後	2	-	2

カテゴリ

表示するデータがありません

▲ 図9.18 チケットのサマリー

分類を表すタイトル部分(「トラッカー」、「優先度」、「担当者」など)の右側の虫眼鏡アイコンをクリックすると、ステータスごとのチケット数も集計された詳細なレポートが表示されます(図9.19)。

レポート

バージョン

	ToDo	Doing	Done	未完了	完了	合計
計画	1	1	3	2	3	5
事前準備（1週間前まで）	7	1	-	8	-	8
事前準備（前日まで）	12	-	-	12	-	12
当日作業	7	-	-	7	-	7
実施後	1	1	-	2	-	2

戻る

図9.19 詳細なレポート(画面例は「バージョン」の詳細)

表内の数値はリンクになっていて、クリックすると集計値の元となったチケットが一覧表示されます(図9.20)。サマリーで全体的な傾向を確認後に数値のリンクをクリックしてチケット一覧を表示して具体的な内容を把握し、プロジェクト進行のために必要な行動をとるという使い方ができます。

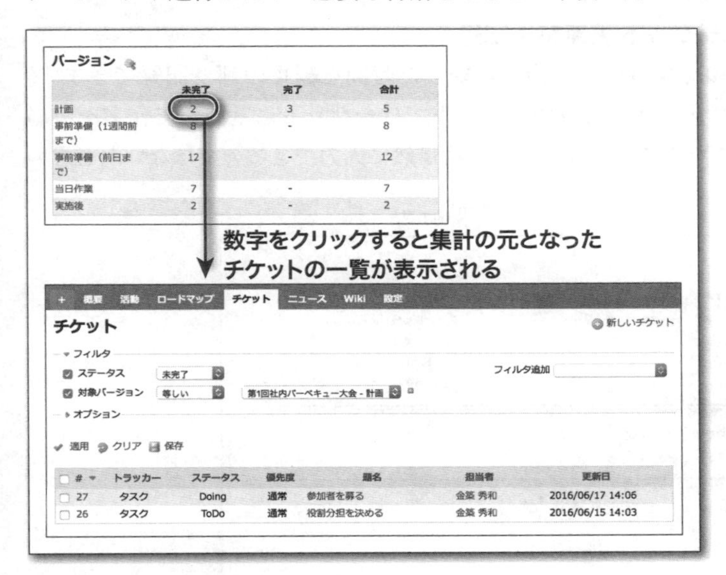

図9.20 サマリーからのリンクでチケット一覧を表示

9.6 工数管理

Redmineでは作業に要した時間を記録できます。記録した時間はRedmine上で集計して工数管理に活用できます。

WARNING　工数管理機能はプロジェクトの「設定」→「モジュール」で「時間管理」がONのときのみ利用できます。

9.6.1 作業時間の記録

作業時間は、チケットまたはプロジェクトに対して記録できます。記録方法は4つ用意されています。

▶方法①　チケット更新時に記録

チケットの編集画面で、作業に要した時間を編集の都度記録できます。Redmineで管理しているプロジェクトではチケットに基づいて作業を実施しているはずなので、この方法が一番自然に入力できるのではないかと思います。

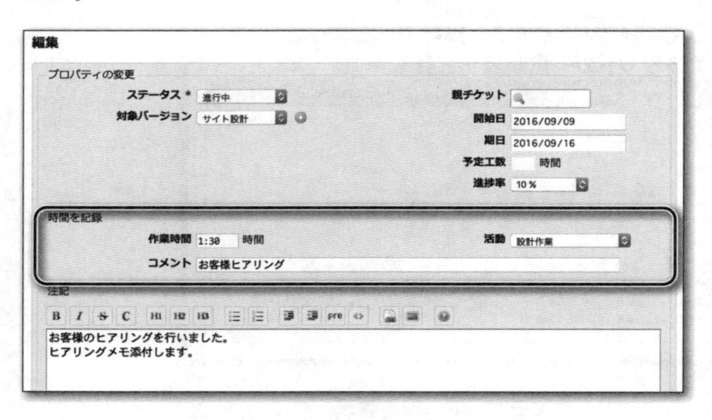

図9.21　チケット更新時に作業時間も入力

▶方法② チケットの「時間を記録」から記録画面を呼び出す

チケットを表示している画面の右上のメニュー内の**時間を記録**をクリックする(図9.22)と作業時間を記録するための画面が表示されます(図9.23)。

チケットのフィールドの値の更新や注記の追加をせずに、作業時間の追加のみを行いたい場合に利用します。また、作業時間が発生した日付を入力できるので、過去に実施した作業の工数を後日入力するときにも利用できます。

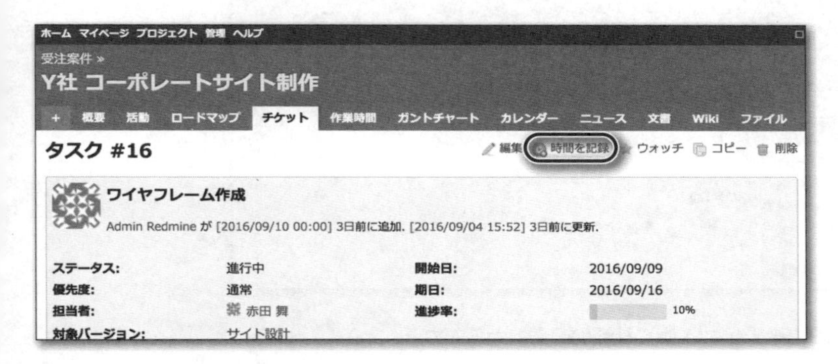

▲ 図9.22 チケットの「時間を記録」から入力

▲ 図9.23 作業時間を記録するための画面

▶方法③　プロジェクトメニューの「+」ボタンから記録画面を呼び出す

プロジェクトメニューの「+」ボタンから**時間を記録**を選ぶと、前述の方法②と同じ画面が表示されます。ただしチケット番号が未入力なのでチケット番号またはチケットの件名の一部を入力して検索して入力してください。

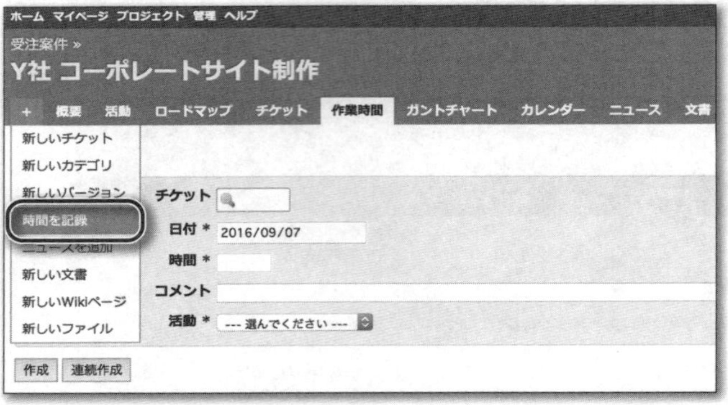

▲ **図9.24** 「+」ボタンの「時間を記録」から入力

> **NOTE**
> 方法②または方法③の画面でチケット番号の入力を省くと、作業時間をチケットにひもづけずにプロジェクトに対して登録できます。ただ、作業時間を登録すべきチケットがないということはRedmineの管理外の作業が行われているということであり好ましい状況ではありません。作業の管理・記録ができるよう、チケットに基づいて作業することを心がけましょう。

▼ **表9.2** 作業時間の入力項目

名称	説明
作業時間	作業に要した時間を入力できます。 作業時間の入力には表9.3「作業時間の入力で使える形式」で挙げる複数の形式が利用できます。例えば1時間15分を入力するのに`1.25`、`1:15`、`1h15m`などの形式が利用できます。
コメント	どのような作業を行ったのか説明を入力します。コメントの内容は作業時間の一覧を表示する画面で表示されます。
活動	その作業の分類を選択します。デフォルトでは「設計作業」と「開発作業」が選択できます。 選択肢の内容は「管理」→「選択肢の値」の「作業分類 (時間管理)」で変更できます。また、「選択肢の値」画面で設定した作業分類のうち実際にプロジェクトで利用するものをプロジェクトの「設定」→「作業分類 (時間管理)」で指定することができます。

▼ **表9.3** 作業時間の入力で使える形式

形式例	説明
1.25	1時間15分 ※1.0=60分なので0.25は15分を表す(60×0.25=15)
1h15m	1時間15分
1h	1時間
15m	15分
1:15	1時間15分

▶方法④　リポジトリへのコミット時にコミットメッセージに記述

GitやSubversionリポジトリとの連係設定を行っている場合、コミットメッセージに時間を記述することでチケットに作業時間を追加することができます。

> **NOTE** コミットメッセージ経由で作業時間を追加する手順は、12.6.1「リポジトリへのコミットと同時に作業時間を記録する」で解説しています。

9.6.2 工数の集計

プロジェクトメニューの**作業時間**をクリックすると作業時間の集計などを行える画面が表示されます。

この画面には**詳細**と**レポート**の2つのタブがあります。**詳細**タブには登録されている作業時間の一覧が表示され、**レポート**タブには作業時間を指定した時間単位・分類で集計した結果が表示されます。

▶「詳細」タブ

登録されている作業時間の明細のうちフィルタの条件にマッチするものが一覧表示されます。

▲ 図9.25 「作業時間」の「詳細」タブ

▶「レポート」タブ

登録されている作業時間の明細うちフィルタの条件にマッチするものを、選択した時間単位と分類で集計した結果が表示されます。

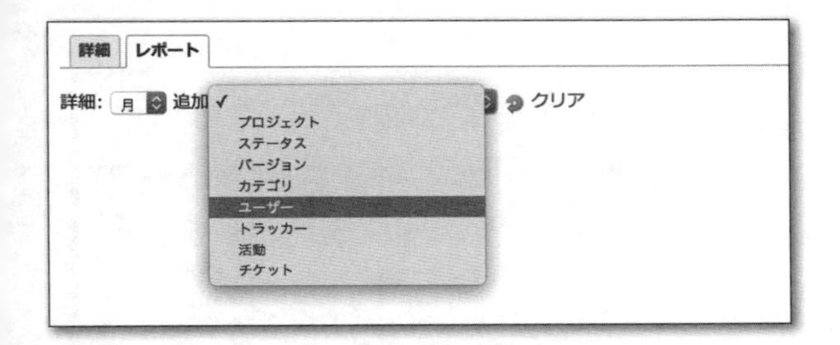

図9.26 月単位・ユーザー別の集計を指示

ホーム マイページ プロジェクト ヘルプ　ログイン中: akada 個人設定 ログアウト

受注案件 »

Y社 コーポレートサイト制作

作業時間

詳細: 月 追加:　クリア

ユーザー	2016-8	2016-9	合計
赤田 寛		10.00	10.00
山口 裕子		1.00	1.00
佐々木 健太	12.00	9.50	21.50
合計	12.00	20.50	32.50

他の形式にエクスポート: CSV

図9.27 「作業時間」の「レポート」タブ（月単位・ユーザー別の集計）

分類は複数組み合わせることができます。例えば、月単位・ユーザー別のレポートが表示されている状態でさらに「バージョン」をドロップダウンリストボックスから選択すると図9.28のようにユーザーとバージョンで分類した集計結果が表示されます。

詳細 レポート

詳細: 月 追加: クリア

ユーザー	バージョン	2016-8	2016-9	合計
赤田 舞			10.00	10.00
	サイト設計		10.00	10.00
山口 裕子			1.00	1.00
	サイト設計		1.00	1.00
佐々木 健太		12.00	9.50	21.50
	サイト設計		1.00	1.00
	サーバ構築	12.00	8.50	20.50
合計		12.00	20.50	32.50

▲ **図9.28** 「作業時間」の「レポート」タブ(月単位・ユーザーとバージョン別の集計)

工数の集計は、プロジェクト単位だけではなく、Redmine上の全プロジェクトを横断した集計もできます。トップメニュー内の**プロジェクト**をクリックして**プロジェクト**画面を表示させ、右上の**すべての作業時間**をクリックしてください。

▲ **図9.29** 全プロジェクトの工数を集計する手順

9.6.3 予定工数と実績工数の比較

チケットには**予定工数**という項目があり、そのチケットを完了させるために必要な時間の予測値を入力しておくことができます。

チケットの表示には予定工数と作業時間の両方が含まれていて、予定と実績の工数を比較できます。

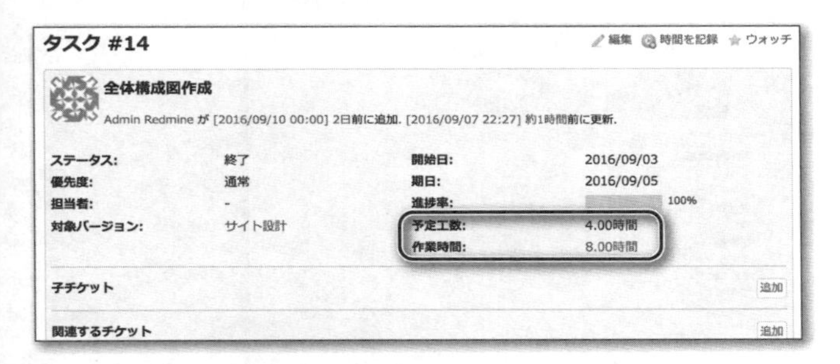

図9.30 チケットの予定工数と実績工数(作業時間の合計)の表示

チケット単体ではなくバージョン単位での予定工数と実績工数を比較することもできます。**ロードマップ**画面のバージョンの一覧で個別のバージョンをクリックするとバージョンの詳細が表示され、そのバージョンに含まれるチケットの予定工数と作業時間の合計値が表示されます。

サイト設計
編集
削除
サイト構造の設計、ワイヤフレームの制作などを完了させます。
25%
3 チケット (2件完了 — 1件未完了)
関連するチケット
タスク #14: 全体構成図作成
タスク #15: コンテンツリスト作成
タスク #16: ワイヤフレーム作成
時間管理
予定工数 48.00時間
作業時間 12.00時間
担当者 別のチケット
山口 裕子 1/1
赤田 舞 1/2

図9.31 バージョンの予定工数と実績工数(作業時間の合計)の表示

▶チケットの一覧での比較

チケットのフィルタで絞り込んだ複数のチケットの予定工数と実績工数の合計値を比較することもできます。

チケット画面で一覧を表示するとき、**オプション**で**予定工数**と**作業時間**をONにすると、フィルタの対象となっているチケットの予定工数と作業時間の合計が表示されます。

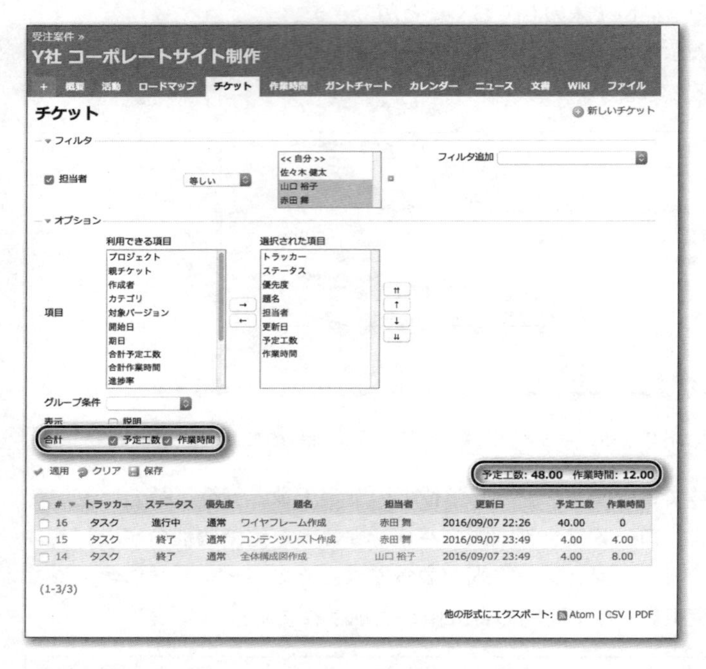

図9.32 チケットの一覧での予定工数と実績工数(作業時間の合計)の表示

グループ条件もあわせて指定すると、指定されたフィールドごとの合計も表示されます。

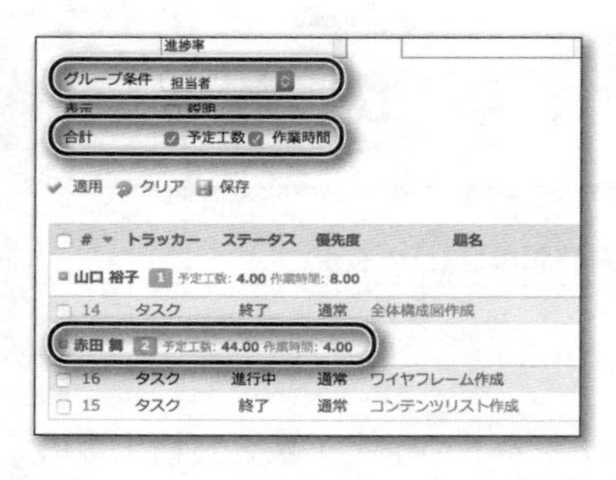

図9.33 チケットの一覧で担当者ごとの合計も表示された状態

Chapter 10

情報共有機能の利用

Redmineにはチケット管理機能のほかに、プロジェクトメンバー向けのお知らせを掲載する「ニュース」、テキストを共同編集する「Wiki」、ファイルを共有する「文書」、ダウンロードページを提供する「ファイル」、掲示板機能の「フォーラム」などの情報共有機能も備わっています。
これらの機能も活用することで、Redmineをプロジェクトで発生する様々な情報をまとめて管理するためのツールとして活用できます。

10.1 ニュース

ニュースはプロジェクトのメンバー向けのお知らせを掲載する機能です。掲載した情報は**ニュース**画面(図10.1)に表示されるほか、**ホーム**画面、プロジェクトの**概要**画面などにも表示されます。

また、**管理→設定→メール通知**の設定により、ニュースが追加されるごとにその内容をメールで通知することもできます。

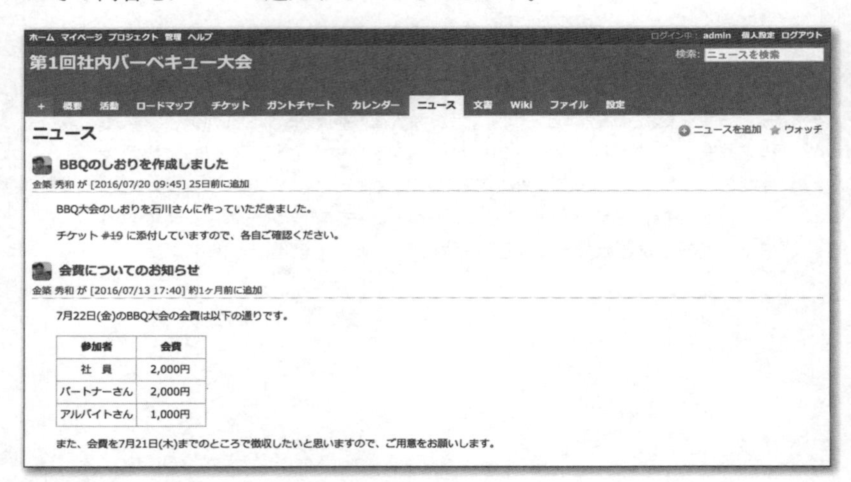

図10.1 「ニュース」画面

> **WARNING** ニュースはプロジェクトの「設定」→「モジュール」で「ニュース」がONのときのみ利用できます。

10.1.1 ニュースの追加

プロジェクトメニューの**ニュース**をクリックすると現在登録されているニュースの一覧が表示されます。その画面の右上の**ニュースを追加**をクリックするとニュースを追加するための画面が表示されるので、各項目を入力して**作成**をクリックしてください。

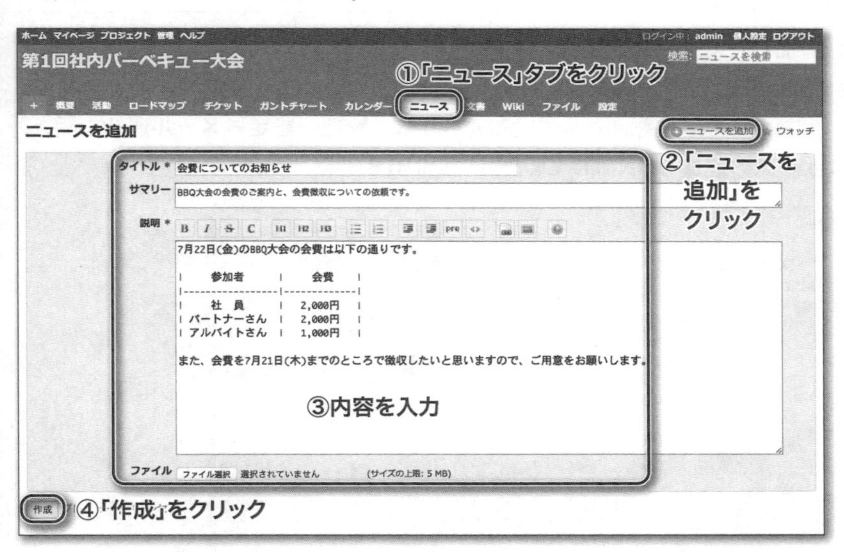

図10.2 ニュースの追加手順

表10.1 ニュースを追加する際の入力項目

名称	説明
タイトル	ニュースの一覧などに表示されるタイトルです。
サマリー	ニュースの内容の要約です。「ホーム」画面、「マイページ」画面の「最新ニュース」、プロジェクトの「概要」画面には「説明」ではなく「サマリー」に入力した内容が表示されます。
説明	ニュースの内容です。MarkdownまたはTextileによる修飾(「管理」→「設定」→「全般」の「テキストの書式」の設定による)も利用できます。
ファイル	ニュースに関連するファイルを添付することができます。

WARNING

ニュースの追加を行うには「ニュースの管理」権限が必要です。この権限は通常は「管理者」ロールにのみ割り当てられています。管理者以外のロールで操作できるようにするにはシステム管理者に権限の割り当てを依頼してください。権限の割り当ての確認や変更は「管理」→「ロールと権限」→「権限レポート」で行えます。

10.1.2 ニュースの追加をメールで通知

追加したニュースを確実にユーザーに周知するために、ニュースが追加されたらプロジェクトのメンバーにメールで通知するよう設定できます。

ニュースの追加をメールで通知するには、**管理→設定→メール通知**を開き、**ニュースの追加**をONにしてください(図10.3)。

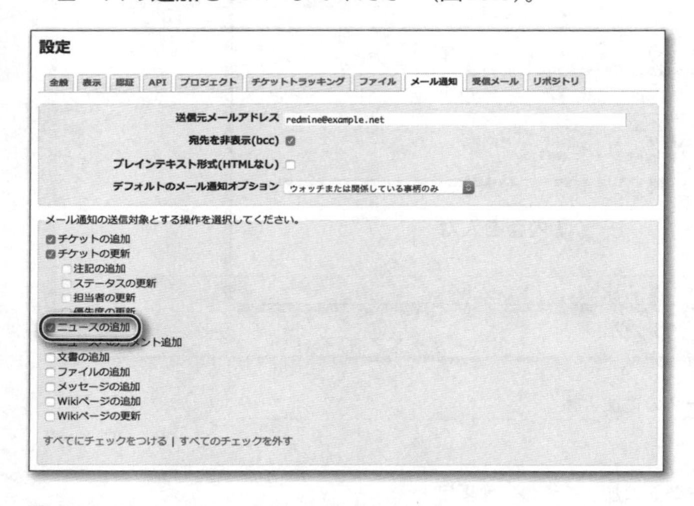

▲ **図10.3** ニュースの追加を通知するための設定

10.2 Wiki

Wikiは、複数の利用者がWebブラウザを使ってコンテンツを共同で作成・更新するためのWebアプリケーションです。

WikiはRedmine固有のものではなく、多くのコラボレーションツールでも実装されています。Wikiの代表的な事例としてWikipediaがあります。インターネット上の多数の協力者がWikiを使って共同で執筆を行うことにより、膨大な情報を蓄積した百科事典を作り上げています。

RedmineのWikiも、プロジェクトのメンバーが共同でページの追加・編集を行い、プロジェクトに関する情報をRedmine上に集約して管理することができます。例えば次のような使い方が考えられます。

- 開発環境やサーバ環境の構築手順を記録
- 各種ツールの使い方、技術情報などのノウハウを記録
- プロジェクトに関する様々な情報へのリンクを集めたポータルページを作成
- 重要な情報が記載されたチケットへのリンクを集めたページを作成

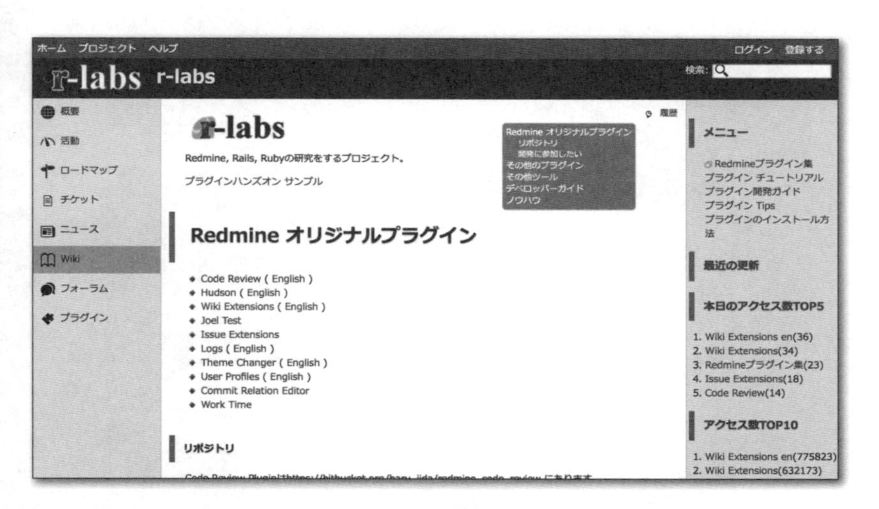

図10.4 RedmineのWikiを使って主にRedmineのプラグインの情報を発信している「r-labs」

10.2.1 メインページの作成と編集

メインページはWikiの起点となるページであり、プロジェクトメニューのWikiをクリックすると最初に表示されるページです。

プロジェクト内で初めてWikiを使うときにはメインページがまだ存在しないので、プロジェクトメニューの**Wiki**をクリックするとメインページの編集画面(図10.5)が表示されます。メインページの内容を記述して、画面下部の**保存**ボタンをクリックしてページを保存してください。これでメインページが作成され、以降はプロジェクトメニューの**Wiki**をクリックすると保存されたメインページの内容が表示されます。

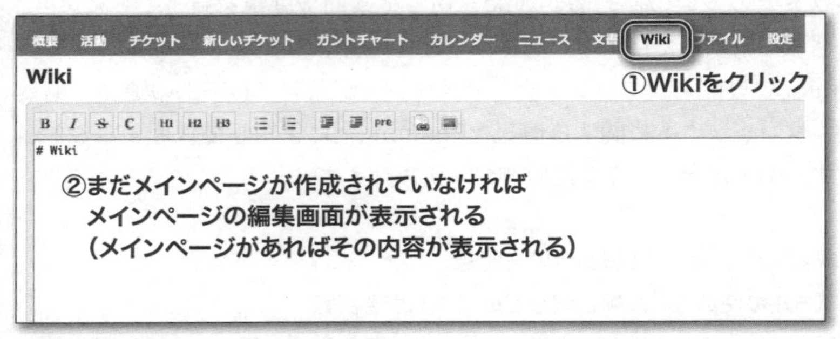

図10.5 メインページの編集画面

10.2.2 新しいWikiページの追加

新しいWikiページを作成するには、プロジェクトメニュー左端の「+」ドロップダウンから**新しいWikiページ**を選択してください。もしくは、各Wikiページの右上にある**新しいWikiページ**をクリックしてもかまいません。

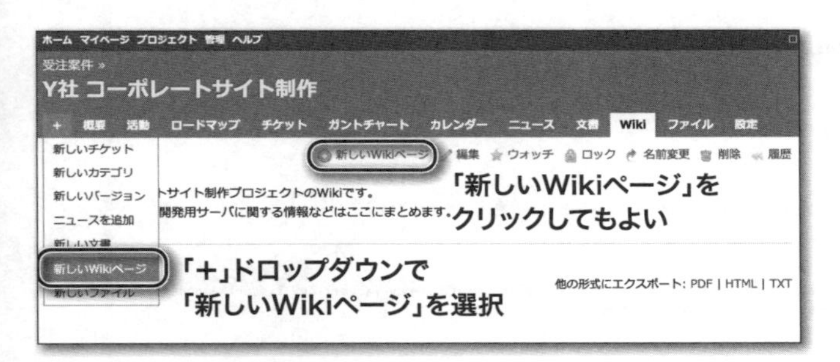

図10.6 新しいWikiページを追加

図10.7のようなダイアログが表示されます。新しく追加するWikiページの**タイトル**を入力して**次**をクリックしてください。

図10.7 新しく追加するWikiページのタイトルを入力

タイトルだけ入力された状態のページの編集画面が表示されます(図10.8)。

図10.8 新しく追加するWikiページの編集画面

Wikiページに記録したい内容を記述して**保存**をクリックする(図10.9)と、新しいWikiページが追加されます。

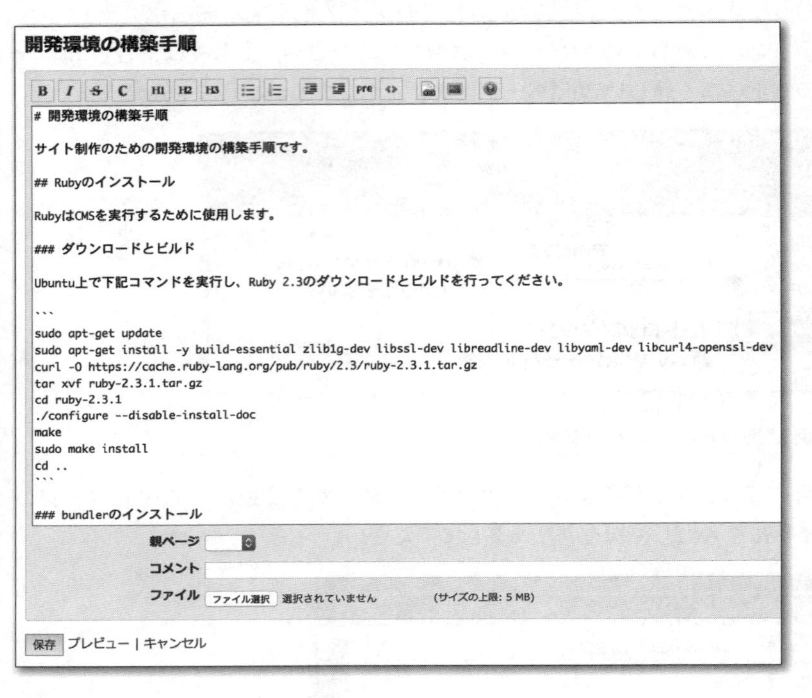

▲ 図10.9 Wikiページの内容を記述

NOTE

Wikiページではチケットと同様に、入力欄上部のツールバーを使って太字や斜体などのテキストの修飾が行えます。
また、Markdown記法・Textile記法による記述を直接入力すると、表組みなどより複雑な記述も行えます。これらの記法の書き方は14.6節「チケットとWikiのマークアップ」で解説しています。

説明
斜体
[Redmine](http://www.redmine.jp/) はwebベースの **プロジェクト管理ソフトウェア** です。
フランスの Jean-Philippe Lang 氏が開発しました。

▶追加したWikiページを確認する

Wikiのサイドバー内の**索引(名前順)**または**索引(日付順)**をクリックするとプロジェクト内のすべてのWikiページが名前順または更新日順で一覧表示されます。新しく追加したWikiページもその一覧の中から見つけることができます。

図10.10 「索引(名前順)」の表示

▶追加したWikiページを探しやすくする

追加したWikiページは、メインページなど既存のページからリンクしておくと、Webサイトのように関連するページからリンクをたどって表示できます。ページ内に`[[Wikiページ名]]`のように記述することでほかのWikiページへのリンクとすることができます。

10.2.3 Wikiページの編集

編集したいWikiページを表示し、画面右上の**編集**をクリックします。

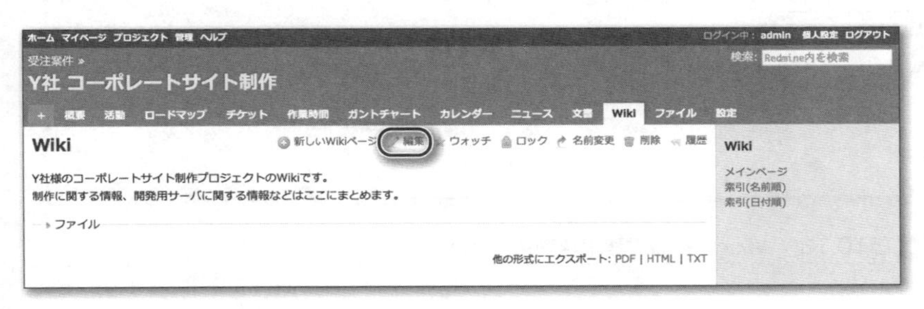

図10.11 「編集」をクリックすると編集可能な状態になる

　そのWikiページが編集可能な状態になるので、内容の書き換え・追記などを行います。編集を終えたら、**保存**ボタンをクリックして編集内容を保存します。

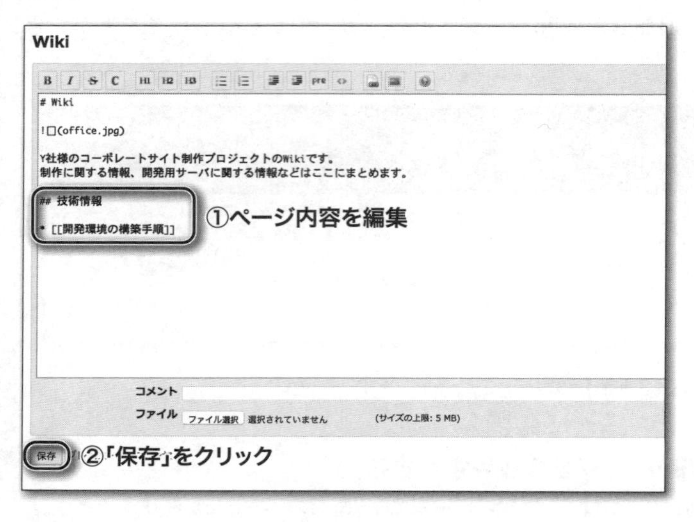

▲ 図10.12　Wikiページの編集画面

　保存後、編集内容がWikiページに反映されます。

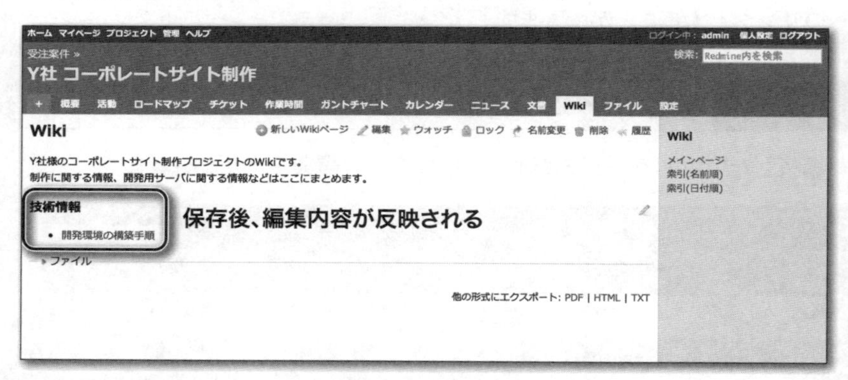

▲ 図10.13　Wikiページに編集内容が反映された状態

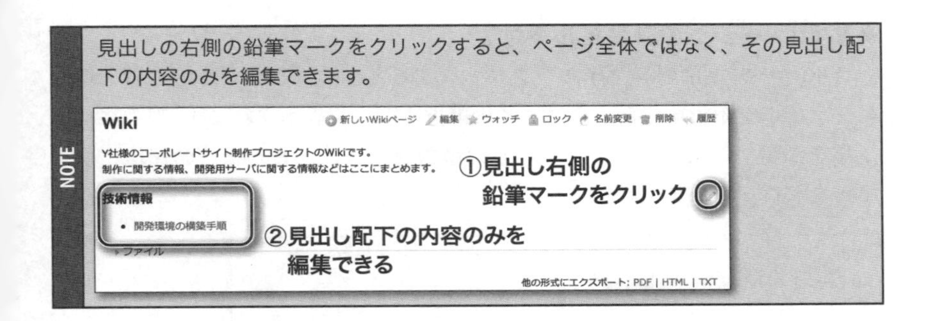

NOTE

見出しの右側の鉛筆マークをクリックすると、ページ全体ではなく、その見出し配下の内容のみを編集できます。

10.2.4 Wikiページへのファイル添付と画像の表示

Wikiページにはファイルを添付することができます。ページの内容に関係する資料をプロジェクトメンバーと共有できるほか、画像ファイルを添付してページ内にインライン画像として表示させることもできます。

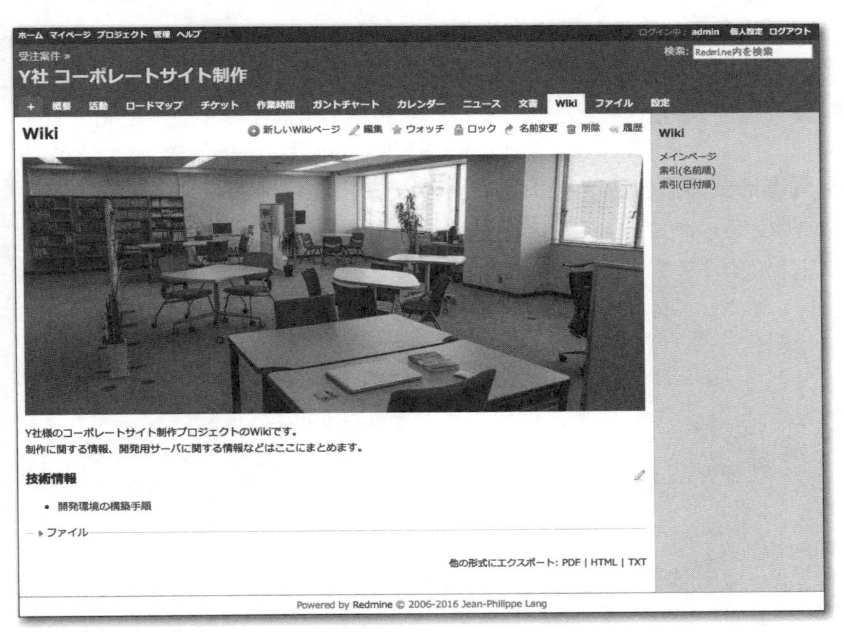

▲ 図10.14 添付ファイルをインライン画像として表示させたWikiページ

▶ Wikiページへのファイル添付

Wikiページ下部の**ファイル**をクリックすると、添付ファイルの一覧と新たにファイルを添付するための**ファイル選択**ボタンが表示されます。新たにファイルを添付するにはここでファイルの選択を行うか、またはこの領域にファイルをドロップしてください。

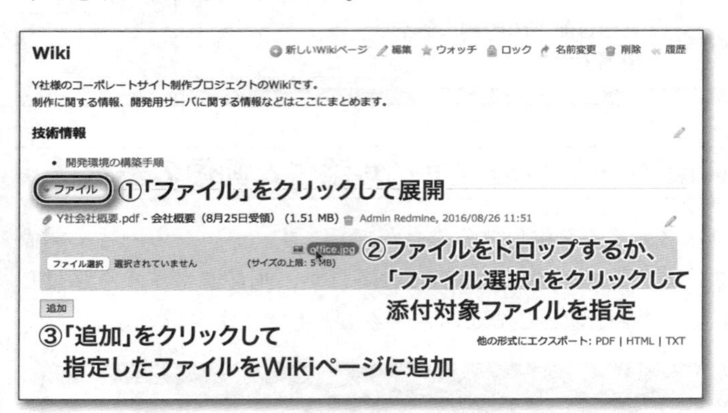

▲ **図10.15** Wikiページへの添付ファイル追加手順

▶ 画像形式の添付ファイルをWikiページに表示

画像形式の添付ファイルはWikiページ内にインライン画像として表示させることもできます。そのためには、ページ内で画像を表示させるための記述を行います。添付した画像のファイル名がoffice.jpgの場合の記述例を次に示します。

▼ Textileの場合

```
!office.jpg!
```

▼ Markdownの場合

```
![](office.jpg)
```

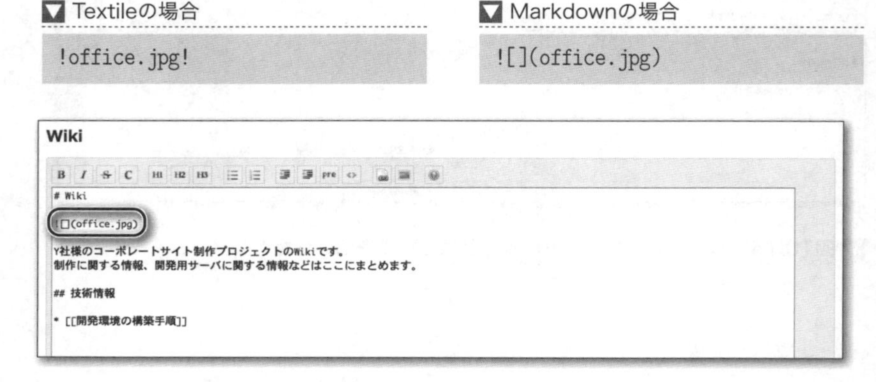

▲ **図10.16** 画像を表示させるための記述例（Markdown）

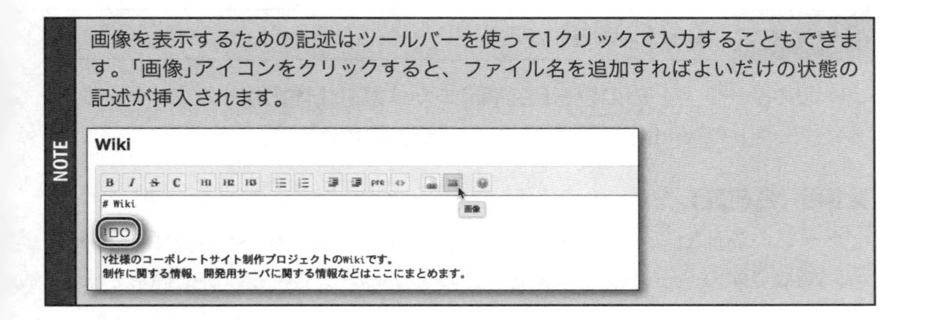

NOTE

画像を表示するための記述はツールバーを使って1クリックで入力することもできます。「画像」アイコンをクリックすると、ファイル名を追加すればよいだけの状態の記述が挿入されます。

10.2.5 編集履歴

Wikiページは、ページが追加されてからこれまでのすべての更新の履歴(バージョン)を保持しています。誰がいつ更新したのかを確認したり、履歴間の差分を表示したり、過去のバージョンの内容に戻す(ロールバック)処理を実行したりできます。ロールバックは誤った内容で更新してしまったときに便利です。

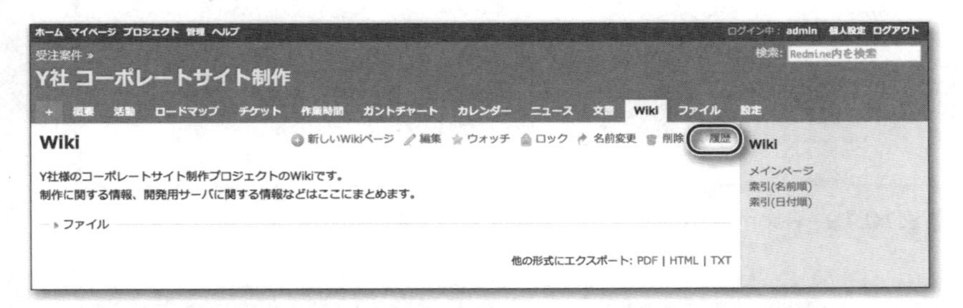

▲ 図10.17 「履歴」をクリックするとWikiページの更新履歴が表示される

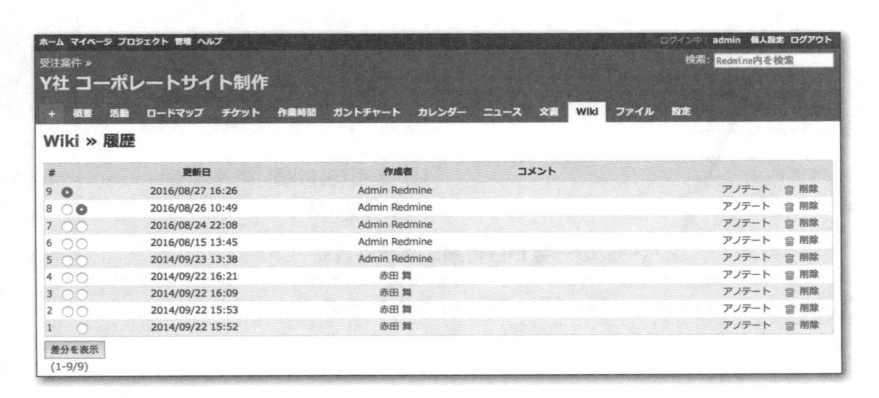

▲ 図10.18 Wikiページの更新履歴

10.2.6 索引の表示

Wikiのサイドバー内の**索引(名前順)**または**索引(日付順)**をクリックすると、プロジェクトのWiki内の全ページの索引が表示されます。

▶索引(名前順)

ページの名前順に索引を表示します。現在どのようなページが存在するのか、Wiki全体のページの階層構造がどのようになっているのか把握できます。

▶索引(日付順)

ページの更新日が新しい順に索引を表示します。どのページが最近更新されたのか確認できます。

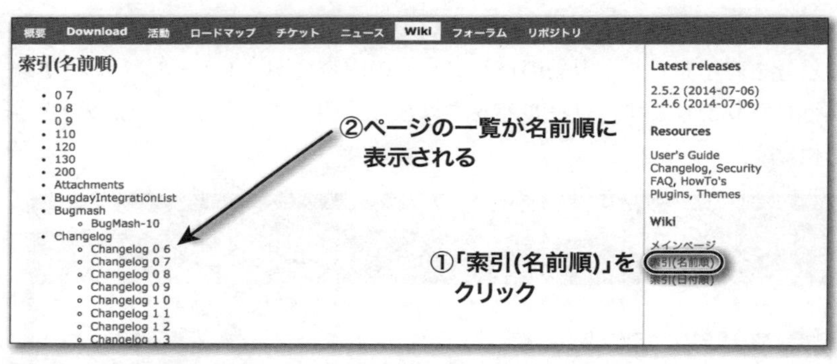

▲ 図10.19　Redmine公式サイトで「Wikiの索引(名前順)」を表示

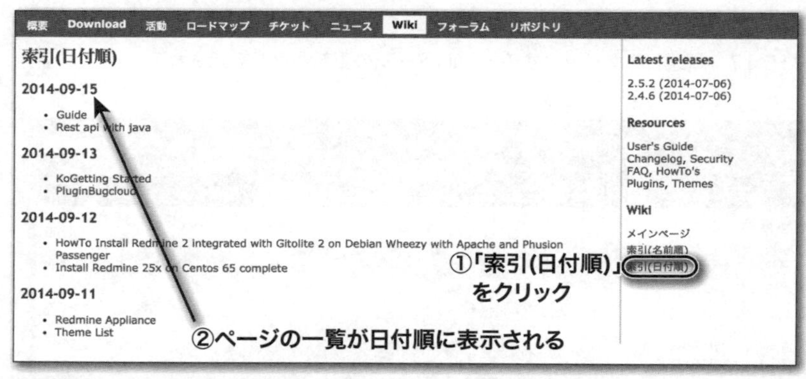

▲ 図10.20　Redmine公式サイトで「Wikiの索引(日付順)」を表示

10.2.7 PDFへの出力

単一のWikiページ、もしくはプロジェクトのWikiの全ページをPDF形式で出力することができます。特に、全ページを一括してPDFに出力する機能を活用すれば、例えば運用マニュアルのような印刷して冊子にしておきたい文書の作成にもWikiを活用できます。

▶単一のWikiページをPDF形式で出力

出力したいWikiページを表示した状態で画面右下の**他の形式にエクスポート**の中の**PDF**をクリックしてください。

▶すべてのWikiページをPDF形式で出力

全ページを一括してPDF形式で出力するには、Wikiのサイドバーの**索引(名前順)**または**索引(日付順)**をクリックして索引を表示させた状態で画面右下の**他の形式にエクスポート**の中の**PDF**をクリックしてください。

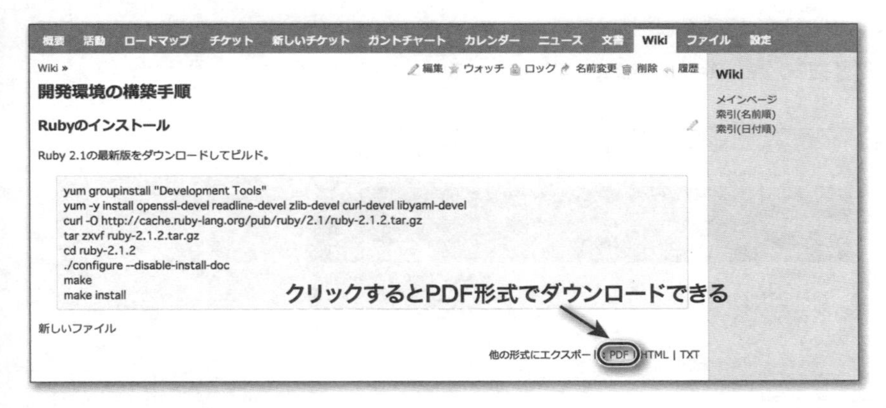

図10.21 Wikiの「他の形式にエクスポート」

> **WARNING**
> WikiページをPDF形式やHTML形式でエクスポートするには「Wikiページを他の形式にエクスポート」権限が必要です。この権限は通常は「管理者」ロールにのみ割り当てられています。管理者以外のロールで操作できるようにするにはシステム管理者に権限の割り当てを依頼してください。権限の割り当ての確認や変更は「管理」→「ロールと権限」→「権限レポート」で行えます。

10.2.8 Wikiのサイドバーのカスタマイズ

Wikiのサイドバーには**メインページ**、**索引(名前順)**、**索引(日付順)**が表示されていますが、Sidebarという名称のWikiページを追加するとそのページの内容も表示されます。プロジェクトメンバーによく参照される情報をサイドバーに表示させれば、必要な情報へのアクセスが容易になります。

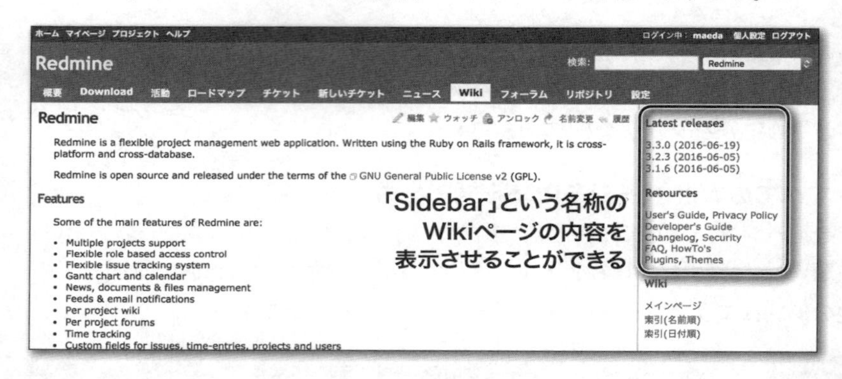

図10.22 Redmine公式サイトにおけるWikiのサイドバー

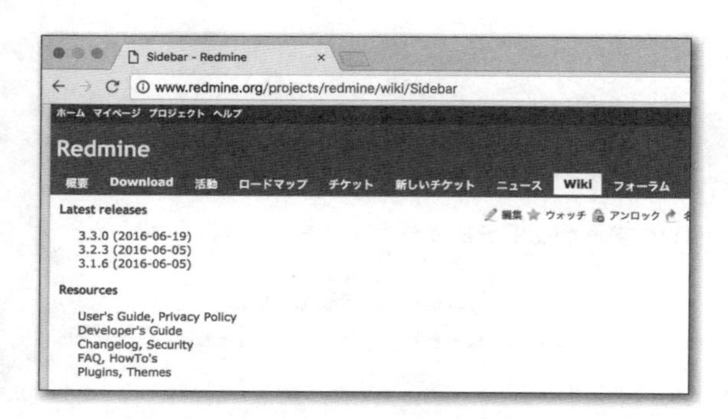

図10.23 Redmine公式サイトにおけるWikiページ「Sidebar」の内容

> **WARNING**
> 「Sidebar」という名前のWikiページを追加するには「Wikiページの凍結」権限が必要です。この権限は通常は「管理者」ロールにのみ割り当てられています。管理者以外のロールで操作できるようにするにはシステム管理者に権限の割り当てを依頼してください。権限の割り当ての確認や変更は「管理」→「ロールと権限」→「権限レポート」で行えます。

10.3 文書

文書は議事録や仕様書など、プロジェクト内で共有すべきファイルをRedmineに掲載する機能です。WikiのようにRedmine上で共同編集するのではなく、Redmineの外でワープロソフトや表計算ソフトで作成したファイルをRedmineに掲載して共有するのに利用します。

図10.24 「文書」画面で一覧を表示

図10.25 個別の文書を表示

プロジェクトメンバーにメールなどで次々とファイルを配布すると、受け取った人がきちんと分類しておかない限り必要なときに正しいファイルを見つけて参照するのが困難です。Redmineの**文書**を使えばファイルを分類した状態でメンバー全員に公開できるのでいつでも必要なファイルを参照することができます。文書に付けたタイトルと説明に含まれる文字列を検索して目的の文書を探すこともできます。

掲載したファイルの内容を変更するには、いったんダウンロードして手元のパソコン上で編集してから再度掲載し直すという手順になります。Wikiほど手軽に更新できませんが、プロジェクト計画書や議事録などのような、掲載後にはあまり更新しないファイルの共有に向いています。

WARNING 文書はプロジェクトの「設定」→「モジュール」で「文書」がONのときのみ利用できます。

10.3.1 新しい文書の追加

新たに文書を追加するには、プロジェクトメニュー左端の「＋」ドロップダウンから**新しい文書**を選択してください。もしくは、**文書**画面の右上にある**新しい文書**をクリックしてもかまいません。

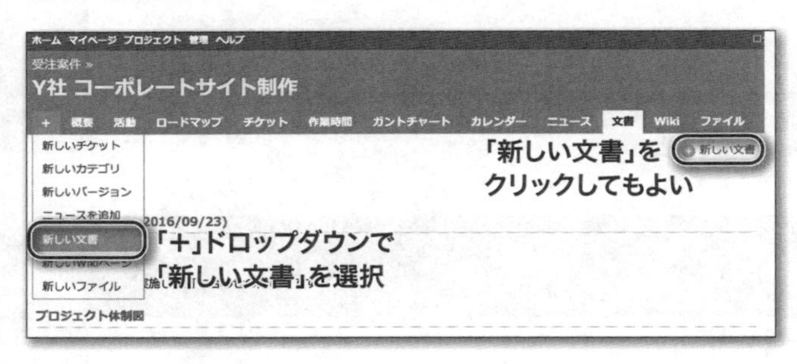

▲ 図10.26 新しい文書を追加

新しい文書画面が表示されるので、各項目を入力して**追加**をクリックしてください。

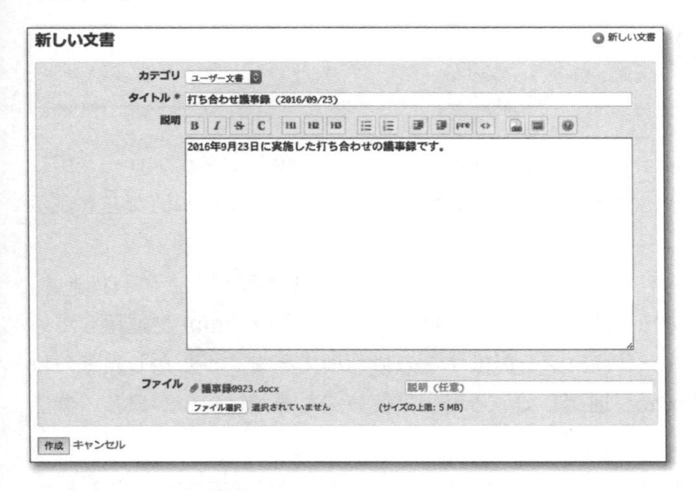

▲ 図10.27 「新しい文書」画面

▼ 表10.2 文書を追加する際の入力項目

名称	説明
カテゴリ	文書を分類するためのカテゴリを選択します。カテゴリの追加・編集・削除は「管理」→「選択肢の値」→「文書カテゴリ」で行います。
タイトル	文書の一覧などに表示されるタイトルです。
説明	その文書に対する説明です。
ファイル	掲載するファイルを選択します。最大10個まで同時に掲載できます。

WARNING

文書の追加を行うには「文書の管理」権限が必要です。この権限は通常は「管理者」ロールにのみ割り当てられています。管理者以外のロールで操作できるようにするにはシステム管理者に権限の割り当てを依頼してください。権限の割り当ての確認や変更は「管理」→「ロールと権限」→「権限レポート」で行えます。

10.4 ファイル

ソフトウェアのtarballなどをバージョンごとに分類してダウンロード用に掲載する機能です。ファイルのダウンロード数、MD5ハッシュ値なども表示されます。

元々はインターネット上でのファイル配布を想定した機能だと思われます。例えば、オープンソースソフトウェアの公式サイトをRedmineで運用しているときにダウンロードページを提供するのに利用できます。しかし、そのほかの用途でRedmineを運用している場合は使い道を見つけるのが難しい機能です。

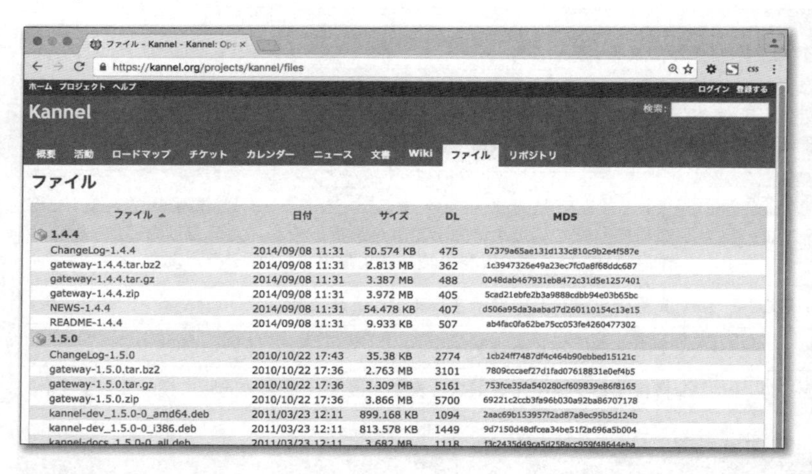

▲ 図10.28 オープンソースソフトウェア「Kannel」のダウンロードページはRedmineの「ファイル」機能を利用

NOTE 不要な機能はプロジェクトの「設定」→「モジュール」でOFFにできます。

10.5 フォーラム

いわゆる掲示板機能です。プロジェクトのメンバー同士で特定の話題について議論することができます。複数のメンバー間の議論をメールで行っているようなケースでは、メールの代わりにフォーラムを利用することで、次のようなメリットがあります。

- メールの宛先にたくさんのアドレスを入力しなくてもよい
- やりとりの内容を後で参照しやすい
- 後から議論に加わったメンバーもこれまでの議論をさかのぼって参照できる

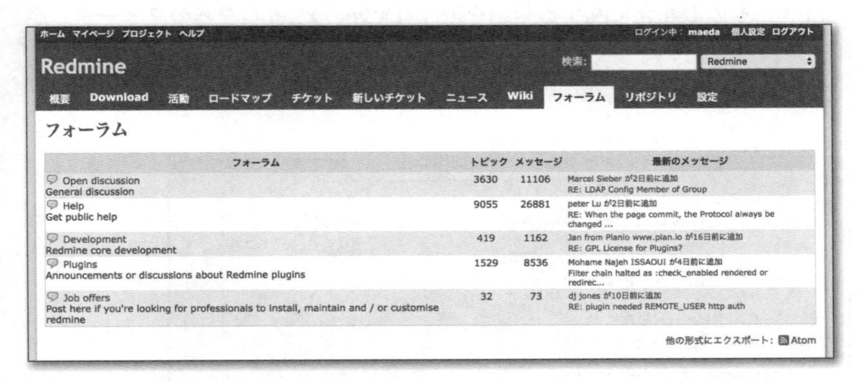

▲ 図10.29 フォーラムの例(Redmine公式サイト)

> **WARNING**
> フォーラムはプロジェクトの「設定」→「モジュール」で「フォーラム」がONのときのみ利用できます。

10.5.1 フォーラム機能の構造

Redmineのフォーラムは次の3つのデータで構成されます。図10.30「フォーラムの構造(トピック数=2、メッセージ数=5)」を見ながらイメージをつかんでください。

▶メッセージ

フォーラム内の1件1件の書き込みをメッセージと呼びます。

▶トピック

あるメッセージと、そのメッセージに対する返答メッセージ群からなる一連のやりとりをトピックといいます。フォーラム内には複数のトピックを作成できます。Redmineの**フォーラム**画面で特定のフォーラムをクリックするとトピックの一覧が表示されます。

1つの議論の主題に対して1つのトピックが作成され、そのトピックに返答を追加していくことで議論が進んでいきます。

▶フォーラム

トピック――つまり話題の大分類がフォーラムです。1つのプロジェクト内で複数のフォーラムを作成できます。例えばRedmineの公式サイトでは、Redmineに関する様々な議論を行う「Open discussion」、質問用「Help」、Redmine本体の開発に関する話題を扱う「Development」などのフォーラムが作成されています。

フォーラムはプロジェクトの管理者によって作成されます。

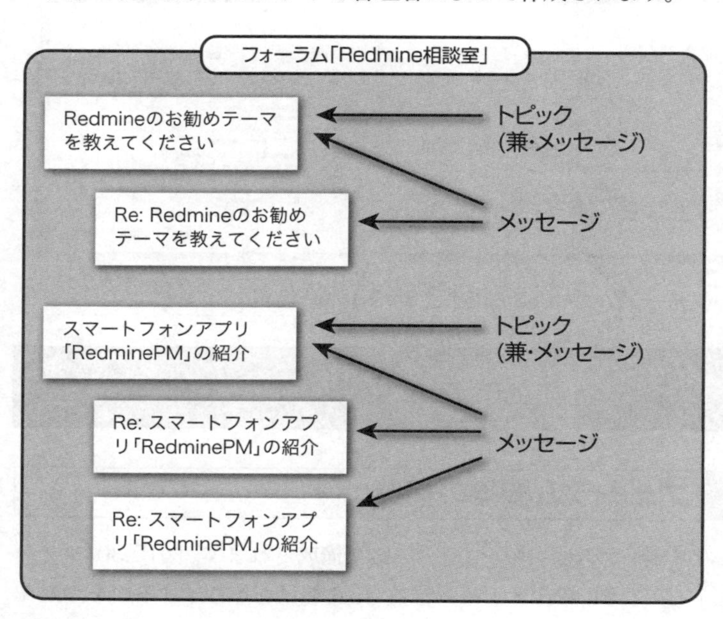

▲ **図10.30** フォーラムの構造(トピック数=2、メッセージ数=5)

10.5.2 新しいフォーラムの作成

新しいフォーラムを作成するには、プロジェクトメニューから**設定**→**フォーラム**を開き、画面左下の**新しいフォーラム**をクリックしてください。**新しいフォーラム**画面が開くので、フォーラムの名称と説明を入力して**作成**をクリックしてください。

図10.31 新しいフォーラムを追加

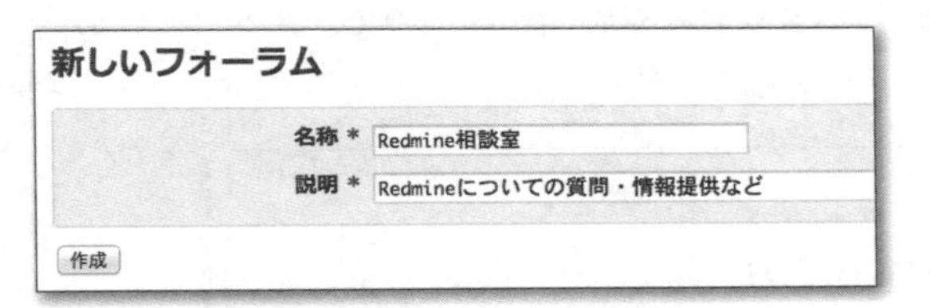

図10.32 「新しいフォーラム」画面

WARNING

フォーラムの作成を行うには「フォーラムの管理」権限が必要です。この権限は通常は「管理者」ロールにのみ割り当てられています。管理者以外のロールで操作できるようにするにはシステム管理者に権限の割り当てを依頼してください。権限の割り当ての確認や変更は「管理」→「ロールと権限」→「権限レポート」で行えます。

10.5.3 トピックの作成

トピックとは、フォーラムのメッセージのうち、ほかのメッセージへの返答でないもの――つまり議論の始まりとなるメッセージです。

フォーラムで新しい話題を開始するにはトピックを作成します。1つのトピックに複数の話題が混在すると話の流れを追うのが難しくなるので、1つの話題ごとに1つのトピックを作成するようにしてください。

▶トピックを作成するフォーラムを開く

プロジェクトメニューの**フォーラム**をクリックするとフォーラムの一覧が表示されます。その中からトピックを作成したいフォーラム名をクリックしてください。

概要 活動 チケット 新しいチケット ガントチャート カレンダー ニュース 文書 Wiki フォーラム ファイル 設定

フォーラム　トピックを作成するフォーラムをクリック

フォーラム	トピック	メッセージ	最新のメッセージ
Redmine相談室 Redmineについての質問・情報提供など	0	0	
インフラ運用フリートーク サーバやネットワークの運用についての話題	0	0	

▲ **図10.33** トピックを作成するフォーラムを開く

▶新しいメッセージを作成する

フォーラム内のトピックの一覧が表示される画面で**新しいメッセージ**をクリックしてくだださい。**新しいメッセージ**画面が開くので、メッセージの内容を入力し**作成**ボタンをクリックしてください。

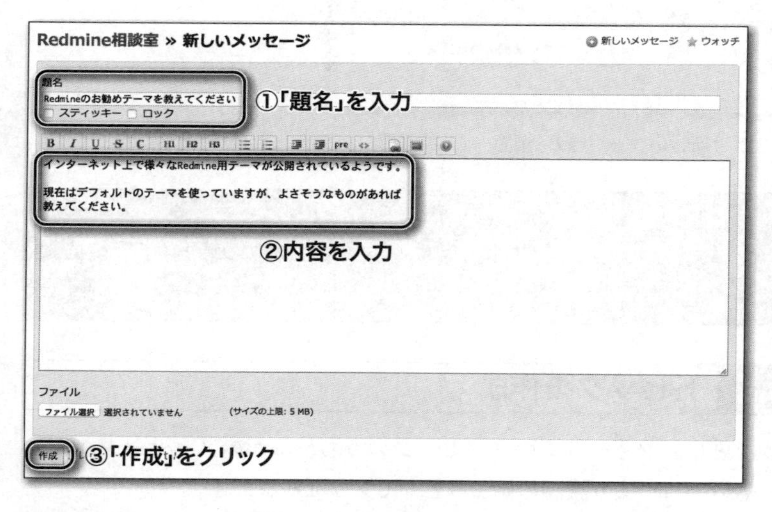

▲ **図10.34** フォーラム内で新しいメッセージ(トピック)を作成

▼ 表10.3 トピックを追加する際の入力項目

名称	説明
スティッキー	ONにすると、トピック一覧の中で常に上に表示されますトピックが埋もれて目立たなくなるのを防ぐことができます。全員に注目して欲しい重要な内容のトピックに対して使用します。
ロック	ONにすると、このトピックに返答メッセージを追加できなくなります。
内容	議論・質問など、メッセージの内容を入力します。
ファイル	必要に応じてメッセージにファイルを添付することができます。

WARNING
トピックで「スティッキー」「ロック」の設定を行うには「メッセージの編集」権限が必要です。この権限は通常は「管理者」ロールにのみ割り当てられています。管理者以外のロールで操作できるようにするにはシステム管理者に権限の割り当てを依頼してください。権限の割り当ての確認や変更は「管理」→「ロールと権限」→「権限レポート」で行えます。

10.5.4 トピックの表示

フォーラム画面のトピックの一覧の中から表示したいトピックをクリックして開くとトピックと返答されたメッセージが表示され、これまでの議論の内容を確認できます。

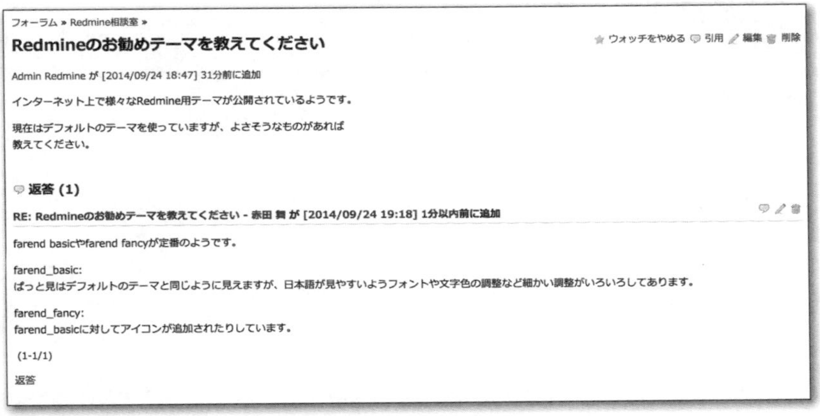

▲ 図10.35 トピックを開いた状態

10.5.5 トピックへのメッセージの追加(返答)

トピックを表示した状態で**返答**を行うと、トピックに対して返答メッセージを追加することができます。トピックに返答メッセージを追加していくことで議論を進めます。

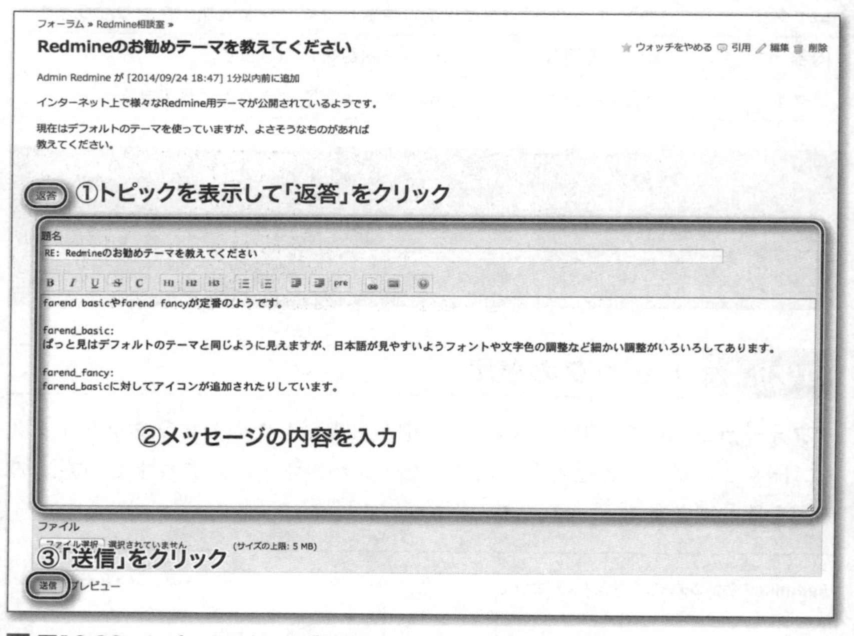

▲ **図10.36** トピックに対して「返答」でメッセージを追加

Chapter 11

こんなときどうする？便利な機能を使いこなす

Redmineをより使いこなすための、便利な機能・お役立ち情報を紹介します。

11.1 アクセスキーを使って快適に操作する

Redmineの一部の機能にはアクセスキーが割り当てられていて、マウスを使わずキーボードだけで操作できます。

このうち特に便利なのがpとnです。フィルタで絞り込まれたチケットのうちの1件を表示しているとき、画面右上の**« 前や次 »**をマウスでクリックしなくてもキー操作だけで前後のチケットに移動でき、たくさんのチケットを次々と参照するときに素早く操作できます。

▼ 表11.1 Redmineで利用できるアクセスキー一覧

キー	動作
e	編集（チケット、Wiki）
r	入力中のチケットやWikiページのプレビュー
f	検索ボックスにカーソルを移動
4	検索画面に移動
7	「新しいチケット」画面に移動
p	前のチケットまたはページへ移動
n	次のチケット・ページへ移動

実際に使用するときには、使用しているWebブラウザごとに決まっている修飾キーを組み合わせて使います。

ここでは、次のWebブラウザにおけるアクセスキーを紹介します。

- Windows版Chrome
- Windows版Firefox
- Microsoft Edge
- macOS版Chrome / Firefox / Safari

▶Windows版Chrome

▼ **表11.2** Windows版Chromeで利用できるアクセスキー一覧

キー	動作
Alt + Shift + e	編集(チケット、Wiki)
Alt + r	入力中のチケットやWikiページのプレビュー
Alt + Shift + f	検索ボックスにカーソルを移動
Alt + 4	検索画面に移動
Alt + 7	「新しいチケット」画面に移動
Alt + p	前のチケットまたはページへ移動
Alt + n	次のチケットまたはページへ移動

▶Windows版 Firefox

▼ **表11.3** Windows版Firefoxで利用できるアクセスキー一覧

キー	動作
Alt + Shift + e	編集(チケット、Wiki)
Alt + Shift + r	入力中のチケットやWikiページのプレビュー
Alt + Shift + f	検索ボックスにカーソルを移動
Alt + Shift + 4	検索画面に移動
Alt + Shift + 7	「新しいチケット」画面に移動
Alt + Shift + p	前のチケットまたはページへ移動
Alt + Shift + n	次のチケットまたはページへ移動

▶Microsoft Edge

▼ **表11.4** Microsoft Edgeで利用できるアクセスキー一覧

キー	動作
Alt + e	編集(チケット、Wiki)
Alt + r	入力中のチケットやWikiページのプレビュー
Alt + f	検索ボックスにカーソルを移動
Alt + 4	検索画面に移動
(使用不可)	「新しいチケット」画面に移動
Alt + p	前のチケットまたはページへ移動
Alt + n	次のチケットまたはページへ移動

▶macOS版 Chrome / Firefox / Safari

表11.5 macOS上の各ブラウザで利用できるアクセスキー

キー	動作
Ctrl + Opt + e	編集（チケット、Wiki）
Ctrl + Opt + r	入力中のチケットやWikiページのプレビュー
Ctrl + Opt + f	検索ボックスにカーソルを移動
Ctrl + Opt + 4	検索画面に移動
Ctrl + Opt + 7	「新しいチケット」画面に移動
Ctrl + Opt + p	前のチケットまたはページへ移動
Ctrl + Opt + n	次のチケットまたはページへ移動

WARNING

macOS版Firefoxではテキストボックスにフォーカスがある状態だとCtrl＋Opt＋f（プレビュー）／Ctrl＋Opt＋4（検索画面に移動）／Ctrl＋Opt＋7（新しいチケット）は利用できません。

11.2 スマートフォンとタブレット端末から利用する

Redmineはスマートフォンやタブレット端末からも利用できます。ディスプレイが小さな機器向けの画面をRedmineが標準で用意しているほか、フリーのアプリも利用できます。

11.2.1 Redmine標準のレスポンシブレイアウトによる対応

Redmineは標準でレスポンシブレイアウトに対応しています。スマートフォンやタブレット端末からアクセスすると自動的に専用の画面レイアウトに切り替わり、小さなディスプレイでも見やすく表示されます。

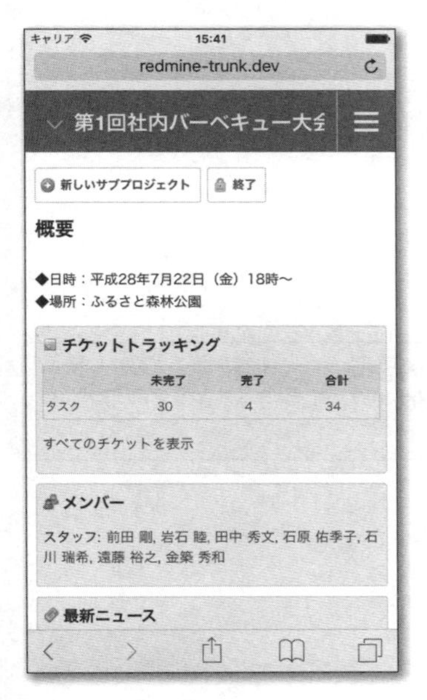

図11.1 スマートフォン向けのプロジェクトの「概要」画面

11.2.2 iPhone/iPad/Android対応アプリ「RedminePM」の利用

株式会社プロジェクト・モードが開発している「RedminePM」はiOS（iPadとiPhone）とAndroidで動作するRedmineのクライアントアプリです。チケットの操作に特化しているためシンプルで使いやすいのが特長です。ネイティブアプリなので、Webブラウザでレスポンシブレイアウトの画面にアクセスするよりも軽快に操作できるのも大きなメリットです。

▲ 図11.2 RedminePMの画面

NOTE

RedminePMを利用するには「管理」→「設定」→「API」画面で「RESTによるWebサービスを有効にする」をONにしてください。この設定の詳細は13.1.1「REST APIの有効化とAPIアクセスキー」で解説しています。

11.3 通知メールの件数を減らす

Redmineにはメール通知機能があり、チケットの作成・更新などを行うと関係者にメールが届きます。必要不可欠な機能ではありますが、活発なプロジェクト、参加者が多いプロジェクトでは届くメールが多すぎると感じることもあります。関心の対象ではないメールが頻繁に届くと次第にRedmineからのメールが煩わしくなり、Redmineからのメールは読まずに削除することが常態化してしまう恐れがあります。

メールが多すぎると感じるときは、設定を見直してメールの量を抑制することを検討してください。

11.3.1 個人設定の見直し

個人設定画面の**メール通知**グループボックス内で、ユーザーが受け取るメール通知の対象を変更できます。

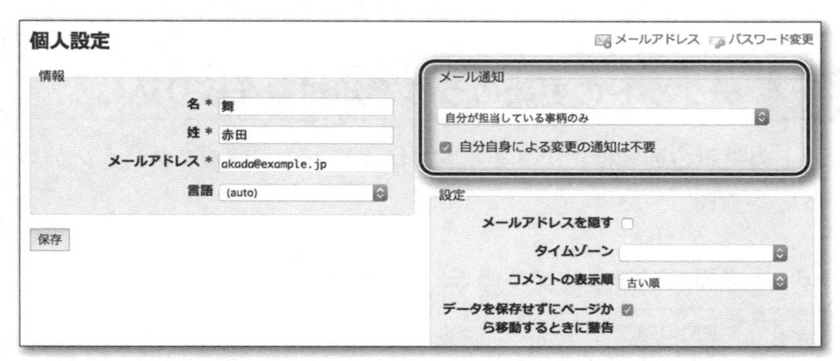

▲ 図11.3 個人設定画面での通知メールに関する設定

▶自分が作成したチケットに関する通知を行わないようにする

メール通知設定のデフォルトは**ウォッチまたは関係している事柄のみ**で、チケットについては次の条件に該当する更新が通知されます。

- 自分が作成したチケットの更新
- 自分が担当しているチケットの更新
- 自分がウォッチしているチケットの更新

設定を**自分が担当している事柄のみ**に変更すると、上記のうち自分が作成したチケットの更新については通知されなくなります。自分が作成したものの担当者は別のメンバーであるチケットについての更新が通知されなくなるので、ほかのメンバーが担当するチケットを作成することが多い場合は通知メールの件数を減らせます。

▶チケットを更新したのが自分であれば通知しないようにする

自分自身による変更の通知は不要がOFFになっていると、自分自身の操作で発生した更新についてもメールが届きます。

普通は自分が直前に行った操作は把握できているのでメールで通知を受ける必要性は低く、この機能はONにしても支障がないことが多いでしょう。

11.3.2 チケットの更新のうち通知対象を絞り込む

チケットの更新の通知は、デフォルトでは表11.6に挙げるアクションが対象になっています。

▼**表11.6** メール通知の対象となっているチケットの更新

通知対象	・注記の追加 ・ステータスの更新 ・担当者の更新 ・優先度の更新

これらのうち、「注記の追加」と「担当者の更新」のみを通知するように設定すれば、注記の入力なしで単にステータスや優先度の変更を行っただけのチケット更新は通知されなくなるので、メール通知の量をかなり減らすことができます。

設定は、**管理→設定→メール通知**画面で次の設定変更を行います。

1. 「チケットの更新」をOFFにする
2. 「注記の追加」と「担当者の更新」をONにする

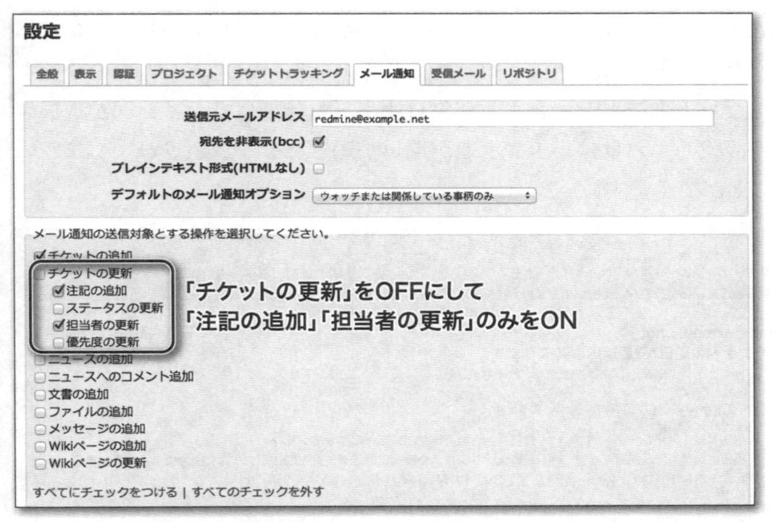

図11.4 通知メールの量を抑えるための管理画面での設定

11.4 期日が迫ったチケットをメールで通知する

Redmineのリマインダと呼ばれる機能を利用すると、自分が担当者になっているチケットのうち、期日が迫っているもの・期日が過ぎたものの一覧をメールで受け取ることができます。毎日決まった時間にリマインダが送信されるよう設定しておけば、チケットが期日が過ぎたまま放置されてしまうのを防ぐことができます。

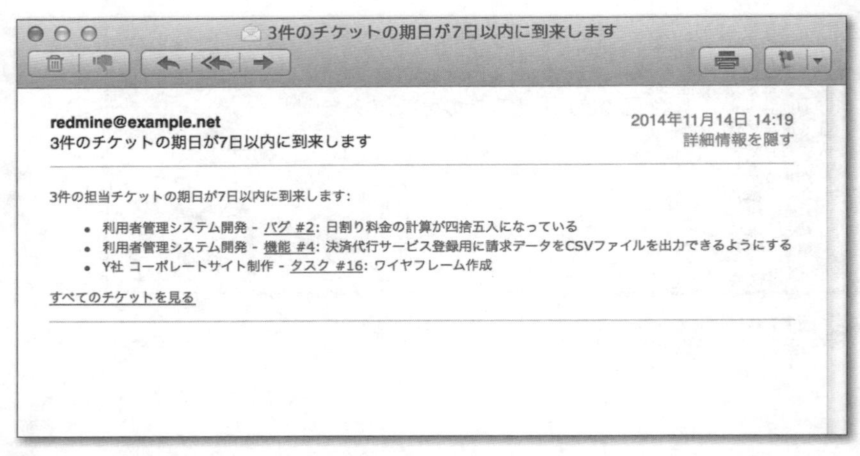

図11.5 リマインダにより送信されるメールの例

リマインダ機能のデフォルトの設定では、期日が7日以内に到来するものと期日が過ぎたものの一覧が送信されます。図11.6のフィルタを全プロジェクトに対して適用したチケットの一覧と同等です。

図11.6 リマインダで通知されるものと同等のチケット一覧を得るためのフィルタ設定

> **NOTE** リマインダでの通知対象になるのは期日と担当者の両方が設定されているチケットのみです。

11.4.1 リマインダメールの送信方法

リマインダメールは、Redmineのインストールディレクトリで次のコマンドを実行すると送信されます。コマンド実行時にオプションを指定することで通知の対象となるチケットを指定することもできます。

```
bundle exec rake redmine:send_reminders
```

▼ **表11.7** コマンド実行時に指定可能なオプション

名称	説明
days	期日が何日以内のものを通知対象とするか。 デフォルト 7 例 days=3
tracker	通知対象トラッカーのID番号。 デフォルト すべてのトラッカー 例 tracker=1,2
project	通知対象プロジェクトのID番号または識別子。 デフォルト すべてのプロジェクト 例 project=1 project=customerdb
users	通知対象ユーザーのID番号。 デフォルト すべてのユーザー 例 user=10,11,12,20
version	対象バージョンがこのバージョンのチケットのみリマインダの対象とする。 デフォルト すべてのバージョン 例 version=sprint02

NOTE

トラッカー、ユーザー、バージョンのID番号は、それぞれの編集画面を開いたときのURLに含まれる番号で確認できます。次の例ではユーザー「akada」のID番号は3であることがURLよりわかります。

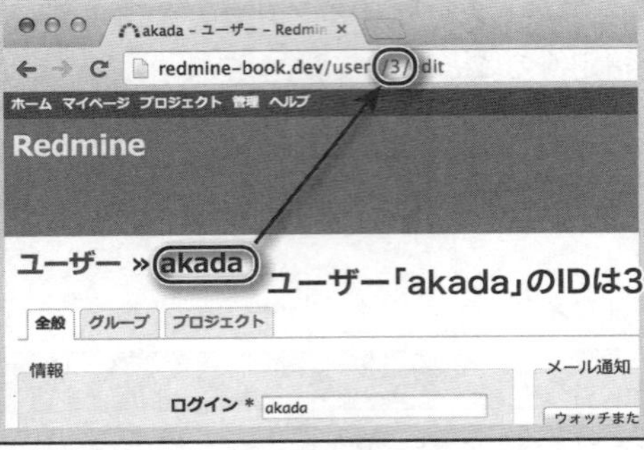

11.4.2 設定例

次の条件を想定した設定例です。

- 毎朝8時にリマインダメールを送信する
- 期日が3日以内に到来するもの、もしくは期限が過ぎたチケットが対象
- RedmineをLinuxサーバで実行していて、インストールディレクトリは/var/lib/redmine

/etc/crontabに次の記述を追加します（実際には途中で改行なしで1行に入力）。

```
0 8 * * * root cd /var/lib/redmine && bundle exec rake redmine:send_
reminders RAILS_ENV=production days=3
```

11.5 権限設定で操作を制限する

Redmineには約60個の権限があり、ユーザーがプロジェクトで行える操作を限定することができます。例えば、**チケットの削除**権限を外してチケットの削除を禁止したり、**子チケットの管理**権限を付与して子チケットの追加を許可したりできます。

11.5.1 権限とロールの関係

Redmineでの権限の付与は「ロール」によって行われており、ユーザーがプロジェクトにおいてどのような権限を持つのかはどのロールのメンバーとしてプロジェクトに参加しているのかで決まります。ロールを変更したり、ロールに付与されている権限を変更することで特定の操作を禁止したり許可したりできます。

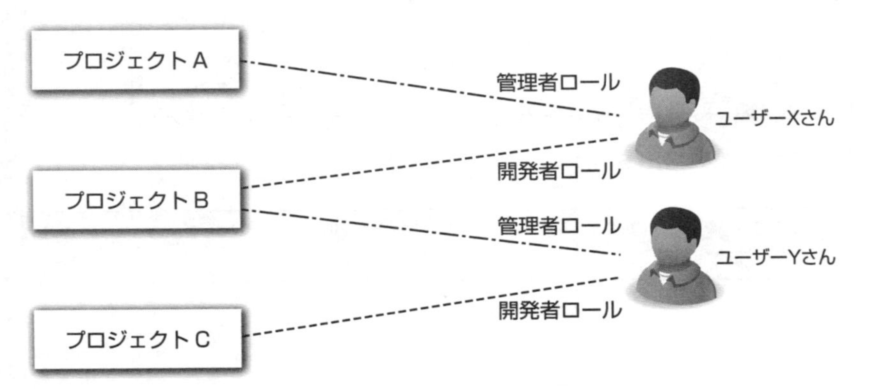

▲ **図11.7** プロジェクトごとに異なるロールを割り当てることで同じユーザーでも権限を変えることができる

NOTE ロールの詳細は6.5節「ロールの設定」で解説しています。また、プロジェクトのメンバーの設定については6.8節「プロジェクトへのメンバーの追加」で解説しています。

11.5.2 権限レポートによる権限割り当ての確認と変更

どの権限がどのロールに割り当てられているのか、**管理→ロールと権限→権限レポート**画面で確認できます。Redmine上のすべての権限とロールの組み合わせを示す表が表示されます(図11.8)。

この画面では現在の割り当て状況の確認に加え、権限の割り当ての変更もできます。

個々のロールに割り当てられた権限の参照・変更はロールの編集画面でもできますが、ほかのロールへの権限割り当て状況も確認しながら作業できる**権限レポート**のほうが便利です。

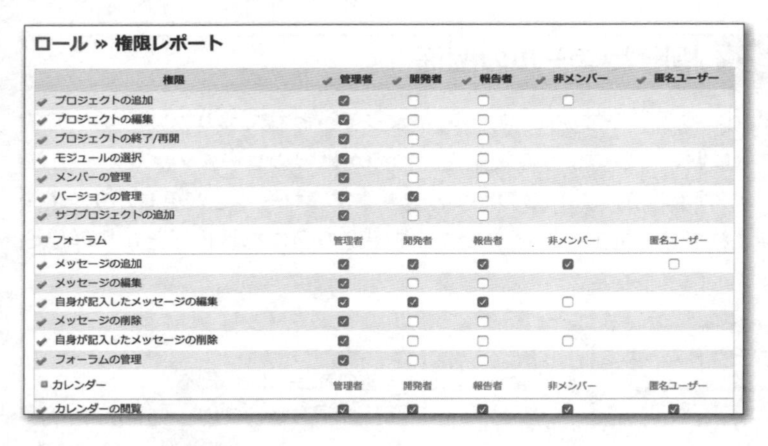
ロール » 権限レポート

権限	管理者	開発者	報告者	非メンバー	匿名ユーザー
プロジェクトの追加	☑	☐	☐	☐	
プロジェクトの編集	☑	☐	☐		
プロジェクトの終了/再開	☑	☐	☐		
モジュールの選択	☑	☐	☐		
メンバーの管理	☑	☐	☐		
バージョンの管理	☑	☑	☐		
サブプロジェクトの追加	☑	☐	☐		
フォーラム	管理者	開発者	報告者	非メンバー	匿名ユーザー
メッセージの追加	☑	☑	☑	☑	☐
メッセージの編集	☑	☐	☐		
自身が記入したメッセージの編集	☑	☑	☑	☐	
メッセージの削除	☑	☐	☐		
自身が記入したメッセージの削除	☑	☐	☐	☐	
フォーラムの管理	☑	☐	☐		
カレンダー	管理者	開発者	報告者	非メンバー	匿名ユーザー
カレンダーの閲覧	☑	☑	☑	☑	☑

▲ **図11.8** 権限レポート

> **NOTE** システム管理者であるユーザーはロールでの権限制御は適用されず、すべての操作が行えます。

11.6 使わないモジュールをOFFにして画面をすっきりさせる

プロジェクトで使う予定のないメニュー項目は非表示にすることができます。

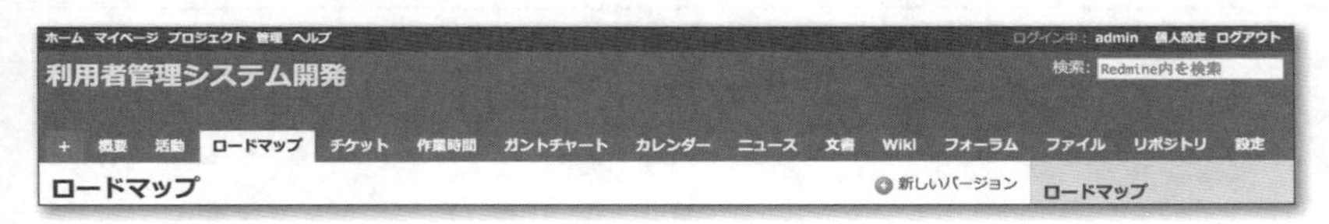

図11.9 すべての項目が表示されたプロジェクトメニュー

図11.10 使用しないモジュールをOFFにして項目を減らしたプロジェクトメニュー

プロジェクトメニューに表示する項目の制御は**設定→モジュール**で行えます。

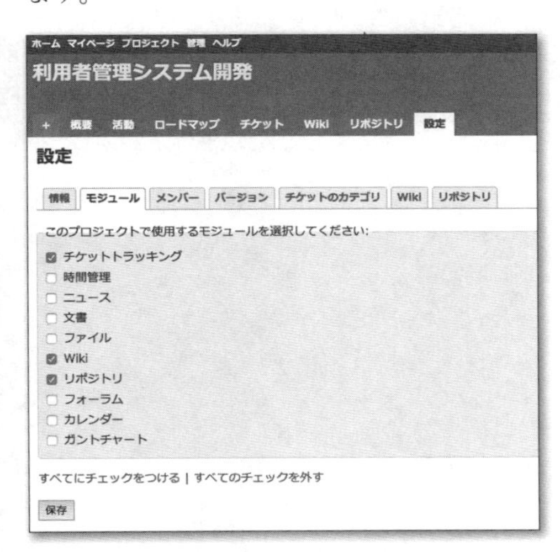

図11.11 使用するモジュールの設定画面

多くの機能が備わっていて汎用的に使えるのはRedmineのメリットの1つですが、プロジェクトメニューに項目がずらりと並んでいると目的の項目を探しにくくなりますし、Redmineにまだ親しんでいない方にとってはどこから手をつけてよいのか分からなくなってしまう可能性もあります。

NOTE

プロジェクトを新規に作成するときのデフォルト設定として常に特定のモジュールを無効にすることもできます。「管理」→「設定」→「プロジェクト」画面の「新規プロジェクトにおいてデフォルトで有効になるモジュール」で設定してください。

11.7 ヘルプを日本語化する

Redmineの画面最上部のトップメニュー内の**ヘルプ**をクリックするとRedmine公式サイトの「Redmine Guide」という英語のWebページが開きます。このリンク先を、非公式の日本語情報サイト「Redmine.JP」上の「Redmine Guide日本語訳」に変更することができます。

日本語化する方法を3つ紹介します。好みの方法を選んでください。

▶方法① Redmineのソースコードを改変

ヘルプのリンク先はlib/redmine/info.rb内のhelp_urlメソッドで定義されています。そこに書かれているURLをhttp://redmine.jp/guide/に書き換えてRedmineを再起動してください。

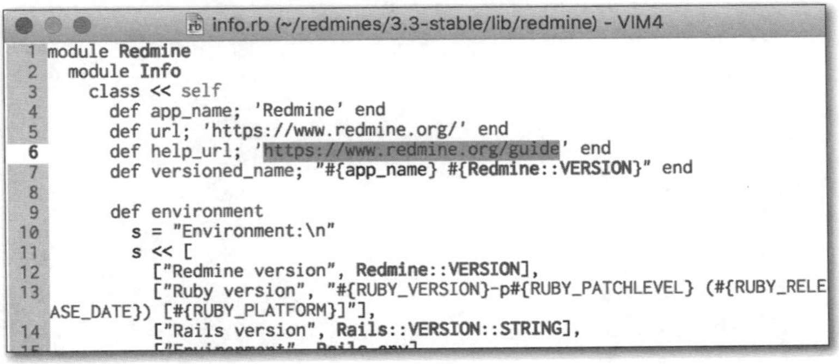

info.rb (~/redmines/3.3-stable/lib/redmine) - VIM4

```
 1 module Redmine
 2   module Info
 3     class << self
 4       def app_name; 'Redmine' end
 5       def url; 'https://www.redmine.org/' end
 6       def help_url; 'https://www.redmine.org/guide' end
 7       def versioned_name; "#{app_name} #{Redmine::VERSION}" end
 8
 9       def environment
10         s = "Environment:\n"
11         s << [
12           ["Redmine version", Redmine::VERSION],
13           ["Ruby version", "#{RUBY_VERSION}-p#{RUBY_PATCHLEVEL} (#{RUBY_RELE
ASE_DATE}) [#{RUBY_PLATFORM}]"],
14           ["Rails version", Rails::VERSION::STRING],
```

▲ 図11.12 lib/redmine/info.rb内の変更対象箇所

▶方法② 「redmine_japanese_help」プラグインをインストール

インターネットで公開されているプラグイン「redmine_japanese_help」をインストールすると、ソースコードを改変せずに方法①と同じ効果を得ることができます。

▼「redmine_japanese_help」プラグインの入手先

https://github.com/suer/redmine_japanese_help

▶方法③ 「farend basic」または「farend fancy」テーマを利用

Redmine用のテーマ「farend basic」または「farend fancy」をインストールすることでも、**ヘルプ**のリンク先が「Redmine Guide日本語訳」に変わります。

▼「farend basic」テーマの入手先

```
https://github.com/farend/redmine_theme_farend_basic
```

▼「farend fancy」テーマの入手先

```
https://github.com/farend/redmine_theme_farend_fancy
```

NOTE テーマの入手やインストール方法については、本書の5.7節「テーマの切り替えによる見やすさの改善」を参照してください。

11.8 プラグインで機能を拡張する

プラグインとはRedmineの機能を拡張するための仕組みです。インターネット上で配布されているプラグイン、企業が販売するプラグイン、自分で開発したプラグインをインストールすることで、Redmine本体の機能を拡張したり、新たな機能を追加することができます。

Redmineを独自にカスタマイズしたい場合もプラグインを利用します。Redmine本体のソースコードを直接改変することを極力避けてプラグインとして実装することによりカスタマイズのためのコードがプラグインに集約され、Redmineの新バージョンへの追従など将来のメンテナンスがやりやすくなります。

11.8.1 プラグインの入手方法

プラグインはインターネットで公開されているものを入手したり、企業が販売しているものを購入したりできます。

▶入手方法①　Plugin Directoryで探す

Redmine公式サイトのPlugin Directoryには2016年11月時点で約780個のプラグインが掲載されています。情報はプラグイン開発者が自由に登録できます。

▼ redmine公式サイトのPlugin Directory

http://www.redmine.org/plugins

ただ、GitHubGitHubなどで公開するだけでPlugins Directoryには登録しない開発者も多く、ここで検索できるのは公開されているプラグインのごく一部です。

▶入手方法②　企業が販売するものを購入する

プラグインはオープンソースのものだけではなく企業が販売する商用のものもあります。高度な機能を提供するものが多く、またRedmineのバージョンアップへの追従などのサポートが受けられるのも魅力です。

商用プラグインの例として、株式会社アジャイルウェアの「Lychee Gantt Chart」を紹介します。これはRedmineのガントチャートを大幅に操作性を向上させたものに置き換えるプラグインで、ガントチャート上でのチケット編集やドラッグ動作による開始日・期日変更などが行えます。通常のRedmineはチケットの一覧を起点に情報の更新を行いますが、Lychee Gantt Chartを導入した環境ではガントチャートを起点に操作でき、Redmineを使うときの考え方が大きく変わります。

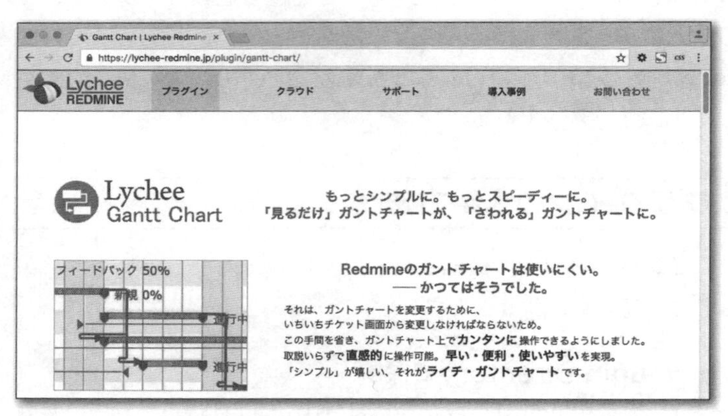

図11.13　ガントチャートを拡張する商用プラグイン「Lychee Gantt Chart」のWebサイト

11.8.2 プラグインの例

インターネットで公開されているプラグインの中から一部を紹介します。

▶Code Review

http://www.r-labs.org/projects/r-labs/wiki/Code_Review

Redmine上でのコードレビューを支援します。

リビジョンや差分にレビューを書くことができます。書き込んだレビューはチケットとして起票されるので、レビューを書きっぱなしではなく、そのレビューへの対応も記録・追跡できます。

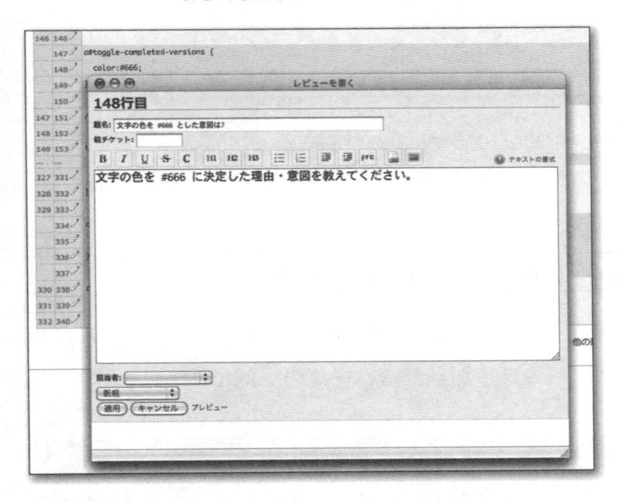

▲ 図11.14 リポジトリ画面でレビューの追加

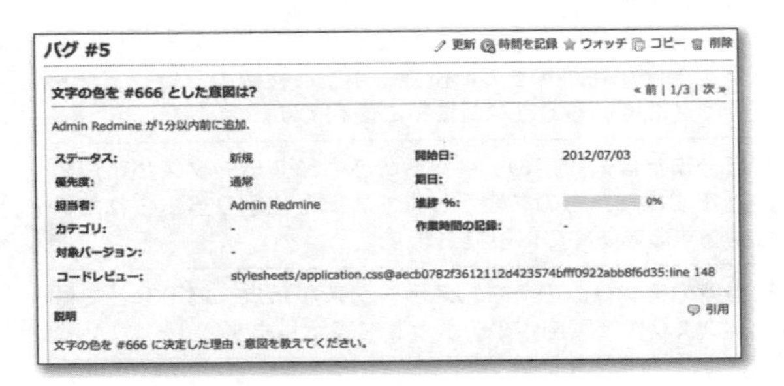

▲ 図11.15 書き込んだレビューに対応するチケットが作成される

11 こんなときどうする? 便利な機能を使いこなす

▶Default Custom Query

https://github.com/hidakatsuya/redmine_default_custom_query

通常のRedmineは**チケット**画面を開くと未完了のチケットが一覧表示されますが、このプラグインをインストールすると指定したカスタムクエリが適用された状態とすることができます。

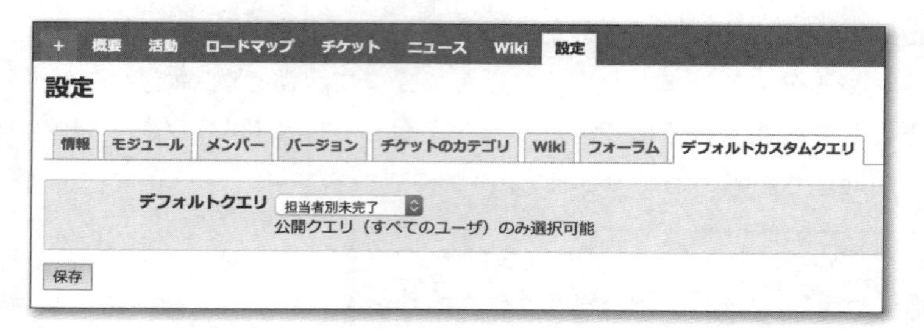

▲ 図11.16　Default Custom Queryプラグインの設定画面

▶My Page Blocks

http://blog.redmine.jp/articles/my-page-blocks-plugin/

マイページ画面に新たなパーツを追加します。マイページ画面をより便利に活用できます。次に挙げるのは追加されるパーツの一例です。

追加されるパーツ	説明
優先チケット	自分が担当している全プロジェクトのチケットのうち、優先度が高いもの、期限が超過しているもの、期限がまもなく到来するものなど、優先して処理すべきチケットを表示します。 多数のチケットが自分に割り当てられているとき、どのチケットから作業着手すべきか判断するのに役立ちます。複数のプロジェクトを同時並行で進めているときなどに特に便利です。
新着チケット	担当者が自分または未設定のチケットのうち、ステータスが新規のもので最近作成されたものを表示します。新たに割り当てられたチケットを見逃すのを防ぐのに役立ちます。
作業中チケット	自分が担当者のチケットのうち、ステータスが新規、終了などではないもの、つまり作業実施中のチケットを表示します。

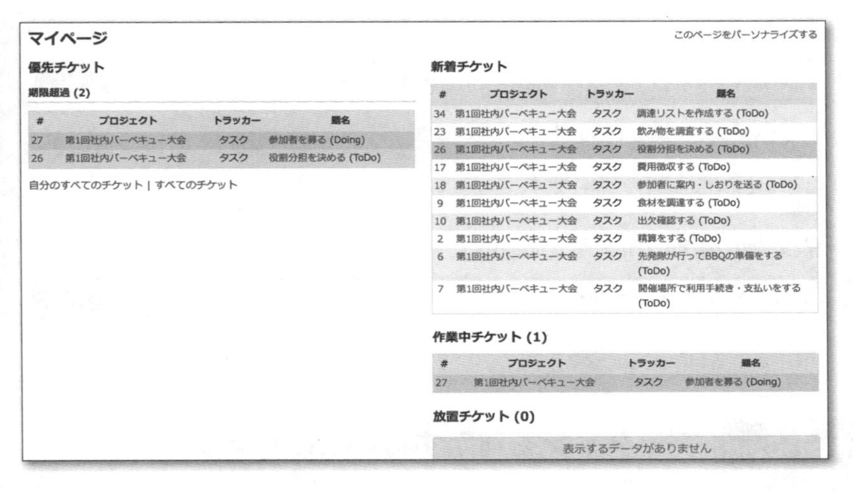

▲ 図11.17 「My Page Blocks」により追加されるパーツを使った「マイページ」画面

11.8.3 プラグインの開発

Ruby on Railsでの開発経験があれば、自分でプラグインを作ることはそこまでハードルは高くありません。プラグイン開発に関するインターネット上の情報を紹介します。

▶Plugin Tutorial

http://www.redmine.org/wiki/redmine/Plugin_Tutorial 英 語

http://redmine.jp/guide/Plugin_Tutorial/ 日本語

プラグイン開発の一通りの手順を解説したチュートリアルです。プラグイン開発の手順が知りたければまずはこのチュートリアルを試してみましょう。

▶Plugin Internals

http://www.redmine.org/wiki/redmine/Plugin_Internals 英 語

Redmine本体の機能の拡張・差し替え方法などプラグイン開発のための技術情報が掲載されています。

▶Redmine plugin hooks

http://www.redmine.org/wiki/redmine/Hooks 英 語

Redmine本体のコントローラやモデルの拡張、既存画面への情報追加を行うためのHook APIの説明です。

▶Redmine plugin hooks list

http://www.redmine.org/wiki/redmine/Hooks_List 英 語

利用できるHookの一覧です。

11.8.4 プラグインを利用することのリスク

標準のRedmineにはない機能を追加してくれるプラグインは便利ですが、問題もあります。プラグインをインストールするということは本質的にはRedmineというソフトウェアの改変です。したがって、Redmineのソースコードを改変するのと同様のリスクを抱えることとなります。プラグインのインストールの判断はリスクを理解した上で慎重に行ってください。

▶セキュリティ脆弱性を抱える可能性

プラグインが持つセキュリティ脆弱性により、Redmineが稼働するシステムやRedmineのデータがセキュリティ上の脅威に晒される可能性があります。また、悪意を持った不正なコードがプラグインに含まれている可能性も排除できません。

▶Redmineの動作の安定性やパフォーマンスに影響する可能性

プラグインのコードの品質が悪いと、Redmineの一部機能が正常に動作しなくなったり大量のデータを扱う時のパフォーマンスが悪化するなどの問題が発生する可能性があります。最悪の場合、Redmine上のデータが破壊される可能性もあります。

▶Redmineのバージョンアップに追従できない可能性

Redmine本体がバージョンアップすると、旧バージョン向けに作られたプラグインが動かなくなることがよくあります。作者の多忙などでプラグインの開発が止まっていたりすると、プラグインがバージョンアップできないためにRedmine本体もバージョンアップできないといったことが起こります。

11.9 独自のテーマを作成して画面をカスタマイズする

5.7節「テーマの切り替えによる見やすさの改善」で、テーマを使ってRedmineの画面の見た目を変更できることを解説しました。ここではRedmineのテーマを自分で作る方法を紹介します。

テーマを作るといっても、大幅に画面の見た目を変えるのではなく、ヘッダの色やフォントを変えるなど自分たちのための小さな改善であればそれほどハードルは高くありません。テーマ作成は本質的にはCSSのコーディングであり、例えば画面のある部分の表示をカスタマイズする場合、Redmineの画面のHTMLと既存のテーマのCSSを見比べながら変更すべき箇所を特定し、既存のスタイルを上書きするCSSを記述します。

テーマ作成の手順は、次のURLを参考にしてください。

http://redmine.jp/guide/HowTo_create_a_custom_Redmine_theme/

11.9.1 テーマ作成の例

簡単なテーマの作成を通じて、実際に独自のテーマを作る手順を説明します。作成するのはデフォルトのテーマに対して次の変更を行うテーマです。

- 画面表示のフォント、フォントサイズ、色を変更
- ヘッダの色を変更

▶新しいテーマのためのディレクトリ作成

Redmineのインストールディレクトリのpublic/themes以下に、テーマのためのディレクトリを作成します。ここではexample_themeという名前で作成することにします。

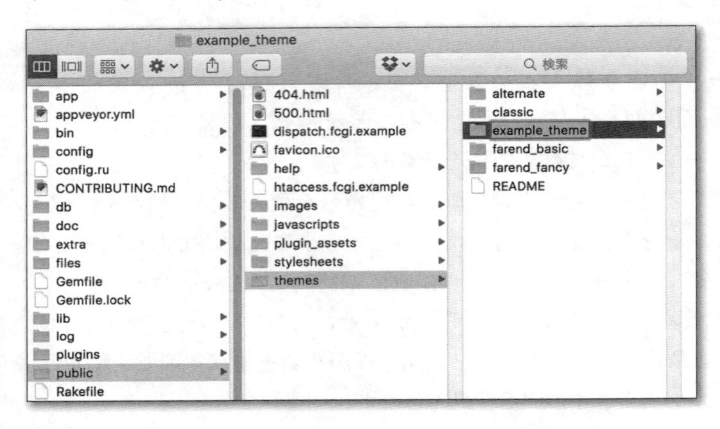

▲ **図11.18** 新しいテーマのディレクトリを作成

▶テーマのディレクトリに「stylesheets/application.css」を作成

テーマのCSSはstylesheets/application.cssというファイルを新たに作成して記述します。

Redmineの画面のためのすべてのCSSを記述するのは記述量が膨大になり大変なので、デフォルトのテーマを読み込んだ上でカスタマイズしたい箇所だけ再定義するための記述を行うのが簡単です。

次の内容でexample_themeディレクトリにstylesheets/application.cssを作成・保存すると、デフォルトのテーマを読み込むだけのテーマ、つまりデフォルトのテーマとまったく同じ表示のテーマができあがります。これにCSSの記述を追加して独自のテーマを作っていくことにします。

▼ public/themes/example_theme/stylesheets/application.css

```
@import url(../../../stylesheets/application.css);
```

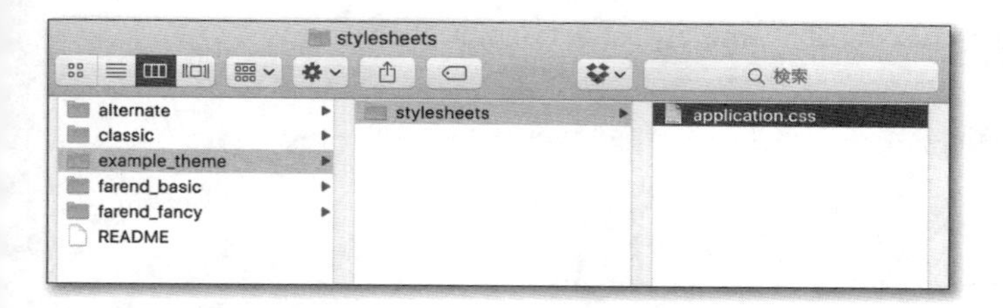

図11.19 application.cssを作成

▶テーマを「Example theme」に切り替える

管理→設定→表示を開き、**テーマ**の選択候補一覧を開くと先ほど作成したExample themeが表示されているはずです。使用するテーマをExample themeに切り替えてみてください。

画面の配色やレイアウトがデフォルトのテーマと同様の表示になるはずです。作成中のExample themeが今のところは問題ないことが確認できます。

▶フォントを変更する

Example themeによる最初の画面変更として、画面のフォントをデフォルトのものから変更してみましょう。

まず、Redmineのインストールディレクトリ直下のpublic/stylesheets/application.cssを参照すると、デフォルトのテーマでは次のように設定されています。

▼ public/stylesheets/application.css

```
body { font-family: Verdana, sans-serif; font-size: 12px; color:#484848;
margin: 0; padding: 0; min-width: 900px; }
```

これを参考にbody要素のCSSを再定義してみます。Example themeのapplication.cssに次の記述を追加してください。これによりデフォルトのbody要素のスタイルが再定義され、メイリオ(Windows)またはヒラギノ角ゴシック(macOS)が使われ、さらに文字が大きめに、色がグレーから黒に近くなります。

▼ public/themes/example_theme/stylesheets/application.css

```
body {
  font-family: Meiryo, "Hiragino Kaku Gothic Pro", Verdana, sans-serif;
  font-size: 13px;
  color: #222;
}
```

▶ヘッダの色を変更する

用途ごとに複数のRedmineを立ち上げている環境では自分がアクセスしているのがどのRedmineなのか分かりにくいことがあります。Redmineごとにヘッダの色をデフォルトのものから変えておけば色で識別でき、取り違えを防ぐことができます。

Redmineの画面のHTMLを見ると、ヘッダ部分に対応するセレクタは`div#header`であることがわかります。Example themeの`application.css`に次の記述を追加するとヘッダが水色に変わります。

▼ public/themes/example_theme/stylesheets/application.css

```
#header {
  background: #6285d9;
}
```

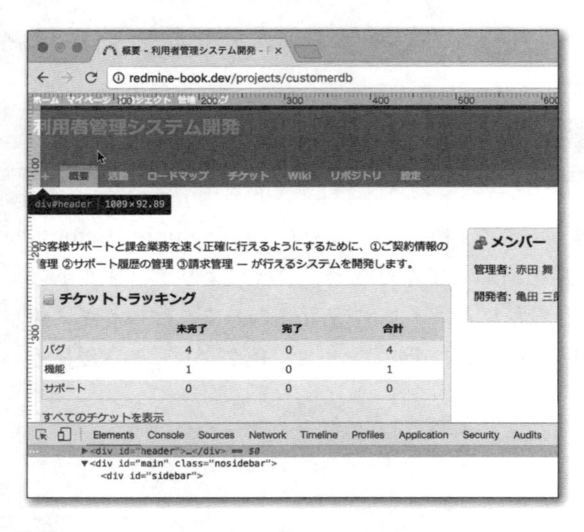

▲ 図11.20　Google ChromeのデベロッパーツールでHTMLを解析しセレクタを特定している様子

▶トップメニューにアイコンを表示させる

組み込みのClassicテーマを使うとトップメニューの「ホーム」「マイページ」「プロジェクト」「管理」「ヘルプ」などの項目の左側にアイコンが表示されます。Example themeでも同様のアイコンを表示するようにしてみましょう。

Example themeのapplication.cssに次の記述を追加するとアイコンが表示されるようになります。これは、Classicテーマに記述されているCSSを一部修正して転記したものです。

▼ public/themes/example_theme/stylesheets/application.css

```
#top-menu a.home, #top-menu a.my-page, #top-menu a.projects, #top-menu
a.administration, #top-menu a.help {
    background-position: 0% 40%;
    background-repeat: no-repeat;
    padding-left: 20px;
    padding-top: 2px;
    padding-bottom: 3px;
}

#top-menu a.home { background-image: url(../../classic/images/home.png); }
#top-menu a.my-page { background-image: url(../../../images/user.png); }
#top-menu a.projects { background-image: url(../../../images/projects.
png); }
#top-menu a.administration { background-image: url(../../classic/images/
wrench.png); }
#top-menu a.help { background-image: url(../../../images/help.png); }
```

▲ 図11.21 アイコンが追加されたトップメニュー

▶Example themeのapplication.cssの全体の確認

これまでの手順でExample themeでは①デフォルトテーマの読み込み、②フォントの変更、③ヘッダ色の変更、④トップメニューへのアイコン追加を行いました。出来上がったapplication.cssは次の通りです。

▼ public/themes/example_theme/stylesheets/application.css

```
@import url(../../../stylesheets/application.css);

body {
  font-family: Meiryo, "Hiragino Kaku Gothic Pro", Verdana, sans-serif;
  font-size: 13px;
  color: #222;
}

#header {
  background: #6285d9;
}

#top-menu a.home, #top-menu a.my-page, #top-menu a.projects, #top-menu
a.administration, #top-menu a.help {
    background-position: 0% 40%;
    background-repeat: no-repeat;
    padding-left: 20px;
    padding-top: 2px;
    padding-bottom: 3px;
}

#top-menu a.home { background-image: url(../../classic/images/home.png); }
#top-menu a.my-page { background-image: url(../../../images/user.png); }
#top-menu a.projects { background-image: url(../../../images/projects.png); }
#top-menu a.administration { background-image: url(../../classic/images/
wrench.png); }
#top-menu a.help { background-image: url(../../../images/help.png); }
```

Redmineのテーマは、以上で見てきたようにCSSの知識さえあれば簡単に作成できます。また、既存のテーマを少し変更するだけであれば数行の記述で済みます。

Chapter 12

バージョン管理システムとの連係

RedmineはGitやSubversionなどのバージョン管理システムと連係して利用することができます。Redmineとバージョン管理システムを連係させると、バージョン管理システム上で管理されているファイルの内容や更新履歴を閲覧したり、Redmineのチケットとソースコードの変更履歴を関連づけて相互参照したりできるようになり、プロジェクトの情報管理基盤としてのRedmineの価値がいっそう高まります。

12.1 バージョン管理システムとは

バージョン管理システムは、ソースコードなどのファイルを、誰が・いつ・どのように変更したのかという履歴とともに管理します。代表的なツールとしてはGitやSubversionなどがあり、ソフトウェア開発やWeb制作などで広く使われています。

バージョン管理システムを利用することで次のようなメリットが享受できます。

▶更新履歴の追跡

変更の履歴がすべて記録されているため、誰が・いつ・どのようにファイルを変更したのか追跡できます。

▶過去の状態に戻れる

記録されている履歴の中から任意の時点のファイルを取り出すことができます。例えば、コードの変更作業に着手したもののいったんその内容を破棄してやり直したい時や、変更後に動作に問題が発生したため取り急ぎ元のバージョンに戻すなどの操作が可能となります。

▶並行作業

ほかの人の更新内容を安全に取り込むマージや、同一ファイルの同一行を別の人も更新した状態であるコンフリクトを検知するなどの仕組みにより、複数の開発者が並行して作業を行うことができます。

現在はGitやSubversionなどのオープンソースかつ高機能なバージョン管理システムが無償で利用可能です。これらはソースコードを扱う業務では欠かせない存在となっています。

12.2 バージョン管理システムとRedmineを連係させるメリット

RedmineはGit、Subversion、Mercurialなど主要なバージョン管理システムとの連係機能を備えています。連係させることで次のような機能が利用できるようになり、システム開発などソースコードを扱うプロジェクトで特に効果を発揮します。

▶チケットとリビジョンの関連づけ

Redmineのチケットとバージョン管理システム上のリビジョン（更新履歴）を相互に関連づけることができます。これにより、チケットに記載されたバグ等に対してどのようにソースコードを変更したのか、逆にソースコードのある変更がどのチケットに基づいて行われたのか追跡できます。

▶リポジトリブラウザ

リポジトリ内のファイルや更新履歴を、バージョン管理システムのコマンドを操作することなく、Redmineの**リポジトリ**画面で参照できます。

> **NOTE** リポジトリとは、バージョン管理システムにおいてソースコードやその更新履歴（リビジョン）を貯蔵しておく場所です。

▲ 図12.1 Redmineのリポジトリブラウザ

12.3 リビジョンとチケットの関連づけ

リビジョンとチケットを相互に関連づけると、Redmineの画面上でチケットから関連するリビジョンをたどったり、逆にリビジョンからRedmineのチケットをたどったりすることができます。具体的には次のことが実現できます。

- バグを報告したチケットの画面に、そのバグを修正したリビジョンへのリンクが表示される。リンクをクリックするとリポジトリブラウザでリビジョンの情報が表示され、修正したファイルや修正内容を確認できる。
- リポジトリブラウザでソースコードの特定のリビジョンを参照すると、関連するチケットへのリンクが表示される。リンクをクリックするとチケットが表示され、なぜそのような修正をおこなったのかが確認できる。

Redmineのチケットとして報告された課題がどのようにソースコードに反映されたのか、ソースコード更新の根拠となった課題は何か、きちんと管理することができます。

12.3.1 関連づけの例

リビジョンとチケットの関連づけの様子を、Redmine公式サイトの実際のチケットを例に見てみましょう。

図12.2で示すRedmine公式サイトのチケット**#17308**[1]は、Redmineの**ワークフロー**画面の用語の修正を筆者が提案したものです。最終的にはRedmine 2.6.0向けの修正として採用されました。

画面右下に**関係しているリビジョン**という表示があり、このチケットに関係するソースコードの修正がリビジョン**13194**で行われたことが分かります。

【1】http://www.redmine.org/issues/17308

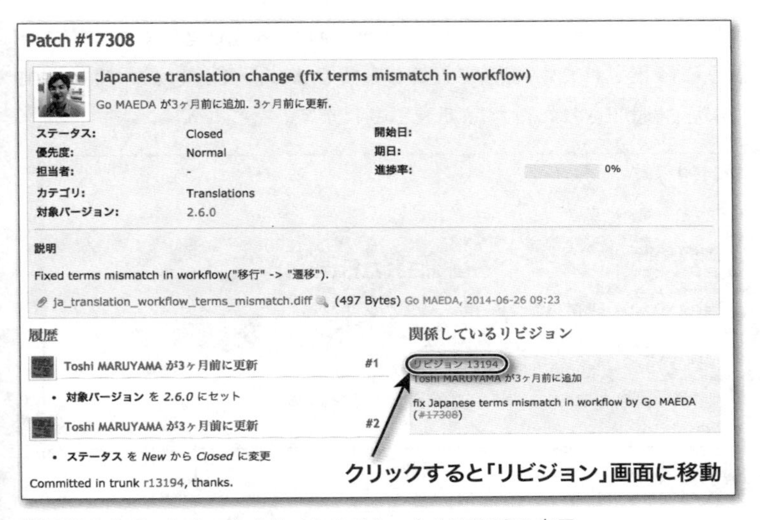

図12.2 Redmine公式サイトのチケット#17308の表示

関係しているリビジョンの中の表示リビジョン 13194をクリックすると、リポジトリブラウザに移動してそのリビジョンの詳細が表示されます。リポジトリブラウザの表示により、チケット#17308に関係して変更されたファイルがtrunk/config/locales/ja.ymlであることが分かります。この画面の**関連するチケット**欄にはチケット#17308へのリンクも表示されていて、リビジョンからソースコードの修正を行う根拠となったチケットを参照することもできます。

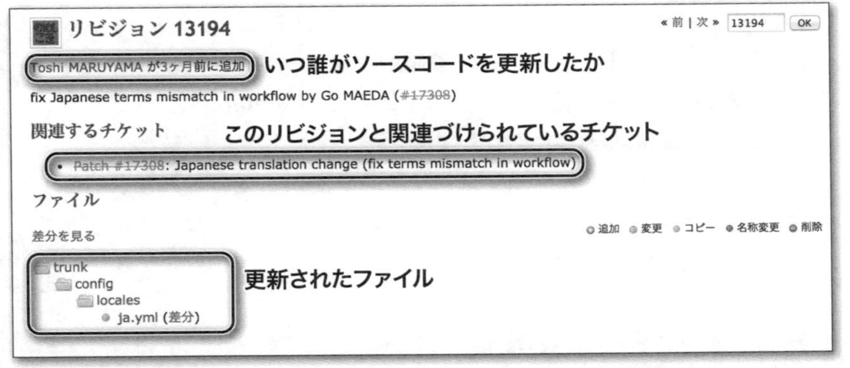

図12.3 チケット#17308にひもづくリビジョン13194の詳細表示

リビジョン画面から差分を表示させ、チケット#17308に関連してソースコードがどのように修正されたか確認することもできます。差分の表示では、削除された行が赤、追加された行が緑で表示されます。

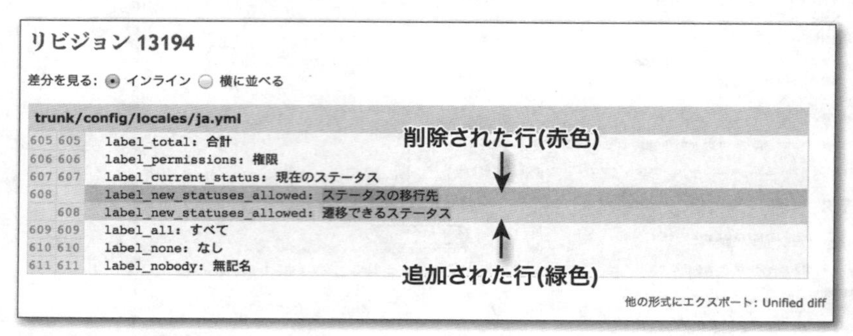

▲ **図12.4** 差分の表示

リビジョンとチケットを関連づけることで、あるチケットに記述された機能追加や修正のために誰がどのようにソースコードを変更したのか、またソースコードのある変更はどのチケットを根拠に行われたのか、容易に追跡できます。ソフトウェアの保守や品質向上に有効です。

12.3.2 リポジトリへのコミットによる関連づけ

バージョン管理システムで、ソースコードの変更をリポジトリへ記録する操作をコミットといいます。コミット時には、変更の概要と理由を記録しておくために、それらを要約してコミットメッセージを記述します。

このとき、コミットメッセージに**参照用キーワード**と呼ばれる特別なキーワードに続いてチケット番号を記述しておくと、Redmine上でリビジョンとチケットが自動的に関連づけられます。

例えばGitクライアントをコマンドラインで使用しているとき、チケット#93に関連づけるようコミットするには次のように実行します。チケット番号の前のrefsが参照用キーワードです。

```
git commit -am 'typo修正 refs #93'
```

デフォルトの設定で使用できる参照用キーワードは**refs**、**references**、**IssueID**の3つです。どれも動作は同じです。**管理→設定→リポジトリ**で任意のものに変更することもできます。

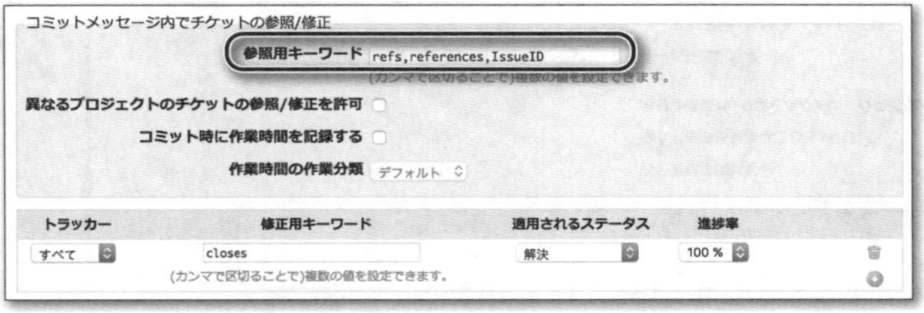

▲ 図12.5 参照用キーワードの設定（「管理」→「設定」→「リポジトリ」）

WARNING

Redmineがコミットの情報を読み込むのは、デフォルトでは誰かが「リポジトリ」画面を開いたタイミングです。読み込みが行われるまでは関連づけは行われません。

NOTE

参照用キーワードに*（アスタリスク）を追加すると、refsなどのキーワードなしでチケット番号のみの記述でも関連づけが行えるようになります（refs #93ではなく単に#93と書いて関連づけができる）。

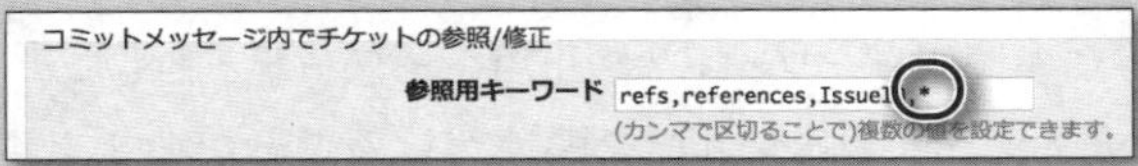

12.3.3 関連づけと同時にチケットのステータスと進捗率を更新

コミットメッセージにチケット番号を書くときに、**参照用キーワード**ではなく**修正用キーワード**を指定すると、リビジョンとチケットを関連づけるだけではなく、チケットのステータスと進捗率を更新できます。

例えば、次のようにコミットメッセージにcloses #93と書くことで、リビジョンとチケットを関連づけると同時にチケットのステータスを「解決」に、進捗率を100%に更新させるといったことが実現できます。

```
git commit -am 'typo修正 closes #93'
```

修正用キーワードはデフォルトでは何も登録されていません。先の例のように関連づけと同時にステータスと進捗率を変更するためには、あらかじめ**管理→設定→リポジトリ**で**修正用キーワード**を登録しておきます。

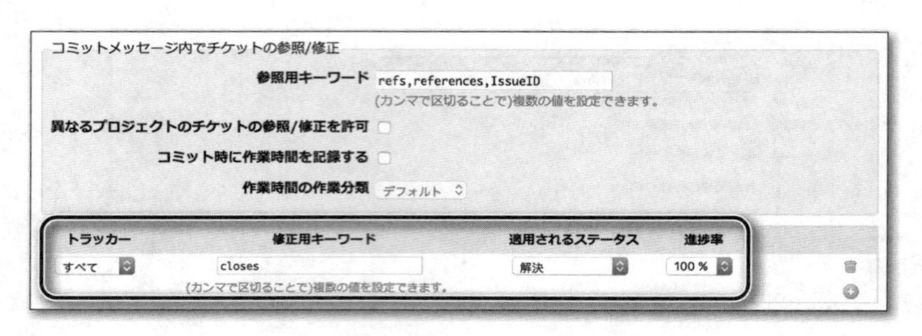

▲ 図12.6 修正用キーワードの設定(「管理」→「設定」→「リポジトリ」)

WARNING

Redmineがコミットの情報を読み込むのは、デフォルトでは誰かが「リポジトリ」画面を開いたタイミングです。読み込みが行われるまではステータスと進捗率の更新は行われません。コミットと同時に読み込みが行われるようにする方法は12.6.3で解説しています。

12.3.4 Redmineの画面での手作業による関連づけ

コミットメッセージに参照用キーワード・修正用キーワードとともにチケット番号を書くことでチケットとリビジョンを関連づけることができますが、Redmineの**リポジトリ**画面からの操作により関連づけを追加・削除することもできます。コミットメッセージにチケット番号を書くのを忘れたり、誤った番号を書いてしまった場合や、あえてコミットメッセージにチケット番号を書かない運用をしたい場合などに利用できます。

NOTE

保守しているソフトウェアが現役で使われている間にRedmineが廃れてしまう可能性はゼロではありません。もし将来Redmineからほかの課題管理システムに乗り換えたとき、コミットメッセージ内のRedmineのチケット番号はすべて無意味なものになってしまうかもしれません。これを避けるために、Redmineのチケット番号をあえて書かないという運用が考えられます。

▶関連づけの追加

リポジトリ画面で対象のリビジョンを開き、**関連するチケット**欄の右側にある**追加**リンクをクリックしてください。チケット番号の入力欄が表示されるので、関連づけたいチケットの番号を入力して**追加**ボタンをクリックしてください。

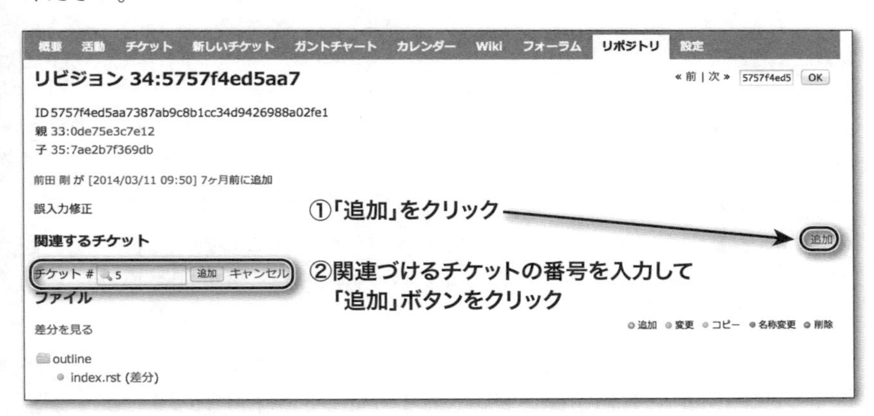

図12.7 「リポジトリ」画面で関連づけを追加

▶関連づけの削除

リポジトリ画面で対象のリビジョンを開き、チケットの右側に表示された関連づけアイコンをクリックしてください。

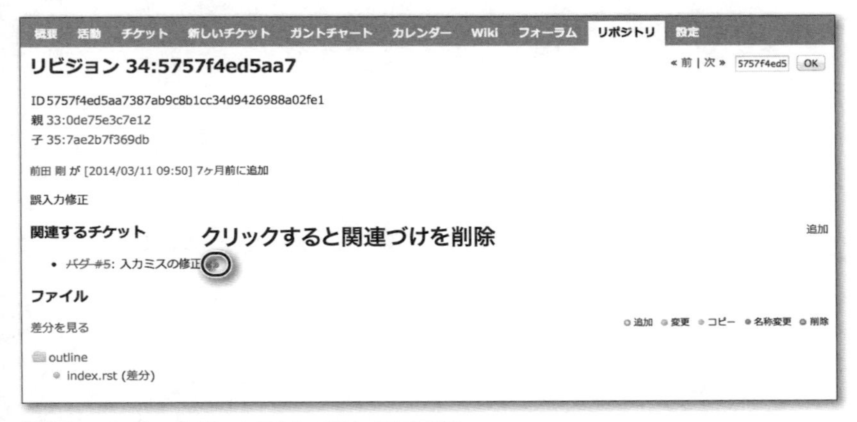

図12.8 「リポジトリ」画面で関連づけを削除

12.4 リポジトリブラウザ

バージョン管理システムでは、ソースコード等のファイルやその変更履歴(リビジョン)はリポジトリと呼ばれる領域に蓄積されます。リポジトリ内のファイルやリビジョンをわかりやすく表示するツールを、一般的にリポジトリブラウザと呼びます。

Redmineはリポジトリブラウザの機能も備えていて、プロジェクトメニューの**リポジトリ**画面がまさにリポジトリブラウザです。この画面を開くとリポジトリ内のファイルの一覧、リビジョンの一覧、リビジョン間の差分などがわかりやすく表示されます。

また、単にリポジトリ内の情報の閲覧にとどまらず、12.3「リビジョンとチケットの関連づけ」で既に説明したようにリポジトリ上のリビジョンとRedmineのチケットの関連づけの状況も表示されます。

NOTE プロジェクトメニューの「リポジトリ」タブはプロジェクトの「設定」→「リポジトリ」で連係対象リポジトリが設定されている場合に表示されます。

▶リポジトリ画面

プロジェクトメニューの「リポジトリ」タブをクリックするとこの画面が表示されます。画面の上半分はリポジトリ内のフォルダ・ファイルの一覧がWindowsのエクスプローラ風に表示されます。画面の下半分を占める「最新リビジョン」には、そのリポジトリにおいて最近コミットされた10件のリビジョンが表示されます。

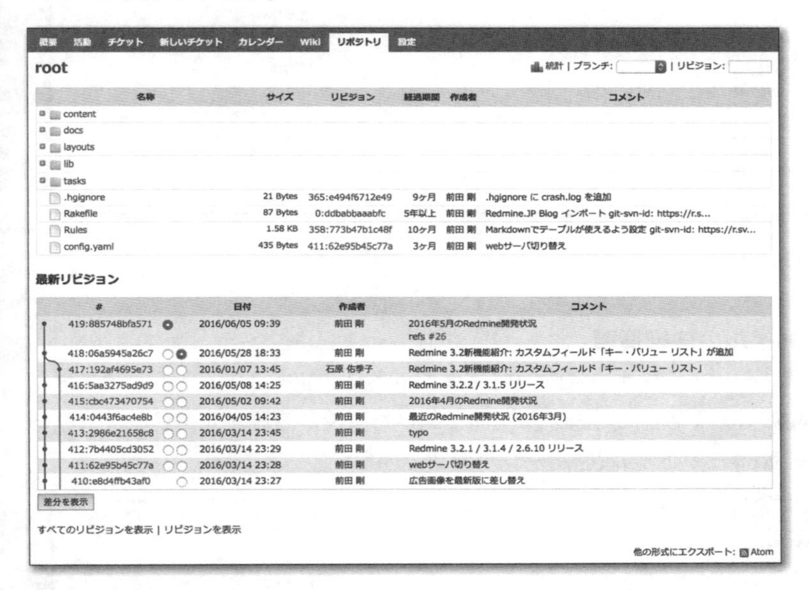

▲ 図12.9 リポジトリ画面

▶リビジョンの表示

リポジトリ画面の**最新リビジョン**に表示されているリビジョン番号をクリックするとリビジョンの詳細情報を確認できます。コミットメッセージ、関連づけられているチケットの一覧、そのリビジョンで追加・変更・削除されたファイルの一覧が表示されます。

この画面で関連するチケットの追加・削除もできます。コミットメッセージ内でチケットを関連づけるための記述を忘れたり、誤って無関係なチケットと関連づけたりしたときに修正できます。

> **NOTE** 関連するチケットを追加・削除する手順は12.3.4「Redmineの画面での手作業による関連づけ」で解説しています。

図12.10　リビジョンの表示

▶ファイルの詳細情報

リポジトリブラウザの各画面でファイル名をクリックすると、そのファイルの詳細情報を確認できます。画面を開いた直後は**履歴**が表示され、これまでの更新(コミット)の履歴が一覧で確認できます。

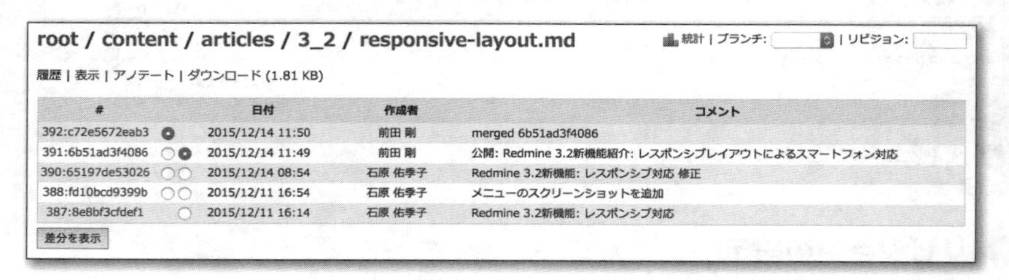

図12.11　ファイルの履歴

この画面にはほかにも**表示**、**アノテート**、**ダウンロード**のリンクがあり、それぞれファイルの内容の閲覧、ファイル内の行ごとの最終更新リビジョン・最終更新者の表示、ファイルのダウンロードが行えます(図12.12～図12.14)。

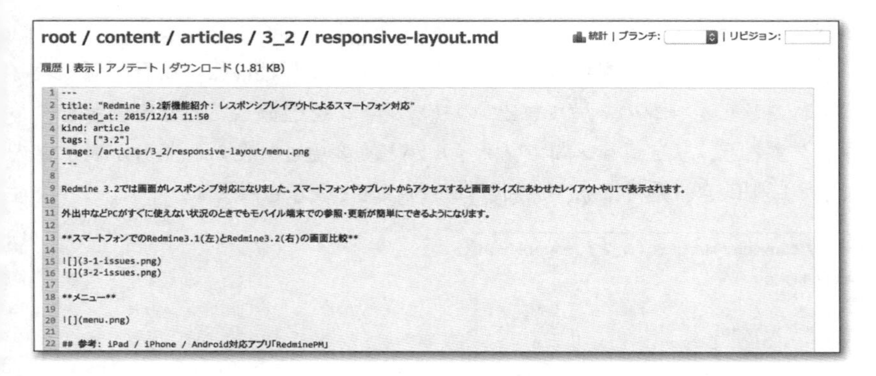

図12.12 「表示」でファイルの内容を表示

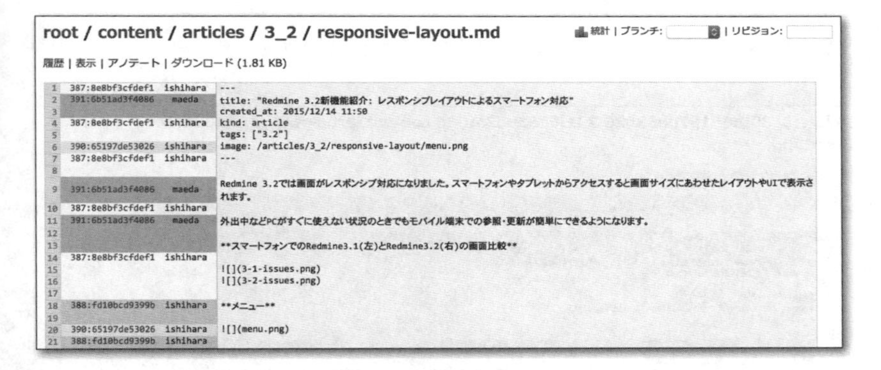

図12.13 「アノテート」で行ごとの最終更新リビジョンと更新者を表示

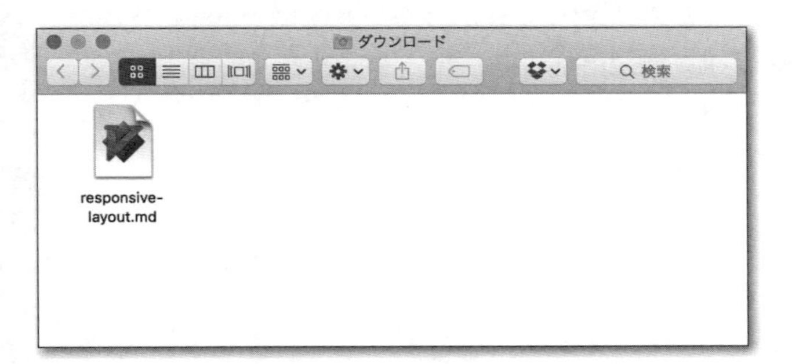

図12.14 「ダウンロード」をクリックするとファイルをダウンロードできる

▶差分の表示

リポジトリ画面下部**最新リビジョン**か、ファイル詳細情報の**履歴**画面で表示されるリビジョンの一覧で、2つのリビジョンを選択して**差分を表示**をクリックすると、リビジョン間でファイルがどう変更されたのか差分が表示されます。削除された行は赤、追加された行は緑で表示されます。

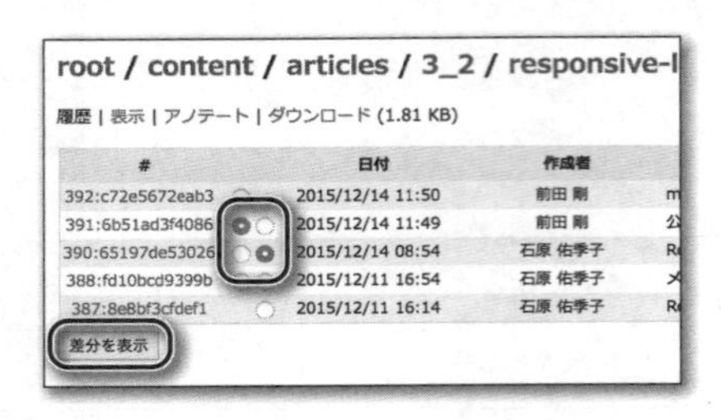

図12.15 2つのリビジョンを選択して「差分を表示」をクリック

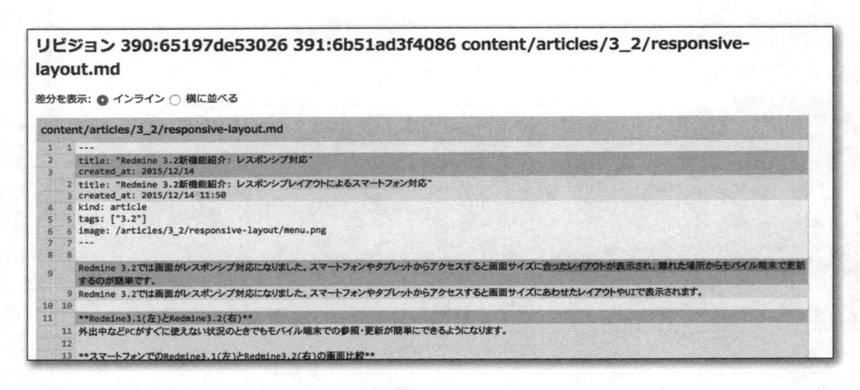

図12.16 リビジョン間の差分の表示

▶リポジトリの統計情報の表示

リポジトリ画面右上に常時表示されている**統計**をクリックすると、リポジトリの更新状況の統計がグラフで表示されます。

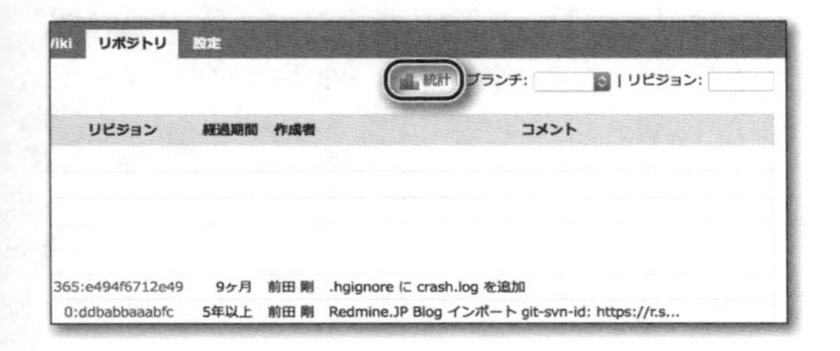

▲ 図12.17 「統計」ボタン

グラフ内には赤のバー(**リビジョン**)と青のバー(**変更**)が描かれます。

- 赤(**リビジョン**):リポジトリに作成されたリビジョンの数、すなわちコミット数を表します。
- 青(**変更**):追加・変更・削除されたファイルの延べ個数を表します。

グラフは**月別のコミット**と**作成者別のコミット**の2つが表示されます。

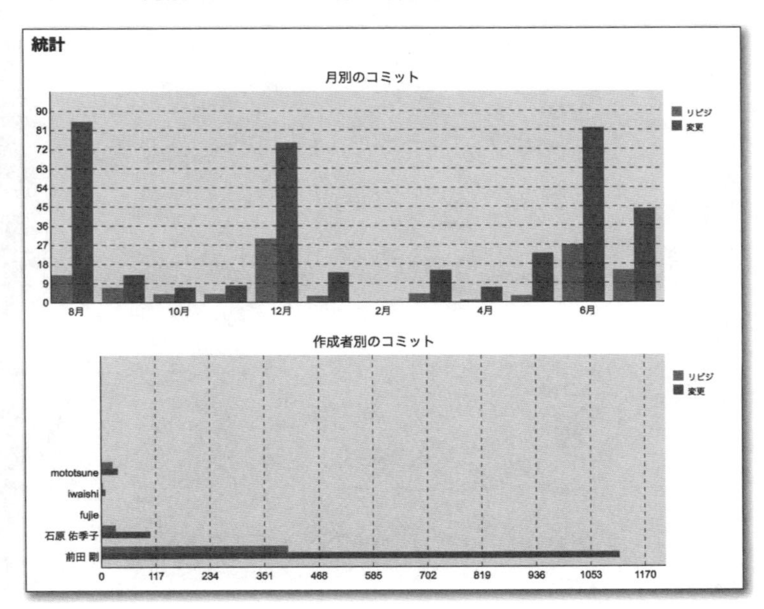

▲ 図12.18 リポジトリの統計情報

月別のコミットには直近12ヶ月間にリポジトリに作成されたリビジョン数と更新されたファイルの延べ個数が月ごとに集計されて表示されます。プロジェクトの時系列での活発さを把握できます。**作成者別のコミット**には全期間においてリポジトリに作成されたリビジョン数と更新されたファイルの延べ個数がユーザーごとに集計されて表示されます。各々のユーザーのプロジェクトへの貢献度を把握できます。

12.5 バージョン管理システムとの連係設定

これまで説明したバージョン管理システムとの連係機能を利用するためには、プロジェクトにおいてリポジトリを参照するための設定を行います。まず、プロジェクトメニューの**設定**→**リポジトリ**を開いて**新しいリポジトリ**をクリックしてください。

▲ 図12.19 「管理」→「設定」→「リポジトリ」

この先の設定は連係対象のリポジトリの種類によって異なります。RedmineはGit、Subversion、Mercurial、CVS、Darcs、Bazaarのリポジトリに対応していますが、本書では利用者が多いと思われるGitとSubvertionの設定手順を説明します。

12.5.1 Gitリポジトリとの連係設定

Redmineは同一サーバ上(Redmineからアクセスできるファイルシステム上)にあるGitのベアリポジトリを参照できます。リモートのリポジトリを直接参照することはできないので、もしGitHubなどなどのリポジトリと連係したい場合はRedmineサーバ上にリポジトリのミラーを作成します。

> **NOTE** Gitのベアリポジトリとは作業ディレクトリを持たないリポジトリで、他のクライアントからクローンやプッシュされる、サーバ用のリポジトリです。ベアリポジトリに対して直接ファイルの変更やコミットを行うことはできません。

Redmineを実行しているサーバと同一のサーバで既にGitの中央リポジトリ(他のリポジトリからのプッシュを受け付けるリポジトリ)を公開している場合、そのリポジトリはベアリポジトリなのでRedmineから参照するよう設定できます。

▶ベアリポジトリの作成

リモートのGitリポジトリをRedmineから参照するためには、Redmineを実行しているサーバ上でそのリポジトリを--mirrorオプション付きでクローンしてベアリポジトリを作成します。次に挙げるのはGitHubで公開されているリポジトリをクローンしてベアリポジトリ/var/lib/gitrepos/redmine_theme_farend_fancy.gitを作成する例です。

▼ GitHubのリポジトリをcloneしてベアリポジトリを作成する操作

```
mkdir /var/lib/gitrepos
cd /var/lib/gitrepos
git clone --mirror https://github.com/farend/redmine_theme_farend_fancy
```

▶リモートリポジトリの更新をベアリポジトリへ反映させる

ベアリポジトリを作っただけでは、リポジトリの内容はずっと作成時点のままでクローン元のリポジトリの更新が反映されません。更新内容を自動的に反映させるために、そのサーバ上でgit fetchを定期的に実行するようにcrontabなどに設定を追加してください。

▼ ベアリポジトリに元のリポジトリの更新を反映する操作

```
git fetch /var/lib/gitrepos/redmine_theme_farend_fancy.git
```

▶Redmineのプロジェクトでの連係設定

ベアリポジトリが準備できたら、Redmineのプロジェクトからリポジトリを参照するための設定を行います。プロジェクトの**設定→リポジトリ**画面で**新しいリポジトリ**をクリックして**新しいリポジトリ**画面を開き、図12.20と表12.1を参考にGitリポジトリを参照するための情報を入力してください。

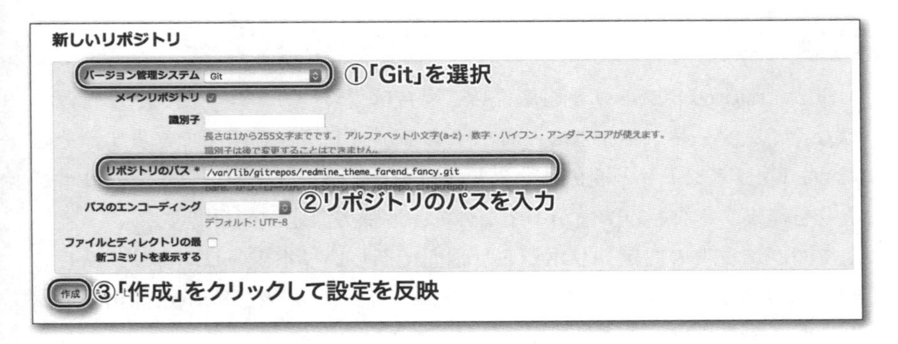

▲ **図12.20** Gitリポジトリとの連係設定

▼ **表12.1** Gitリポジトリとの連係設定

名称	説明
バージョン管理システム	使用するバージョン管理システムです。「Git」を選択してください。
メインリポジトリ	Redmineは1つのプロジェクトで複数のリポジトリを連係対象として設定することもできます。その場合、このチェックボックスをONにしているリポジトリがメインリポジトリとなります。 メインリポジトリは「リポジトリ」画面に表示されるデフォルトのリポジトリとなります。そのほかのリポジトリに表示を切り替えるには、右サイドバーに一覧表示される識別子をクリックしてください。
識別子	1つのプロジェクトで複数のリポジトリを設定している場合、各リポジトリを区別するために「識別子」を入力します。メインリポジトリ以外は識別子が必須です。
リポジトリのパス	ベアリポジトリのフルパスを入力してください。 なお、この項目は登録後は変更できません。変更したいときはプロジェクトの「設定」→「リポジトリ」画面でリポジトリの設定を削除してから再度設定し直してください。
パスのエンコーディング	通常はデフォルトのまま「UTF-8」とします。
ファイルとディレクトリの最新コミットを表示する	OFFの場合、リポジトリブラウザの表示を高速に行うために、「リポジトリ」画面内のファイルの一覧で「名称」と「サイズ」以外の項目(「リビジョン」「経過時間」「作成者」「コメント」)の表示を省略します。デフォルトではOFFです。

12.5.2 Subversionリポジトリとの連係設定

Subversionリポジトリと連係させる場合は、ローカルのリポジトリだけではなくインターネット上などリモートのリポジトリとも連係できます。そのため、Gitリポジトリと連係させるときのように同一サーバ上にミラーリポジトリを作成するなどの準備が不要なので、連係の設定が簡単です。

プロジェクトの**設定→リポジトリ**画面で**新しいリポジトリ**をクリックして**新しいリポジトリ**画面を開き、図12.21と表12.2を参考にSubversionリポジトリを参照するための情報を入力してください。

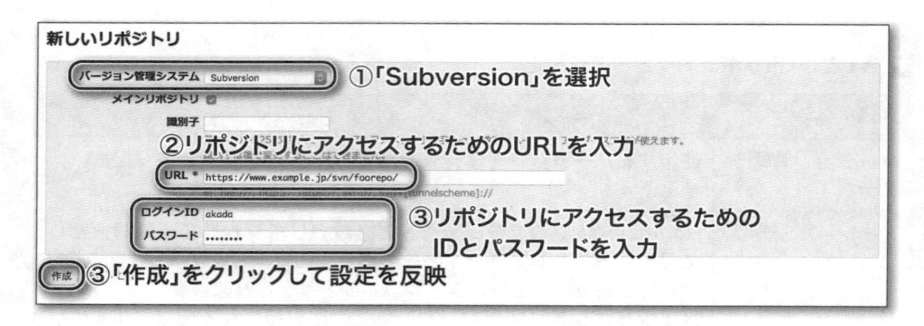

▲ **図12.21**　Subversionリポジトリとの連係設定

▼ **表12.2** Subversionリポジトリとの連係設定

名称	説明
バージョン管理システム	使用するバージョン管理システムです。「Subversion」を選択してください。
メインリポジトリ	Redmineは1つのプロジェクトで複数のリポジトリを連係対象として設定することもできます。その場合、このチェックボックスをONにしているリポジトリがメインリポジトリとなります。 メインリポジトリは「リポジトリ」画面に表示されるデフォルトのリポジトリとなります。そのほかのリポジトリに表示を切り替えるには、右サイドバーに一覧表示される識別子をクリックしてください。
識別子	1つのプロジェクトで複数のリポジトリを設定している場合、各リポジトリを区別するために「識別子」を入力します。メインリポジトリ以外は識別子が必須です。

URL	SubversionリポジトリにアクセスするためのURLです。ローカルのファイルシステム上のリポジトリ、ネットワーク越しにアクセスするリモートのリポジトリ、いずれも利用できます。 なお、この項目は登録後は変更できません。変更したいときはプロジェクトの「設定」→「リポジトリ」画面でリポジトリの設定を削除してから再度設定し直してください。
ログインID・パスワード	リポジトリにアクセスするためのユーザー名とパスワードです。

NOTE

デフォルトではリポジトリのパスワードはRedmineのデータベースに平文で保存されます。暗号化したい場合はRedmineサーバ上の設定ファイルconfig/configuration.yml内のdatabase_cipher_keyで暗号化鍵の設定を行ってください。詳細は14.7.7「データベースに保存するパスワードの暗号化」で解説しています。

12.5.3 連係設定の動作確認とトラブルシューティング

連係設定に問題がないかは、設定後に**リポジトリ**画面を開くことで確認できます。設定が正しければリポジトリ内のディレクトリ・ファイルの一覧やリビジョンの一覧が表示されます。何らかの問題があるときは**リポジトリに、エントリ/リビジョンが存在しません。**というエラーが表示されます。その場合は次の点を確認してみてください。

- リポジトリのURLが正しいか
- リポジトリにアクセスするためのユーザー名またはパスワードが正しいか
- Redmineを実行しているOSのユーザーの環境でsvnやgitなどのバージョン管理システムのコマンドが実行できているか
- ローカルのリポジトリを参照している場合、ファイルシステムのパーミッションに問題はないか。Redmineを実行するOSのユーザーがリポジトリにアクセスすることができるか

また、Redmineのlog/production.logやWebサーバのエラーログに、バージョン管理システムのコマンドが出力したエラーメッセージなど手がかりとなる情報が記録されていることがあります。

NOTE

Redmineの実行環境でgitコマンドやsvnコマンドにパスが通っておらずコマンドを実行できない場合、Redmineサーバ上の設定ファイルconfig/configuration.ymlでコマンドのフルパスを設定することができます。詳細は14.7.4「バージョン管理システムのコマンドの設定」で解説しています。

12.6 より便利にリポジトリを扱うための設定

12.6.1 リポジトリへのコミットと同時に作業時間を記録する

Redmineには工数管理機能があります。チケットに記載された作業を実施するのに要した時間をチケット自体に記録し、**作業時間**画面で明細や集計結果を見ることができます(9.6節「工数管理」参照)。

作業時間は通常はRedmineの画面から入力しますが、リポジトリへのコミット時にコミットメッセージに記入して登録することもできます。

▶コミット時に作業時間を記録するための設定

この機能はデフォルトではOFFなので、利用するためには**管理→設定→リポジトリ**画面を開いて設定を変更してください。**コミット時に作業時間を記録する**をONにして、**作業時間の作業分類**でコミットメッセージ経由で登録された作業時間をどの分類で登録するのか選択します。

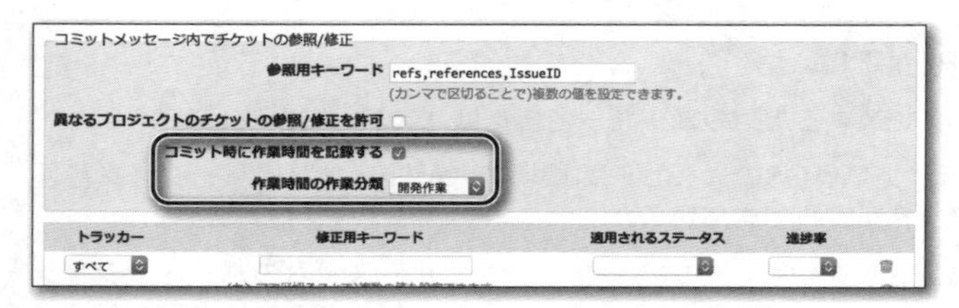

▲ 図12.22　「管理」→「設定」→「リポジトリ」画面で作業時間の記録を有効にする

▶作業時間を記録するためのコミットメッセージの記述

チケットへの関連づけを行う参照用キーワードの後に@とともに作業時間を記述してください。Redmineがコミットを読み込んだタイミングでチケットに作業時間が記録されます。例えば次の記述はチケット#909に1時間30分の作業時間を記録します。

```
git commit -am 'CSSコーディング refs #909 @1:30'
```

NOTE
作業時間の記述で使える形式の一覧は、9.6.1「作業時間の記録」を参照してください。

WARNING
Redmineがコミットの情報を読み込むのは、デフォルトでは誰かが「リポジトリ」画面を開いたタイミングです。読み込みが行われるまではコミットメッセージに記述した作業時間はチケットに記録されません。

12.6.2 リポジトリの情報を定期的に取得する

デフォルトの設定のRedmineは、連係先のリポジトリ内の最新のコミットの情報を、**リポジトリ**画面にアクセスしたタイミングで取得します。

そのため、コミットが多かったりリポジトリが大きかったりすると、情報の取得に時間がかかり、**リポジトリ**画面を開くのに待たされることがあります。また、チケットの表示画面の**関係しているリビジョン**や**活動**画面中のリビジョンの情報も**リポジトリ**画面にアクセスするまで更新されません。この問題を解決する方法の1つは、リポジトリの情報を定期的にバックグラウンドで取得するようサーバを構成することです。

Redmineの**リポジトリ**画面にアクセスせずにサーバ上のコマンドでリポジトリの情報を取得するには、Redmineのインストールディレクトリで次のコマンドを実行してください。各プロジェクトで連係設定を行っているリポジトリにアクセスが行われ、リビジョンの情報の取得が行われます。

```
bundle exec rake redmine:fetch_changesets RAILS_ENV=production
```

このコマンドを/etc/crontabに記述するなどして定期的に実行すれば、**リポジトリ**画面を開かなくてもバックグラウンドで定期的に取得が行われます。次に挙げるのは30分ごとに取得するための/etc/crontabの記述例です。

```
*/30 * * * * root cd Redmineのインストールディレクトリ && bundle exec
rake redmine:fetch_changesets RAILS_ENV=production
```

定期的に取得する設定を行ったら、**管理→設定→リポジトリ**画面で**コミットを自動取得する**をOFFにしてください。この設定変更を行うことで、**リポジトリ**画面を開いたときにリポジトリの情報を自動取得しなくなり、画面を開く速さが改善されます。

12.6.3 リポジトリの情報をコミットと同時に自動的に取得する

リポジトリの更新(例：Subversionリポジトリへのコミット)と同時にRedmineに情報を取得させることもできます。前述の定期的に取得する設定だとリビジョンがRedmineに情報が取り込まれるまでのタイムラグがありますが、この方法だと連係対象のリポジトリが更新されるのと同時に反映されます。

これを実現するには、Redmineの管理画面でリポジトリ管理用APIを有効化するとともに、リポジトリに更新があったときにRedmineのAPIを呼び出すようシステムを構成します。

Redmine側で必要な設定はAPIの有効化です。**管理→設定→リポジトリ**画面を開き、**リポジトリ管理用のWebサービスを有効にする**をONにするとともに、**APIキー**(任意のランダムな文字列)を設定してください。

図12.23 「管理」→「設定」→「リポジトリ」画面内のリポジトリ管理用APIの設定

以上の設定を行うと、次のURLにアクセス(GETリクエスト)が行われたタイミングでRedmineがリポジトリ情報を取得するようになります。あとは、リポジトリに更新があったときに何らかの方法で次のURLへのアクセスが行われるような仕組みを準備すればよいことになります。

```
http://Redmineサーバ名/sys/fetch_changesets?key=APIキー&id=プロジェクト識別子
```

Gitで他のリポジトリをクローンしたベアリポジトリをRedmineから参照している場合はサーバ上で定期的に`git fetch`を実行していることが多いと思いますので、そのタイミングで`curl`コマンドでAPIのURLへのアクセスも行うようにするという方法が考えられます。

Subversionリポジトリの場合は、コミットがあったときに自動的に実行されるフックスクリプト内でAPIのURLにアクセスするよう設定します。具体的には、リポジトリのhooksディレクトリ内に次の内容のファイルをpost-commitという名称で作成してください。スクリプト内のRedmineサーバ名とAPIキーの箇所はご利用の環境にあわせて適宜書き換えてください。

```
#!/bin/sh
REPOS="$1"
REV="$2"

# 以下は実際には改行なしで1行で記述
/usr/bin/curl -s -o /dev/null /dev/null http://Redmineサーバ名/sys/
fetch_changesets?key=APIキー
```


12.6.4 GitHubのリポジトリをミラーせずに参照する(Subversionクライアントサポートの利用)

GitHubは、Gitリポジトリのホスティングを提供するサービスで、近年広く利用されるようになってきています。

RedmineとGitHubのリポジトリを連係させる場合も、通常のGitリポジトリと連係させる場合と同じようにRedmineサーバ上にGitHubのリポジトリをミラーしたベアリポジトリを作成して、Redmineからはそのリポジトリを参照するよう設定します。

ただ、サーバ上でそれらの準備をするのは少々面倒で、サーバ管理者の協力も必要です。もっと簡単にGitHubのリポジトリをRedmineから参照する方法として、GitHubのSubversionクライアントサポート[2]を利用する方法があります。制限はあるものの、Redmineの設定画面の操作だけで連係を実現できます。

▶GitHubのSubversionクライアントサポート

GitHubのSubversionクライアントサポートは、GitHub上のリポジトリにSubversionクライアントでアクセスできるという機能です。TortoiseSVNや

【2】Support for Subversion clients: https://help.github.com/articles/support-for-subversion-clients/

svnコマンドなどによりSubversionのプロトコルでGitHub上のリポジトリにアクセスがあった場合、あたかもGitHubがSubversionサーバであるかのように振る舞います。

Redmineはリモートのsubversionリポジトリとの連係に対応しているので、Redmine側ではGitHubに対してSubversion用の設定を行えば、Redmineサーバ上にベアリポジトリを作成することなく連係を実現できます。

▶設定手順

プロジェクトの**設定**→**リポジトリ**でGitHubのリポジトリのhttps://から始まるURL(末尾の.gitなし)を、SubversionリポジトリのURLとしてRedmineに設定してください。以下の図で例を示します。

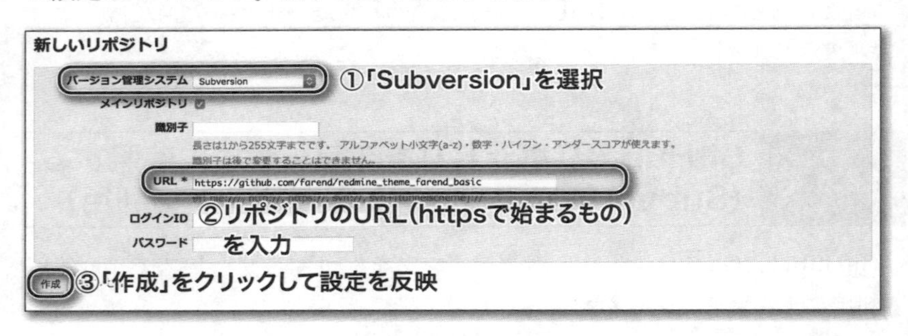

▲ **図12.24**　GitHubのリポジトリのURLをSubversionリポジトリとしてRedmineを設定

▶リポジトリブラウザの表示

リポジトリの読み込みが完了するとRedmineのリポジトリブラウザからは図12.25のように見えます。元のリポジトリの構造やリビジョン番号とは異なる表示となっているので注意が必要です。例えば、Gitのmasterブランチはtrunkディレクトリとして表示されます。ブランチやタグはそれぞれbranchesディレクトリとtagsディレクトリ以下のディレクトリとして表示されます。また、リビジョン番号はGitのハッシュ値のものではなく新たに振り直された整数値が表示されます。

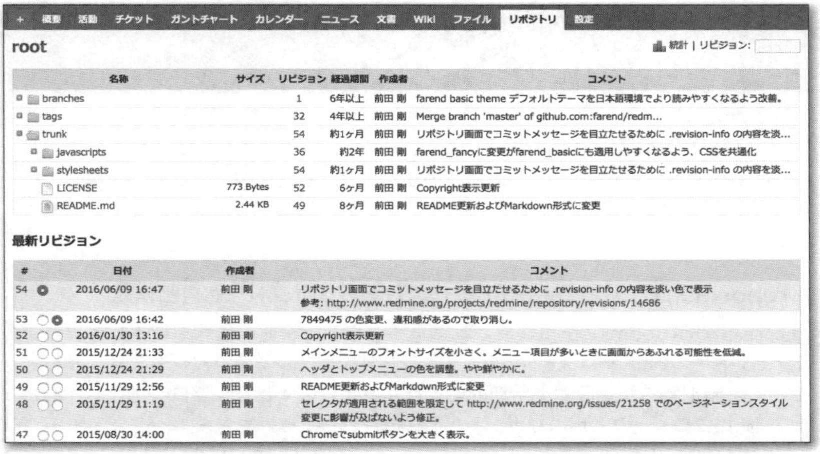

+ 概要 活動 チケット ガントチャート カレンダー ニュース 文書 Wiki ファイル リポジトリ 設定

root

統計 | リビジョン:

名称	サイズ	リビジョン	経過期間	作成者	コメント
branches		1	6年以上	前田 剛	farend basic theme デフォルトテーマを日本語環境でより読みやすくなるよう改善。
tags		32	4年以上	前田 剛	Merge branch 'master' of github.com:farend/redm...
trunk		54	約1ヶ月	前田 剛	リポジトリ画面でコミットメッセージを目立たせるために .revision-info の内容を淡...
javascripts		36	約2年	前田 剛	farend_fancyに変更がfarend_basicにも適用しやすくなるよう、CSSを共通化
stylesheets		54	約1ヶ月	前田 剛	リポジトリ画面でコミットメッセージを目立たせるために .revision-info の内容を淡...
LICENSE	773 Bytes	52	6ヶ月	前田 剛	Copyright表示更新
README.md	2.44 KB	49	8ヶ月	前田 剛	README更新およびMarkdown形式に変更

最新リビジョン

#	日付	作成者	コメント
54	2016/06/09 16:47	前田 剛	リポジトリ画面でコミットメッセージを目立たせるために .revision-info の内容を淡い色で表示 参考: http://www.redmine.org/projects/redmine/repository/revisions/14686
53	2016/06/09 16:42	前田 剛	7849475 の色変更、違和感があるので取り消し。
52	2016/01/30 13:16	前田 剛	Copyright表示更新
51	2015/12/24 21:33	前田 剛	メインメニューのフォントサイズを小さく。メニュー項目が多いときに画面からあふれる可能性を低減。
50	2015/12/24 21:29	前田 剛	ヘッダとトップメニューの色を調整。やや鮮やかに。
49	2015/11/29 12:56	前田 剛	README更新およびMarkdown形式に変更
48	2015/11/29 11:19	前田 剛	セレクタが適用される範囲を限定して http://www.redmine.org/issues/21258 でのページネーションスタイル変更に影響が及ばないよう修正。
47	2015/08/30 14:00	前田 剛	Chromeでsubmitボタンを大きく表示。

▲ **図12.25** GitHubのリポジトリにSubversionリポジトリとしてアクセスしたときのリポジトリブラウザの表示

Column

Redmine付属のリポジトリ管理用スクリプト

Redmineには、GitまたはSubversionリポジトリの作成を自動化するreposman.rbと、HTTP/HTTPS経由でのリポジトリへのアクセスへの認証をRedmineのアカウントで行えるようにするRedmine.pmの2つのリポジトリ管理用スクリプトが付属しています。いずれもRedmineのインストールディレクトリ以下のextra/svn/以下に置かれています。

▶ reposman.rb：プロジェクトを作成したらリポジトリも自動作成

eposman.rbはRedmine上に作成されているプロジェクトの情報を取得して、各プロジェクト用のGitまたはSubversionリポジトリを作成するスクリプトです。サーバ上でreposman.rbを短い間隔で定期的に実行するようにすれば、プロジェクト作成とほぼ同時にプロジェクト用のリポジトリも作成されるようにできます。

使用方法はRedmine公式サイトの以下のページで確認してください。

Automating repository creation

http://www.redmine.org/projects/redmine/wiki/HowTo_Automate_repository_creation

また、ruby reposman.rb --helpのように実行すると、コマンドラインオプションのヘルプが表示されます。

NOTE

スクリプトが置かれているディレクトリがextra/svn/なのでSubversion用に見えますが、実行時に--scm gitオプションを付けることでGitリポジトリも作成できます。

▶ Redmine.pm：リポジトリへのアクセスの認証にRedmineのアカウントを使用

Redmine.pmは、リポジトリへのアクセスの認証をRedmineのアカウントで行えるようにするためのApache用モジュールです。Apecheを使ってHTTP/HTTPSでリポジトリへアクセスできるよう構成するとき、Redmine.pmを使うことでRedmine上のユーザーのログインIDとパスワードを使ってリポジトリへもアクセスできるようになります。

使用方法はRedmine公式サイトの以下のページで確認してください。

Repositories access control with apache, mod_dav_svn and mod_perl

http://www.redmine.org/projects/redmine/wiki/Repositories_access_control_with_apache_mod_dav_svn_and_mod_perl

また、lib/extra/Redmine.pmの冒頭部のコメントにも設定方法が書かれています。

Chapter 13

外部システムとの連係・データ入出力

Redmineは単独で利用するだけでなく、別のシステムやアプリケーションと連係して利用することもできます。そのための仕組みとして、REST API、メールによるチケット登録、Atomフィード、そしてCSVのエクスポートとインポートが用意されています。ここでは、それぞれ仕組みの解説と利用事例の紹介を行います。

13.1 REST API

REST APIは、他のソフトウェアがRedmineに対して情報の入出力を行うためのインターフェイスです。API用のURLにHTTPでアクセスすることで、チケットやWikiなどの情報を更新したりJSONまたはXMLで情報を取得したりすることができます。この仕組みを活用することで、他のアプリケーションからRedmineにチケットを登録したりチケットの情報を読み取ったりするソフトウェアを開発できます。

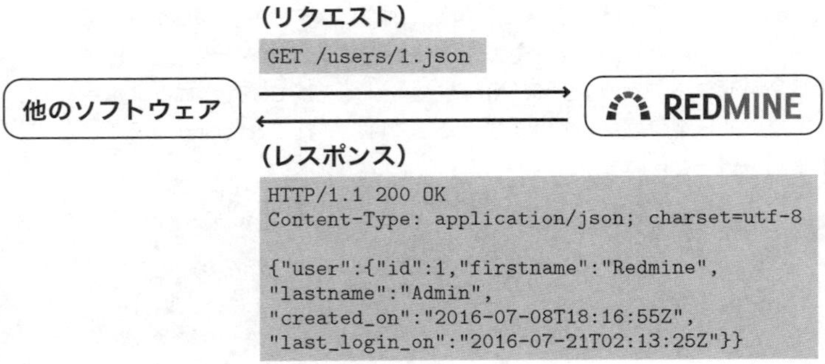

（リクエスト）

```
GET /users/1.json
```

他のソフトウェア → REDMINE

（レスポンス）

```
HTTP/1.1 200 OK
Content-Type: application/json; charset=utf-8

{"user":{"id":1,"firstname":"Redmine",
"lastname":"Admin",
"created_on":"2016-07-08T18:16:55Z",
"last_login_on":"2016-07-21T02:13:25Z"}}
```

▲ **図13.1** REST APIのリクエストとレスポンス

Redmine 3.3.0のREST APIでアクセスできるオブジェクトは次のとおりです。チケットをはじめRedmine上の多くの情報にアクセスできます。

- Issues（チケット）
- Issue Relations（関連するチケット）
- Issue Categories（チケットのカテゴリ）
- Queries（カスタムクエリ）
- Versions（バージョン）
- Time Entries（時間管理）
- Wiki Pages（Wiki）

- Attachments(添付ファイル)
- News(ニュース)
- Search(検索)
- Projects(プロジェクト)
- Project Memberships(プロジェクトのメンバー)
- Users(ユーザー)
- Groups(グループ)
- Roles(ロール)
- Trackers(トラッカー)
- Issue Statuses(チケットのステータス)
- Custom Fields(カスタムフィールド)
- Enumerations(選択肢の値)

13.1.1 REST APIの有効化とAPIアクセスキー

▶REST APIの有効化

REST APIはデフォルトでは停止されています。有効化するには**管理→設定→API**画面で**RESTによるWebサービスを有効にする**をONにしてください。

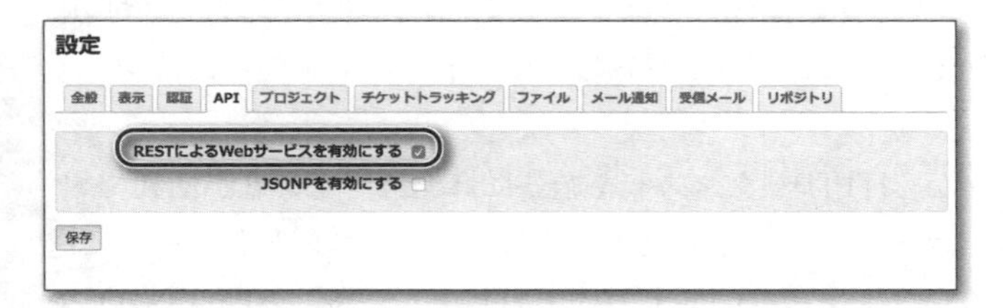

図13.2 「管理」→「設定」→「API」画面

▶APIアクセスキーの確認

REST APIを利用する際は、APIアクセスキーまたはログインID・パスワードによる認証が行われます。APIアクセスキーとはREST APIを使ってRedmineへアクセスする際のユーザー認証に使われる秘密のキーで、REST APIを有効にするとユーザーごとに作成されます。

自分のAPIアクセスキーは、**個人設定**画面のサイドバーの**APIアクセスキー**欄で**表示**ボタンをクリックすると確認できます。

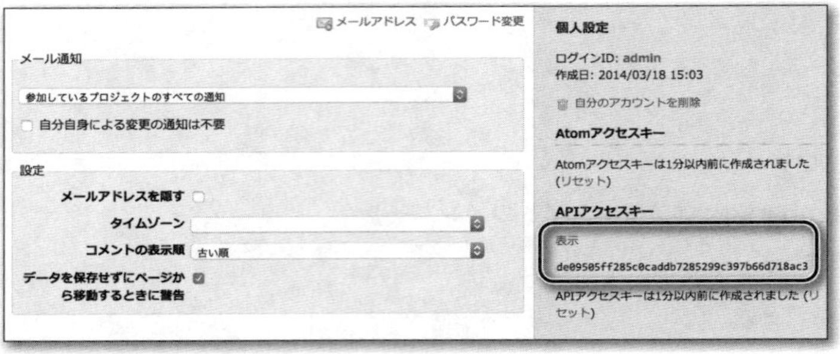

▲ 図13.3 「個人設定」画面のサイドバー内でAPIキーを表示

13.1.2 REST APIの使用例

RedmineのREST APIの仕様は、Redmine公式サイトのWikiページに記載されています。APIの仕様に沿ったHTTPリクエストをRedmineサーバに送ることで、チケットの追加・更新・削除などのRedmine上のデータの操作が行えます。

http://www.redmine.org/projects/redmine/wiki/Rest_api

REST APIによるデータの操作は各種プログラミング言語から行えますが、本書ではLinuxやmacOSなどUNIX系OSのコマンドラインを使った例をいくつか示します。

コマンドラインからHTTPリクエストを送るにはcurlコマンドが便利です。curlコマンドはパラメータで指定した内容のHTTPリクエストをサーバに送り、サーバからのレスポンスを標準出力に出力します。多くのUNIX系OSでデフォルトでインストールされているため、インストールなど環境の準備作業なしにすぐに試すことができます。

▶チケット一覧の取得

チケットの一覧を取得するにはGETリクエストを送ります。URLの最後の部分の拡張子を.jsonとするとJSON形式で、.xmlとするとXML形式で取得できます。

```
curl http://ホスト名/issues.json --user ログインID:パスワード
```

▶特定のチケットの情報の取得

特定のチケットの情報を取得するには、チケットのID番号をURLで指定してGETリクエストを送ります。

```
curl http://ホスト名/issues/5.json --user ログインID:パスワード
```

▶チケットの作成

新しいチケットを作成するにはPOSTリクエストを送ります。

```
curl http://ホスト名/issues.json --user ログインID:パスワード --header
'Content-type: application/json' --data '{"issue": {"project_id": 1,
"tracker_id": 1, "subject": "件名", "description": "説明"}}'
```

※実際には改行なしで1行で入力

▶チケットの更新

既存のチケットを更新するには、URLで更新対象チケットのID番号を指定してPUTリクエストを送ります。

```
curl http://ホスト名/issues/5.json --user ログインID:パスワード
--request 'PUT' --header 'Content-type: application/json' --data
'{"issue": {"subject": "変更後件名", "description": "変更後説明"}}'
```

※実際には改行なしで1行で入力

▶チケットの削除

チケットを削除するにはDELETEリクエストを送ります。

```
curl http://ホスト名/issues/16.json --user ログインID:パスワード
--request 'DELETE'
```

※実際には改行なしで1行で入力

NOTE

一般的にREST APIでは、操作対象のオブジェクトを表すURLに対してGET・POST・PUT・DELETEの4つのHTTPメソッドのリクエストを送ることで取得・作成・更新・削除が行えます。

13.1.3 REST APIを利用したソフトウェアの例

REST APIを使って実現できることを具体的にお伝えするために、ここではREST APIを使ったソフトウェアを紹介します。これらはいずれもREST APIを活用してRedmine上の情報にアクセスしています(ただし、RedminePMなど一部アプリケーションは、REST APIで不足する機能を補うために、人間が操作するためのWeb UIのHTMLを解析してデータを取得することも行っています)。

▶RedminePM—iOS/Android対応 Redmineクライアントアプリ

http://redminepm.jp/

Redmineのチケットの参照・更新が行える無料のスマートフォンアプリです。ネイティブアプリであるRedminePMを利用することで、Redmineのスマートフォン向けの画面にアクセスするよりも軽快にチケットの操作が行えます。iPhone、iPad、そしてAndroidに対応しています。

▲ 図13.4 RedminePMのWebサイト

▶Redmine Notifier—チケットの更新をデスクトップに通知

https://github.com/emsk/redmine-notifier

Redmine上でチケットの作成・更新が行われるとデスクトップに通知します。チケットの更新を知る手段としてはRedmineから送られる通知メールが一般的ですが、Redmine Notifierを使うとメールを見なくてもデスクトップ通知で更新を知ることができます。WindowsとmacOSに対応しています。

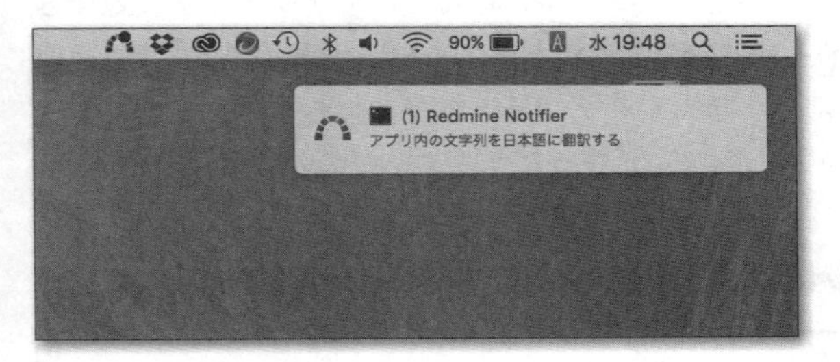

▲ 図13.5 Redmine Notifier(macOS版)によるデスクトップ通知

▶Redmineチケット★一括★—Excelを読み込んでチケットを一括登録

http://www.vector.co.jp/soft/winnt/util/se503347.html

Microsoft Excelのファイルを読み込んでチケットをRedmineに一括して登録するWindows用のフリーソフトウェアです。

▶rdm—チケットの情報をExcelファイルに出力

https://github.com/twinbird/rdm

指定したプロジェクトのチケットをExcelファイルに書き出します。Go言語で書かれていて、Windows、macOS、LinuxなどGo言語が実行できる環境で利用できます。

13.2 メールによるチケット登録

外部からRedmineにチケットを登録するのに、REST APIより手軽な方法がメールによるチケット登録です。メールを送るだけでチケットを登録できるので、APIの仕様に沿ったHTTPリクエストを送るための仕組みを作る必要がなく、より簡単に外部システムからチケットを登録できます。また、顧客からのメールなど人間が送ったメールを登録することもできます。

13.2.1 メールによるチケット登録の有効化およびAPIキーの生成

メールによるチケット登録を行うためには、まずRedmineで受信メール用のAPIを有効にし、さらに連携用コマンドからRedmineにアクセスするためのAPIキーの生成を行います。

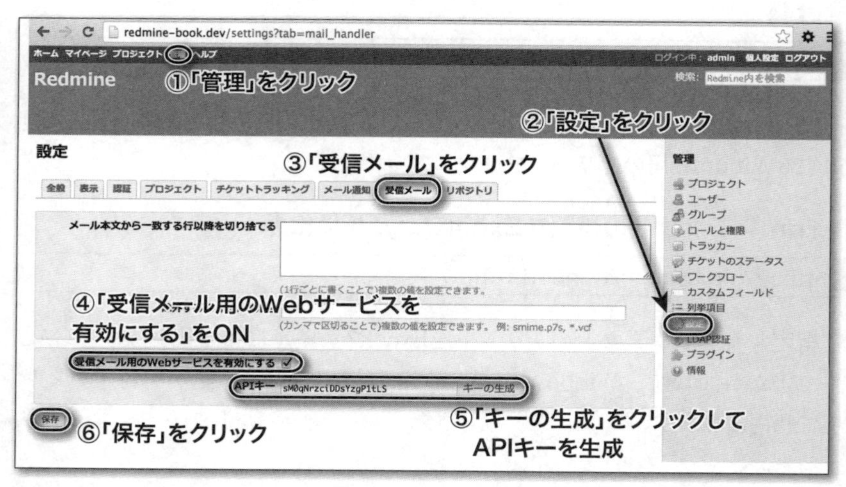

図13.6 メールによるチケット登録を行うためのRedmineの設定

13.2.2 連係方式（MTAとの連係またはIMAPサーバからの受信）

メールを送信することでチケットを登録するためには、Redmineと外部からのメールが届くメールサーバを何らかの方法で連係させる設定が必要です。連係させる主な方式は二種類あります。1つはPostfixやSendmailなどのMTAでメールを受信するたびにRedmineの連係用コマンドを実行する方法、そしてもう1つは連係用コマンドを定期的に実行しIMAPサーバ上の新着メールの有無をチェックする方法です。

リアルタイム性を重視する場合、MTAから連係コマンドを実行する前者の方式が有利です。メールが届いてから数秒程度でチケットが作成されるのでタイムラグを感じることがあまりありません。後者の定期的にIMAPサーバをチェックする方式は、最大で定期チェックの実行間隔の時間、チケット登録の遅延が発生します。

一方、設定のしやすさはIMAPサーバを定期的にチェックする方式が有利です。Redmineサーバのネットワーク要件としてはチケット登録用メールが届くメールボックスがあるIMAPサーバにアクセスできればよいので、社内LAN上のサーバなど多くの環境で利用しやすい方式です。一方MTAと連係する方式は、Redmineサーバにメールが到達できるようネットワークやサーバを構成するか、メールが到達できるMTA上からRedmineにチケット登録のための通信を行えるよう構成する必要があり、設定が複雑になりがちです。

13.2.3 連携設定① MTA使用パターン

Redmineがインストールされているサーバに対してインターネットからのメールをSMTPで配送できる状態であれば、特定のメールアドレス宛にメールが届くたびにRedmineの連係用コマンドを実行してチケットを即時登録するようPostfixやSendmailなどのMTAを設定することができます。

MTAの設定手順は次のとおりです。

▶①/etc/aliasesへの設定追加

Redmineサーバ上にチケット登録用のメールアドレスを作成し、そのアドレス宛のメールが届いたら連係用のコマンドを実行してRedmineへのチケット登録が行われるようにします。

次の例を参考にetc/aliasesに設定を追加してください。次の設定例の中で「アドレス」はメールアドレスからドメイン名部分を除いたもの、「/path/to/redmine」はRedmineのインストールディレクトリ、「RedmineURL」はRedmineにログインする際に使用しているURL(例:http://redmine.example.jp/)、「APIキー」は**管理→設定→受信メール**画面で登録したAPIキーに書き換えてください。

```
アドレス: "| /path/to/redmine/mail_handler/rdm-mailhandler.rb --url
RedmineURL --key APIキー --allow-override tracker,category,priority"
```

▶②aliasデータベースの更新

/etc/aliasesを書き換えたら、次のコマンドを実行してaliasデータベースを作り直してください。/etc/aliasesに追加した設定が有効になります。

```
newaliases
```

以上でMTAの設定は完了です。作成したアドレス宛にメールが届くとチケットが登録されます。

13.2.4 連携設定② IMAPサーバからの受信パターン

IMAPサーバに定期的にアクセスしてRedmine宛のメールを取得し、チケットを登録するよう設定することもできます。この方法はMTA上での特別な設定が不要で、Redmineサーバにインターネットからのメールが到達できる必要もないので、設定が容易で多くの環境で利用できます。

次に挙げるのは5分ごとにメールを取得しチケットを登録する設定です。/etc/crontabに次の内容を追加してください。この中で「redmineuser」は

Redmineを実行するユーザー、「/path/to/redmine」はRedmineのインストールディレクトリ、「imap.example.jp」はIMAPサーバのホスト名、「imap_user」はIMAPアカウントのユーザー名、「imap_pass」はIMAPアカウントのパスワードに書き換えてください。

```
*/5 * * * * redmineuser cd /path/to/redmine ; bundle exec rake
redmine:email:receive_imap RAILS_ENV="production" host=imap.example.jp
username=imap_user password=imap_pass
```

13.2.5 チケット登録のためのメールの送信

前述の連係設定の説明にしたがって準備したチケット登録用メールアドレス宛にメールを送るとチケットを登録することができます。

- Redmine上に登録されているユーザーのメールアドレスで送信してください。RedmineはFromのアドレスでユーザーを検索し、見つかったユーザーをチケットの作成者とします。
- メールのサブジェクトにRe: [xxxxxxx #123]のような形式の文字が含まれていれば、そのメールは返信として扱われ、チケット番号#123のチケットに注記が追加されます。Redmineの「管理」→「設定」→「メール通知」画面の「送信元メールアドレス」の値をチケット登録用メールアドレスに設定しておけば、チケットとの登録・更新時にRedmineから送られてくる通知メールに返信することによりチケットの更新を行うことができます。
- 次の例を参考に、チケットを登録するプロジェクト識別子、トラッカー、カテゴリ、優先度をメール本文中のキーワードで指定してください。Project以外は省略可能です。

▼ チケット登録のためのメール例

```
メールによるチケット登録のテストです。
この部分がチケットの 説明 になります。

Project: sandbox
Tracker: バグ
Category: テストカテゴリ2
Priority: 高め
```

▼ 表13.1 メールによるチケット登録で使用できるキーワード

キーワード名	値の内容・形式	説明
project	プロジェクト識別子 ※プロジェクト名ではありません	新しいチケットを登録するプロジェクト。返信で既存チケットを更新する場合は不要です。
tracker	トラッカー名 例 バグ	新たに登録するチケットのトラッカー。省略時は「管理」→「トラッカー」画面で一番上にあるトラッカーが使用されます。
category	カテゴリ名	新たに登録するチケットのカテゴリ。
priority	優先度の名称 例 急いで	チケットの優先度。省略時は「管理」→「選択肢の値」で指定されているデフォルト値が使用されます。
status	ステータスの名称 例 解決	チケットのステータス。省略時は「管理」→「チケットのステータス」で指定されているデフォルト値が使用されます。
assigned to	ユーザー名 または メールアドレス	チケットの担当者。指定されたユーザー名か、メールアドレスが一致するユーザーが担当者に設定されます。
start date	YYYY-MM-DD 例 2010-11-03	チケットの開始日。省略時はチケット登録日。
due date	YYYY-MM-DD 例 2010-11-03	チケットの期日。
fixed version	バージョン名 例 release-34	チケットの対象バージョン。
estimated hours	時間 例 10.5、10h30m	チケットの予定工数。
done ratio	進捗率(10%きざみ) 例 40、100	チケットの進捗率。
カスタムフィールド名		チケットのカスタムフィールドの値。

13.3 Atomフィード

チケットの追加や更新などRedmine上の更新情報はAtomフィードとして出力されています。Atomフィードを利用するとThunderbirdなどフィードリーダー（RSSリーダー）機能を備えたソフトウェアを使ってプロジェクトの情報の更新を確認できます。

Atomフィードの実体はソフトウェアで処理しやすいXML形式の文書なので、別のシステムでRedmineのフィードを監視してチケットの更新があったときに何らかの処理を実行するといったことも容易に実現できます。

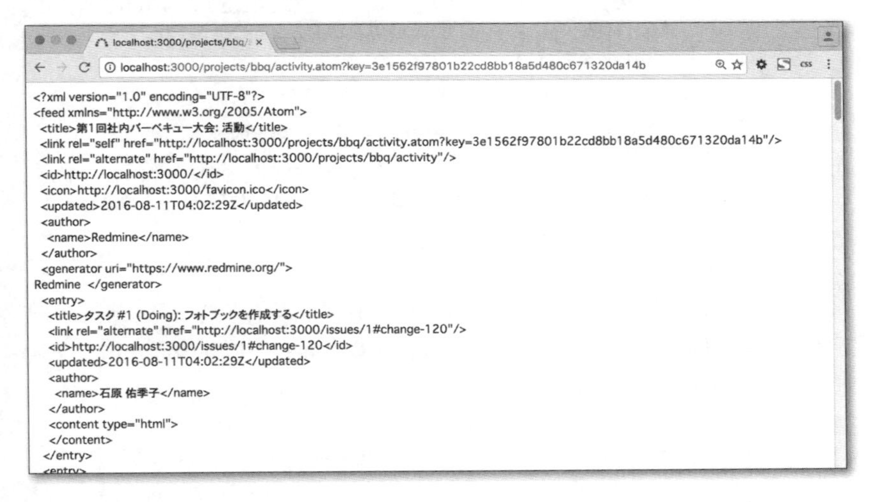

▲ 図13.7 Atomフィードの中身はXML

13.3.1 Redmineが提供するAtomフィード

Redmineが提供しているAtomフィールドの種類は表13.2のとおりです。

表13.2 Redmineが提供するAtomフィード

種別	説明
活動	プロジェクトメニューの「活動」で表示される内容。チケット、リポジトリ、ニュース、文書、ファイルの追加・更新の情報がまとめて出力されます。
すべての活動	トップメニューの「プロジェクト」→「すべての活動」の更新内容。ログイン中のユーザーが参加しているすべてのプロジェクトの「活動」の内容が出力されます。
チケット	プロジェクトメニューの「チケット」で表示される内容。プロジェクト内のチケットの追加およびステータスの変更が出力されます。 このフィードではチケットの注記が追加されたことは出力されません。注記もフィードで見たい場合は「活動」のフィードを使用してください。
すべてのチケット	トップメニューの「プロジェクト」→「すべてのチケットを表示」の更新内容。参加しているすべてのプロジェクトのすべてのチケットの追加およびステータスの変更が出力されます。 このフィードではチケットの注記が追加されたことは出力されません。注記もフィードで見たい場合は「すべての活動」のフィードを使用してください。
ニュース	プロジェクトメニューの「ニュース」の更新内容。
フォーラム	プロジェクトメニューの「フォーラム」の更新内容。
リポジトリ	プロジェクトメニューの「リポジトリ」の更新内容。プロジェクトが参照しているバージョン管理システムのリポジトリへのコミットの情報が出力されます。

フィードのURLは、フィードを取得したい情報が表示されている画面で確認できます。例えば「活動」のフィードは、**活動**画面右下の**他の形式にエクスポート**という表示の中の**Atom**のリンク先をコピーすることで得られます。

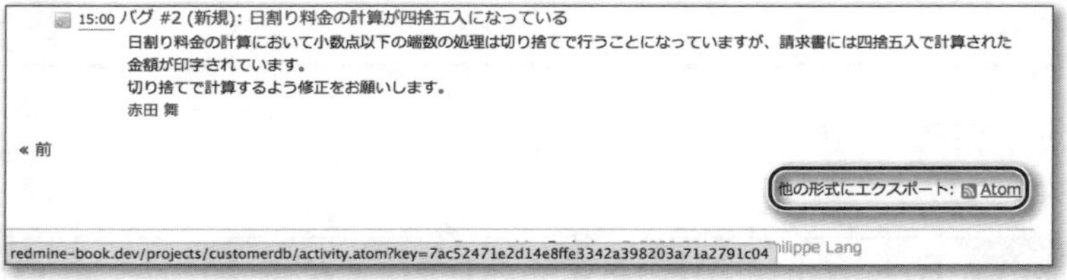

図13.8 フィードのURL

WARNING

AtomフィードのURLはユーザーごとに固有です。Redmine上の情報が第三者に漏洩することを防ぐため、フィードURLは他人に知られないよう管理してください。URLが他人に知られてしまったときは、「個人設定」画面のサイドバー内「Atomアクセスキー」で「RSSアクセスキーのリセット」を行ってください。これまでのURLが無効になります。

13.3.2 Atomフィードの利用例

ほかのソフトウェアでAtomフィードを参照することで、Redmineの新着情報を把握したり、新しい情報が追加されたらソフトウェアで何らかのアクションを実行したりできます。ここでは2つの例を示します。

▶フィードリーダーで更新をチェック

フィードリーダー(RSSリーダー)でRedmineの活動画面のAtomフィードを購読すると、Redmineの画面にアクセスしなくてもRedmine上で情報が更新されたことを把握できます。

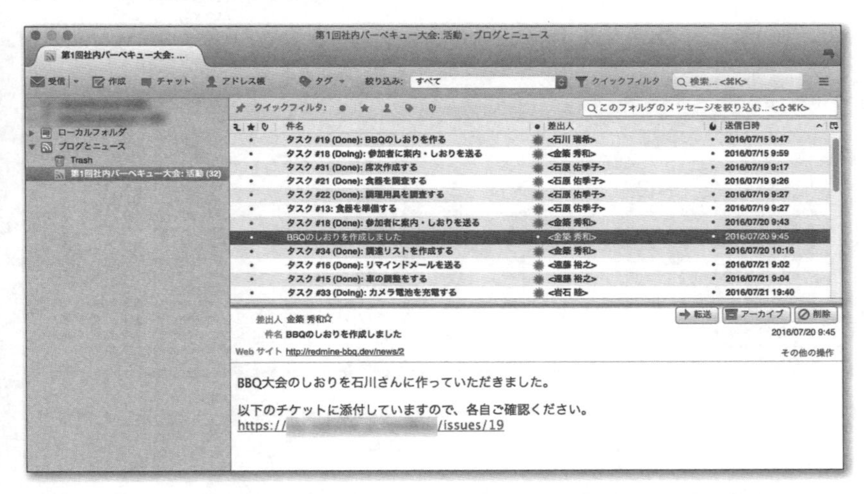

▲ 図13.9 メーラー「Thunderbird」で活動画面のフィードを購読した様子

▶情報の更新をデスクトップに通知

フィードの更新を通知してくれるアプリケーションを利用して、チケットの作成・更新をPCのデスクトップにポップアップで通知させることができます。

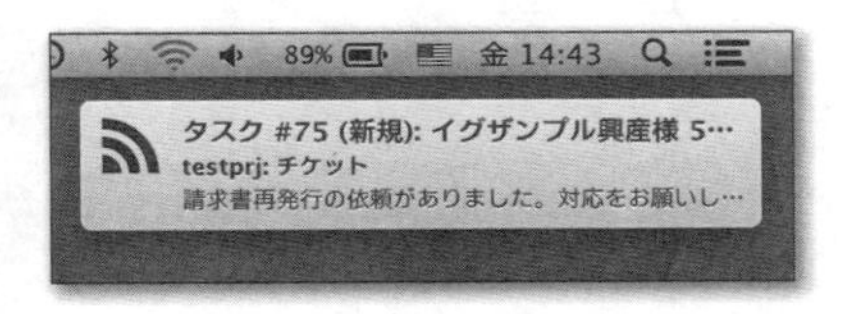

▲ 図13.10 フィードの更新を通知するmacOS用アプリケーション「Monotony」で「活動」のフィードを参照させ、チケットの更新をデスクトップに通知

13.4 CSVファイルのエクスポートとインポート

チケットのデータはCSVファイルとしてエクスポートできます。また、CSVファイルをインポートしてチケットを作成することもできます。チケットのデータを表計算ソフトで読み込んで分析したり、表計算ソフトでチケットのデータを作成してまとめてチケットとして登録したりすることができます。

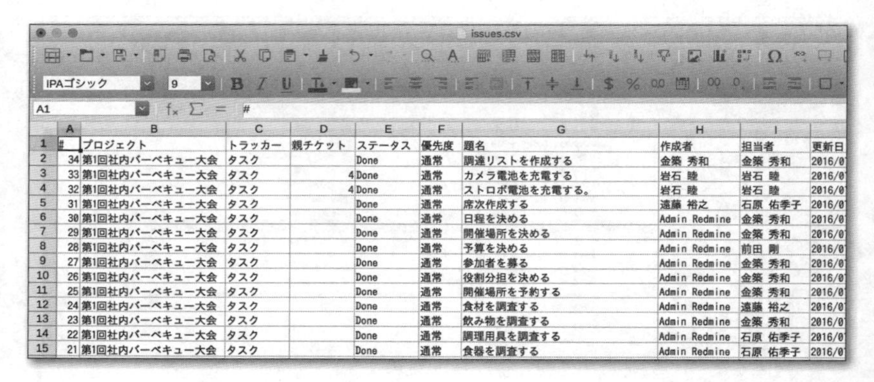

#	プロジェクト	トラッカー	親チケット	ステータス	優先度	題名	作成者	担当者	更新日
34	第1回社内バーベキュー大会	タスク		Done	通常	調達リストを作成する	金築 秀和	金築 秀和	2016/0
33	第1回社内バーベキュー大会	タスク	4	Done	通常	カメラ電池を充電する	岩石 睦	岩石 睦	2016/0
32	第1回社内バーベキュー大会	タスク	4	Done	通常	ストロボ電池を充電する。	岩石 睦	岩石 睦	2016/0
31	第1回社内バーベキュー大会	タスク		Done	通常	席次作成する	遠藤 裕之	石原 佑季子	2016/0
30	第1回社内バーベキュー大会	タスク		Done	通常	日程を決める	Admin Redmine	金築 秀和	2016/0
29	第1回社内バーベキュー大会	タスク		Done	通常	開催場所を決める	Admin Redmine	金築 秀和	2016/0
28	第1回社内バーベキュー大会	タスク		Done	通常	予算を決める	Admin Redmine	前田 剛	2016/0
27	第1回社内バーベキュー大会	タスク		Done	通常	参加者を募る	Admin Redmine	金築 秀和	2016/0
26	第1回社内バーベキュー大会	タスク		Done	通常	役割分担を決める	Admin Redmine	金築 秀和	2016/0
25	第1回社内バーベキュー大会	タスク		Done	通常	開催場所を予約する	Admin Redmine	金築 秀和	2016/0
24	第1回社内バーベキュー大会	タスク		Done	通常	食材を調査する	Admin Redmine	遠藤 裕之	2016/0
23	第1回社内バーベキュー大会	タスク		Done	通常	飲み物を調査する	Admin Redmine	金築 秀和	2016/0
22	第1回社内バーベキュー大会	タスク		Done	通常	調理用具を調査する	Admin Redmine	石原 佑季子	2016/0
21	第1回社内バーベキュー大会	タスク		Done	通常	食器を調査する	Admin Redmine	石原 佑季子	2016/0

▲ **図13.11** エクスポートしたCSVファイルを表計算ソフト(LibreOffice)で読み込んだ様子

13.4.1 チケットをCSVファイルにエクスポート

チケットの一覧画面の右下の**他の形式にエクスポート**に並んでいるリンクのうち**CSV**をクリックすると、現在のフィルタの条件に合致するチケットの一覧をCSVファイルとしてダウンロードできます。

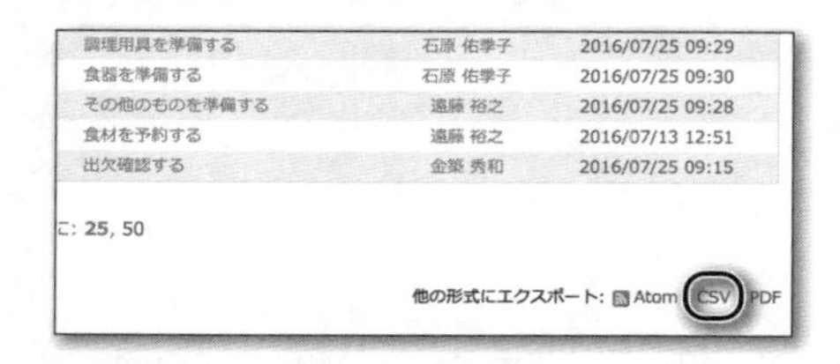

▲ **図13.12** CSVエクスポートのためのリンク

> **NOTE** 一度の操作でエクスポートできるCSVファイルの行数の上限はデフォルトでは500件です。この上限値は「管理」→「設定」→「チケットトラッキング」内の設定「エクスポートするチケット数の上限」で変更できます。

13.4.2 CSVファイルからチケットをインポート

CSVファイルからのインポートを利用すると、多数のチケットを一度に登録することができます。

CSVファイルをインポートしてチケットを作成するには、**チケット**画面右側のサイドバー内に表示されている**インポート**をクリックしてください。

▲ **図13.13** CSVファイルのインポート

そして、画面の指示に従って、インポート元のCSVファイルのアップロード、CSVファイルのオプション(区切り文字、エンコーディングなど)の指定を行ってください。

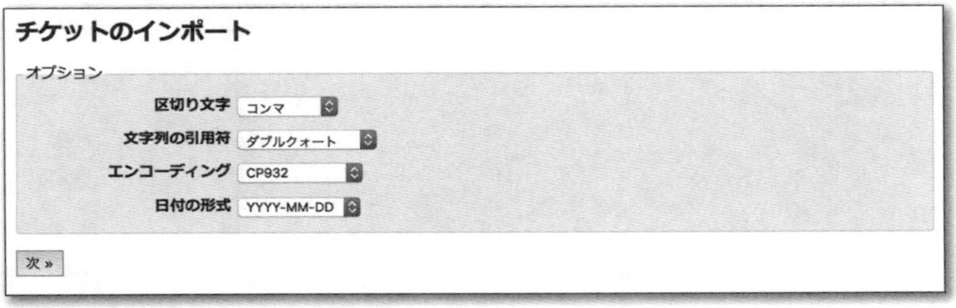

▲ **図13.14** インポートのオプションの設定

最後に、チケットのフィールドとCSVファイルのフィールドの対応関係を設定します。この画面の一番下の**インポート**ボタンをクリックするとチケットが作成されます。CSVファイルのフィールドのうち対応関係の設定を行わなかったものは無視されます。

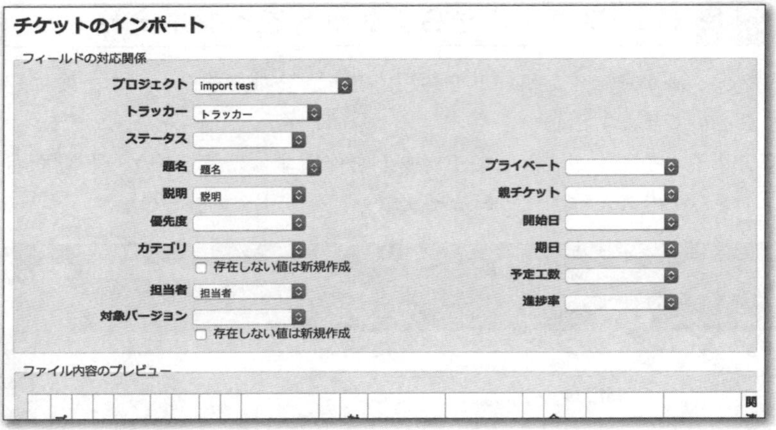

▲ 図13.15 フィールドの対応関係の設定

> **WARNING**
> CSVファイルからのインポートを行うには、「チケットのインポート」権限が必要です。この権限は通常は「管理者」ロールにのみ割り当てられています。管理者以外のロールで操作できるようにするにはシステム管理者に権限の割り当てを依頼してください。権限の割り当ての確認や変更は「管理」→「ロールと権限」→「権限レポート」で行えます。

> **NOTE**
> CSVインポート用のファイルを作るときは、Redmineのチケット一覧をエクスポートしたCSVファイルをひな型として利用するのが簡単です。

Chapter 14

リファレンス

Redmineの各画面の操作や入力項目、チケットやWikiを記述するときに使えるマークアップ(TextileとMarkdown)などを解説します。

操作手順を確認したいときや、画面内の入力項目や設定項目の意味を調べたいときにご活用ください。

14.1 Redmineの画面各部の名称

Redmineの画面内のメニュー等の名称を図14.1および表14.1に示します。

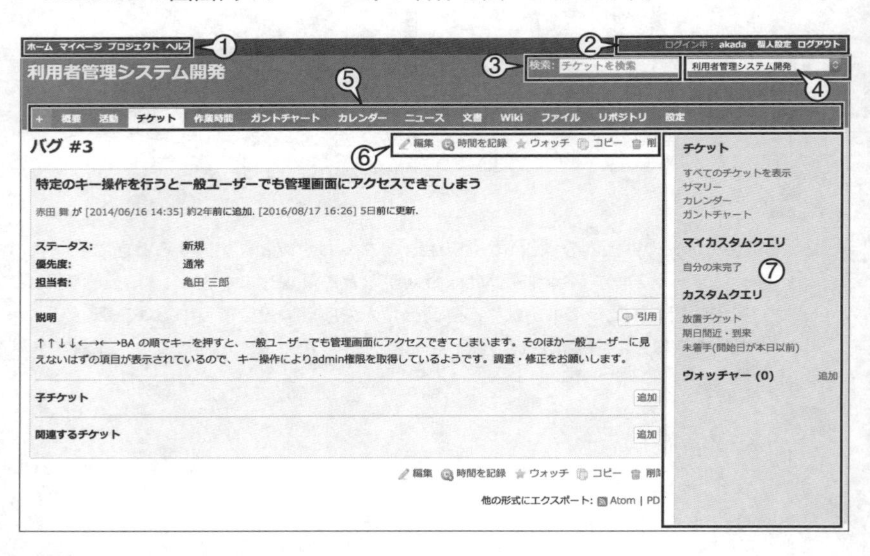

▲ 図14.1 Redmineの画面

▼ 表14.1 Redmine

番号と名称	説明
①トップメニュー	個別のプロジェクトや表示中の画面に依存しない、Redmine全体に関係するメニューです。
②アカウントメニュー	現在ログイン中のアカウントの設定変更やパスワード変更を行う「個人設定」や「ログアウト」など、現在ログイン中のユーザに関係する項目が表示されるメニューです。
③クイックサーチ	チケットやWikiページなどRedmine上の情報を検索するための検索ボックスです。
④プロジェクトセレクタ	プロジェクトの選択を行います。
⑤プロジェクトメニュー	プロジェクトセレクタで選択したプロジェクトに関係するメニューです。プロジェクトが選択されていない場合は表示されません。
⑥コンテキストリンク	現在表示中の画面に関連した操作が表示されます。
⑦サイドバー	現在表示中の画面に関連した操作・情報が表示されます。

14.2 トップメニュー内の機能

トップメニューには、個別のプロジェクトや表示中の画面に依存しない、Redmine全体に関係する機能へのリンクが表示されています。

図14.2 トップメニュー

14.2.1 ホーム

ログイン直後に表示される画面です。

左側にウェルカムメッセージ、右側に最新ニュースが表示されます。

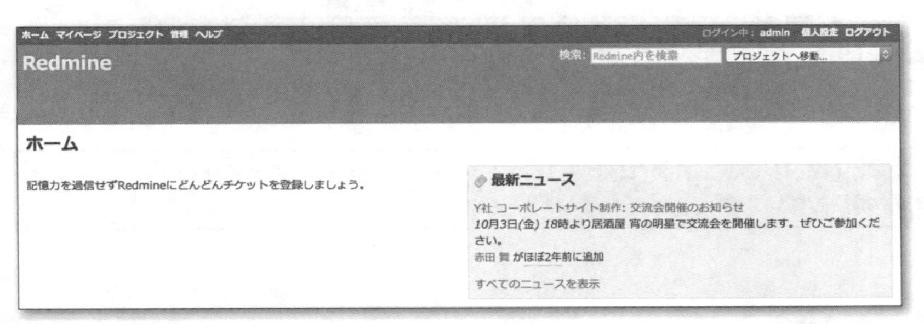

図14.3 「ホーム」画面

表14.2 「ホーム」画面に表示される情報

ウェルカムメッセージ	「管理」→「設定」→「全般」の「ウェルカムメッセージ」で入力した内容が表示されます。 Redmineの運用方針や使い方など利用者全員に周知したいことを表示しておくことができます。
最新ニュース	参加している全プロジェクトの最新ニュースが表示されます。

14.2.2 マイページ

自分に関係する情報を表示させることができる画面で、表示される情報の種類と位置はユーザーが自分好みにカスタマイズできます。

デフォルトでは**担当しているチケット**、**報告したチケット**が表示されます。Redmineにログインしたらこの画面で自分の手持ち作業の一覧、自分が作成したチケットの進捗状況などを確認するよう習慣づけるとよいでしょう。

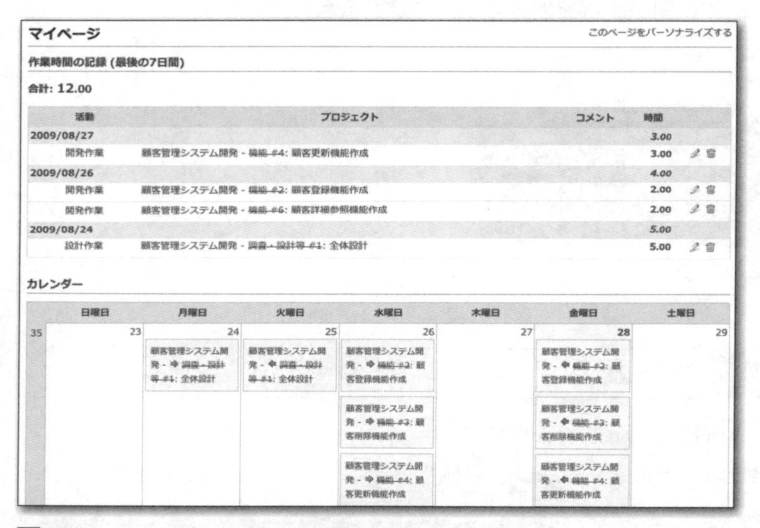

▲ **図14.4** マイページの「作業時間の記録」と「カレンダー」

> **NOTE**
> マイページの使い方の詳細は8.3節「マイページで自分に関係する情報を把握する」で解説しています。

14.2.3 プロジェクト

自分がアクセスできるプロジェクトが一覧表示されます。このうち、左に☆印が表示されているプロジェクトはメンバーとなっているプロジェクトです。

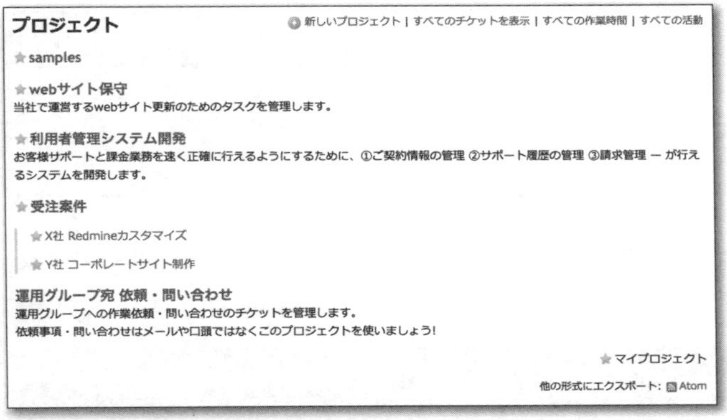

▲ 図14.5「プロジェクト」画面

▼ 表14.3 「プロジェクト」画面に表示されるプロジェクト

	システム管理者	一般ユーザー
メンバーとなっているプロジェクト	○	○
メンバーとなっていない公開プロジェクト	○	○
メンバーとなっていない非公開プロジェクト	○	×

14.2.4 管理

システム管理者であるユーザーでログインしている時のみ表示されます。Redmine全体の設定、プロジェクトやユーザーの管理などを行うための**管理**メニューが利用できます。

管理で設定できる内容の詳細は14.5節を参照してください。

14.2.5 ヘルプ

オフィシャルサイト上のマニュアル「Redmine Guide」(http://www.redmine.org/guide/)へのリンクです。

> **NOTE** 「ヘルプ」のリンク先を「Redmine Guide日本語訳」に変更することもできます。この手順は11.7節「ヘルプを日本語化する」で解説しています。

14.3 個人設定

ログイン中のユーザーの氏名、メールアドレス、言語、メール通知の対象、パスワードの変更などが行えます。

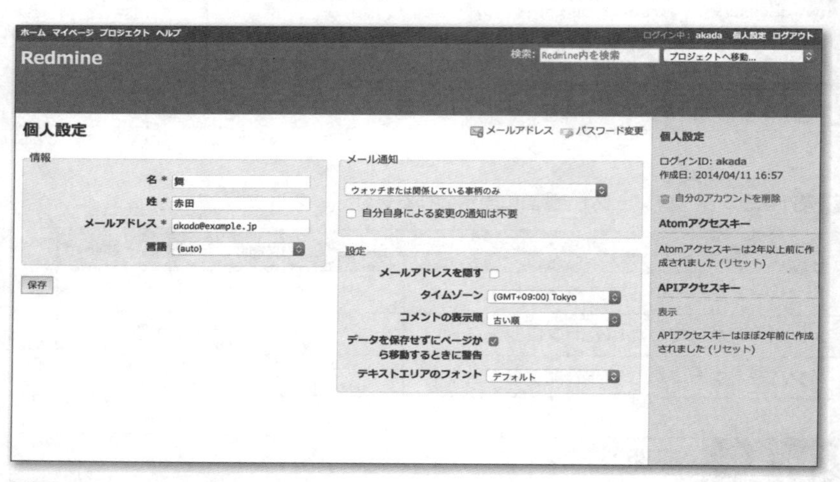

図14.6「個人設定」画面

▶パスワード変更

個人設定画面右上の**パスワード変更**をクリックすると、自分のパスワードを変更するための画面が表示されます。

▶メールアドレス

個人設定画面右上の**メールアドレス**をクリックすると、自分のアカウントの追加メールアドレスの追加や削除が行えます。

追加メールアドレスは自分のアカウントに複数のメールアドレスを設定する機能です。チケットの更新などRedmineからのメール通知を複数のアドレスで受け取ることができます。

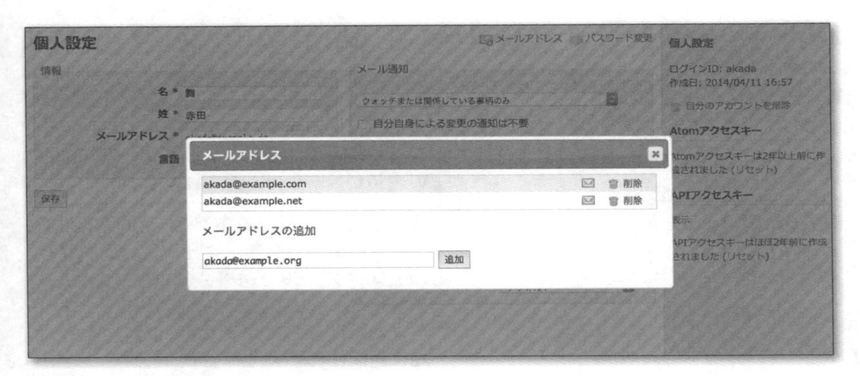

▲ **図14.7** 追加メールアドレスの管理画面

> **NOTE** 追加できるメールアドレスの上限は、「管理」→「設定」→「認証」の「追加メールアドレスの上限」で設定します。0を設定するとメールアドレスの追加を禁止できます。

▶情報

氏名、メールアドレス、言語の設定を変更します。

▼ **表14.4** 個人設定「情報」の入力項目

名称	説明
名	ユーザーの氏名のうち名を入力します。
姓	ユーザーの氏名のうち姓を入力します。
メールアドレス	ユーザーのメールアドレスを入力します。このメールアドレス宛にチケットの追加・更新などの通知が送信されます。
言語	Redmineの画面表示で使われる言語を指定します。各々のユーザーが任意の言語を指定できます。「(auto)」を選択すると使用しているWebブラウザの言語設定にあわせて自動的に適切な言語が選択されます。

▶メール通知

Redmineからどの種類のメール通知を受け取るのか指定できます。デフォルトでは**ウォッチまたは関係している事柄のみ**です。プロジェクト全体の動きを把握するためにより多くの通知を受け取りたいときや、その反対にRedmineから送信されるメールの量を減らしたいときに設定を変更します。

▼ 表14.5　個人設定「メール通知」の選択肢

選択肢	説明
参加しているプロジェクトのすべての通知	参加している全プロジェクトについて、チケットの追加や更新、ニュースの追加などの通知がメールで送信されます。
選択したプロジェクトのすべての通知...	選択したプロジェクトのみについて、チケットの追加や更新、ニュースの追加などの通知がメールで送信されます。ただし、選択していないプロジェクトでも、「ウォッチまたは関係している事柄」に該当する通知は送信されます。
ウォッチまたは関係している事柄のみ	デフォルト設定です。次の事柄が通知されます。 ・自分が追加したチケットが更新された ・自分が担当するチケットが更新された ・チケットの更新により自分が担当者に設定された ・自分がウォッチしているチケットが更新された
自分が担当している事柄のみ	「ウォッチまたは関係している事柄のみ」から自分が追加したチケットの更新の通知を除いたもので、以下の事柄が通知されます。 ・自分が担当するチケットが更新された ・チケットの更新により自分が担当者に設定された ・自分がウォッチしているチケットが更新された
自分が作成した事柄のみ	以下の事柄が通知されます。 ・自分が追加したチケットが更新された ・自分がウォッチしているチケットが更新された
通知しない	メール通知を行わないようにします。

NOTE　ニュースに関する通知は、メール通知の設定内容とは無関係に常にプロジェクトの全メンバーに通知されます。

▼ 表14.6　個人設定「メール通知」のその他の設定項目

名称	説明
自分自身による変更の通知は不要	ONにすると、自分がRedmineを操作したことにより発生した通知についてはメールを送りません。例えば、自分がチケットを追加したり更新したりしたことの通知は自分宛にはメール送信されません。

▶設定

アカウントに関するその他の設定を行います。

▼表14.7　個人設定「設定」の設定項目

名称	説明
メールアドレスを隠す	ユーザーのプロフィール画面でメールアドレスを表示するかどうか指定します。 Redmineをインターネットに公開した状態で使用する際にアドレスが収集されるのを防ぎたいときや、他のユーザーにメールアドレスを知られたくないときはONにします。
タイムゾーン	どのタイムゾーンで時刻を表示するのか設定します。Redmineの画面上の時刻表示は設定されたタイムゾーンにあわせて変更されます。ユーザー毎に任意のタイムゾーンを指定できます。
コメントの表示順	チケットの履歴欄の表示順です。デフォルトでは古い順に上から表示しますが、「新しい順」に設定すると逆順になり、最新の注記が常に一番上に表示されるようになります。 ブラウザの画面をスクロールせずに最新の注記を確認できるようにしたい場合などに便利です。
データを保存せずにページから移動するときに警告	チケットの更新など画面で入力を行っている途中にリンクのクリックやブラウザの戻るボタンで別画面に遷移しようとしたときに警告を表示します。デフォルトではONです。
テキストエリアのフォント	チケットの説明や注記などの入力欄を、プロポーショナルフォントと等幅フォントのいずれで表示するのか設定します。 ソースコードを入力したり、MarkdownやTextileで表を入力することが多い場合は等幅フォントを使うと桁がそろって見やすくなります(図14.8参照)。

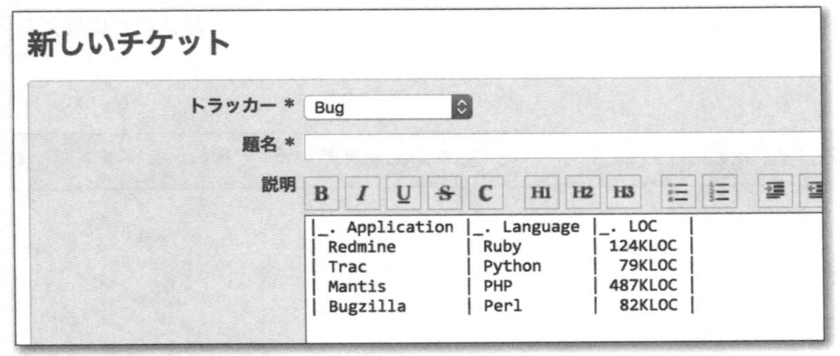

▲図14.8 テキストエリアのフォントで等幅フォントを指定した際の表示例

▶Atomアクセスキー

Redmineのいくつかの情報はAtomフィードとして出力されています。Atomフィードのurlには認証無しでアクセスできますが、第三者がURLにアクセスして情報が漏洩するのを防ぐためにユーザーごとに固有の類推しにくいキーがURLに含まれています。このキーをAtomアクセスキーと呼びます。

個人設定画面のサイドバーではAtomアクセスキーをリセットできます。リセットするとAtomアクセスキーが新しく作り直され、フィールドURLも変更されます。

NOTE Atomフィードについての詳細は13.3節「Atomフィード」を参照してください。

▶APIアクセスキー

APIアクセスキーは、外部のシステムからRedmine上の情報を操作できるREST APIを利用する際のユーザー認証に使われます。この情報は**管理→設定→API**画面で**RESTによるWebサービスを有効にする**をONにしているときのみ表示されます。

個人設定画面のサイドバーではAPIアクセスキーに対して次の操作ができます。

- 「表示」リンクをクリックすると現在のAPIアクセスキーが表示されます。
- 「リセット」リンクをクリックすると現在のAPIアクセスキーが破棄され、新しいAPIアクセスキーが作成されます。セキュリティ確保のため定期的にAPIアクセスキーを変更したいときや他人にAPIアクセスキーが漏洩したときなどに使用します。

REST APIについての詳細は13.1節「REST API」を参照してください。

14.4 プロジェクトの設定

プロジェクトを開いた状態でプロジェクトメニューの**設定**をクリックすると、そのプロジェクトに関する設定を行う画面が表示されます。この画面は**管理者**ロールなどプロジェクト管理権限をもったユーザーのみがアクセスできます。

14.4.1 情報

プロジェクト名、説明などプロジェクトに関する基本的な情報の設定を行います。

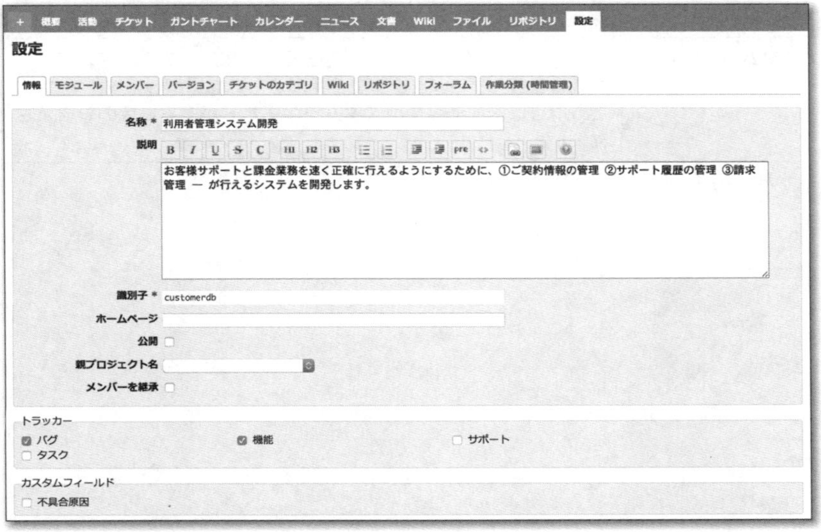

▲ 図14.9 「設定」→「情報」タブ

▼ 表14.8 「設定」→「情報」タブの表示項目

名称	説明
名称	プロジェクトの名前です。ここで設定した名前がプロジェクトセレクタや各画面の左上などに表示されます。
説明	プロジェクトについての簡単な説明です。「概要」画面、「プロジェクト」画面などで表示されます。
識別子	URLの一部などに使用されるプロジェクト識別子が表示されます。識別子は新たにプロジェクトを作成するときのみ指定可能です。後で変更することはできません。
ホームページ	プロジェクトに関連するWebサイトがあればURLを入力します。「概要」画面で表示されます。
公開	チェックボックスをONにすると公開プロジェクトになります。公開プロジェクトは、メンバーとして追加されていないユーザーもプロジェクトの情報を閲覧できます。 「管理」→「設定」→「認証」画面で「認証が必要」をOFFにしている場合は、ログインしていない状態でもプロジェクトを閲覧できます。
トラッカー	「管理」→「トラッカー」画面で作成済みのトラッカーのうち、プロジェクトで使用するものを選択します。
カスタムフィールド	「管理」→「カスタムフィールド」画面で作成済みのカスタムフィールドのうち、プロジェクトで使用するものを選択します。 この項目は作成済みのカスタムフィールドがある場合のみ表示されます。

14.4.2 モジュール

プロジェクトで使用する機能を選択します。デフォルトではすべての機能がONになっています。利用予定のない機能や運用方針上ユーザーに使わせたくない機能を非表示にできます。

プラグインによってはこの画面に新たなモジュールを追加するものもあります。そのようなプラグインの機能を利用するかどうかをプロジェクトごとにこの画面で設定できます。

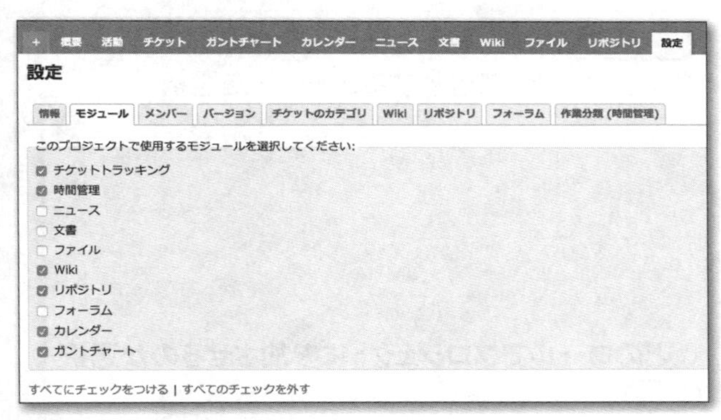

図14.10 「設定」→「モジュール」タブ

14.4.3 メンバー

プロジェクトにメンバーとして追加されているユーザーおよびグループ、そしてそのロールを表示します。メンバーの追加や削除はこの画面から行います。

Redmine上のユーザーのうち、プロジェクトのメンバーとして追加されているユーザーがそのプロジェクトにアクセスできます。

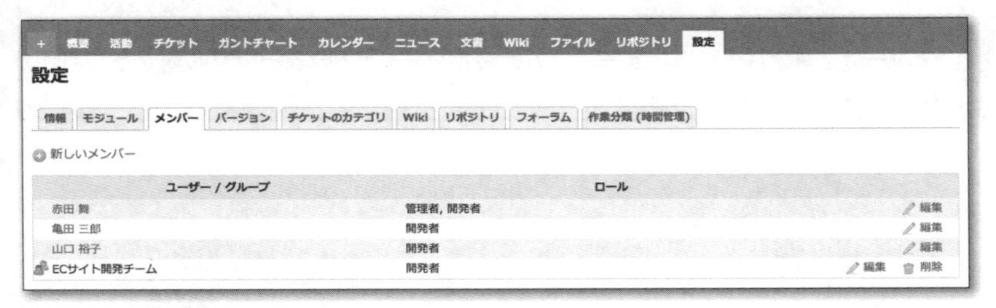

図14.11 「設定」→「メンバー」タブ

▶メンバーの追加

画面左上の**新しいメンバー**をクリックするとメンバーを追加するためのダイアログが表示されます。メンバーに追加したいユーザーまたはグループを選択し、次にそのユーザーまたはグループをプロジェクトをどのロールで参加させるのか選択して**追加**ボタンをクリックしてください。

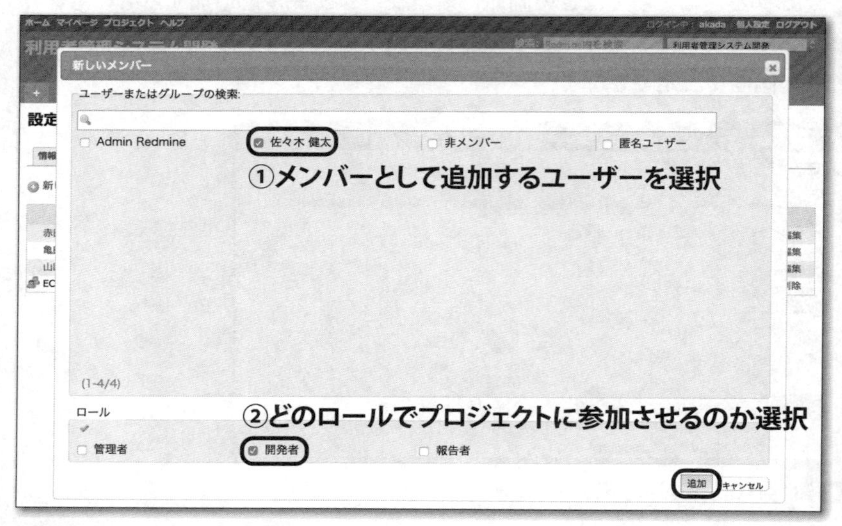

▲ **図14.12** メンバーの追加

> **NOTE**
> メンバーの追加方法の詳細は6.8節「プロジェクトへのメンバーの追加」で解説しています。

> **NOTE**
> プロジェクトにはユーザーだけでなくグループもメンバーとして追加することができます。グループは複数のユーザーを組織や役職などでまとめるために使われます。グループ単位でメンバーを追加することで、多数のユーザーをまとめてメンバーにできます。
> グループをメンバーに追加することの考え方やメリットは6.9節「グループを利用したメンバー管理」で解説しています。

14.4.4 バージョン

ロードマップ画面などで一覧表示されるバージョンの新規作成、編集、削除を行います。

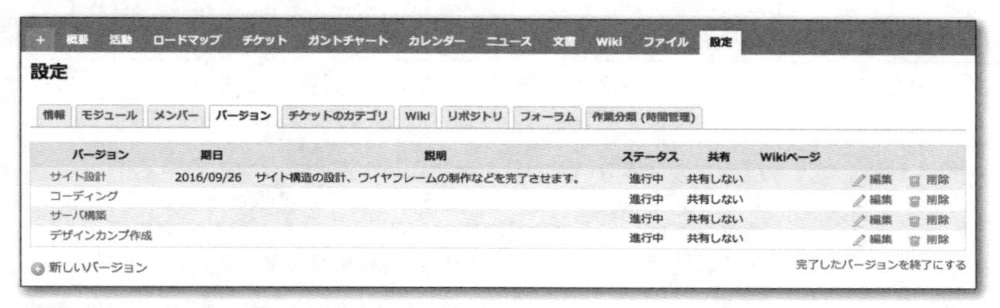

▲ **図14.13** 「設定」→「バージョン」タブ

> **NOTE** バージョンの使い方の詳細は9.4節「ロードマップ画面によるマイルストーンごとのタスクと進捗の把握」で解説しています。

▶バージョンの作成・編集

新たにバージョンを作成するには画面左下の**新しいバージョン**をクリックしてください。既存のバージョンを編集するには、編集したいバージョンの右側に表示されている**編集**をクリックしてください。バージョンの作成・編集を行うための画面が表示されます。

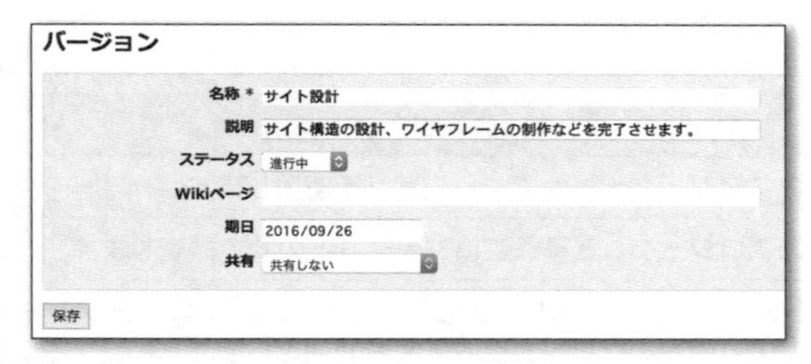

▲ **図14.14** バージョンの作成・編集画面

▼ 表14.9 バージョンの作成・編集画面の入力項目

名称	説明
名称	バージョンの名称です。「ロードマップ」画面などに表示されます。
説明	このバージョンに対する説明です。「ロードマップ」画面などに表示されます。
ステータス	バージョンの状態を「進行中」「ロック中」「終了」から選択します。バージョンの状態についての詳細は表14.10を参照してください。
Wikiページ	バージョンについての説明を記述したWikiページの名称です。「ロードマップ」画面でバージョン名をクリックして表示されるバージョンの詳細画面に、ここで指定したWikiページの内容も一緒に表示されます。「説明」で書ききれない詳細情報を記載するのに使います。
期日	このバージョンがリリースされるべき期日です。バージョンに関連づけられた全チケットはこの日までに完了すべきです。
共有	親プロジェクトやサブプロジェクトでこのバージョンを共有するかどうか選択します。バージョンの共有単位についての詳細は表14.11と図14.15を参照してください。

▼ 表14.10 バージョンの状態

状態	説明
進行中	通常の状態です。
ロック中	チケットを新たにバージョンに割り当てることができません。
終了	チケットを割り当てることができず、さらにロードマップ画面にも表示されなくなります。

▼ 表14.11 バージョンの共有単位

共有単位	説明
共有しない	このプロジェクトだけでバージョンを使用します。
サブプロジェクト単位	このプロジェクトと子孫プロジェクトとの間で共有します。
プロジェクト階層単位	「サブプロジェクト単位」の範囲に加えて、親プロジェクトなど上位階層のプロジェクトも共有範囲とします。
プロジェクトツリー単位	最上位の親プロジェクトとそのすべての子孫プロジェクトを共有範囲とします。

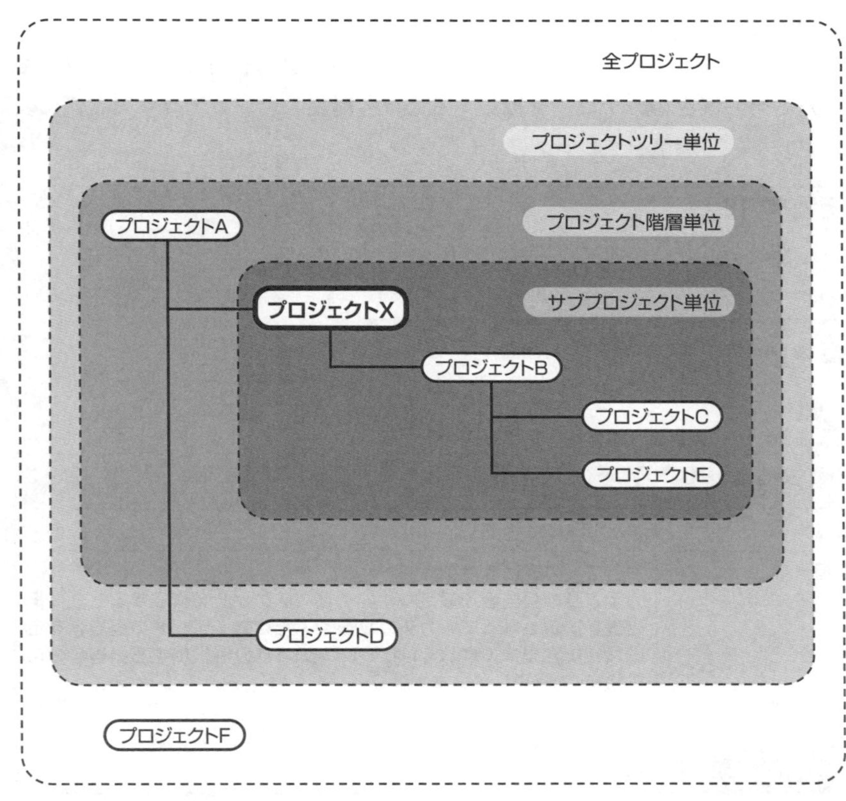

図14.15 バージョンの共有範囲(現在のプロジェクトが「プロジェクトX」の場合)

14.4.5 チケットのカテゴリ

チケットを分類するためのカテゴリの新規作成、編集、削除を行います。

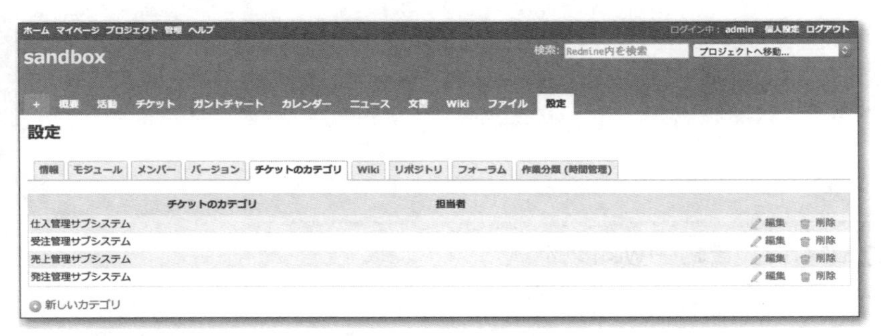

図14.16 「設定」→「チケットのカテゴリ」タブ

▶カテゴリの作成・編集

新たにカテゴリを作成するには画面左下の**新しいカテゴリ**をクリックしてください。既存のカテゴリを編集するには、編集したいカテゴリの右側に表示されている**編集**をクリックしてください。

▲ 図14.17 「新しいカテゴリ」画面

▼ 表14.12 カテゴリの作成・編集画面の入力項目

名称	説明
名称	カテゴリの名称です。
担当者	カテゴリの担当者です。 カテゴリの担当者を設定しておくと、チケットを作成するときに担当者を選択しなくてもカテゴリを選ぶだけでチケットの担当者を自動設定できます。詳しくは8.7.1「カテゴリの選択による担当者の自動設定」で解説しています。

14.4.6 Wiki

プロジェクトのWikiのメインページを変更できます。メインページとはプロジェクトメニューの**Wiki**をクリックしたときに表示されるWikiページで、デフォルトはWikiです。

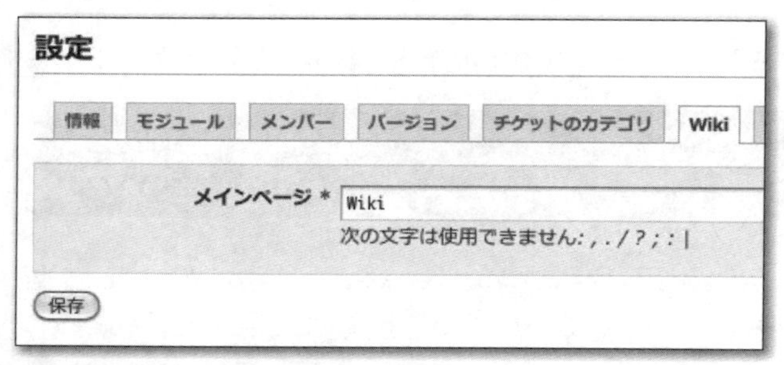

▲ 図14.18 「設定」→「Wiki」タブ

14.4.7 リポジトリ

GitやSubversionなどのバージョン管理システムとの連係設定を行うための画面です。リポジトリの設定を行うと、チケットとリポジトリ上のリビジョンとの関連づけやリポジトリブラウザの利用ができるようになります。

▲ 図14.19 「設定」→「リポジトリ」タブ

NOTE リポジトリの設定方法の詳細はChapter 12「バージョン管理システムとの連係」を参照してください。

14.4.8 フォーラム

フォーラムの新規作成、編集、削除を行うための画面です。

NOTE フォーラムの利用・設定の詳細は10.5節「フォーラム」を参照してください。

14.4.9 作業分類(時間管理)

作業分類(時間管理)の値のうち、このプロジェクトで使用するものを設定できます。作業時間を入力するときの**活動**の選択肢には、**管理→選択肢の値**画面内の**作業分類(時間管理)**に登録されている値のうち、ここで**有効**に設定されているものが表示されます。

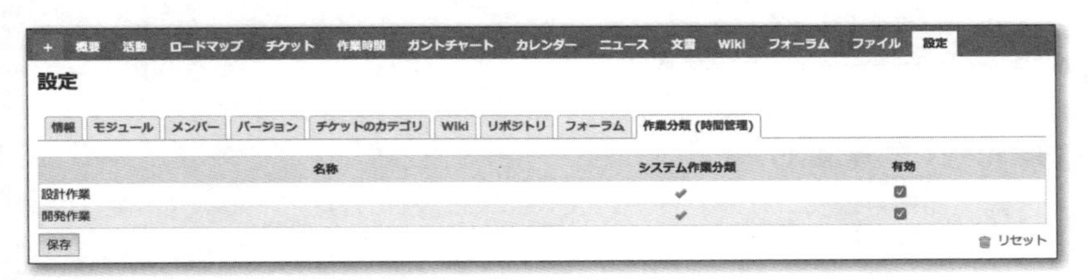

▲ 図14.20 作業分類(時間管理)

14.5 管理機能

プロジェクトやユーザーの作成、全般的な設定など、Redmine全体に関わる管理を行います。

Redmineのシステム管理者権限を持っているユーザー(デフォルトではadmin)のみがトップメニューの**管理**からアクセスできます。

図14.21 トップメニューの「管理」

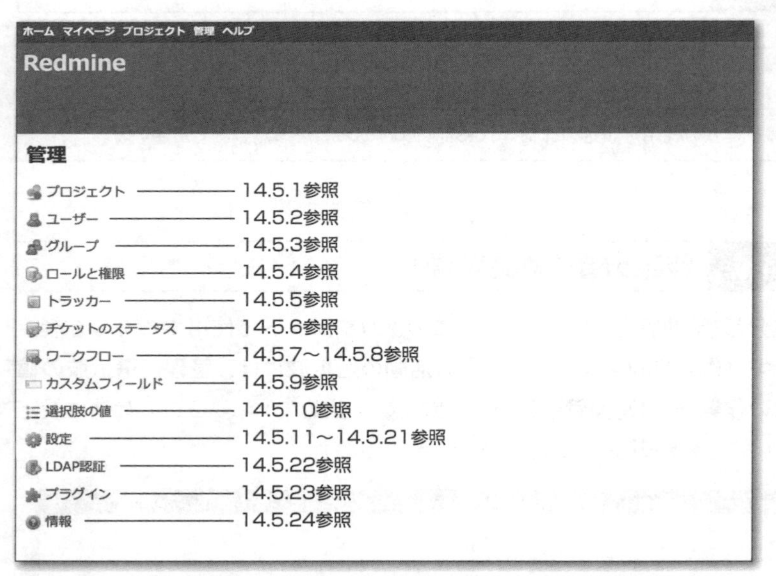

図14.22 「管理」画面

14.5.1 プロジェクト

新しいプロジェクトの作成や、既存プロジェクトの設定変更・削除などを行います。

▶プロジェクト一覧

管理画面で**プロジェクト**をクリックするとプロジェクトの一覧が表示されます。プロジェクトに関する操作はこの画面を起点に行います。

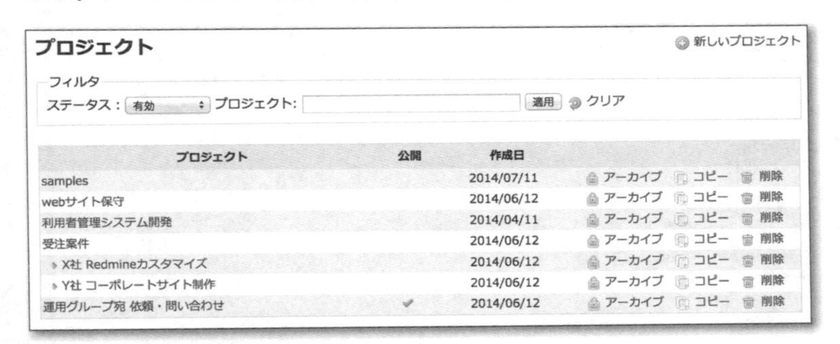

▲ 図14.23 プロジェクト一覧画面

表示されるプロジェクトの一覧は**フィルタ**により絞り込まれていて、デフォルトでは**有効**が適用されています。フィルタの動作は表14.13のとおりです。

▼ 表14.13 プロジェクト一覧画面のフィルタの動作

ステータス	説明
すべて	すべてのプロジェクトが表示されます。
有効	現在利用可能なプロジェクト（ステータスが「終了」または「アーカイブ」でないもの）が表示されます。プロジェクト一覧画面を開いた直後は「有効」が選択されています。
終了	「終了」状態のプロジェクトが表示されます。この状態のプロジェクトは、情報の参照はできますが更新を行うことはできません。
アーカイブ	「アーカイブ」状態のプロジェクトが表示されます。この状態のプロジェクトは、プロジェクトセレクタなどほかの画面には一切表示されず情報の参照・更新を行うこともできません。

NOTE

プロジェクトを「終了」状態にするには、「プロジェクトの終了/再開」権限を持つユーザーでログインしてプロジェクトの「概要」画面右上の「終了」をクリックしてください。

▶新しいプロジェクトの作成

画面右上の**新しいプロジェクト**をクリックすると、新たなプロジェクトを作成するための画面が表示されます。

新しいプロジェクト画面ではプロジェクトの設定の一部のみが行えます。メンバーの追加、リポジトリの設定などはプロジェクトの編集画面で行ってください。

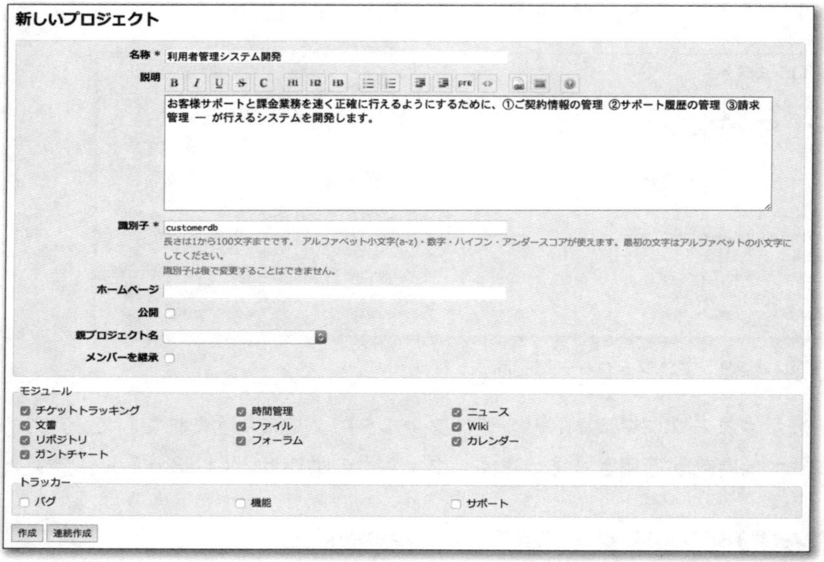

▲ **図14.24** 「新しいプロジェクト」画面

▼ **表14.14** 「新しいプロジェクト」画面の入力項目

名称	説明
名称	プロジェクトの名前です。プロジェクトセレクタなどの表示に使われます。
説明	プロジェクトについての簡単な説明です。プロジェクトの「概要」画面などで表示されます。
識別子	全てのプロジェクトの中で一意なプロジェクト識別子です。URLの一部などに使われます。プロジェクト作成後は識別子を変更することはできません。
ホームページ	プロジェクトに関連するWebサイトのURLを入力します。「概要」画面で表示されます。

公開	チェックボックスをONにすると公開プロジェクトになります。公開プロジェクトは、プロジェクトのメンバーではないユーザーも情報を閲覧できます。 この項目のデフォルト値はONですが、「管理」→「設定」→「プロジェクト」画面で「デフォルトで新しいプロジェクトは公開にする」をOFFにすることで、デフォルト値をOFFにすることができます。
親プロジェクト名	プロジェクトを既存のプロジェクトの子プロジェクトとして作成するとき、親とするプロジェクトを選択します。
メンバーを継承	ONにすると、親プロジェクトのメンバーはこのプロジェクトにメンバーとして追加されていなくても親プロジェクトにおけるロールでアクセスできます。
モジュール	プロジェクトで使用する機能を選択します。当面利用する予定がない機能は利用者の混乱を防ぐためOFFにしておくことをおすすめします。
トラッカー	「管理」→「トラッカー」画面で作成済みのトラッカーのうち、プロジェクトで使用するものを選択します。
カスタムフィールド	「管理」→「カスタムフィールド」画面で作成済みのカスタムフィールドのうち、プロジェクトで使用するものを選択します。 この項目は作成済みのカスタムフィールドがある場合のみ表示されます。

> NOTE プロジェクトの作成手順の詳細は6.7節「プロジェクトの作成」で解説しています。

▶プロジェクトの編集

プロジェクト一覧画面でプロジェクト名をクリックすると、プロジェクトの名前の変更や設定変更が行える編集画面が表示されます。プロジェクトメニューから**設定**を選んだときと同じ画面です。ここではプロジェクトに関するすべての設定が行えます。

> NOTE プロジェクトの編集画面の詳細は、14.4節「プロジェクトの設定」で解説しています。

▶プロジェクトのアーカイブ

プロジェクト一覧画面で**アーカイブ**をクリックすると、全ユーザーからそのプロジェクトが見えなくなります。更新することも、参照することもなくなったけれどデータは残しておきたいプロジェクトを保管するために使用します。

アーカイブしたプロジェクトを元の状態に戻すには、プロジェクト一覧画面の**フィルタ**内の**ステータス**で**アーカイブ**を選択してアーカイブ状態のプロジェクトを表示させてから**アーカイブ解除**をクリックします。

▲ 図14.25　プロジェクトのアーカイブ解除

> **NOTE** アーカイブと似たような機能にプロジェクトの「終了」がありますが、「終了」は読み取り専用にするだけで引き続きプロジェクトの参照は可能である点が異なります。

> **NOTE** プロジェクトの「終了」「アーカイブ」の詳細は、6.10節「プロジェクトの終了とアーカイブ」で解説しています。

▶プロジェクトのコピー

プロジェクト一覧画面で**コピー**をクリックすると、既存のプロジェクトを雛形として新しいプロジェクトを作成することができます。新規のプロジェクトを作成する際に、必ず使用する定型的なチケットやバージョンをあらかじめ作成した雛形プロジェクトをコピーするようにすれば、新しいプロジェクトを立ち上げる時の作業を省力化できます。

▶プロジェクトの削除

プロジェクト一覧画面で**削除**をクリックするとプロジェクトとプロジェクト内の全データが削除されます。プロジェクトを削除すると元に戻すことはできません。

14.5.2 ユーザー

新しいユーザーの作成や、既存ユーザーの設定変更・ロックなどを行います。

▶ユーザー一覧画面

管理画面で**ユーザー**をクリックするとユーザー一覧画面が表示されます。

▲ **図14.26** ユーザー一覧画面

表示されるユーザーの一覧は「フィルタ」により絞り込まれていて、デフォルトでは**有効**が適用されています。フィルタの動作は表14.15のとおりです。

▼ **表14.15** ユーザー一覧画面のフィルタの動作

ステータス	説明
すべて	すべてのユーザーが表示されます。
有効	現在ログイン可能なユーザー（ステータスが「登録」または「ロック」でないもの）が表示されます。ユーザー一覧画面を開いた直後は「有効」が選択されています。
登録	ユーザーによるアカウント登録（「管理」→「設定」→「認証」）を許可している場合に、登録の申請が行われたものの管理者による有効化がまだ行われていないアカウントが表示されます。
ロック	ロックされているアカウントが表示されます。

▶新しいユーザーの作成

画面右上の**新しいユーザー**をクリックすると、新たなユーザーを作成するための画面が表示されます。

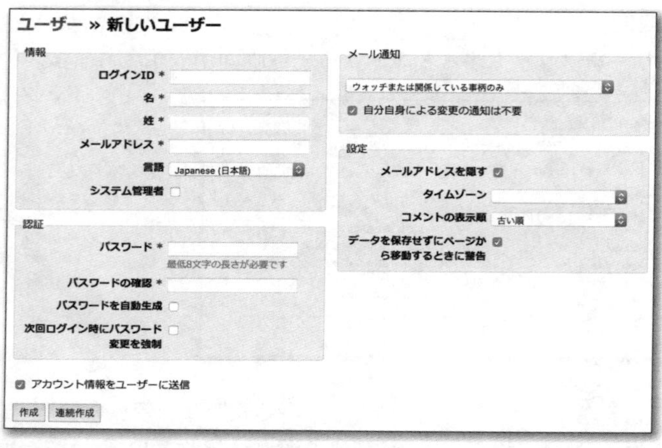

▲ 図14.27 「新しいユーザー」画面

NOTE 新しいユーザーの作成手順と「新しいユーザー」画面の詳細は6.2節「ユーザーの作成」で解説しています。

▶ユーザーの編集

ユーザー一覧画面でログインID列の情報をクリックすると、ユーザーの情報の変更やプロジェクトのメンバーとして追加するなどの操作を行う画面に移動します。この画面には**全般**、**グループ**、**プロジェクト**の3つのタブがあります。

全般タブではユーザーのログインID、氏名、メールアドレス、パスワードなどユーザーの新規作成時に入力した情報の編集が行えます。

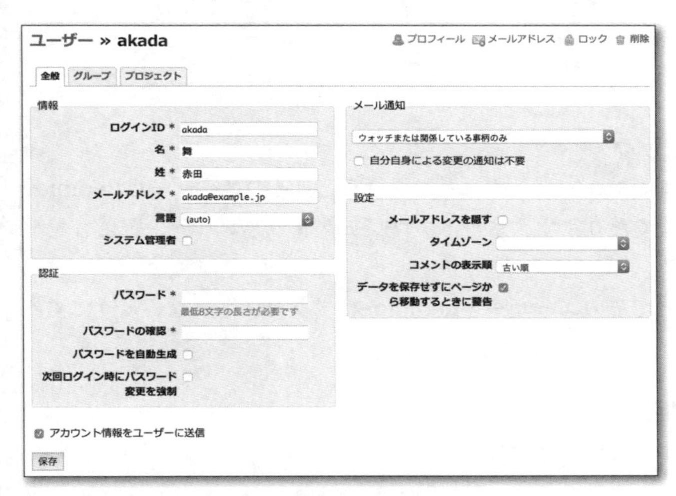

図14.28 ユーザーの編集画面（「全般」タブ）

グループタブではユーザーが所属するグループの追加や変更ができます。

図14.29 ユーザーの編集画面（「グループ」タブ）

14 リファレンス

プロジェクトタブではユーザーがメンバーとして参加するプロジェクトの追加や変更ができます。

ユーザー » akada　　プロフィール　メールアドレス　ロック　削除

全般　グループ　プロジェクト

プロジェクトの追加

プロジェクト	ロール		
利用者管理システム開発	管理者, 開発者	編集	
webサイト保守	管理者	編集	削除
受注案件	管理者	編集	削除
Y社 コーポレートサイト制作	管理者	編集	削除
samples	開発者	編集	削除

▲ 図14.30　ユーザーの編集画面(「プロジェクト」タブ)

▶ユーザーのロック

ユーザー一覧画面でユーザーのロックを行うと、そのユーザーはRedmineにログインできなくなります。また、プロジェクトのメンバー一覧にも表示されなくなります。

異動や退職などでそのユーザーをRedmineにアクセスさせないようにするには、**削除**ではなく**ロック**を使用します。

▶ユーザーの削除

ユーザーをRedmineから削除します。

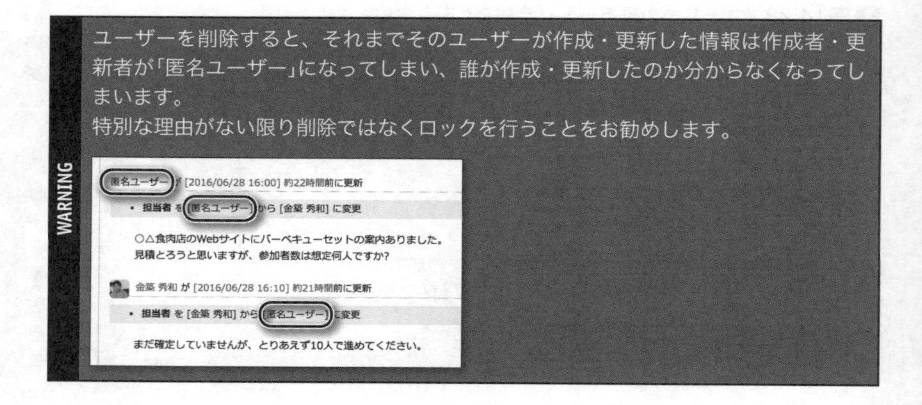
WARNING

ユーザーを削除すると、それまでそのユーザーが作成・更新した情報は作成者・更新者が「匿名ユーザー」になってしまい、誰が作成・更新したのか分からなくなってしまいます。
特別な理由がない限り削除ではなくロックを行うことをお勧めします。

14.5.3 グループ

グループの作成、グループへのユーザーの追加などを行います。

グループとは複数のユーザーをまとめて扱うためのものです。グループを利用することで、多数のユーザーをグループ単位でまとめてプロジェクトのメンバーとしたり、チケットの担当者をグループに割り当てたりできます。

グループを構成するユーザーを変更するとそのグループを参照しているプロジェクトのメンバーもあわせて変更されるので、特に多数のプロジェクトを利用している場合などに人事異動などへの対応が容易になります。

グループ 新しいグループ

グループ	ユーザー	
ECサイト開発チーム	3	削除
インフラチーム	0	削除
匿名ユーザー		
非メンバー		

▲ **図14.31** グループ一覧画面

> **NOTE** グループによるメンバー管理の詳細は6.9節「グループを利用したメンバー管理」で解説しています。

> **NOTE** 「匿名ユーザー」と「非メンバー」はRedmineの組み込みグループです。「匿名ユーザー」はログインしていないユーザーを、「非メンバー」はログインしているがメンバーには追加されていないユーザーを表します。公開プロジェクトにおいてこれらのグループをメンバーとすることで、非メンバーや匿名ユーザーがプロジェクトにアクセスするときにどのロールでアクセスさせるのか制御できます。

▶新しいグループの作成

グループ一覧画面の右上の**新しいグループ**をクリックすると、新たなグループを作成するための画面が表示されます。

グループ » 新しいグループ

名称 *

作成 連続作成

▲ **図14.32** 「新しいグループ」画面

▶グループの編集

グループ一覧画面でグループ名をクリックすると、グループの名称の変更、グループへのユーザーの追加、グループをプロジェクトに参加させるなどの設定を行う画面に移動します。この画面には**全般**、**ユーザー**、**プロジェクト**の3つのタブがあります。

全般タブではグループの名称の変更が行えます。

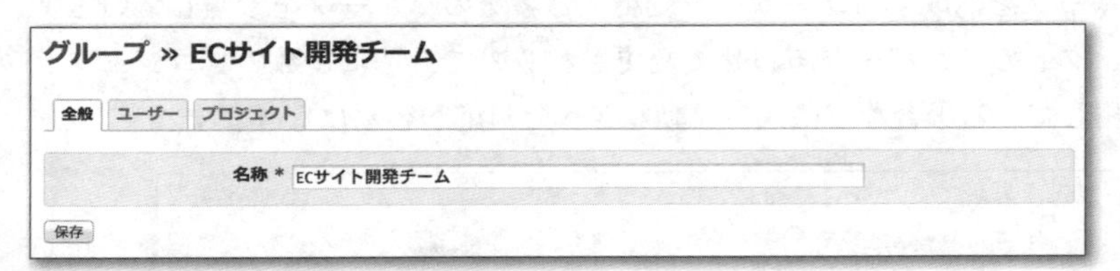

図14.33 グループの編集画面(「全般」タブ)

ユーザータブでは、グループを構成するユーザーの一覧表示、追加・削除が行えます。

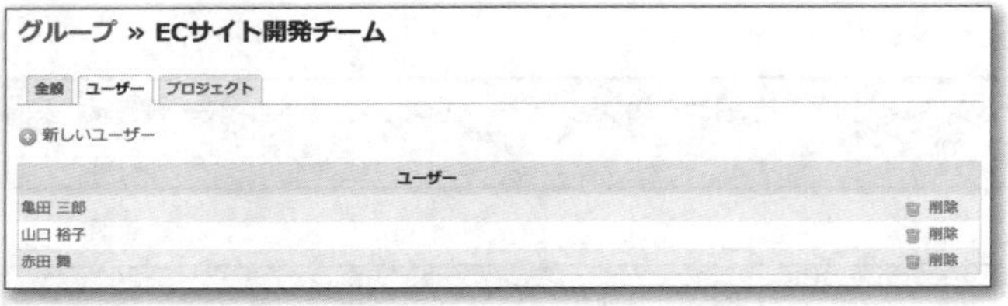

図14.34 グループの編集画面(「ユーザー」タブ)

プロジェクトタブでは、そのグループがメンバーとなっているプロジェクトの一覧表示、追加・削除・ロールの変更ができます。

図14.35 グループの編集画面(「プロジェクト」タブ)

▶グループの削除

グループ一覧画面で**削除**をクリックするとグループが削除されます。グループを削除すると元に戻すことはできません。

14.5.4 ロールと権限

新しいロールの作成や、既存ロールの設定変更・割り当て権限変更、削除を行います。

ロール(roll)とはそのまま訳すと役割という意味で、Redmineにおいてはメンバーがプロジェクトでどのような操作を許可するのか定義するものです。1つのロールではRedmine上の数十個の権限の有無がまとめて定義されています。ユーザーをプロジェクトのメンバーとして追加するときは、必ず1つ以上のロールを指定します。

> **NOTE** ロールについての詳細は6.5節「ロールの設定」で解説しています。

▶ロール一覧画面

管理画面で**ロールと権限**をクリックするとロール一覧画面が表示されます。この画面ではロールの新規作成、既存ロールの編集、削除、並べ替えが行えます。

▲ 図14.36 ロール一覧画面

▶新しいロールの作成

ロール一覧画面の右上の**新しいロール**をクリックすると、新たなロールを作成するための画面が表示されます。

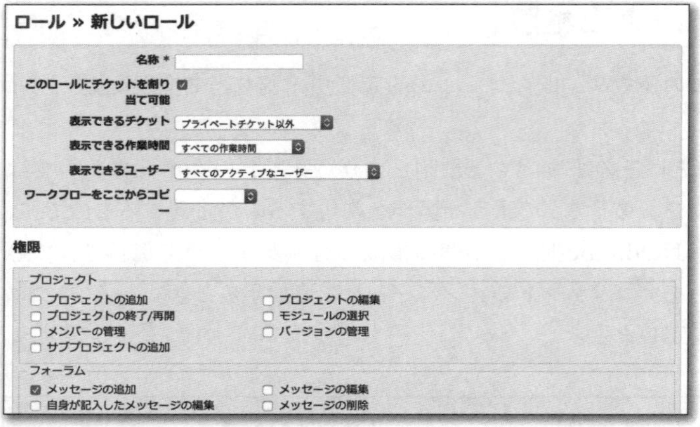

▲ 図14.37 「新しいロール」画面

▼ 表14.16 「新しいロール」画面の入力項目

名称	説明
名称	ロールの名称です。
このロールにチケットを割り当て可能	OFFにすると、このロールのメンバーはチケットの担当者にできなくなります。プロジェクトの情報を参照するだけで実際の作業を行わない人をこのロールにしておくとチケットの作成・更新時の担当者の候補に余計なユーザーが表示されず、操作性が向上します。
表示できるチケット	プロジェクト内で閲覧できるチケットの範囲を設定します。 設定できる範囲の詳細は表14.17を参照してください。
表示できる作業時間	プロジェクトの「時間管理」画面で閲覧できる作業時間の範囲を設定します。 設定できる範囲の詳細は表14.18を参照してください。
表示できるユーザー	メンバーにユーザーの存在を見せる範囲を指定します。 設定できる範囲の詳細は表14.19とそれに続くNOTEを参照してください。
ワークフローをここからコピー	ロールの作成と同時に、そのロールに対するワークフローを別のロールのワークフローからコピーして作成できます。 ワークフローとはプロジェクトのメンバーがチケットのステータスをどのように変更できるか定義したもので、ロールとトラッカーの組み合わせ毎に存在します。トラッカーやステータスが多いとワークフローの定義にはかなり手間がかかりますが、既存のロールからワークフローをコピーした上で必要な変更を加えるようにすれば手間を減らせます。
権限	このロールにどの権限を割り当てるのかチェックボックスをONにして選択します。

▼ 表14.17 プロジェクト内で閲覧できるチケットの範囲

範囲	説明
すべてのチケット	他のユーザーが作成したプライベートチケットを含め、プロジェクト内のすべてのチケットを閲覧できます。「管理者」ロールはこの設定です。
プライベートチケット以外	他のユーザーが作成したプライベートチケットは閲覧できませんが、それ以外のプロジェクト内のすべてのチケットを閲覧できます。デフォルトはこの設定です。
作成者か担当者であるチケット	自分が作成したか、自分が担当者であるチケットしか表示されません。閲覧できるチケットが極めて限定された状態です。

▼ 表14.18 プロジェクトの「時間管理」画面で閲覧できる作業時間の範囲

範囲	説明
すべての作業時間	プロジェクトで登録されたすべての作業時間の記録を閲覧できます。デフォルトはこの設定です。
自分が登録した作業時間	自分が登録した作業時間のみ閲覧できます。ほかのメンバーの作業時間の記録が見えるとチケット番号やコメントから実施している作業が推測できますが、それが好ましくないときに使用します。

▼ 表14.19 メンバーにユーザーの存在を見せる範囲

範囲	説明
すべてのアクティブなユーザー	Redmineに登録されているユーザーの情報を閲覧できます。デフォルトはこの設定です。
見ることができるプロジェクトのメンバー	プロジェクトのメンバーのみ閲覧できます。

NOTE

Redmineにログイン済みのユーザーは任意のユーザーのプロフィール画面(http://ホスト名/users/番号/)にアクセスでき、氏名やメンバーとなっているプロジェクトなどの情報を見ることができます。これを防ぎたい場合はRedmine上のすべてのロールで「表示できるユーザー」を「見ることができるプロジェクトのメンバー」に変更してください。

▶ロールの編集

ロール一覧画面でロール名をクリックするとロールの名前の変更や権限割当を行う画面が表示されます。

> **NOTE** ロールに対する権限の割り当ては後述の「権限レポート」でも行えます。権限レポートでは複数のロールに対して一括で権限の変更ができます。

▶ロールの削除

ロール一覧画面で「削除」をクリックするとロールが削除されます。ロールを削除すると元に戻すことはできません。

▶権限レポートの表示

ロール一覧画面の左下にある**権限レポート**をクリックすると、すべての権限とすべてのロールの組み合わせを示す表「権限レポート」が表示されます。この画面で権限の変更も行うことができます。

権限の変更はこの画面でもロールの編集画面でも行えますが、**権限レポート**では他のロールでの権限の割り当て状況を参照しながら設定変更したり複数のロールの権限をまとめて変更したりできます。

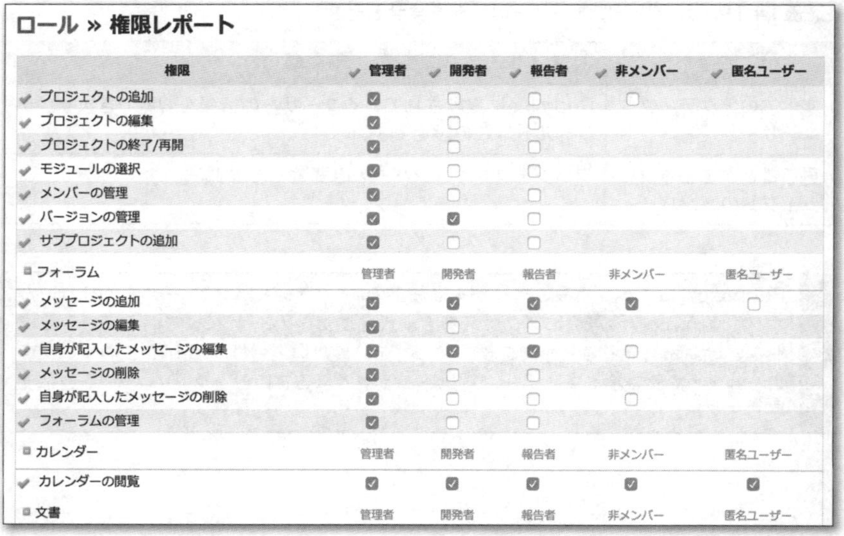

ロール » 権限レポート

権限	管理者	開発者	報告者	非メンバー	匿名ユーザー
プロジェクトの追加	☑	☐	☐	☐	
プロジェクトの編集	☑	☐	☐		
プロジェクトの終了/再開	☑	☐	☐		
モジュールの選択	☑	☐	☐		
メンバーの管理	☑	☐	☐		
バージョンの管理	☑	☑	☐		
サブプロジェクトの追加	☑	☐	☐		
フォーラム	管理者	開発者	報告者	非メンバー	匿名ユーザー
メッセージの追加	☑	☑	☑	☑	☐
メッセージの編集	☑	☐	☐		
自身が記入したメッセージの編集	☑	☑	☑	☐	
メッセージの削除	☑	☐	☐		
自身が記入したメッセージの削除	☑	☐	☐	☐	
フォーラムの管理	☑	☐	☐		
カレンダー	管理者	開発者	報告者	非メンバー	匿名ユーザー
カレンダーの閲覧	☑	☑	☑	☑	☑
文書	管理者	開発者	報告者	非メンバー	匿名ユーザー

▲ **図14.38** 権限レポート

14.5.5 トラッカー

トラッカーはチケットの大分類です。さらに、次の3つの役割も持っています。

- 使用する標準フィールド・カスタムフィールドの種類の定義
- ワークフローの定義
- フィールドの権限の定義

NOTE トラッカーの3つの役割の詳細は6.4.1「トラッカーの役割」で解説しています。

NOTE デフォルトで定義されているトラッカー「バグ」「機能」「サポート」の意味は6.4節「トラッカー(チケットの大分類)の設定」で解説しています。

▶トラッカー一覧画面

管理画面で**トラッカー**をクリックするとトラッカー一覧画面に移動します。トラッカーの新規作成、既存トラッカーの編集、削除が行えます。

▲ 図14.39 トラッカー一覧画面

▶新しいトラッカーの作成

トラッカー一覧画面で右上の**新しいトラッカーを作成**をクリックすると、**新しいトラッカーを作成**画面に移動します。

> WARNING
> 新たにトラッカーを作成したら、そのトラッカーに対するワークフローの定義も必要です。ワークフローの定義を行わないと、そのトラッカーのチケットはステータスをデフォルトの値から変更できません。
> ワークフローをトラッカーに対して定義するには、トラッカーを作成するときに「ワークフローをここからコピー」で既存のトラッカーのワークフローをコピーするか、「ワークフロー」画面で設定します。
> ワークフローについての詳細は6.6節「ワークフローの設定」で解説しています。

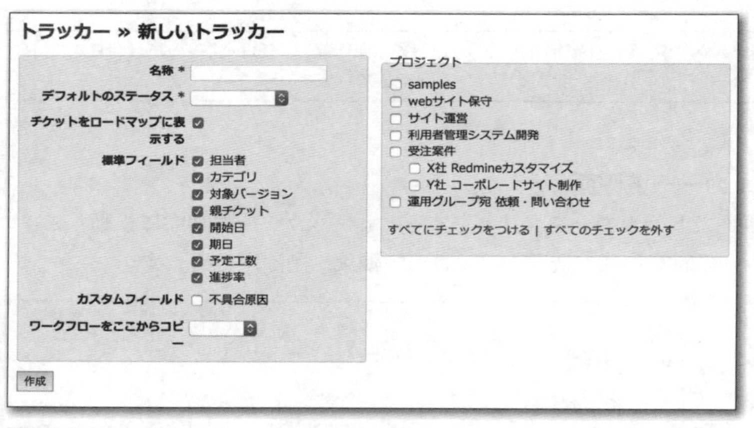

▲ 図14.40 「新しいトラッカー」画面

> NOTE
> 「新しいトラッカー」画面の詳細は6.4.2「トラッカーの作成」で解説しています。

▶トラッカーの編集

トラッカー一覧画面でトラッカー名をクリックすると、トラッカーの設定内容の編集を行うための画面が表示されます。入力項目は新しいトラッカーの作成画面とほぼ同じです。

▶トラッカーの削除

トラッカー一覧画面で**削除**をクリックするとそのトラッカーを削除できます。

> **WARNING** そのトラッカーのチケットが存在しているとトラッカーを削除できません。トラッカーを削除する前にそのチケットのトラッカーを別のものに変更し、そのトラッカーを使っているチケットが存在しない状態にしてください。

▶サマリーの表示

トラッカー一覧画面の左下にある**サマリー**をクリックすると、すべてのトラッカーでどの標準フィールド・カスタムフィールドが使われているのかを示す表が表示されます。使用する標準フィールドとカスタムフィールドの設定は、トラッカーの編集画面に加えこの画面でも行えます。

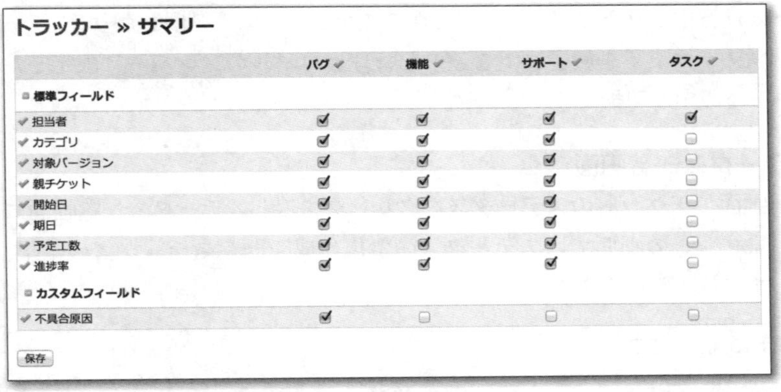

トラッカー » サマリー

	バグ	機能	サポート	タスク
標準フィールド				
担当者	☑	☑	☑	☑
カテゴリ	☑	☑	☑	☐
対象バージョン	☑	☑	☑	☐
親チケット	☑	☑	☑	☐
開始日	☑	☑	☑	☐
期日	☑	☑	☑	☐
予定工数	☑	☑	☑	☐
進捗率	☑	☑	☑	☐
カスタムフィールド				
不具合原因	☑	☐	☐	☐

保存

図14.41 トラッカーの「サマリー」

14.5.6 チケットのステータス

チケットには現在の状況を端的に表すためのフィールド**ステータス**があります。プロジェクトのメンバーは作業の進捗に応じてステータスを変更します。

デフォルトでは**新規**、**進行中**、**解決**、**フィードバック**、**終了**、**却下**の6個のステータスが定義されています。

> **NOTE** デフォルトで定義されているステータスの詳細は6.3.1「デフォルトのステータス」で解説しています。

ステータスはチームの業務フローにあわせて追加・変更できます。また、ワークフローの設定(**管理→ワークフロー**)により、あるステータスからどのステータスに変更できるのか制限できます。たとえば、ステータス**新規**のチケットは**進行中**か**却下**のどちらかにしか変更できないよう制限したり、ステータス**解決**のチケットを**終了**にできるのを管理者ロールのメンバーに限定したりといった設定が可能です。

▶ステータス一覧画面

管理画面で**チケットのステータス**をクリックするとステータス一覧画面に移動します。この画面ではステータスの新規作成、既存ステータスの編集、削除、並べ替えが行えます。

チケットのステータス 新しいステータス

ステータス	終了したチケット	
新規		削除
進行中		削除
解決		削除
フィードバック		削除
終了	✔	削除
却下	✔	削除

▲ 図14.42 ステータス一覧画面

▶新しいステータスの作成

ステータス一覧画面の右上の**新しいステータス**をクリックすると、新たなステータスを作成するための画面が表示されます。

チケットのステータス » 新しいステータス

名称 *

終了したチケット

作成

図14.43 「新しいステータス」画面

表14.20 「新しいステータス」画面の入力項目

名称	説明
名称	ステータスの名称です。
終了したチケット	ONにすると、このステータスは作業が終了した状態を表すものとして扱われ、チケットの一覧を表示する画面で「完了」に分類されたり、「ロードマップ」画面で「完了」として集計されたりします。 デフォルトでは「終了」と「却下」の2つのステータスが「終了したチケット」に設定されています。

▶ステータスの編集

ステータス一覧画面でステータス名をクリックすると、ステータスの編集を行うための画面が表示されます。入力項目は**新しいステータス**画面とほぼ同じです。

WARNING

ステータスは作成しただけでは利用できません。チケットの「ステータス」欄で使用できるようにするにはワークフローの設定が必要です。ワークフローの設定方法の詳細は6.6節「ワークフローの設定」で解説しています。

14.5.7 ワークフロー 》ステータスの遷移タブ

ワークフローは、プロジェクトのメンバーがチケットのステータスをどのように遷移させることができるのかを定義したものです。全メンバーで一律ではなく、ロールとトラッカーの組み合わせごとに細かく定義できます。

> NOTE ワークフローの詳細は6.6節「ワークフローの設定」で解説しています。

▶ワークフロー画面

管理画面で**ワークフロー**をクリックすると、指定したロールとトラッカーの組み合わせに対するワークフローが編集できる**ワークフロー**画面に移動します。

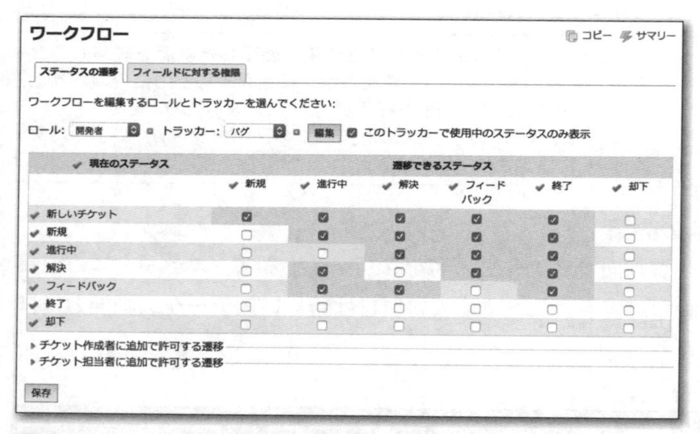

▲ 図14.44 「ワークフロー」画面

▼ 表14.21 「ワークフロー」画面の入力項目

名称	説明
ロール・トラッカー	どのロールとトラッカーの組み合わせに対するワークフローを編集するのか指定します。
このトラッカーで使われているステータスのみ表示	ONの場合、選択したトラッカーで使われていないステータス(どのロールとの組み合わせのワークフローでもチェックボックスがONになっていないステータス)は表示しません。 新しく作成したステータスを表示するには、このチェックボックスをOFFにしてから「編集」をクリックしてください。

▶ワークフローの編集

「ワークフロー」画面でロールとトラッカーの組み合わせを選択して**編集**ボタンをクリックすると、あるステータスからどのステータスに遷移できるかの組み合わせをチェックボックスで表現した表が表示されます。

> NOTE
> ワークフローの編集方法の詳細は6.6.2「ワークフローのカスタマイズ」で解説しています。

14.5.8 ワークフロー》フィールドに対する権限タブ

ワークフロー画面の**フィールドに対する権限**タブでは、トラッカー・ロール・ステータスごとに担当者や期日などの標準フィールドやカスタムフィールドを必須に設定したり読み取り専用に設定できます。チームにおけるRedmineの運用にあわせて特定の項目の入力を強制したり、変更を禁止したりできます。

例えば、次のような運用が実現できます。

- ステータスが「新規」「却下」以外のチケットは担当者の入力を必須とし、作業中のチケットの担当者の設定忘れを防止
- チケットの開始日期日を管理者ロール以外のメンバーに対して読み取り専用として、メンバーが勝手に変更するのを禁止
- チケットの優先度を管理者ロール以外のユーザーに対して読み取り専用として、メンバーが勝手に変更するのを禁止

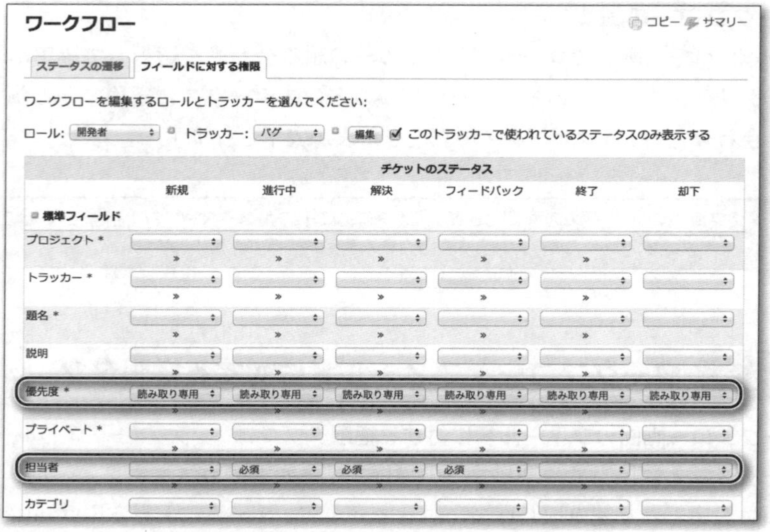

▲ 図14.45 フィールドに対する権限の設定例

NOTE 「フィールドに対する権限」の設定例は8.10節「「フィールドに対する権限」で必須入力・読み取り専用の設定をする」で解説しています。

14.5.9 カスタムフィールド

カスタムフィールドを使うと、チケットに標準では用意されていない新たな入力項目を追加したり、作業時間、プロジェクト、ユーザーなどに対して独自の属性を持たせることができます。たとえば次のような使い方ができます。

- Redmineを顧客からの問い合わせを管理するために使用しているケースで、チケットに対して顧客コード、氏名、電話番号を格納するためのテキスト型カスタムフィールドを追加。
- ユーザーに対して、社員番号を格納するためのテキスト型カスタムフィールドを追加。

NOTE カスタムフィールドの詳細は8.12節「カスタムフィールドで独自の情報をチケットに追加」で解説しています。

▶カスタムフィールド一覧画面

管理画面で**カスタムフィールド**をクリックすると、カスタムフィールドの一覧画面が表示されます。カスタムフィールドの新規作成、編集、削除、並び順の変更が行えます。

一覧画面はカスタムフィールドの種類毎にタブで分類されています。

カスタムフィールド

新しいカスタムフィールドを作成

チケット

名称	書式	必須	全プロジェクト向け	使用中	
不具合原因	キー・バリュー リスト			1プロジェクト	削除

図14.46 カスタムフィールド一覧画面

▶新しいカスタムフィールドの作成

画面右上の**新しいカスタムフィールドを作成**をクリックしてください。カスタムフィールドを追加するオブジェクトを選択する画面が表示されます。追加対象のオブジェクトを選択して**次 》**をクリックしてください。選択したオブジェクトに応じたカスタムフィールドの作成画面が表示されます。

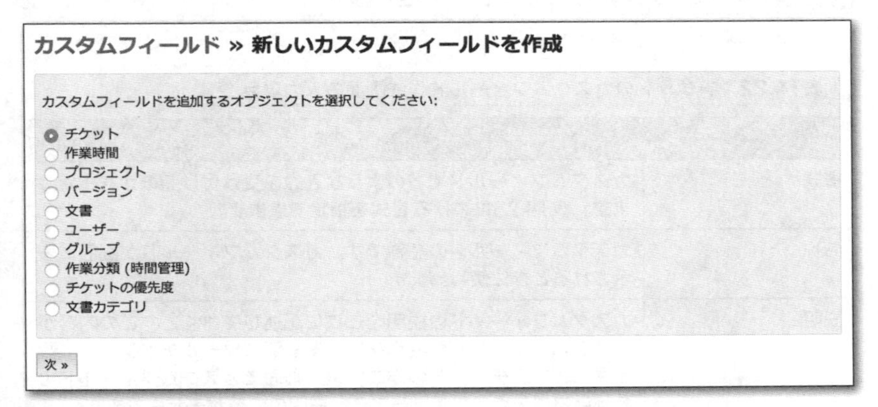

図14.47 カスタムフィールドを作成するオブジェクトの選択

14 リファレンス

作成画面は選択したオブジェクトにより異なります。ここでは最も使用頻度が高いと思われるチケットのカスタムフィールドについて説明します。

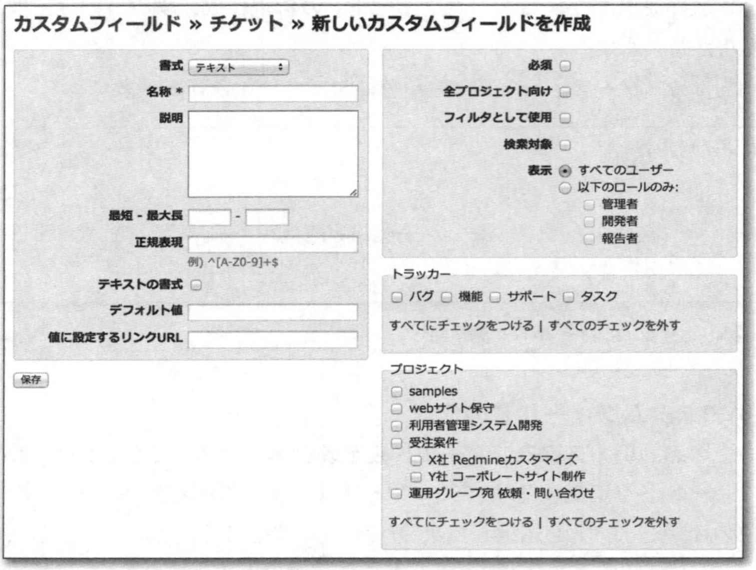

▲ 図14.48 「新しいカスタムフィールドを作成」画面(チケット)

▼ 表14.22 チケットのカスタムフィールド作成画面の入力項目

名称	説明
書式	カスタムフィールドでどのような入力を受け付けるのかを指定します。表14.23に挙げる書式を指定できます。
名称	カスタムフィールドの名称です。カスタムフィールドが画面に表示されるときに使われます。
説明	カスタムフィールドの説明をここに記述しておくと、この内容がカスタムフィールドの名称を表示する際にツールチップとして設定されます。チケットの作成・編集画面でカスタムフィールドの名称にマウスカーソルを当てると説明の内容が表示されます。
デフォルト値	カスタムフィールドのデフォルト値を設定することができます。
必須	ONにするとこのカスタムフィールドが必須入力の項目になります。値の入力を省略することができなくなります。
全プロジェクト向け	ONにするとすべてのプロジェクトでこのカスタムフィールドが使用されます。OFFの場合、プロジェクトの「設定」→「情報」内の「カスタムフィールド」でこのカスタムフィールドを利用する設定を行ったプロジェクトでのみ使用されます。

フィルタとして使用	ONにすると「チケット」画面のフィルタでカスタムフィールドの値による絞り込みが行えます。
検索対象	ONにするとこのカスタムフィールドの値もRedmineの検索機能で検索できるようになります。
表示	このカスタムフィールドを利用できるロールを限定できます。例えば、管理者ロールのみ閲覧可能なカスタムフィールドを作成することができます。
トラッカー	どのトラッカーのチケットでこのカスタムフィールドを使うのかを指定します。トラッカーの編集画面でも設定できます。
プロジェクト	どのプロジェクトでこのカスタムフィールドを使うのかを指定します。プロジェクトの「設定」→「情報」内の「カスタムフィールド」でも設定できます。

▼ **表14.23** チケットのカスタムフィールド作成画面の入力項目「書式」で指定できる項目

名称	説明
キー・バリュー リスト	あらかじめ指定した値の中から1つを選択するドロップダウンリストボックスによる入力を受け付けます。
テキスト	1行のテキスト入力を受け付けます。
バージョン	プロジェクトに作成されているバージョンの一覧から選択するドロップダウンリストボックスによる入力を受け付けます。
ユーザー	プロジェクトのメンバーの一覧から選択するドロップダウンリストボックスによる入力を受け付けます。
リスト	あらかじめ指定した値の中から1つを選択するドロップダウンリストボックスによる入力を受け付けます。 「リスト」は旧バージョンとの互換性維持のために存在します。Redmine 3.2以降では「キー・バリュー リスト」を使用してください。「リスト」は選択肢の特定の値を後で変更することができません(削除と追加は可能)。
リンク	書式「テキスト」と同様に1行のテキスト入力を受け付けます。ただし、入力された値はURLとして扱われ、その値を表示する際には値にリンクが設定されます。
小数	小数値の入力を受け付けます。
整数	整数値の入力を受け付けます。
日付	日付の入力を受け付けます。
真偽値	チェックボックスのON/OFFの入力を受け付けます。
長いテキスト	複数行のテキスト入力を受け付けます。

14.5.10 選択肢の値

Redmineの各機能で表示されるドロップダウンリストボックスのうち、**文書カテゴリ**、**チケットの優先度**、**作業分類 (時間管理)**、の値の一覧と並び順が定義されています。値の追加、名称変更、並べ替えが行えます。

> **NOTE** この画面の名称はRedmine 3.4.0で「列挙項目」から「選択肢の値」に変更されました。

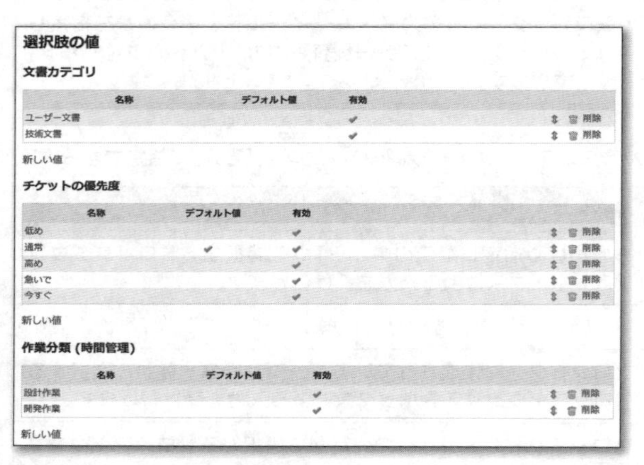

▲ 図14.49 「選択肢の値」画面

▲ 図14.50 「選択肢の値」の編集画面

▼ 表14.24 選択肢の値の入力項目

名称	説明
名称	画面に表示される名称です。
有効	OFFにすると選択肢に表示されなくなります。値を削除することなく一時的に選択肢に表示させないようにできます。
デフォルト値	選択肢を表示させたとき、この設定がONの値がデフォルトで選択された状態となります。

14.5.11 設定

Redmineのシステム全体にかかわる設定を行います。

管理画面で**設定**をクリックすると**設定**画面に移動します。**設定**画面には次の10個のタブがあります。

- 全般(14.5.12)
- 表示(14.5.13)
- 認証(14.5.14)
- API(14.5.15)
- プロジェクト(14.5.16)
- チケットトラッキング(14.5.17)
- ファイル(14.5.18)
- メール通知(14.5.19)
- 受信メール(14.5.20)
- リポジトリ(14.5.21)

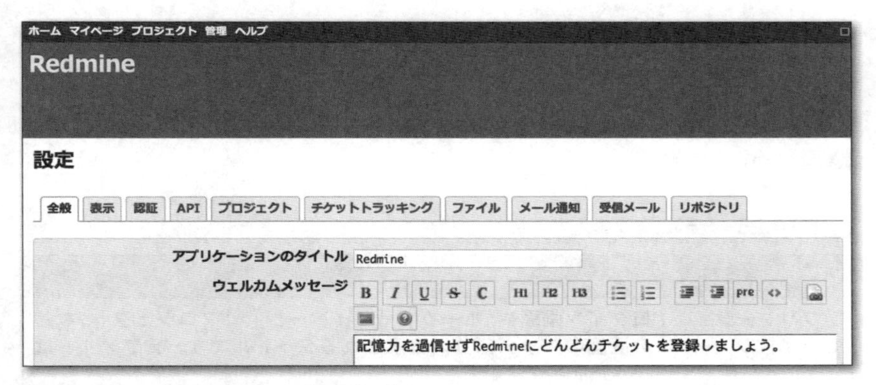

▲ 図14.51 「設定」画面の10個のタブ

14.5.12 設定 》全般タブ

Redmineのシステム全般に関する設定を行います。

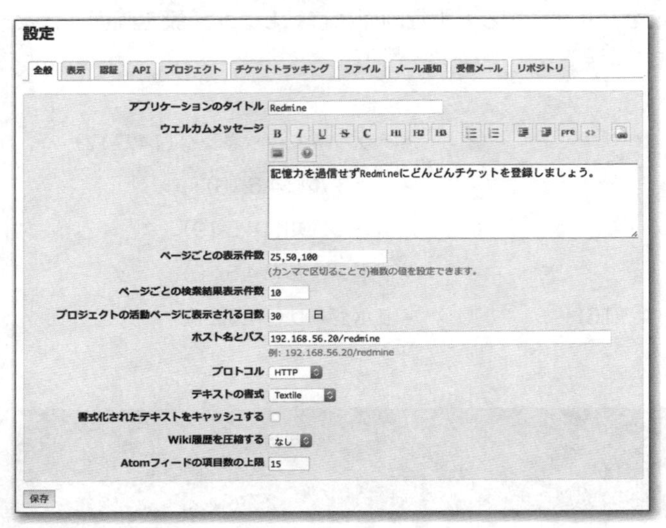

▲ 図14.52 「全般」タブ

▼ 表14.25 「全般」タブの入力項目

名称	説明
アプリケーションのタイトル	ログイン画面や「ホーム」、「マイページ」、「プロジェクト」などの画面のヘッダ部分に表示されるタイトルです。デフォルトは「Redmine」です。
ウェルカムメッセージ	ホーム画面の右側に表示されるウェルカムメッセージの内容を設定します。
ページごとの表示件数	チケット一覧やリビジョン一覧など大量の表示を行う画面で1ページに表示する最大件数を設定します。カンマ区切りで複数の値を設定するとユーザーが最大件数を切り替えることができるようになります。例えば50,100,200と設定した場合、デフォルトは1ページあたり50件表示を行い、100件または200件表示に切り替えることもできます。
ページごとの検索結果表示件数	検索結果を表示する画面で1ページに最大何件の検索結果を表示するか設定します。
プロジェクトの活動ページに表示される日数	「活動」画面で1ページに何日分の情報を表示するか設定します。

ホスト名とパス	Redmineが動作しているサーバのホスト名を指定します。メール通知の本文中のリンクURLを生成するのに使われます。デフォルトのままではリンクが正しく生成されませんので必ず設定してください。 テキストフィールドの下にRedmineが推測した値が例として表示されています。ほとんどの場合、この値をそのまま転記すれば正しい設定を行うことができます。
プロトコル	「HTTP」または「HTTPS」を選択します。ホスト名と同じく、メール通知でリンクURLを生成するのに使われます。
テキストの書式	チケットの説明や注記、Wikiで太字やリンクなどの修飾を行うのに使用する記法を選択します。「なし」、「Textile」または「Markdown」から選べます。デフォルトは「Textile」です。
書式化されたテキストをキャッシュする	TextileやMarkdownからHTMLへの変換結果をキャッシュして画面生成を高速化します(2KB以上のHTMLが対象)。
Wiki履歴を圧縮する	「なし」または「Gzip」を選択します。デフォルトは「なし」です。Gzipを選択するとWikiの履歴がGzipで圧縮された状態でデータベースに格納されるためディスク領域が節約できます。
Atomフィードの項目数の上限	Atomフィードで出力する項目数の上限です。デフォルト値は15です。 フィードリーダーが行うフィードの定期取得の間にここで設定された以上の件数の情報が発生すると、RSSリーダー上で情報が欠落することがあります。チケットの更新等が多い環境では値を大きくすることを検討してください。

14.5.13 設定 》表示タブ

Redmineのユーザーインターフェイスに関する設定を行います。

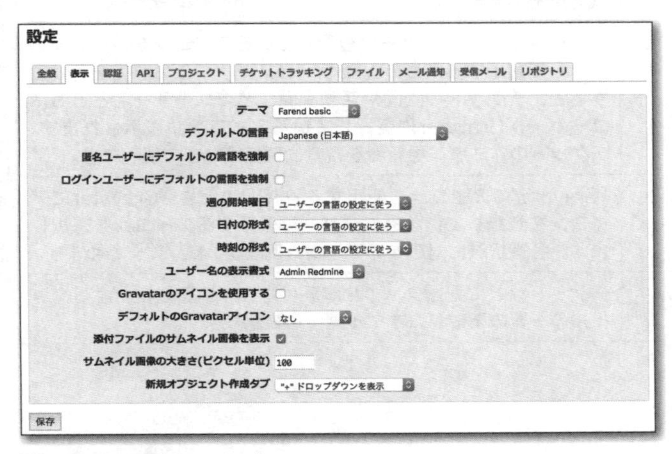

▲ 図14.53 「表示」タブ

14 リファレンス

▼ **表14.26** 表示タブの入力項目

名称	説明
テーマ	画面の配色・フォントなどを定義したテーマを切り替えることができます。あらかじめ組み込まれている「デフォルト」「Alternate」「Classic」のほか、インターネットで入手したテーマを利用することもできます。 テーマの入手やインストールについては5.7節「テーマの切り替えによる見やすさの改善」で解説しています。
デフォルトの言語	新しいユーザーを作成した際の初期設定値とする言語を選択します。
匿名ユーザーにデフォルトの言語を強制	ログインしていないユーザーがアクセスしてきたとき、ブラウザの言語設定を無視して常に「デフォルトの言語」で設定された言語で表示します。
ログインユーザーにデフォルトの言語を強制	ユーザーの「個人設定」で設定されている言語を無視して常に「デフォルトの言語」で設定された言語で表示します。
週の開始曜日	カレンダーを表示する際に何曜日を開始とするか選択します。デフォルトは「ユーザーの言語の設定に従う」で、ユーザーが「個人設定」で「日本語」を選択している場合は日曜日始まりになります。
日付の形式	日付の書式を選択します。デフォルトは「ユーザーの言語の設定に従う」で、ユーザーが「個人設定」で「日本語」を選択している場合は「YYYY/MM/DD」形式です。
時刻の形式	時刻の書式を選択します。デフォルトは「ユーザーの言語の設定に従う」で、ユーザーが「個人設定」で「日本語」を選択している場合は「99:99」形式(24時間表示)です。
ユーザー名の表示書式	姓と名をどのように表示するのか選択します。デフォルトは欧米式の「名 姓」ですが、「姓」、「名」、「姓 名」、「名,姓」という形式も選択できます。
Gravatarのアイコンを使用する	Gravatarとは、ユーザーが登録しているアイコンを様々なwebサイトで利用するためのWebサービスです。この機能を有効にすると、チケットの画面や活動画面などにユーザー名とともにユーザーがGravatarに登録しているアイコンが表示されます。チケットの作成者・更新者を視覚的に識別できて便利です。
デフォルトのGravatarアイコン	「Gravatarのアイコンを使用する」がONのとき、Gravatarにアイコンを登録していないユーザーに表示するアイコンを選択します。各選択肢に対応するアイコン例を表14.27にまとめます。
添付ファイルのサムネイル画像を表示	チケットなどに画像ファイルが添付されている場合、添付ファイルの一覧の下にサムネイル画像を表示します。

サムネイル画像の大きさ(ピクセル単位)	「添付ファイルのサムネイル画像を表示」がONのとき、表示するサムネイル画像の大きさを指定します。
新規オブジェクト作成タブ	「"新しいチケット"タブを表示」を選択すると、チケットやWikiページなど各種オブジェクトを作成できるプロジェクトメニューの「+」メニューを表示せずにRedmine 3.2までで使われていた「新しいチケット」タブを表示させることができます。

▼ **表14.27** Gravatarにアイコンを登録していないユーザーに表示するアイコン

選択肢	アイコン例
Wavatars	
Identicons	
Monster ids	

選択肢	アイコン例
Retro	
Mystery man	

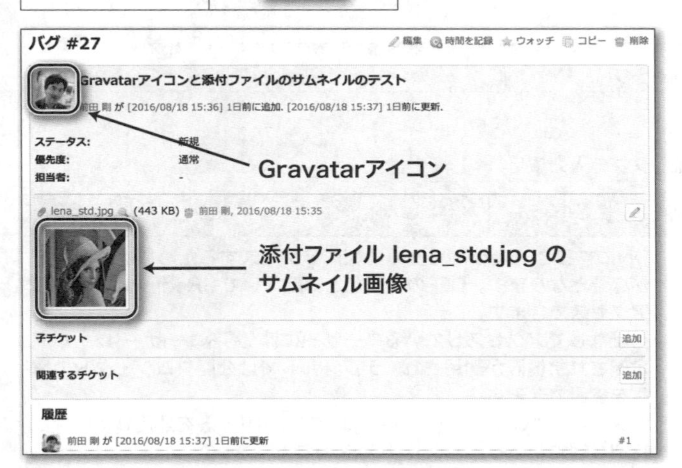

▲ **図14.54** Gravatarアイコンと添付ファイルのサムネイル画像の例

> **WARNING**
>
> 「Gravatarのアイコンを使用する」をONにしてユーザーのアイコンを表示するためには次の条件を満たす必要があります。
>
> - ユーザーが自分のアイコンとメールアドレスをGravatar (http://ja.gravatar.com/)に登録していること
> - Redmineにアクセスしている端末からインターネットにアクセスできること

14.5.14 設定 》認証タブ

認証に関係する設定を行います。

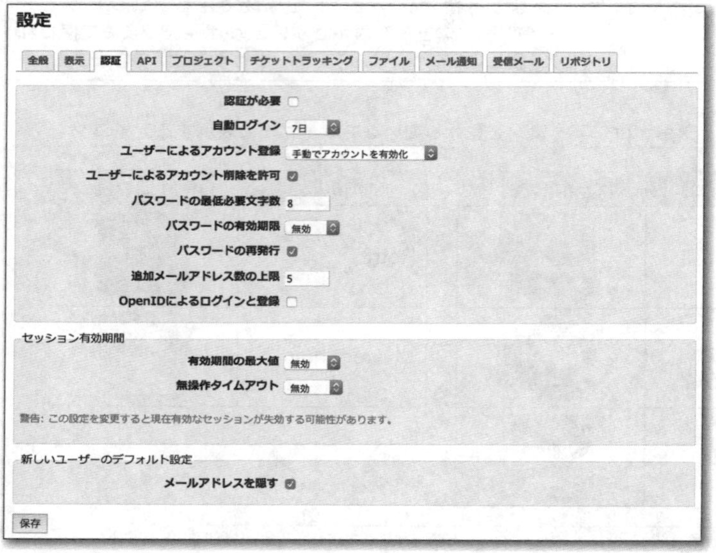

図14.55 「認証」タブ

表14.28 「認証」タブの入力項目

名称	説明
認証が必要	ONにすると、Redmine上の情報にアクセスするためには必ず認証が必要となります。OFFの状態だと認証なしでもRedmineの情報にアクセスできます。 認証なしでアクセスしているユーザーには「匿名ユーザー」ロールで定義された権限が適用され、デフォルトでは公開プロジェクトの情報を参照できます。 デフォルトはOFFですが、Redmineで公開サイトを運用したいなど特別な理由がある場合以外はONにしてください。
自動ログイン	デフォルトは「無効」ですが、「1日」「7日」「30日」「365日」などを選ぶと、その期間はブラウザを閉じてもログインしたままの状態となります(セッションが維持されます)。
ユーザーによるアカウント登録	利用者自身の操作によるユーザー登録の可否を設定します。「無効」以外に設定するとRedmineの画面右上に登録申請を行うための「登録する」リンクが表示されます(図14.56)。 表14.29も参照してください。

ユーザーによるアカウント削除を許可	ONにすると「個人設定」画面のサイドバーに「自分のアカウントを削除」リンクが表示されるようになり、ユーザーは自分自身の操作で自分のアカウントを削除できるようになります。
パスワードの最低必要文字数	パスワードの最低限の文字数を設定します。ここで設定した値より短いパスワードを設定することはできません。
パスワードの有効期限	パスワードの定期変更をユーザーに強制させることができます。デフォルトは「無効」で、定期変更の間隔は7日から365日の間の6段階で選択できます。
パスワードの再発行	利用者によるパスワードの再発行機能が有効になります。ログイン画面に「パスワードの再発行」リンクが表示される(図14.57)ようになり、再発行を要求すると登録メールアドレス宛に新しいパスワードの設定が行えるURLが送信されます。
追加メールアドレス数の上限	ユーザーが「個人設定」画面で登録できる追加のメールアドレスの数を設定します。 0を設定すると追加メールアドレスを禁止できます。
OpenIDによるログインと登録	OpenIDでRedmineにログインするよう設定することができます。

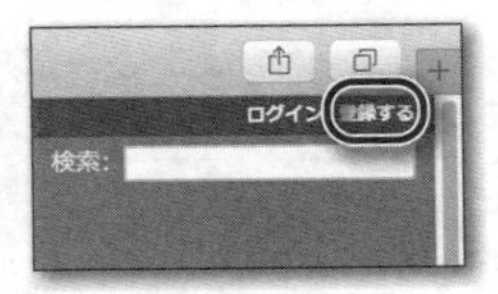

▲ 図14.56 画面右上に表示される登録申請のための「登録する」リンク

▼ 表14.29 「ユーザーによるアカウント登録」の選択肢

無効	利用者自身によるユーザー登録は行えません。
メールでアカウントを有効化	利用者が登録申請を行った後、申告されたメールアドレス宛にアカウントを有効にするためのURLの記載されたメールが送信されます。利用者がそのURLにアクセスするとユーザーアカウントが有効になります。
手動でアカウントを有効化	利用者が登録申請を行うと管理者による承認待ち状態となり、Redmineのシステム管理者権限をもつ全ユーザーに承認待ちのユーザーがいる旨のメールが送信されます。 システム管理者は「管理」→「ユーザー」画面のフィルタで「登録」を選択して登録待ちのユーザーを表示させ、「有効にする」をクリックしてそのユーザーを有効にします。
自動でアカウントを有効化	利用者が登録操作を行うと即時Redmineにアクセスできるようになります。

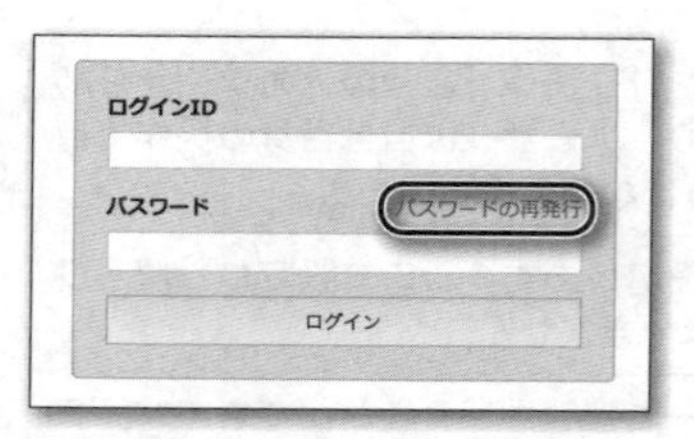

図14.57 ログイン画面に表示された「パスワードの再発行」リンク

表14.30 認証タブ内「セッション有効期間」の入力項目

名称	説明
有効期間の最大値	セッションが有効な期間を指定します。
無操作タイムアウト	一定期間操作が行われなかったときに自動的にセッションを無効にする設定を行います。

表14.31 認証タブ内「新しいユーザーのデフォルト設定」の入力項目

名称	説明
メールアドレスを隠す	新たに作成したユーザーについて、「個人設定」画面の設定「メールアドレスを隠す」をデフォルトでONにします。

14.5.15 設定 》APIタブ

APIに関係する設定を行います。

> **NOTE** Redmineのデータに外部からアクセスできるREST APIの詳細は13.1節「REST API」で解説しています。

▲ 図14.58 「API」タブ

▼ 表14.29 APIタブの入力項目

名称	説明
RESTによるWebサービスを有効にする	REST APIを有効にします。REST APIにより、外部のアプリケーションからRedmineのプロジェクトおよびチケットの作成・読み取り・更新・削除が行えるようになります。REST API経由でRedmineと連係するアプリケーションを使用したり開発したりする場合はこの項目を有効にしてください。

JSONPを有効にする	REST APIをJSONで利用しているとき、クロスドメインでの通信を実現するためのJSONPを有効にします。
	JSONPでのレスポンスを得るには次のようにパラメータcallbackでコールバック関数名を指定してください。
	`GET /issues.json?callback=foo`
	`=> foo({"issues":...})`

14.5.16 設定 》プロジェクトタブ

新たに作成するプロジェクトに関する設定を行います。

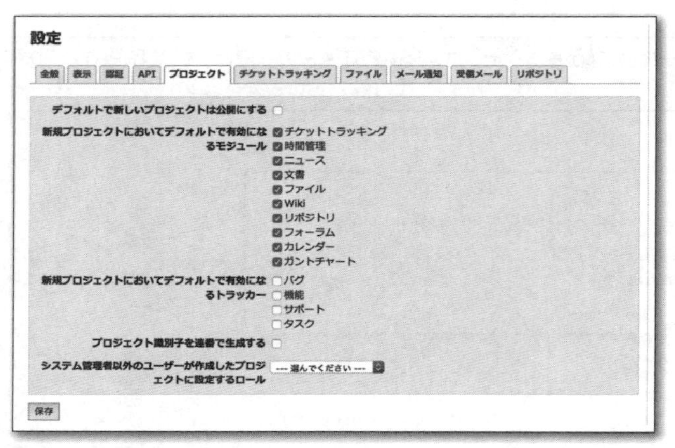

▲ 図14.59 「プロジェクト」タブ

▼ 表14.33 プロジェクトタブの入力項目

名称	説明
デフォルトで新しいプロジェクトは公開にする	新しいプロジェクトを作成したとき、ONの場合は公開プロジェクトとして作成されます。デフォルト値はONです。公開プロジェクトにはRedmine上のすべてのユーザーがアクセスできます。さらに、「管理」→「設定」→「認証」で「認証が必要」をOFFにしている場合は、未認証ユーザーもアクセスできます。
新規プロジェクトにおいてデフォルトで有効になるモジュール	新しいプロジェクトを作成したとき、ここでチェックボックスがONになっているモジュールのみが有効に設定された状態となります。利用頻度が低いモジュールをOFFにしておけば、プロジェクトを作成する毎にわざわざOFFにする必要がなくなります。
新規プロジェクトにおいてデフォルトで有効になるトラッカー	新しいプロジェクトを作成したとき、ここでチェックボックスがONになっているトラッカーのみが有効に設定された状態となります。利用頻度が低いトラッカーをOFFにしておけば、プロジェクトを作成する毎にわざわざOFFにする必要がなくなります。
プロジェクト識別子を連番で生成する	ONの場合、新しいプロジェクトを作成する際にプロジェクトの識別子を直近に作成したプロジェクトの識別子+数値の形式で自動的に生成します。
システム管理者以外のユーザーが作成したプロジェクトに設定するロール	あるプロジェクトで「プロジェクトの追加」権限を持っているユーザー(デフォルトでは「管理者」ロールのメンバー)は、管理者権限を持っていなくても「プロジェクト画面」でプロジェクトを作成できます。この機能によって新たに作成したプロジェクトにおいて、プロジェクト作成を行ったユーザーをどのロールでメンバーとするのか指定します。

14.5.17 設定 》チケットトラッキングタブ

チケット関係の機能に関する設定を行います。

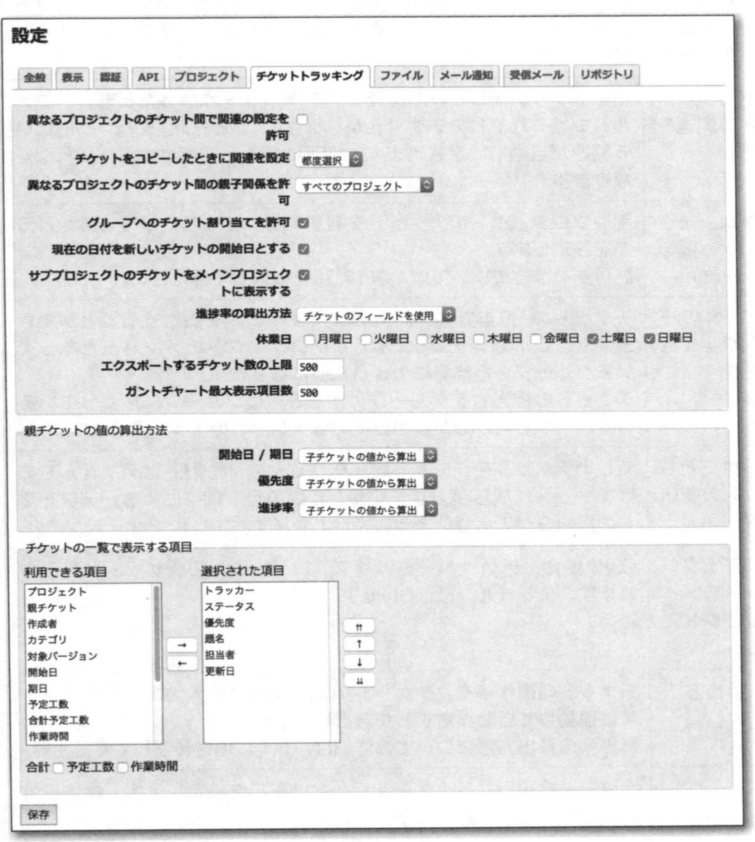

図14.60 「チケットトラッキング」タブ

▼ **表14.34** チケットトラッキングタブの入力項目

名称	説明
異なるプロジェクトのチケット間で関係の設定を許可	ONにすると、チケットの「関連するチケット」欄で他のプロジェクトのチケットを関連づけることができるようになります。デフォルト値はOFFです。
チケットをコピーしたときに関連を設定	あるチケットをコピーして新しいチケットを作成したとき、デフォルトではそれぞれのチケットから相互に「コピー元」「コピー先」という関連が自動で設定されます。OFFにすると関連づけが行われなくなります。
異なるプロジェクトのチケット間の親子関係を許可	別のプロジェクトのチケットを親子関係にすることができるかどうかを設定します。 許可する単位については、表14.35を参照してください。
グループへのチケット割り当てを許可	チケットの「担当者」には1人のユーザーのみを設定することができますが、この設定をONにするとプロジェクトのメンバーとなっているグループも担当者にできるようになります。 チケットの担当者をグループにするとそのグループに所属しているメンバーからは自分が担当しているチケットのように見えます。
現在の日付を新しいチケットの開始日とする	新しいチケットを作成する際、チケットの「開始日」はデフォルトではチケット作成日が入りますが、この項目をOFFにするとデフォルトの開始日が入らないように設定できます。
サブプロジェクトのチケットをメインプロジェクトに表示する	ONの場合、チケット一覧にサブプロジェクトのチケットも表示されます。デフォルト値はONです。
進捗率の算出方法	チケットの進捗率を、チケットの編集画面で手入力するかステータスに連動して自動設定するか選択します。 進捗率の算出方法についての詳細は、表14.36を参照してください。
休業日	土曜日・日曜日など、業務を行わない曜日を設定します。休業日の設定は表14.37の箇所に影響します。
エクスポートするチケット数の上限	CSVおよびPDF形式でチケットをエクスポートする際のチケット数の上限です。デフォルトは500件です。
ガントチャート最大表示項目数	ガントチャートに表示する項目数の上限です。

▼ 表14.35　チケット間の親子関係を許可する単位

共有単位	説明
無効	同一プロジェクトのチケット同士のみ親子関係にできます。
すべてのプロジェクト	どのプロジェクトのチケット同士でも親子関係にできます。
プロジェクトツリー単位	最上位の親プロジェクトとそのすべての子孫プロジェクトのチケット間で許可します。
プロジェクト階層単位	親プロジェクトなど上位階層のプロジェクトと子孫プロジェクトのチケット間で許可します。
サブプロジェクト単位	サブプロジェクトのチケットとの間で許可します。

▼ 表14.36　進捗率の算出方法

連動方法	説明
チケットのフィールドを使用	チケットの編集画面で手入力します。デフォルトはこの設定です。
チケットのステータスに連動	現在のステータスに連動してあらかじめステータスごとに設定された進捗率が自動設定されます。この設定を選択中はステータスの手入力は行えません。

▼ 表14.37　休業日の設定が影響する箇所

影響する箇所	説明
ガントチャート	休業日と設定された曜日が灰色で表示されます。
後続するチケットの開始日・期日の再計算	先行-後続の関係にあるチケットがあるとき、先行するチケットの期日を変更すると後続するチケットの開始日・期日も自動的に再計算されます。このとき、再計算後の開始日・期日が休業日だった場合、自動的に翌営業日にずらされます。

親チケットの値の算出方法の枠内の設定は、チケットが親子の関係になっているときに親チケットの各項目の値を子チケットの値から算出するのか親チケットで手入力するのか選択します。デフォルトはどの項目も**子チケットの値から算出**で、子チケットを持つチケットはこれらの値を手入力することができません。**子チケットから独立**を選択すると、子チケットとは無関係に親チケットで値を手入力します。

▼ 表14.38 「チケットトラッキング」タブ内「親チケットの値の算出方法」の入力項目

名称	説明
開始日 / 期日	「子チケットの値から算出」が選択されている場合、開始日はすべての子チケットの中で最も早いもの、期日はすべての子チケットの中で最も遅いものが親チケットの値となります。
優先度	「子チケットの値から算出」が選択されている場合、すべての子チケットの優先度の中で最も高いものが親チケットの値となります。
進捗率	「子チケットの値から算出」が選択されている場合、すべての子チケットの進捗率を予定工数で重み付けした加重平均となります。

▼ 表14.39 「チケットトラッキング」タブ内「チケットの一覧で表示する項目」の入力項目

名称	説明
利用できる項目／選択された項目	チケット一覧画面でどの項目を表示するのか設定します。
合計	チケット一覧画面のフィルタの条件に合致する全チケットの予定工数と作業時間の合計を、チケット一覧の表の右肩に表示します（図14.61）。なお、ここで設定していない場合でも、チケット一覧の「オプション」内で都度設定することもできます。

▲ 図14.61 チケット一覧の表の右肩に表示された全チケットの予定工数と作業時間の合計

> **NOTE** チケット一覧画面での予定工数と作業時間の合計表示の詳細は、9.6.3「予定工数と実績工数の比較」で解説しています。

14.5.18 設定 》ファイルタブ

ファイルに関係する設定を行います。

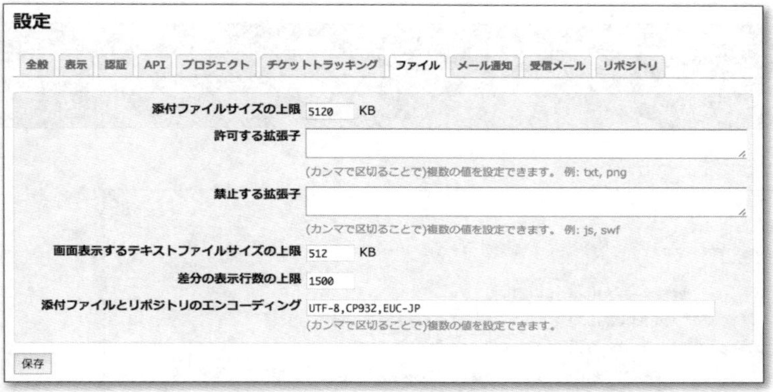

設定

全般 表示 認証 API プロジェクト チケットトラッキング ファイル メール通知 受信メール リポジトリ

添付ファイルサイズの上限 5120 KB

許可する拡張子

(カンマで区切ることで)複数の値を設定できます。 例: txt, png

禁止する拡張子

(カンマで区切ることで)複数の値を設定できます。 例: js, swf

画面表示するテキストファイルサイズの上限 512 KB

差分の表示行数の上限 1500

添付ファイルとリポジトリのエンコーディング UTF-8,CP932,EUC-JP

(カンマで区切ることで)複数の値を設定できます。

保存

図14.62 「ファイル」タブ

表14.40 「ファイル」タブの入力項目

名称	説明
添付ファイルサイズの上限	チケットやWikiページにファイルを添付する際のファイルサイズの上限です。
許可する拡張子	指定した拡張子のファイルのみ添付を許可します(ホワイトリスト)。
禁止する拡張子	指定した拡張子のファイルは添付を禁止します(ブラックリスト)。
画面表示するテキストファイルサイズの上限	これより大きな添付ファイルはRedmineの画面内で内容を表示しません。
差分の表示行数の上限	リポジトリ画面等でファイルの差分を表示する際の行数の上限です。
添付ファイルとリポジトリのエンコーディング	リポジトリのソースコードやテキスト形式の添付ファイルの文字エンコーディングを指定します。カンマで区切って複数のエンコーディングを指定すると、指定されたエンコーディングからの自動変換が行われます。 日本語環境でRedmineを使用する場合は文字化け回避のために必ず設定してください。詳細は5.4節「日本語での利用に最適化する設定」で解説しています。

14.5.19 設定 》メール通知タブ

メール通知の動作に関する全般的な設定を行います。

> **WARNING** メール通知の機能を利用するには、この画面での設定だけでなく、config/configuration.ymlで送信に使うメールサーバなどの設定が必要です。詳細は14.7節を参照してください。

設定

全般 | 表示 | 認証 | API | プロジェクト | チケットトラッキング | ファイル | メール通知 | 受信メール | リポジトリ

送信元メールアドレス redmine@example.net
宛先を非表示(bcc) ☑
プレインテキスト形式(HTMLなし) ☐
デフォルトのメール通知オプション ウォッチまたは関係している事柄のみ

メール通知の送信対象とする操作を選択してください。

- ☑ チケットの追加
- ☑ チケットの更新
  - ☐ 注記の追加
  - ☐ ステータスの更新
  - ☐ 担当者の更新
  - ☐ 優先度の更新
- ☐ ニュースの追加
- ☐ ニュースへのコメント追加
- ☐ 文書の追加
- ☐ ファイルの追加
- ☐ メッセージの追加
- ☐ Wikiページの追加
- ☐ Wikiページの更新

すべてにチェックをつける | すべてのチェックを外す

メールのヘッダ

メールのフッタ

You have received this notification because you have either subscribed to it, or are involved in it.
To change your notification preferences, please click here: http://hostname/my/account

保存　　テストメールを送信

▲ 図14.63 「メール通知」タブ

表14.41 「設定」→「メール通知」の入力項目

名称	説明
送信元メールアドレス	Redmineから送信されるメールのFromアドレスです。 メールによるチケット登録の設定を行っている場合、チケット登録用のメールアドレスを設定すると、Redmineからのメールに返信することでチケットの更新が行えるようになります。
宛先を非表示(bcc)	ONの場合、メールはbccで送信され、メールの宛先(ヘッダのToフィールド)にユーザーのアドレスは表示されません。デフォルトはONです。 OFFするとヘッダのToフィールドに宛先がすべて表示されるようになり、誰がそのメールを受け取ってるのか知ることができます。
プレインテキスト形式(HTMLなし)	ONの場合、メールをHTML形式ではなくプレインテキスト形式で送信します。プロジェクトメンバーがHTMLメールに対応していないメーラーを使っている時などに設定します。
デフォルトのメール通知オプション	新しいユーザーを作成した際、そのユーザーに設定するデフォルトのメール通知オプションを選択します。 各通知オプションの意味は14.3節「個人設定」で解説しています。
メール通知の送信対象とする操作を選択してください。	どのような操作が行われたときにメールを送信するのか設定します。デフォルトではチケットが追加・更新されたときに送信されます。
メールのヘッダ・フッタ	Redmineから送信されるメールのヘッダ部・フッタ部に固定的に挿入する内容を指定します。

NOTE

画面右下の「テストメールを送信」をクリックすると自分宛にテストメールが送信されます。Redmineとメールサーバとの通信に問題があればこの画面にエラーが表示されるので、`config/configuration.yml`でのメール関係の設定に問題がないか確認してください。

14.5.20 設定 》受信メールタブ

メールによるチケットの登録・更新に関する設定を行います。

> **WARNING**
> メールによるチケットの登録・更新を行うには、この画面での設定だけでなく、MTAまたはIMAPサーバと連係するための設定が必要です。
> 詳細は13.2節「メールによるチケット登録」で解説しています。

▲ **図14.64** 「受信メール」タブ

▼ **表14.42** 「設定」→「受信メール」の入力項目

名称	説明
メール本文から一致する行以降を切り取る	メールの署名部分など不要な情報を除外してチケットが作成されるよう、メール本文の特定の行以降の内容を無視するよう設定します。
除外する添付ファイル名	ファイル名が特定のパターンに一致する添付ファイルはチケットの添付ファイルとして登録せずに無視します。 電子署名ファイル(`smime.p7s`)などを除外するよう設定して、余計なファイルがチケットに添付されるのを防ぎます。
受信メール用のWebサービスを有効にする	メールによるチケットの登録・更新を有効にします。
APIキー	メールによるチケットの登録・更新のための設定を行う際の連係用APIキーを設定します。

14.5.21 設定 》リポジトリタブ

GitやSubversionなど、バージョン管理システムとの連係に関する全般的な設定を行います。

NOTE プロジェクトをバージョン管理システムと連係させる方法はChapter 12「バージョン管理システムとの連係」で解説しています。

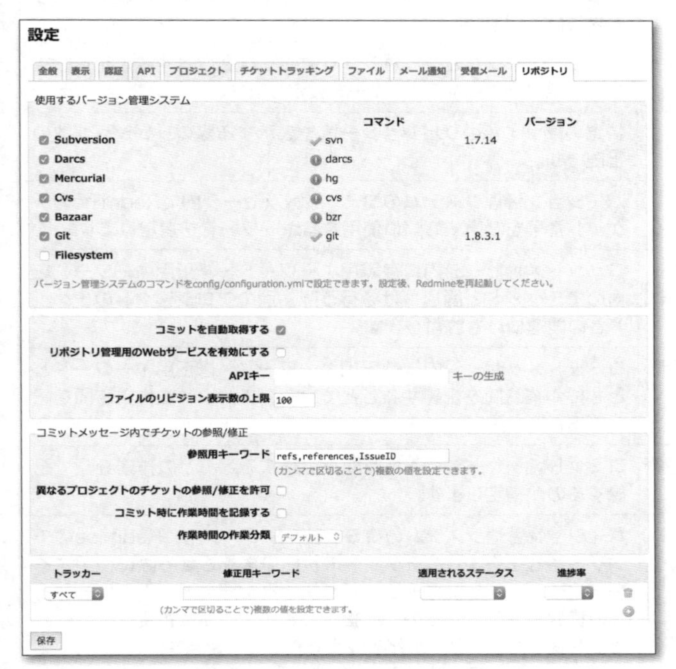

▲ 図14.65 「リポジトリ」タブ

▼ 表14.43 リポジトリタブの入力項目

名称	説明
使用するバージョン管理システム	プロジェクトで連係設定をする可能性のあるバージョン管理システムをすべて選択してください。ここで選択したバージョン管理システムがプロジェクトの「設定」→「リポジトリ」画面の選択肢に表示されます。

コミットを自動取得する	リポジトリからコミットの情報を取得する方法を指定します。ONの場合、「リポジトリ」画面を開いたタイミングで情報を自動取得します。 12.6.2「リポジトリの情報を定期的に取得する」または12.6.3「リポジトリの情報を更新と同時に自動的に取得する」の設定を行っている場合はOFFにしてください。「リポジトリ」画面を開くのにかかる時間を短縮できます。
リポジトリ管理用のWebサービスを有効にする	Redmine添付のreposman.rbを使ってGitまたはSubversionリポジトリをRedmineのプロジェクトと連動して自動作成させるときやコミットフックでリポジトリの情報を自動取得する設定を行うときにONにします。
APIキー	コミットフックなどでリポジトリ情報を自動取得する設定を設定を行う際に必要になるAPIキーを設定します。
ファイルのリビジョン表示数の上限	特定のファイルのリビジョン一覧を表示する際のリビジョン数の上限です。
参照用キーワード	バージョン管理システムのコミットメッセージ内でRedmineのチケット番号を参照する際に使用するキーワードを指定します。
異なるプロジェクトのチケットの参照/修正を許可	コミットメッセージ内に参照用キーワード・修正用キーワードを含めてチケットと関連づけを行う際、別のプロジェクトのチケットとの関連づけも許可します。
コミット時に作業時間を記録する	コミットメッセージ内に参照用キーワード・修正用キーワードとともに作業時間を記録することで、そのチケットに作業時間を記録することを許可します。
作業時間の作業分類	コミットメッセージで作業時間を記録する際、どの作業分類で記録するのか指定します。
修正用キーワード	バージョン管理システムのコミットメッセージ内でRedmineのチケット番号を指定してチケットの状態を変更させる際に使用するキーワード、そしてキーワードが使われた際にどのようにチケットの状態を変化させるのかを指定します。同じ修正用キーワードでもトラッカーごとに動作を変えることもできます。 オプション設定の意味は表14.44を参照してください。

▼ **表14.44** 「修正用キーワード」のオプション設定

設定項目	説明
トラッカー	どのトラッカーに対して修正用キーワードを適用するのか選択します。
適用されるステータス	修正用キーワードが指定されたときにチケットのステータスをどう変化させるのか指定します。
進捗%	修正用キーワードが指定されたときに進捗率を何%にセットするのかを指定します。

14.5.22 LDAP認証

Redmineのユーザーを認証する際、LDAPサーバを参照するよう設定できます。LDAPについては本書では扱いません。オフィシャルサイトのドキュメントを参照してください。

14.5.23 プラグイン

インストールされているプラグインが一覧表示されます。プラグインによっては**設定**というリンクが表示され、この画面から設定画面にアクセスできるものもあります。

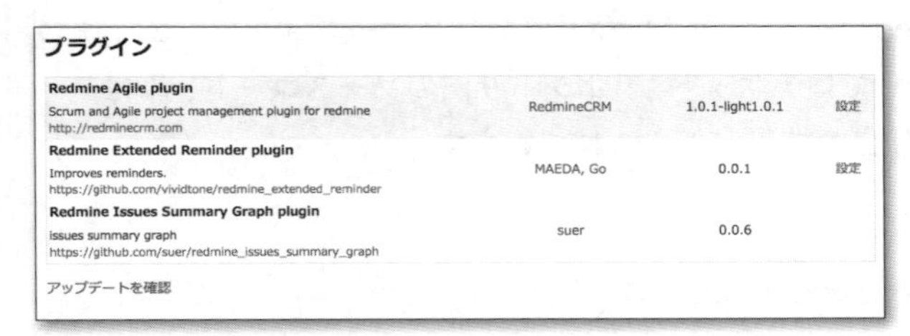

図14.66 プラグイン画面

14.5.24 情報

重要な設定の状態、Redmineのバージョン、Rubyのバージョン、使用中のデータベースなどの情報が表示されます。

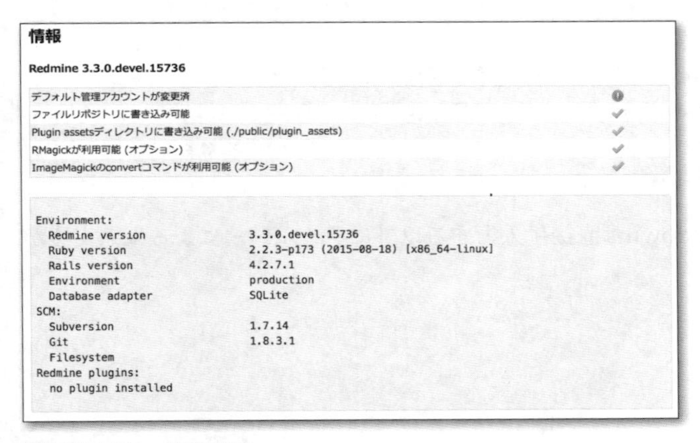

図14.67 情報画面

14.6 チケットとWikiのマークアップ

Wikiやチケットの説明などテキストが入力できる箇所の多くで専用の書式による文字の修飾、表組み、Redmine上のオブジェクトへのリンクの記述などができます。書式の記述にはTextileかMarkdownが利用でき、どちらを使うのかはRedmine全体の設定(**管理→設定→全般**)で指定します。

TextileとMarkdownはいずれもコンテンツを記述するための汎用的なマークアップ言語で、WebサービスやCMSなどのアプリケーションでも広く使われています。Redmineではチケット、リポジトリ内のソースコード、添付ファイルへのリンクなど独自の拡張が加えられています。

▶Textileの記述例

```
"Redmine":http://www.redmine.org/ はwebベースの *プロジェクト管理ソフトウェア* です。
フランスの _Jean-Philippe Lang_ 氏が開発しました。
```

▶Markdownの記述例

```
[Redmine](http://www.redmine.org/) はwebベースの **プロジェクト管理ソフトウェア** です。
フランスの *Jean-Philippe Lang* 氏が開発しました。
```

Redmine はwebベースの **プロジェクト管理ソフトウェア** です。
フランスの *Jean-Philippe Lang* 氏が開発しました。

▲ 図14.68 画面表示例

TextileとMarkdownは直接手入力する以外にツールバーによる入力支援が利用できます。

▲ 図14.69 ツールバーによる入力支援

Column

TextileとMarkdown、どちらを選ぶべき?

Redmineはテキストの書式としてTextileとMarkdownが選択できますが、この設定はアプリケーション全体で共通であり、1つのRedmine内で併用はできません。後から設定を変更するとそれまでに作成したチケットやWikiページは表示が崩れてしまうので、本格運用前にどちらを使うのかよく考えて決定しなければなりません。

Textileのメリットは Markdownよりも表現力が高いことです。テーブルのセルの結合、CSSによる文字の色やサイズの変更はTextileでのみ利用できます。また、Redmine 2.5(2014年リリース)より古いバージョンではTexitleのみが利用できたことや現在でもデフォルトはTextileであることから、Redmine利用者はTextileに慣れている方が多いかと思います。

一方Markdownは多くのアプリケーションやサービスで採用されているため、利用経験がある人が比較的多いことやRedmine以外でも活用できる場面が多いなどのメリットがあります。ただ、TextileのようなCSSによるスタイルの指定は利用できません。

筆者は、特別な理由がなければTextileよりも広く普及しているMarkdownを選ぶのが利用者にとって分かりやすくてよいのではないかと考えています。

14.6.1 文字の修飾

表示例	Textile	Markdown
斜体	_斜体_	*斜体*
太字	*太字*	**太字**
~~取消線~~	-取消線-	~~取消線~~
下線	+下線+	(該当機能なし)
`puts "hello, world."` ※	@puts "hello, world."@	`puts "hello, world."`

※インラインコード(行の途中にコードを挿入)

14.6.2 見出し

表示例	Textile	Markdown
レベル1見出し	h1. レベル1見出し	# レベル1見出し
レベル2見出し	h2. レベル2見出し	## レベル2見出し
レベル3見出し	h3. レベル3見出し	### レベル3見出し
レベル4見出し	h4. レベル4見出し	#### レベル4見出し
レベル5見出し	h5. レベル5見出し	##### レベル5見出し
レベル6見出し	h6. レベル6見出し	###### レベル5見出し

14.6.3 リスト

表示例	Textile	Markdown

● 項目1
○ 項目1.1
○ 項目1.2
■ 項目1.2.1
■ 項目1.2.2
● 項目2
● 項目3
	* 項目1
	** 項目1.1
	** 項目1.2
	*** 項目1.2.1
	*** 項目1.2.2
	* 項目2
	* 項目3
		* 項目1
		  * 項目1.1
		  * 項目1.2
		    * 項目1.2.1
		    * 項目1.2.2
		* 項目2
		* 項目3

1. 項目1
1. 項目1.1
2. 項目1.2
1. 項目1.2.1
2. 項目1.2.2
2. 項目2
3. 項目3
	# 項目1
	## 項目1.1
	## 項目1.2
	### 項目1.2.1
	### 項目1.2.2
	# 項目2
	# 項目3
		1. 項目1
		  1. 項目1.1
		  2. 項目1.2
		    1. 項目1.2.1
		    2. 項目1.2.2
		2. 項目2
		3. 項目3

14.6.4 画像

添付されている画像を表示することができます(同じチケット・Wikiページに添付されているものに限る)。

表示例	Textile	Markdown
(画像)	`!train.jpg!`	`![](train.jpg)`

14.6.5 区切り線

表示領域の幅いっぱいの横線が表示されます。長い文章の区切りをわかりやすくすることができます。

表示例	記述(Textile/Markdown共通)
────	---

14.6.6 引用

表示例	記述(Textile/Markdown共通)
赤田 舞 さんは書きました: 　Redmineの本は何がよいでしょう。 　教えてください。 私は「入門Redmine」という本を読みました。	赤田 舞 さんは書きました: > Redmineの本は何がよいでしょう。 > 教えてください。 私は「入門Redmine」という本を読みました。

14.6.7 テーブル

表示例

ソフトウェア名	初リリース
Redmine	2006
Trac	2004
Mantis	2000
Bugzilla	1998

Textile

```
|_. ソフトウェア名 |_. 初リリース |
|Redmine        |2006        |
|Trac           |2004        |
|Mantis         |2000        |
|Bugzilla       |1998        |
```

Markdown

```
|ソフトウェア名|初リリース|
|--------------|----------|
|Redmine       |2006      |
|Trac          |2004      |
|Mantis        |2000      |
|Bugzilla      |1998      |
```

表示例

左揃え	中央揃え	右揃え
Redmine	Ruby	122KLOC
Trac	Python	79KLOC
Mantis	PHP	483KLOC
Bugzilla	Perl	78KLOC

Textile

```
|_<. 左揃え |_=. 中央揃え |_>. 右揃え |
|<. Redmine |=. Ruby     |>. 122KLOC |
|<. Trac    |=. Python   |>. 79KLOC  |
|<. Mantis  |=. PHP      |>. 483KLOC |
|<. Bugzilla |=. Perl    |>. 78KLOC  |
```

Markdown

```
|左揃え       |中央揃え |右揃え  |
|:------------|:-------:|-------:|
|Redmine      |Ruby     |122KLOC |
|Trac         |Python   |79KLOC  |
|Mantis       |PHP      |483KLOC |
|Bugzilla     |Perl     |78KLOC  |
```

14 リファレンス

<table>
<tr><th colspan="2">表示例</th></tr>
<tr><td colspan="2">
<table>
<tr><td>行1列1</td><td>行1列2</td><td>行1列3</td></tr>
<tr><td colspan="2">セル結合(横2個)</td><td>行2列3</td></tr>
<tr><td colspan="3">セル結合(横3個)</td></tr>
</table>
</td></tr>
<tr><th>Textile</th><th>Markdown</th></tr>
<tr><td>| 行1列1 | 行1列2 | 行1列3 |
|¥2. セル結合(横2個) | 行2列3 |
|¥3. セル結合(横3個) |</td><td>該当機能なし</td></tr>
</table>

<table>
<tr><th colspan="2">表示例</th></tr>
<tr><td colspan="2">
<table>
<tr><td>行1列1</td><td rowspan="2">セル結合(縦2個)</td></tr>
<tr><td>行2列1</td></tr>
<tr><td>行3列1</td><td>行3列2</td></tr>
</table>
</td></tr>
<tr><th>Textile</th><th>Markdown</th></tr>
<tr><td>| 行1列1 |/2. セル結合(縦2個) |
| 行2列1 |
| 行3列1 | 行3列2 |</td><td>該当機能なし</td></tr>
</table>

14.6.8 リンク

一般のURLのほか、チケット、リポジトリ、WikiなどRedmineのオブジェクトへのリンクが記述できます。

▶外部URLへのリンク

表示例	Textile	Markdown
http://redmine.jp/	http://redmine.jp/	http://redmine.jp/
Redmine	"Redmine":http://redmine.jp/	[Redmine](http://redmine.jp/)

▶チケットへのリンク

記述(Textile/Markdown共通)	説明
#123	指定した番号のチケットへのリンクとして表示されます。終了したチケットへのリンクは取り消し線付きで表示されます。

▶添付ファイルへのリンク

記述(Textile/Markdown共通)	説明
attachment:foo.zip	添付ファイルfoo.zipへのリンク。リンク元と同じオブジェクト(チケット、Wikiなど)に添付されたファイルに対してのみリンクできます。

▶Wikiページへのリンク

記述(Textile/Markdown共通)	説明
[[Foo]]	WikiページFooへのリンク。
[[Foo|インストール手順]]	WikiページFooへのリンクを「インストール手順」というテキストで表示。
[[Foo#はじめに]]	WikiページFoo内の見出し「はじめに」へリンク。
[[fooprj:Foo]]	識別子がfooprjのプロジェクト内のWikiページFooへリンク。
[[fooprj:]]	識別子がfooprjのプロジェクトのWikiのメインページへリンク。

▶リポジトリへのリンク

記述(Textile/Markdown共通)	説明
commit:d266ed0a	メインリポジトリの特定リビジョンへのリンク(Git、Mercurialなどリビジョン番号がハッシュ値のもの)。
r2008	メインリポジトリの特定リビジョンへのリンク(Subversionなどリビジョン番号が整数値のもの)。
source:foo/bar.js	リポジトリ内の特定ファイルへのリンク。この例ではfoo/bar.jsというファイルへのリンクとなります。
source:foo/bar.js@52c26769	リポジトリ内の特定ファイルの特定リビジョンへのリンク。この例ではfoo/bar.jsのリビジョン52c26769へのリンクとなります。
source:foo/bar.js#L120	リポジトリ内の特定ファイルの特定行へのリンク。この例ではfoo/bar.jsの120行目へのリンクとなります。
source:foo/bar.js@52c26769#L120	リポジトリ内の特定ファイルの特定リビジョン・行へのリンク。この例ではfoo/bar.jsのリビジョン52c26769の120行目へのリンクとなります。
export:foo/bar.js	リポジトリ内の特定ファイルのダウンロードリンク。クリックするとPCへのダウンロードが始まります。
foorepo|commit:d266ed0a fooprj:commit:d266ed0a fooprj:foorepo|commit:d266ed0a	foorepo|のようにリポジトリ識別子を指定することでメインリポジトリ以外のリポジトリへのリンクを作成したり、fooprjのようにプロジェクト識別子を指定したりすることで他のプロジェクトのリポジトリへのリンクを作成できます。

▶バージョンへのリンク

記述(Textile/Markdown共通)	説明
version:3.3.0	3.3.0という名称のバージョンへのリンク。
version:"Future release"	Future releaseという名称のバージョンへのリンク。
version#110	指定したid番号のバージョンへのリンク。バージョンのid番号はバージョンを表示させたときのURLで確認できます。例えば次のようなURLだった場合、末尾の110がid番号です。 http://www.redmine.org/versions/110

▶文書へのリンク

記述(Textile/Markdown共通)	説明
document:議事録20140323	議事録20140323という名称の文書へのリンク。
document:"Financial statement"	Financial statementという名称の文書へのリンク。文書名にスペースが含まれる場合はダブルクォーテーションで囲んでください。
document#110	指定したid番号の文書へのリンク。文書のid番号は文書を表示させたときのURLで確認できます。例えば次のようなURLだった場合、末尾の110がid番号です。 http://redmine.example.com/documents/110

▶フォーラムへのリンク

記述(Textile/Markdown共通)	説明
forum:Development	Developmentという名称のフォーラムへのリンク。
forum:"Open discussion"	Open discussionという名称のフォーラムへのリンク。フォーラム名にスペースが含まれる場合はダブルクォーテーションで囲んでください。
forum#1	指定したid番号のフォーラムへのリンク。フォーラムのid番号はフォーラムを表示させたときのURLで確認できます。例えば次のようなURLだった場合、末尾の1がid番号です。 http://www.redmine.org/projects/redmine/boards/1
message#49674	指定したid番号のメッセージへのリンク。メッセージのid番号はメッセージを表示させたときのURLで確認できます。例えば次のようなURLだった場合、末尾の49674がid番号です。 http://www.redmine.org/boards/1/topics/49674

▶プロジェクトへのリンク

記述(Textile/Markdown共通)	説明
project:demo	名称または識別子がdemoであるプロジェクトへのリンク。
project:"Foo Project"	Foo Projectという名称のプロジェクトへのリンク。プロジェクト名にスペースが含まれる場合はダブルクォーテーションで囲んでください。
project#1	指定したid番号のプロジェクトへのリンク。

NOTE

テキストをRedmineのリンクとして解釈させたくない場合は感嘆符!を前に付けてください。例えば次のようにすると、id番号1のプロジェクトへのリンクとはならずにproject#1というテキストが表示されます。

```
!project#1
```

14.6.9. マクロ

マクロは他のテキストを折り畳んだり別のWikiページを挿入したりなどの特殊な機能を提供します。Redmineに組み込まれているもののほか、プラグインを使って追加することもできます。

記述(Textile/Markdown共通)	説明
{{macro_list}}	利用できるマクロの一覧を表示します。
{{child_pages}} {{child_pages(depth=2)}}	呼び出し元のWikiページの子ページを一覧表示します。depthにより何階層まで表示するのか指定することもできます。
{{include(Wikiページ名)}}	指定したWikiページの内容を挿入します。
{{collapse(長いテキスト) 直接書くには とてもとても 長いテキスト 例えばログなど }}	テキストを折り畳んだ状態で表示します。クリックで展開され内容を参照できます。ログなど直接記載すると長くてチケットやWikiページの全体が把握しにくくなるときに便利です。 ▶ 長いテキスト
{{thumbnail(image.png)}} {{thumbnail(image.png, size=200)}}	添付された画像ファイルのサムネイルを表示します。sizeを指定することでサムネイル画像の大きさを指定することもできます(指定しない場合は「管理」→「設定」→「表示」の「サムネイル画像の大きさ」で設定されている値が使われます)。
{{toc}}	テキスト内で使われている見出しをもとに作成された目次を挿入します。

14.6.10 シンタックスハイライト

チケットやWikiにソースコードを貼り付けるときは、シンタックスハイライト機能を使うと予約語や文字列を強調表示され読みやすくなります。

```
package main

import "fmt"

func main() {
    fmt.Print("Hello, World!\n")
}
```

▲ 図14.70　シンタックスハイライトの例(Go言語)

Textileの場合は対象コードを<pre>要素と<code>要素で囲み、<code>のclass属性でコードの形式を指定します。Markdownの場合は対象コードを~~~で囲み、最初の~~~に続いてコードの形式を指定します。

Textile	Markdown

<pre><code class="go">
package main
 	
import "fmt"
 	
func main() {
        fmt.Print("Hello, World!\n")
}
</code></pre>
	~~ go
	package main
	
	import "fmt"
	
	func main() {
	  fmt.Print("Hello, World!\n")
	}
	~~

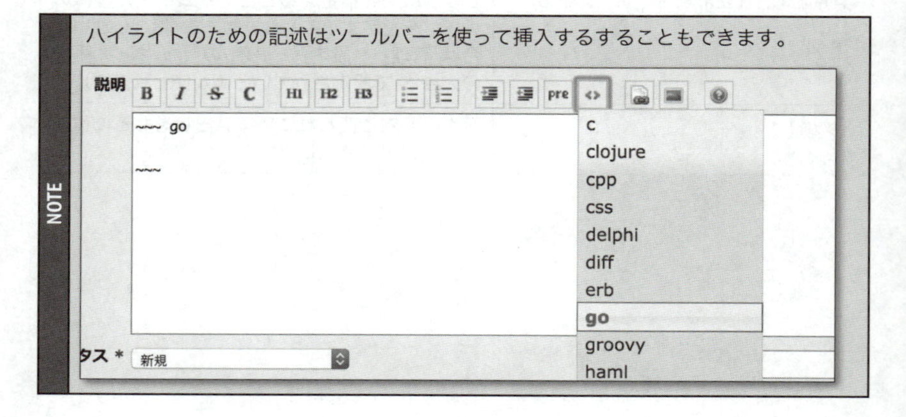

ハイライトは次の形式のコードに対応しています。

コードの形式	TextileまたはMarkdownでの指定で使用する値
C	c h
C++	cpp cplusplus
Clojure	clojure
CSS	css
Delphi	delphi pascal
diff	diff patch
ERB	erb rhtml eruby
Go	go
Groovy	groovy
HAML	haml
HTML	html xhtml
Java	java
JavaScript	java_script ecmascript ecma_script javascript js
JSON	json
Lua	lua
PHP	php
text	text plaintext plain
Python	python
Ruby	ruby irb
sass	sass
SQL	sql
XML	xml
yaml	yaml yml

NOTE 表に複数の値が記載されているものは、いずれの値を使っても同じ効果が得られます。

14.6.11 スタイル(CSS)の指定

TextileではCSSプロパティを指定することで文字の色や大きさを変えたり、テーブルのセルや枠線に色をつけるなど、よりわかりやすい表現ができます。

WARNING Redmineにおいては、CSSによる修飾はTextileでのみ利用できます。Markdownでは利用できません。

RedmineのTextile記法では、次に挙げるCSSプロパティが利用できます。

- color
- width
- height
- border
- border-*
- background
- background-*
- padding
- padding-*
- margin
- margin-*
- font
- font-*
- text-*

▶文字の修飾

```
文字を %{font-size: 2em; font-weight: bold; color: green;}大きく太く緑% で表示。
```

文字を **大きく太く緑** で表示。

▲ 図14.71 CSSプロパティの利用例①

NOTE Textileで文字を%で囲むことはHTMLでは<span>で囲むことに相当します。

▶段落を枠線で囲む

```
p{border: solid 1px #000; padding: 0.5em;}. 行く川のながれは絶えずして、しかも本の水にあらず。よどみに浮ぶうたかたは、かつ消えかつ結びて久しくとゞまることなし。
```

行く川のながれは絶えずして、しかも本の水にあらず。よどみに浮ぶうたかたは、かつ消えかつ結びて久しくとゞまることなし。

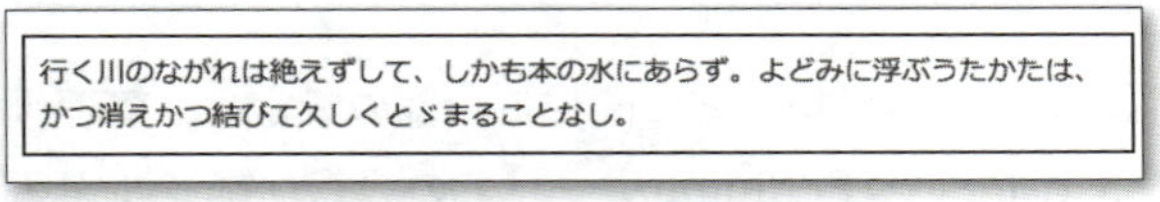

▲ **図14.72** CSSプロパティの利用例②

▶テーブル全体の幅と列の幅を指定

```
table{width: 100%}.
|={width: 30%}. 列1 |={width: 70%}. 列2 |
```

列1	列2

▲ **図14.73** CSSプロパティの利用例③

NOTE

- この例ではセル内のセンタリングの指定(=)とCSSプロパティの指定を同時に行っています。
- テーブル全体のスタイルを指定したいときは通常のテーブルの記述の直前の行で`table{property1: value1; property2: value2}.`のように記述します。

▶大きな画像を画面幅の50%に縮小して表示

```
!{width: 50%}.lenna.jpg!
```

14.7 configuration.ymlの設定項目

Redmineの設定のうち、システム環境などに関する一部の設定は、**管理**画面ではなくconfiguration.ymlというRedmineサーバ上の設定ファイルを書き換えることで変更します。ここではconfiguration.ymlで行える主な設定を解説します。

configuration.ymlはRedmineのインストールディレクトリ以下のconfigディレクトリに置かれています。新しく作成するときは同じディレクトリ内にあるconfig/configuration.yml.exampleというサンプルファイルをコピーするのが簡単です。

▼ メール送信の設定とPNG画像内のフォント指定のみのシンプルなconfiguration.ymlの例

```
default:
email_delivery:
  delivery_method: :smtp
  smtp_settings:
    address: localhost
    port: 25
    domain: redmine.example.com

rmagick_font_path: /usr/share/fonts/ipa-gothic/ipag.ttf
```

configuration.ymlはYAMLという形式のテキストファイルです。編集の際は以下の点に注意してください。誤った文法で記述するとRedmineが起動しません。

- インデントはデータの階層構造を表現しています。インデントを崩さないようにしてください。
- インデントには半角スペースを使用してください。タブは使えません。
- キーと値を区切る:(半角コロン)の直後には半角スペースで空けてください。
- #以降はコメントです。
- 値に:など記号文字が含まれる場合はエラーを回避するために値全体を"で囲んでください。

14.7.1 メール通知に使用するSMTPサーバの設定

email_deliveryブロック内のキーではRedmineからメール送信を行うためのSMTPサーバの情報を設定します。

表14.45 email_deliveryブロック内のキー

delivery_method	メール送信方法。 表14.46に挙げる方法のうち、いずれか1つを指定できます。 async_smtpまたはasync_sendmailはRedmineがメール送信の完了を待たずに次の処理を開始するので、チケット作成などメール通知を伴う操作のレスポンスが速くなります。

表14.46 delivery_methodブロック内のキー

smtp	指定されたSMTPサーバ経由でメールを送信します。 smtp_settingsブロックでメールサーバの指定が必須となります。
sendmail	サーバ上のsendmailコマンドを使用してメールを送信します。
async_smtp	指定されたSMTPサーバ経由で非同期送信します。
async_sendmail	サーバ上のsendmailコマンドを使用して非同期送信します。

delivery_methodにsmtpかasync_smtpを指定した場合はsmtp_settingsブロックの設定も行います。

表14.47 smtp_settingsブロック(email_deliveryブロック内)のキー

キーの名称	説明
enable_starttls_auto	trueを指定するとSTARTTLSを使用してメールサーバに対して暗号化された通信を行います。
address	SMTPサーバのホスト名またはIPアドレス。
port	SMTPサーバのポート番号。通常は25ですが、サブミッションポートを使う場合は587です。
domain	SMTPのHELOコマンドで送出されるホスト名です。Redmineを実行しているホストのFQDNを設定するのが原則です。
authentication	SMTPサーバが認証を要求する場合に、どの認証方式を使用するか指定できます。:plain、:login、:cram_md5のいずれかを指定します。 認証を要求しないSMTPサーバを使用する場合はこの項目は不要です。

user_name	authenticationで何らかの認証方式を指定した場合に、ユーザー名を指定します。
password	authenticationで何らかの認証方式を指定した場合に、パスワードを指定します。

▶設定例① localhostのSMTPサーバを使用してメールを送信

```
default:
  email_delivery:
    delivery_method: :smtp
    smtp_settings:
      address: localhost
      port: 25
      domain: redmine.example.com
```

▶設定例② GmailのSMTPサーバ経由でメールを送信

```
default:
  email_delivery:
    delivery_method: :smtp
    smtp_settings:
      enable_starttls_auto: true
        address: "smtp.gmail.com"
        port: 587
        authentication: :plain
        # メール送信に使用するGmailアカウント
        user_name: "example@gmail.com"
        password: "MYccDd9bQ4"
```

WARNING Gmailなどインターネット上のSMTPサーバを使用してメールを送信すると通信に時間がかかり、チケットの作成・更新などメール通知が発生する操作に対する反応が遅く感じることがあります。

14.7.2 添付ファイルの保存ディレクトリの設定

Redmineにアップロードされたファイルの保存先を、デフォルトのディレクトリ(インストールディレクトリ直下のfilesディレクトリ)以外に変更することができます。絶対パスで指定してください。

▶設定例

```
attachments_storage_path: /var/redmine-files
```

14.7.3 オートログインcookieの設定

管理→設定→認証で**自動ログイン**を有効にしているときに作成されるcookieについて、cookieの名前やパス、セキュアフラグの有無を変更できます。

▼ **表14.48** オートログインcookie関連のキーとデフォルト値

キーの名称	説明	デフォルト値
autologin_cookie_name	名前	autologin
autologin_cookie_path	パス	/
autologin_cookie_secure	セキュアフラグ	false

▶設定例

```
autologin_cookie_name: redmine_autologin
autologin_cookie_path: /redmine/
autologin_cookie_secure: true
```

14.7.4 バージョン管理システムのコマンドの設定

gitコマンドやsvnコマンドなど、Redmineがリポジトリの情報を取得するために起動するバージョン管理ツールのコマンド(実行ファイル)のパスを明示的に指定できます。デフォルトと異なるディレクトリにインストールされているなどの理由でパスが通っていないときに設定します。

▼ **表14.49** バージョン管理システムのコマンド関係のキーとデフォルト値

キーの名称	デフォルト値
scm_subversion_command	svn
scm_mercurial_command	hg
scm_git_command	git

scm_cvs_command	cvs
scm_bazaar_command	bzr
scm_darcs_command	darcs

▶設定例

```
scm_git_command: /opt/gitlab/embedded/bin/git
```

14.7.5 リポジトリパスとして入力できる値の制限

プロジェクトの**設定→リポジトリ**から連係先リポジトリの設定を行うとき、デフォルトではサーバ上の任意のパスを入力できます。プロジェクトの設定を行う権限さえあればサーバ上の任意のパスのリポジトリを参照できることになり、セキュリティ上好ましくない場合があります。

特に、**管理→設定→リポジトリ**でFilesystemリポジトリを有効にしているときにプロジェクトのリポジトリの設定で**ルートディレクトリ**に/を指定した場合は、Redmineを実行しているOSのユーザーの権限でサーバ上の全ファイルにアクセスできてしまいます。

configuration.yml内の設定scm_*_path_regexpを利用すると入力を許可するパスのパターンを正規表現で制限できるようになり、安全性が高まります。

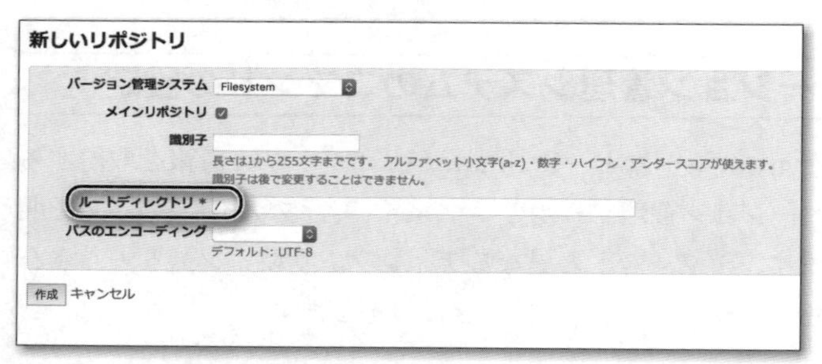

▲ 図14.74 危険な設定「Filesystem」リポジトリで/を設定

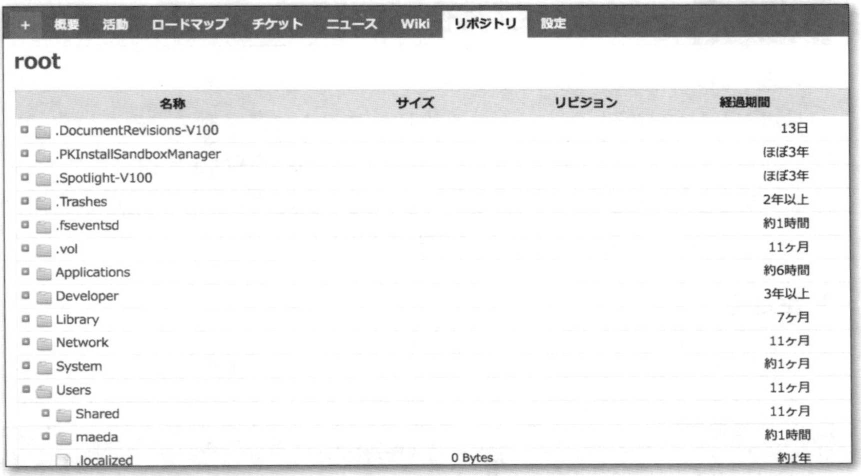

+ 概要 活動 ロードマップ チケット ニュース Wiki リポジトリ 設定

root

名称	サイズ	リビジョン	経過期間
.DocumentRevisions-V100			13日
.PKInstallSandboxManager			ほぼ3年
.Spotlight-V100			ほぼ3年
.Trashes			2年以上
.fseventsd			約1時間
.vol			11ヶ月
Applications			約6時間
Developer			3年以上
Library			7ヶ月
Network			11ヶ月
System			約1ヶ月
Users			11ヶ月
Shared			11ヶ月
maeda			約1時間
.localized	0 Bytes		約1年

▲ 図14.75 **危険な設定** リポジトリブラウザ経由でRedmineサーバ上の全ファイルにアクセスできる

▶設定例

```
# Gitリポジトリの設定で特定のディレクトリ以下をすべて許可
scm_git_path_regexp: /var/opt/gitlab/git-data/repositories/.*

# /var/lib/repos以下のプロジェクト識別子と同じ名前のディレクトリを許可
scm_subversion_path_regexp: /var/lib/repos/%project%
```

14.7.6 バージョン管理システムのコマンドのエラーログの出力先

Redmine経由で起動されたバージョン管理システムのコマンドが出力したエラーの保存先ファイルを変更します。絶対パスで指定してください。デフォルトはRedmineのインストールディレクトリ直下のlog/production.scm.stderr.logです。

▶設定例

```
scm_stderr_log_file: /var/log/redmine_scm_stderr.log
```

14.7.7 データベースに保存するパスワードの暗号化

管理→LDAP認証で設定したLDAPのパスワードと、プロジェクトの**設定→リポジトリ**で設定したバージョン管理システムにアクセスするためのパスワードは、デフォルトでは平文でデータベースに保存されます。

database_cipher_keyで暗号化のための鍵を設定すると、これらの情報を暗号化(256ビットAES)して保存できます。

▶設定例

```
database_cipher_key: 9xyiNg9xABjFam4c
```

> **NOTE** Redmineのユーザーのパスワードはdatabase_cipher_keyの設定とは無関係に、平文ではなくハッシュ値で保存されています。

14.7.8 sudoモードの設定

sudoモードの設定を行うと、次に挙げるセキュリティ上重要な影響がある操作を実行する直前にパスワードの入力が要求されるようになります。

- 自分自身のアカウント情報の変更
- プロジェクトのメンバーの変更
- 「管理」画面での設定変更
- ユーザー、グループ、ロールの変更
- LDAP認証の設定変更
- プロジェクトの削除

▼表14.50 sudoモード関連のキー

キーの名称	説明
sudo_mode	trueを指定するとsudoモードが有効になり、セキュリティ上重要な影響がある操作を実行する前にはパスワード入力が求められるようになります。
sudo_mode_timeout	sudoモードのパスワード入力画面のタイムアウト（分単位）。デフォルトは15分です。

14.7.9 画像処理関係の設定

Redmineは次の処理で画像処理ライブラリImageMagickとRMagickを使用しています。

- ガントチャートをPNG形式の画像としてエクスポート
- 添付ファイルのサムネイル画像作成

configuration.ymlではImageMagickのコマンドのパスとRMagickが使用する日本語フォントのパスを指定できます。

▼ **表14.51** 画像処理ライブラリ関連のキー

キーの名称	説明
imagemagick_convert_command	ImageMagickのconvertコマンドのフルパス名を指定します。デフォルトと異なるディレクトリにインストールされているなどの理由でパスが通っていないときに設定します。
rmagick_font_path	日本語フォントのフルパス名を指定します。この項目が指定されていない場合、ガントチャートをPNG形式の画像としてエクスポートしたときに日本語の部分が文字化けします。

NOTE

rmagick_font_pathで指定するフォントはOSによって異なります。具体的な設定は次のWebページを参照してください。

ガントチャートをPNG形式の画像に出力すると文字化けする(Redmine.JP)
http://redmine.jp/faq/gantt/gantt-png-mojibake/

Chapter 15

逆引きリファレンス

やりたいことから解決策を探せる、逆引きリファレンスを収録しています。

15.1 Redmineの管理

やりたいこと	参照先
インストール直後に使えるユーザー／パスワードを知りたい	5.1
日本語で使うのに適した設定にする	5.4
日本語表示に適したテーマをインストールする (farend basic / farend fancy)	5.7.1
添付ファイルのサイズの上限を引き上げる	5.8.1
添付できるファイルの種類を拡張子で制限する	14.5.18
使用中のRedmineのバージョンを確認する	14.5.24
インストールされているプラグインの一覧を確認する	14.5.23
アクセス制御の設定を行う	5.3
操作権限の管理を行う	11.5
Markdownで入力できるようにする	5.8.2

15.2 ユーザーインターフェイス

やりたいこと	参照先
画面各部の呼び方を知りたい	14.1
テーマを変更する	5.7.3
日本語表示に適したテーマをインストールする (farend basic / farend fancy)	5.7.1
プロジェクトメニューから使用しない機能を隠す	11.6
ユーザーインターフェイスの言語を切り替える	14.3
タイムゾーンを切り替える	14.3

名前と名字が逆に表示されるのを正しく表示されるようにする	5.4.2
チケットの注記を新しいものから順に表示させる	14.3
ショートカットキー(アクセスキー)を利用する	11.1

15.3 プロジェクト

やりたいこと	参照先
プロジェクトを作成する	6.7
プロジェクトのメンバーを追加する	6.8
プロジェクトを削除する	14.5.1
プロジェクトを読み取り専用にする(終了)	6.10.1
プロジェクトを非表示にする(アーカイブ)	6.10.2
プロジェクト全体の作業状況を確認する(活動)	7.7.1、9.1
全プロジェクトの活動を表示する	9.1.2
全プロジェクトのチケットを一覧表示する	7.5
プロジェクトで利用できるトラッカーを変更する	14.5.1、14.5.5
プロジェクトで利用できるカスタムフィールドを変更する	8.12.2、14.5.1、14.5.9

15.4 ユーザーの管理と認証

やりたいこと	参照先
ユーザーを作成する	6.2
ユーザーの作成を自動で行えるようにする	14.5.14

ユーザーをロックする	14.5.2
ユーザーを削除する	14.5.2
ユーザーにRedmineの管理をする権限を与える(システム管理者)	6.2、14.5.2
ユーザーにプロジェクトを管理する権限を与える(管理者ロール)	6.8、14.4.3
デフォルトで登録されているロールの意味を知る	6.5.1
ロールをカスタマイズする	6.5.2
パスワードの最低文字数を設定する	14.5.14
パスワードの定期変更を強制する	14.5.14
パスワードを変更する	5.1、14.3
ユーザーをグループにまとめて管理する	6.9
セッションのタイムアウトを設定する	14.5.14

15.5 チケット

やりたいこと	参照先
チケットを作成・更新する	7.4、7.6
複数のチケットをまとめて更新したい(一括更新)	7.9.3、7.9.4
チケットを複数のメンバーに割り当てる(グループへの割り当て)	8.13
プライベートチケットを利用する	8.8
トラッカーとは別の切り口でチケットの分類をする	7.8、8.7
進捗率をステータスに連動させる	8.14
カスタムフィールドを追加する	8.12
作業分類の一覧をカスタマイズする	14.5.10、14.4.9
優先度の一覧をカスタマイズする	14.5.10
メールでチケットを作成する	13.2
チケットの添付ファイルのサイズの上限を引き上げる	5.8.1

500件を超えるチケットをCSVファイルに出力できるよう上限を引き上げる	14.5.17
CSVファイルから一括でチケットを登録する	13.4.2
API経由でチケットを操作する	13.1

15.5.1 チケットの一覧

やりたいこと	参照先
全プロジェクトのチケットを一覧表示する	7.5
チケットの一覧で表示する項目を変更する	14.5.17
条件を指定してチケットを絞り込んで表示する（フィルタ）	8.1
フィルタの設定を保存する（カスタムクエリ）	8.2

15.5.2 チケットの関連づけ

やりたいこと	参照先
複数のチケットを関連づけて管理する	8.5
異なるプロジェクト間でのチケットの関連づけができるようにする	14.5.17
チケットを親子の関係にする	8.6

15.5.3 トラッカー・ステータス・ワークフロー

やりたいこと	参照先
デフォルトで登録されているトラッカーの意味を知る	6.4
トラッカーをカスタマイズする	6.4.2
デフォルトで登録されているステータスの意味を知る	6.3.1
ステータスをカスタマイズする	6.3.3
ステータスの変更を制限する（ワークフロー）	6.6、8.9、14.5.7

15.6

Wiki

やりたいこと	参照先
新しいページを追加する	10.2.2
Wiki全体をPDFとして出力する	10.2.7
索引を表示する	10.2.6
ページ内の目次を表示する	14.6.9
Wikiの添付ファイルのサイズの上限を引き上げる	5.8.1

15.7

チケットとWikiの書式

やりたいこと	参照先
太字・アンダーラインなどの文字の修飾を行う	14.6.1
テーブル(表)を使う	14.6.7
Redmine内の情報にリンクする	14.6.8
添付ファイルの画像をインライン表示する	14.6.4
ソースコードを見やすく表示する(シンタックスハイライト)	14.6.10
文字サイズ・色などを指定する(CSS)	14.6.11

15.8

リポジトリ

やりたいこと	参照先
バージョン管理システムとの連係設定	12.5
チケットとリビジョンを相互に参照できるようにする	12.3
リポジトリへのコミットと同時にチケットのステータスや進捗率を自動的に更新する	12.3.3、14.5.21
リポジトリへのコミットと同時に作業時間を記録する	12.6.1、14.5.21
リポジトリ画面を開くのにかかる時間を短縮する	12.6.2、12.6.3

15.9

メール

やりたいこと	参照先
メール通知の設定が正しいかテストする	14.5.19
メール内のチケットへのリンクのURLを正しく設定する	5.5.1
期限間近のチケットをメールで通知させる(リマインダ)	11.4
自分に直接関係ないチケットの更新もメールで通知されるようにする	8.4、14.3
メールの量を減らす	11.3
メールでチケットを作成する	13.2
メールのヘッダ・フッタを設定する	14.5.19

15.10 Atomフィード

やりたいこと	参照先
Redmineで利用可能なAtomフィードの一覧を知る	13.3.1
AtomフィードのURLを確認する	13.3.1
Atomフィードに出力される項目数を引き上げる	14.5.12

15.11 その他

やりたいこと	参照先
スマートフォン・タブレット端末から利用する	11.2
Gravatarアイコンを使用する	5.6、14.5.13

索 引

W

あ行

か行

さ行

た行

な行

ま行

や行

ら行

わ行

著者紹介

前田 剛（まえだ　ごう）

1973年2月生まれ。島根県隠岐の島町出身。3社のIT系企業でソフトウェア開発、ISPおよびIDCの運用、ネットワーク構築などの業務に従事後、2008年9月に島根県松江市でファーエンドテクノロジー株式会社設立。Redmineのクラウドサービス「My Redmine」など、Redmineやオープンソースを活用したソリューションの提供を行っている。

Redmineに出会ったのは2007年9月、当時勤務していた会社でソフトウェア開発のバグ管理のためのツールを探していたとき。優れたツールであることを確信し、翌月にはRedmineの非公式情報サイト「Redmine.JP」の運営を自宅サーバで開始した。

現在は「Redmine.JP」での情報発信をはじめとした普及活動のほか、Redmine公式サイトで開発チームの一員(Contributor)としても活動している。

入門Redmine 第5版

発行日　2016年 12月 10日　第1版第1刷

著　者　前田　剛

発行者　斉藤　和邦

発行所　株式会社　秀和システム

〒104-0045

東京都中央区築地2丁目1−17　陽光築地ビル4階

Tel 03-6264-3105（販売）　Fax 03-6264-3094

印刷所　株式会社ウイル・コーポレーション

製本所　株式会社ジーブック

ISBN978-4-7980-4825-3 C3055